DELIUS KLASING

Dr. Etzold
Diplom-Ingenieur für Fahrzeugtechnik

So wird's gemacht

pflegen – warten – reparieren

Band 146

Mercedes C-Klasse (Typ 204) Limousine/T-Modell

Benziner
1,6 l/115 kW (156 PS) 4/08 – 4/10
1,8 l/115 kW (156 PS) 3/07 – 11/13
1,8 l/135 kW (184 PS) 3/07 – 11/13
1,8 l/150 kW (204 PS) 6/09 – 11/13
2,5 l/150 kW (204 PS) 3/07 – 6/09
3,0 l/170 kW (231 PS) 3/07 – 2/11
3,5 l/200 kW (272 PS) 3/07 – 6/09
3,5 l/215 kW (292 PS) 10/08 – 2/11
3,5 l/225 kW (306 PS) 3/11 – 11/13

Diesel
2,2 l/ 88 kW (120 PS) 1/11 – 11/13
2,2 l/100 kW (136 PS) 3/07 – 11/13
2,2 l/125 kW (170 PS) 3/07 – 6/09
2,2 l/150 kW (204 PS) 10/08 – 11/13
3,0 l/165 kW (224 PS) 3/07 – 11/13
3,0 l/170 kW (231 PS) 11/09 – 11/13
3,0 l/195 kW (265 PS) 6/11 – 11/13

Delius Klasing Verlag

Redaktion: Günter Skrobanek (Text)
Christine Etzold (Bild)

Bibliografische Information der Deutschen Nationalbibliothek
Die Deutsche Nationalbibliothek verzeichnet diese Publikation in der Deutschen Nationalbibliografie; detaillierte bibliografische Daten sind im Internet über http://dnb.dnb.de abrufbar.

6. Auflage / E
ISBN 978-3-7688-2587-0

Alle Angaben ohne Gewähr
Druck: Kunst- und Werbedruck, Bad Oeynhausen
Printed in Germany 2021

Alle in diesem Buch enthaltenen Angaben und Daten wurden von dem Autor nach bestem Wissen erstellt und von ihm sowie vom Verlag mit der gebotenen Sorgfalt überprüft. Gleichwohl können wir keinerlei Gewähr oder Haftung für die Richtigkeit, Vollständigkeit und Aktualität der bereitgestellten Informationen übernehmen.

Delius Klasing Verlag, Siekerwall 21, D-33602 Bielefeld
Tel.: 0521/559-0, Fax: 0521/559-115
E-Mail: info@delius-klasing.de
www.delius-klasing.de
http://sowirdsgemacht.com

Lieber Leser,

die Automobile werden von Modellgeneration zu Modellgeneration technisch immer aufwändiger und komplizierter. Ohne eine Anleitung kann man mitunter nicht einmal mehr die Glühlampe eines Scheinwerfers auswechseln. Und so wird verständlich, dass von Jahr zu Jahr immer mehr Heimwerker zum »So wird´s gemacht«-Handbuch greifen.

Doch auch der kundige Hobbymonteur sollte bedenken, dass der Fachmann viel Erfahrung hat und durch die Weiterschulung und den ständigen Erfahrungsaustausch über den neuesten Technikstand verfügt. Mithin kann es für die Überwachung und Erhaltung der Betriebs- und Verkehrssicherheit des eigenen Fahrzeugs sinnvoll sein, in regelmäßigen Abständen eine Fachwerkstatt aufzusuchen.

Grundsätzlich muss sich der Heimwerker natürlich darüber im Klaren sein, dass man mithilfe eines Handbuches nicht automatisch zum Kfz-Mechaniker wird. Auch deshalb sollten Sie nur solche Arbeiten durchführen, die Sie sich zutrauen. Das gilt insbesondere für jene Arbeiten, die die Verkehrssicherheit des Fahrzeugs beeinträchtigen können. Gerade in diesem Punkt sorgt das »So wird´s gemacht«-Handbuch jedoch für praktizierte Verkehrssicherheit. Durch die Beschreibung der Arbeitsschritte und den Hinweis, die Sicherheitsaspekte nicht außer Acht zu lassen, wird der Heimwerker vor der Arbeit entsprechend sensibilisiert und informiert. Auch wird darauf hingewiesen, im Zweifelsfall die Arbeit lieber von einem Fachmann ausführen zu lassen.

Sicherheitshinweis
Auf verschiedenen Seiten dieses Buches stehen »Sicherheitshinweise«. Bevor Sie mit der Arbeit anfangen, lesen Sie bitte diese Sicherheitshinweise aufmerksam durch und halten Sie sich strikt an die dort gegebenen Anweisungen.

Vor jedem Arbeitsgang empfiehlt sich ein Blick in das vorliegende Buch. Dadurch werden Umfang und Schwierigkeitsgrad der Reparatur offenbar. Außerdem wird deutlich, welche Ersatz- oder Verschleißteile eingekauft werden müssen und ob unter Umständen die Arbeit nur mithilfe von Spezialwerkzeug durchgeführt werden kann. **Besonders empfehlenswert: Wenn Sie eine elektronische Kamera zur Hand haben, dann sollten Sie komplizierte Arbeitsschritte für den Wiedereinbau fotografisch dokumentieren.**

Für die meisten Schraubverbindungen ist das Anzugsdrehmoment angegeben. Bei Schraubverbindungen, die in jedem Fall mit einem Drehmomentschlüssel angezogen werden müssen (Zylinderkopf, Achsverbindungen usw.), ist der Wert **f e t t** gedruckt. Nach Möglichkeit sollte man generell jede Schraubverbindung mit einem Drehmomentschlüssel anziehen. Übrigens: Für viele Schraubverbindungen sind Innen- oder Außen-Torxschlüssel erforderlich.

Als ich Anfang der siebziger Jahre den ersten Band der »So wird´s gemacht«-Buchreihe auf den Markt brachte, wurden im Automobilbau nur ganz wenige elektronische Bauteile eingesetzt. Inzwischen ist das elektronische Management allgegenwärtig; ob bei der Steuerung der Zündung, des Fahrwerks oder der Gemischaufbereitung. Die Elektronik sorgt auch dafür, dass es in verschiedenen Bereichen keine Verschleißteile mehr gibt. Das Überprüfen elektronischer Bauteile ist wiederum nur noch mit teuren und speziell auf das Fahrzeugmodell abgestimmten Prüfgeräten möglich, die dem Heimwerker in der Regel nicht zur Verfügung stehen. Wenn also verschiedene Reparaturschritte nicht mehr beschrieben werden, so liegt das ganz einfach am vermehrten Einsatz von elektronischen Bauteilen.

Das vorliegende Buch kann nicht auf jedes technische Fahrzeug-Problem eingehen. Dennoch hoffe ich, dass Sie mithilfe der Beschreibungen viele Arbeiten am Fahrzeug durchführen können. Eines sollten Sie jedoch bei Ihren Arbeiten am eigenen Auto beachten: Ständig werden am aktuellen Modell Änderungen in der Produktion durchgeführt, so dass sich die im Buch veröffentlichten Arbeitsanweisungen und Einstelldaten für Ihr spezielles Modell geändert haben könnten. Sollten Zweifel auftreten, erfragen Sie bitte den aktuellen Stand beim Kundendienst des Automobilherstellers.

Rüdiger Etzold

Inhaltsverzeichnis

Mercedes C-Klasse (204)

Aus dem Inhalt:

- **Modellvarianten**
- **Fahrzeugidentifizierung**
- **Motordaten**

Die dritte Generation der Mercedes-C-Klasse mit der internen Typenbezeichnung 204 kam im März 2007 auf den Markt. Wenige Monate nach dem Produktionsstart der viertürigen Limousine lief im Dezember 2007 die Fertigung des T-Modells an.

Erstmals bietet die Frontpartie bei einer Mercedes-Limousine ein Erkennungszeichen, um die Modellvarianten deutlicher voneinander abzuheben. Denn während sich der Mercedes-Stern bei den Ausstattungslinien »Classic« und »Elegance« wie bisher auf der Motorhaube befindet, trägt die sportlich betonte »Avantgarde«-Linie den Stern im Kühlergrill.

Bei der Vorderachse setzt DAIMLER auf das bewährte Federbein-System mit Schraubenfedern, Zweirohr-Stoßdämpfern und Stabilisator. Die Hinterachse besteht, wie auch schon beim Vorgänger-Modell, aus einem Raumlenkersystem mit Schraubenfedern, Stabilisator und Einrohr-Gasdruckstoßdämpfern.

Für den Antrieb stehen verschiedene Benzin- und Dieselmotoren mit unterschiedlichem Leistungsspektrum zur Verfügung.

Im März 2011 erfolgte ein Facelift bei dem Frontstoßfänger, untere Lufteinlässe und Scheinwerfer neu gestaltet wurden. Die Klarglas-Scheinwerfer wurden noch mehr in die Motorhaube integriert. In der Bi-Xenon-Ausführung symbolisiert das Standlicht im Scheinwerfer ein zur Mitte hin gerichtetes "C" und die Blinkleuchte sitzt als LED-Band unten im Scheinwerfer. Auf Querspangen in den äußeren Lufteinlässen ist das waagerechte LED-Tagfahrlicht angebracht.

Ein stilisiertes C findet sich ebenfalls bei den seitlichen Blinkleuchtem in den Außenspiegeln und bei den LED-Blinkleuchten in der Mitte der Heckleuchten wieder. Die Heckleuchten wurden durch ein durchgehend überspanntes Deckglas noch mehr in das Heck integriert.

Im Innenraum wurde das Cockpit komplett überarbeitet, die Schalter aktualisiert und die Mittelkonsole ebenso wie das Kombiinstrument mit einem Farb-TFT-Display ausgestattet. Die ECO-Start-Stopp-Funktion ist jetzt serienmäßig vorhanden. Außerdem sind auf Wunsch neue Assistenzsysteme erhältlich, wie zum Beispiel: Adaptiver Fernlicht-Assistent, aktiver Totwinkel-Assistent, aktiver Spurhalte-Assistent, Geschwindigkeitslimit-Assistent, automatische Einparkführung und Abstandshalte-Assistent Distronik.

C-Klasse, Modell »Elegance« 3/07 – 2/11

C-Klasse, Modell »Avantgarde« 3/07 – 2/11

C-Klasse seit 3/11, Frontansicht

C-Klasse seit 3/11, Heckansicht

Fahrzeug- und Motoridentifizierung

Fahrgestellnummer

Anhand der Fahrgestellnummer kann das Fahrzeugmodell identifiziert werden. In der Fahrgestellnummer sind Modellreihe und Karosserievariante verschlüsselt aufgeführt.

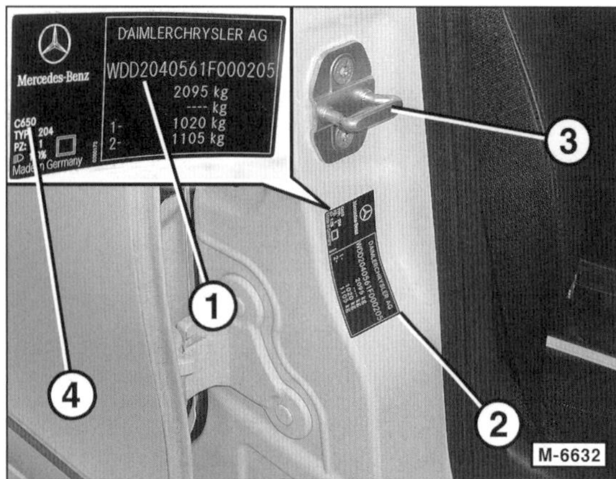

Die Fahrgestell-Nummer (Fg-Nr.) oder Fahrzeug-Identifizierungsnummer (FIN) –1– befindet sich auf dem Typschild –2– unterhalb des Türschließzapfens –3– der Beifahrertür.

Die Fahrgestell-Nummer (Fg-Nr.) oder Fahrzeug-Identifizierungsnummer (FIN) –1– befindet sich auf dem Typschild –2– unterhalb des Türschließzapfens –3– der Beifahrertür. 4 – Lacknummer.

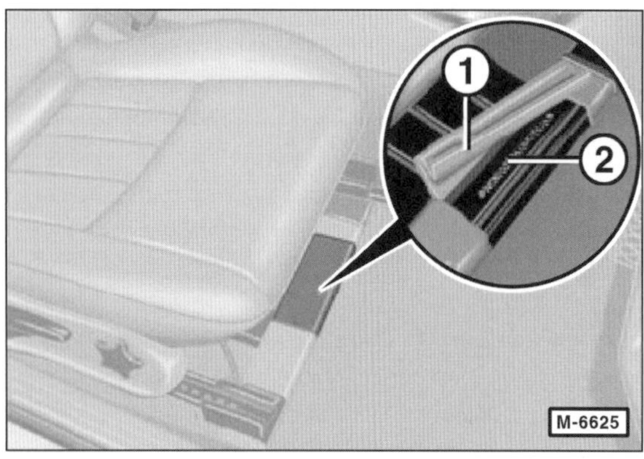

Zusätzlich zur Angabe auf dem Typschild ist die Fahrzeug-Ident-Nummer (FIN) in die Karosserie eingeschlagen. Sie ist unten vor dem Beifahrersitz angebracht. Damit die FIN –2– sichtbar wird, Beifahrersitz ganz nach hinten schieben und Bodenbelag –1– nach oben klappen.

Aufschlüsselung der Fahrgestell-Nummer (FIN)

WDD	204	056	1	F	000 205
①	②	③	④	⑤	⑥

① WDD = Daimler AG

② 204 = Modell-Typ: 204 = C-Klasse

③ 056 = Ausführung
1. Ziffer: **0** = Limousine, **2** = T-Modell;
2. Ziffer: **5** = 6-Zylinder-Benzinmotor
3. Ziffer: **6** = Motor-Ausführung

④ 1 = Linkslenker

⑤ F = Herstellerwerk: F, G, H = Bremen; A, B, C, D, E = Sindelfingen; J = Rastatt

⑥ 000 205 = fortlaufende Seriennummer

Motornummer

Die Motornummer ist in den Motorblock eingeschlagen und befindet sich am Getriebeflansch rechts oben, in Fahrtrichtung gesehen. **Hinweis:** In der Abbildung ist der Motor 275 dargestellt.

Aufschlüsselung der Motornummer:

271	950	30	112 278
①	②	③	④

① 271 = 4-Zylinder-Benzinmotor, 272 = 6-Zylinder-Benzinmotor, 156 = 8-Zylinder-Benzinmotor, 646 = 4-Zylinder-Dieselmotor, 651 = 4-Zylinder-Dieselmotor, 642 = 6-Zylinder-Dieselmotor

② 950 = Motorvariante

③ 30 = Füllzeichen

④ 112 278 = Fortlaufende Seriennummer

Motordaten

Modell	C180K	C180K	C180BE	C180	C200K	C200	C230	C250
Typ	204.045	204.046	204.049	204.031	204.041	204.048	204.052	204.047
Motorbezeichnung	271.910	271.952	271.820	274.910	271.950	271.860	272.921	271.860
Fertigung von – bis	4/08 – 4/10	3/07 – 10/08	11/09 – 4/12	4/12 – 11/13	3/07 – 4/10	11/09 – 11/13	3/07 – 6/09	6/09 – 11/13
Hubraum cm^3	1597	1796	1796	1595	1796	1796	2496	1796
Leistung kW bei 1/min PS bei 1/min	115/5200 156/5200	115/5200 156/5200	115/5000 156/5000	115/5300 156/5300	135/5500 184/5500	135/5500 184/5500	150/6100 204/6100	150/5500 204/5500
Drehmoment Nm bei 1/min	230/3000	230/2500	250/1600	250/1250	250/2800	270/2800	245/2900	310/2000
Bohrung ∅ mm	82,0	82,0	82,0	83,0	82,0	82,0	88,0	82,0
Hub mm	75,6	85,0	85,0	73,7	85,0	85,0	68,4	85,0
Verdichtung	9,3	9,3	9,8	10,3	8,5	9,3	11,4	9,3
Zylinder/Ventile pro Zylinder	4/4	4/4	4/4	4/4	4/4	4/4	6/4	4/4
Motormanagement	HFM	HFM	HFM	HFM	HFM	HFM	HFM	HFM
Kraftstoff (ROZ)	Super 95	Super 95	Super 95	Super 95	Super 95	Super 95	Super 95	Super 95
Wechselmengen Motoröl Liter Kühlflüssigkeit Liter	 5,5 5,6	 5,5 5,6	 5,5 7,5	 6,1 8,5	 5,5 5,6	 5,5 7,5	 8,0 5,0	 5,5 7,5

Modell	C 280	C 300	C 350	C 350	C 350	C 63 AMG	C63AMG CBS
Typ	204.054	204.055	204.056	204.057	204.065	204.077	204.077
Motorbezeichnung	272.947	272.957	272.961	272.982	276.957	156.985	156.985
Fertigung von – bis	3/07 – 6/09	6/09 – 2/11	3/07 – 6/09	10/08 – 2/11	3/11 – 11/13	3/07 – 11/13	1/12 – 11/13
Hubraum cm^3	2996	2996	3498	3498	3498	6208	6208
Leistung kW bei 1/min PS bei 1/min	170/6000 231/6000	170/6000 231/6000	200/6000 272/6000	215/6400 292/6400	225/6500 306/6500	336/6800 457/6800	380/6800 517/6800
Drehmoment Nm bei 1/min	300/2500	300/2500	350/2400	365/3500	370/3500	600/5000	620/5200
Bohrung ∅ mm	88,0	88,0	92,9	92,9	92,9	102,2	102,2
Hub mm	82,1	82,1	86,0	86,0	86,0	94,6	94,6
Verdichtung	11,3	11,3	10,7	12,2	12,0	11,3	11,3
Zylinder/Ventile pro Zylinder	6/4	6/4	6/4	6/4	6/4	8/4	8/4
Motormanagement	HFM	HFM	HFM	HFM	HFM	HFM	HFM
Kraftstoff (ROZ)	Super 95	Super 95	Super 95	Super 95	Super 95	Super Plus 98	Super Plus 98
Wechselmengen Motoröl Liter Kühlflüssigkeit Liter	 8,0[1)] 5,0	 8,0 5,0	 8,0 5,0	 8,0 5,0	 6,5 5,0	 8,5 11,7	 8,5 11,7

[1)] Motor-Ölwechselmenge bei Fahrzeugen mit 4MATIC (Allradantrieb): 7,0 l.

Achtung: Die Füllmengen sind ungefähre Angaben. Flüssikeitsstände auf jeden Fall mit dem Ölmessstab beziehungsweise anhand der Markierungen am Kühlmittel-Ausgleichbählter überprüfen oder über die elektronische Flüssigkeitsstandanzeige abrufen.

Benzinmotor: Es kann auch die nächstniedrigere Benzinqualität (ROZ 91 oder ROZ 95) getankt werden, allerdings verringert sich dann die Leistung und der Verbrauch erhöht sich. Vollgasfahrten sollten vermieden werden.

K = **K**ompressor-Motor. **AMG** = sportliche Ausstattung, Motor mit höherer Leistung. **BE** = **B**lue **E**fficiency.

HFM = **H**eiß**f**ilm-**M**otorsteuerung = Elektronische Benzineinspritzung mit Heißfilm-Luftmassenmessung.

Modell		C 180 CDI BE	C 200 CDI	C 200 CDI BE	C 200 CDI	C 220 CDI	C 220/250 CDI
Typ		204.000	204.007	204.006	204.001	204.008	204.002/.003
Motorbezeichnung		651.913	646.811	646.812	651.913	646.811	651.911
Fertigung	von – bis	1/11 – 11/13	3/07 – 6/09	4/08 – 11/09	11/09 – 11/13	3/07 – 6/09	10/08 – 11/13
Hubraum	cm^3	2143	2148	2148	2143	2148	2143
Leistung	kW bei 1/min PS bei 1/min	88/2800 120/2800	100/3800 136/3800	100/3800 136/3800	100/2800 136/2800	125/3000 170/3000	150/4200 204/4200
Drehmoment	Nm bei 1/min	300/1400	270/1600	270/1600	360/1600	400/1400	500/1600
Bohrung	∅ mm	83,0	88,0	88,0	83,0	88,0	83,0
Hub	mm	92,0	88,3	88,3	92,0	88,3	92,0
Verdichtung		16,2	17,5	–	16,2	16,2	16,2
Zylinder/Ventile pro Zylinder		4/4	4/4	4/4	4/4	4/4	4/4
Motormanagement		EDC	EDC	EDC	EDC	EDC	EDC
Kraftstoff (ROZ)		Diesel	Diesel	Diesel	Diesel	Diesel	Diesel
Wechselmengen Motoröl Kühlflüssigkeit	 Liter Liter	 6,5 6,5	 6,5 6,0	 6,5 6,0	 6,5 6,5	 6,5 6,0	 6,5 6,5

Modell		C 300 CDI	C 320 CDI	C 350 CDI	C 350 CDI	C 350 CDI
Typ		204.092	204.022	204.023	204.025	204.092
Motorbezeichnung		642.832	642.960	642.830	642.832	642.834
Fertigung	von – bis	6/11 – 11/13	3/07 – 6/09	6/09 – 11/09	11/09 – 2/11	6/11 – 11/13
Hubraum	cm^3	2987	2987	2987	2987	2987
Leistung	kW bei 1/min PS bei 1/min	170/3800 231/3800	165/3800 224/3800	165/3800 224/3800	170/3800 231/3800	195/3800 265/3800
Drehmoment	Nm bei 1/min	540/1600	510/1600	510/1600	540/1600	620/1600
Bohrung	∅ mm	83,0	83,0	83,0	83,0	83,0
Hub	mm	92,0	92,0	92,0	92,0	92,0
Verdichtung		15,5	17,7	17,7	17,7	15,5
Zylinder/Ventile pro Zylinder		6/4	6/4	6/4	6/4	6/4
Motormanagement		EDC	EDC	EDC	EDC	EDC
Kraftstoff (ROZ)		Diesel	Diesel	Diesel	Diesel	Diesel
Wechselmengen Motoröl Kühlflüssigkeit	 Liter Liter	 8,0 5,5	 8,0 5,5	 8,0 5,5	 8,0 5,5	 8,0 5,5

CDI = **C**ommon Rail Diesel **D**irect **I**njection = Common Rail Diesel Direkt Einspritzung.

EDC = **E**lectronic **D**iesel **C**ontrol = Elektronische Diesel-Motorsteuerung.

BE = **B**lue **E**fficiency.

Achtung: Die Füllmengen sind ungefähre Angaben. Flüssikeitsstände auf jeden Fall mit dem Ölmessstab beziehungsweise anhand der Markierungen am Kühlmittel-Ausgleichbählter überprüfen oder über die elektronische Flüssigkeitsstandanzeige abrufen.

Wartung

Aus dem Inhalt:

Wartungsplan

Das **A**ktive **S**ervice **Syst**em »ASSYST PLUS« zeigt die Wartungsintervalle im Kombiinstrument an. Der erste Hinweis auf die fällige Wartung erscheint kurz vor dem nächsten Wartungstermin. Der nächste Service-Termin kann auch jederzeit über die Tasten am Multifunktionslenkrad abgerufen werden.

Beispiel für Wartungsanzeige im Kombiinstrument

»Nächster Service A in 2900 km« = Restlaufstrecke in Kilometern bis zur kleinen Wartung (Service A).

Die große Wartung wird als Serviceumfang B bezeichnet.

Die Wartung ist alle 12 Monate oder nach 25.000 km fällig, je nachdem, was zuerst eintritt. Dabei sind die Wartungsumfänge »A« und »B« im Wechsel durchzuführen. Das heißt, nachdem der »Service A« gemacht wurde, ist bei der nächsten Wartung der »Service B« fällig. Danach folgt dann wieder der »Service A«.

Für die kleine Wartung (Service A) sind alle im Wartungsplan mit ● gekennzeichneten Positionen durchzuführen. Für die »große« Wartung (Service B) sind alle mit ● und ■ gekennzeichneten Positionen auszuführen.

Im Rahmen der Wartung sind ebenfalls die zusätzlichen und mit ◆ gekennzeichneten Wartungspunkte durchzuführen. Und zwar immer dann, wenn seit der letzten Durchführung des Wartungspunktes (◆) die angegebenen Kilometer gefahren wurden beziehungsweise die angegebene Zeit verstrichen ist. Zeit- und Kilometerintervalle sind im folgenden Wartungsplan aufgeführt.

Nach erfolgter Wartung sollte die Serviceanzeige im Kombiinstrument zurückgesetzt werden, siehe Seite 43.

Motor

- ● Motor: Öl- und Filterwechsel.
- ● Kühl- und Heizsystem: Flüssigkeitsstand prüfen, Konzentration des Frostschutzmittels prüfen. Sichtprüfung auf Undichtigkeiten und äußere Verschmutzung des Kühlers.
- ■ Motor: Sichtprüfung auf Undichtigkeiten, beschädigte Bauteile und Scheuerstellen.
- ■ Keilrippenriemen: Im sichtbaren Bereich auf Verschleiß prüfen.
- ■ Abgasanlage: Sichtprüfung auf Beschädigungen.

Getriebe, Achsantrieb

- ■ Schalt- und Ausgleichgetriebe: Sichtprüfung auf Undichtigkeiten.
- ■ Zustand der Gelenkscheiben prüfen.

Fahrwerk und Lenkung

- ■ Servolenkung: Flüssigkeitsstand prüfen, gegebenenfalls Hydrauliköl auffüllen. Falls der Flüssigkeitsstand zu niedrig war, Ursache feststellen.
- ■ Vorderachsgelenke: Spiel und Befestigung prüfen, Staubkappen prüfen.
- ■ Lenkung: Faltenbälge auf Undichtigkeiten und Beschädigungen, Spur- und Lenkstangengelenke auf Spiel prüfen.

Bremsen, Reifen, Räder

- ● Bremsanlage: Flüssigkeitsstand prüfen.
- ● Bereifung einschließlich Reserverad: Reifenfülldruck prüfen.
- ● Reifendichtmittel »TIREFIT«: Falls vorhanden, Verfallsdatum prüfen und gegebenenfalls ersetzen.
- ■ Bremsanlage: Leitungen, Schläuche und Anschlüsse auf Undichtigkeiten und Beschädigungen prüfen.
- ■ Bereifung einschließlich Reserverad: Profiltiefe prüfen; Reifen auf Verschleiß, Risse und andere Beschädigungen prüfen.
- ■ Belagstärke der Bremsbeläge vorn und hinten prüfen.
- ■ Dicke und Zustand der Bremsscheiben vorn und hinten prüfen.

Karosserie/Innenausstattung/Lüftung

- ■ Staubfilter erneuern.
- ■ Anhängevorrichtung: Zustand und Funktion prüfen.
- ■ Wasserableitungen prüfen/reinigen.

Elektrische Anlage

- ● Kontrollleuchten, Symbolbeleuchtung, Innenbeleuchtung und Kofferraumbeleuchtung: Funktion prüfen.
- ● Außenbeleuchtung: Funktion prüfen.
- ● Lichthupe, Warnblinker, Blinker: Funktion prüfen.

- ● Signalhorn: Prüfen.
- ● Front- und Heckscheibenwischer: Funktion prüfen.
- ● Scheibenwaschanlage/Scheinwerfer-Waschanlage: Flüssigkeitsstand, Frostschutz und Funktion prüfen, Düsenstellung kontrollieren.
- ● Serviceanzeige im Kombiinstrument zurücksetzen.
- ■ Scheinwerfereinstellung: Prüfen.
- ■ Leuchtweitenregulierung der Scheinwerfer prüfen (nicht bei Xenon-Scheinwerfern).
- ■ Wischerblätter prüfen, gegebenenfalls erneuern.

Zusätzliche Wartungspunkte

Alle 2 Jahr

- ◆ Bremsflüssigkeit: Erneuern (möglichst im Frühjahr).
- ◆ Karosserie auf Lackschäden prüfen.
- ◆ Fahrgestell- und Karosserieteile auf Beschädigung und Korrosion prüfen.

Alle 50.000 km oder 3 Jahre

- ◆ Panorama-Schiebedach: Führungsmechanik reinigen und schmieren.
- ◆ Automatisches Getriebe 722.9: Getriebeöl und -filter wechseln (Werkstattarbeit).

Alle 75.000 km oder 4 Jahre

- ◆ Luftfiltereinsatz ersetzen.
- ◆ Dieselmotor: Kraftstofffilter wechseln.
- ◆ Benzinmotor 271/272: Zündkerzen wechseln.

Alle 250.000 km oder 15 Jahre

- ◆ Kühlmittel erneuern.
- ◆ Benzinmotor: Kraftstofffilter wechseln.

Wartungsarbeiten

Hier werden, nach den verschiedenen Baugruppen des Fahrzeugs aufgeteilt, alle Wartungsarbeiten beschrieben, die gemäß dem Wartungsplan durchgeführt werden müssen. Auf die erforderlichen Verschleißteile sowie das möglicherweise benötigte Sonderwerkzeug wird jeweils hingewiesen.

Es empfiehlt sich Reifendruck, Motorölstand und Flüssigkeitsstände für Kühlung, Wisch-/Waschanlage etc. mindestens alle 4 bis 6 Wochen zu prüfen und gegebenenfalls zu ergänzen.

Achtung: Beim **Einkauf von Ersatzteilen** ist zur Identifizierung des Fahrzeuges unbedingt die **Fahrzeug-Ident-Nummer** (Fahrgestellnummer) beziehungsweise der **KFZ-Schein** mitzunehmen. Sonst ist eine genaue Zuordnung der Ersatzteile oftmals nicht möglich.

Um ganz sicher zu sein, dass man die richtigen Ersatzteile erhalten hat, empfiehlt es sich nach Möglichkeit, das Altteil auszubauen und zum Ersatzteilhändler mitzunehmen. Dort kann man es mit dem Neuteil vergleichen.

Motor und Abgasanlage

Motor

- Motor: Öl- und Filterwechsel.
- Kühl- und Heizsystem: Flüssigkeitsstand prüfen, Konzentration des Frostschutzmittels prüfen. Sichtprüfung auf Undichtigkeiten und äußere Verschmutzung des Kühlers.
- Motor: Sichtprüfung auf Undichtigkeiten, beschädigte Bauteile und Scheuerstellen.
- Keilrippenriemen: Im sichtbaren Bereich auf Verschleiß prüfen.
- Abgasanlage: Sichtprüfung auf Beschädigungen.
- Luftfiltereinsatz ersetzen.
- Kraftstofffilter wechseln.
- Zündkerzen wechseln.
- Kühlmittel wechseln, siehe Seite 154.

Motoröl wechseln/Ölfilter ersetzen

Erforderliches Spezialwerkzeug:

Wenn das Motoröl abgesaugt wird:

- Ölabsauggerät.
- Ölauffangbehälter.

Wenn das Motoröl abgelassen wird:

- Grube oder einen hydraulischen Wagenheber mit Unterstellböcken.
- Je nach Motor Steckschlüsseleinsatz SW 27 und HAZET 2169 zum Lösen des Ölfilterdeckels. **Hinweis:** Beim 6-Zylinder-Dieselmotor wird der Schlüssel HAZET 2169-11 benötigt.
- Ölauffangwanne, die mindestens 8 Liter Öl fasst.

Erforderliche Betriebsmittel/Verschleißteile:

- Je nach Motor 5,5 bis 8 Liter Motoröl. Es empfiehlt sich grundsätzlich, nur ein von MERCEDES freigegebenes Motoröl zu verwenden. Die Freigabe steht auf dem Ölbehälter, zum Beispiel »MB 229.5«. Es handelt sich dabei um die Blattnummer aus den MERCEDES-BENZ-Betriebsstoff-Vorschriften. Ein Motoröl für die **Benzinmotoren** muss die Freigabe **229.5** und für **Dieselmotoren 229.31** oder **229.51** aufweisen.
- Ölfiltereinsatz.
- Wenn das Motoröl abgelassen wird: Aluminium-Dichtring für die Ölablassschraube. Der Dichtring wird manchmal mit dem Filtereinsatz mitgeliefert.

Um die Betriebsverhältnisse des Motors besser überwachen zu können, soll beim Ölwechsel immer ein Öl gleichen Typs und möglichst auch gleicher Marke verwendet werden. Daher ist es zweckmäßig, bei jedem Ölwechsel ein Hinweisschild am Motor zu befestigen, auf dem Marke, Typ und Viskosität des Öles vermerkt sind.

Wahllos abwechselnder Gebrauch verschiedener Öltypen ist ungünstig. Motoröle gleichen Typs, aber verschiedener Marken sollen möglichst nicht gemischt werden. Motoröle gleichen Typs und gleicher Marke, aber verschiedener Viskosität, können im Bedarfsfall ohne weiteres nachgefüllt werden.

Achtung: Die Öl-Verkaufsstellen nehmen die entsprechende Menge Altöl kostenlos entgegen, daher beim Ölkauf Quittung und Ölkanister für spätere Altölrückgabe aufbewahren! **Um Umweltschäden zu vermeiden, keinesfalls Altöl einfach wegschütten oder dem Hausmüll mitgeben.**

Das Motoröl kann entweder durch das Ölmessstab-Führungsrohr abgesaugt werden oder aus der Ölwanne abgelassen werden. Zum Absaugen ist eine geeignete Absaugpumpe erforderlich, dabei darauf achten, dass der Absaugschlauch in das Ölmessstab-Führungsrohr passt und lang genug ist. **Achtung:** Wenn das Öl abgesaugt wird, spezielle Hinweise am Ende des Kapitels beachten.

Die **Ölwechselmenge** mit Filterwechsel steht in der Tabelle »Motordaten« auf Seite 13.

Hinweis: Die in der Tabelle angegebene Ölwechselmenge ist eine ungefähre Mengenangabe. Auf jeden Fall Ölstand mit dem Ölmessstab prüfen und gegebenenfalls korrigieren.

Motoröl ablassen

- Motor auf Betriebstemperatur bringen. Dazu Motor warm fahren, bis im Kombiinstrument die normale Kühlmitteltemperatur angezeigt wird oder bis der obere Kühlerschlauch warm wird. Anschließend noch mindestens 5 km weiterfahren, damit eine ausreichende Motoröltemperatur sichergestellt ist.
- Obere Motorabdeckung ausbauen.

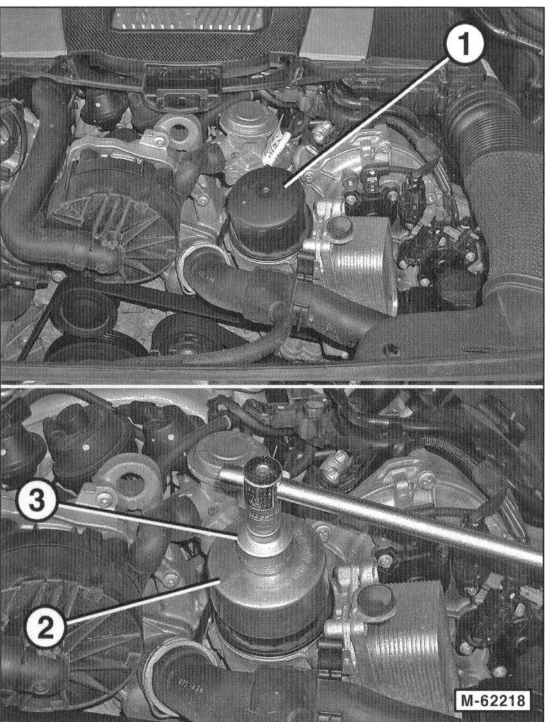

- Ölfilterdeckel –1– abschrauben. Zum Beispiel mit HAZET 2169 –2– und Stecknuss SW-27 –3–. Die Abbildung zeigt den Motor 272.

Hinweis: Für den Dieselmotor 642 wird der HAZET-Schlüssel 2169-11 benötigt.

- Ölfilterdeckel mit Filtereinsatz herausziehen.
- Motoröl mit einem Ölabsauggerät über das Ölmessstab-Führungsrohr absaugen.
- Steht das Ölabsauggerät nicht zur Verfügung, Motoröl ablassen. Dazu Fahrzeug waagerecht aufbocken oder über Montagegrube fahren.

Sicherheitshinweis
Beim Aufbocken des Fahrzeugs besteht Unfallgefahr! Deshalb vorher das Kapitel »Fahrzeug aufbocken« durchlesen.

- Untere Motorraumabdeckung ausbauen, siehe Seite 203.

Sicherheitshinweis
Darauf achten, dass beim Herausdrehen der Ölablassschraube das heiße Motoröl nicht über die Hand läuft.

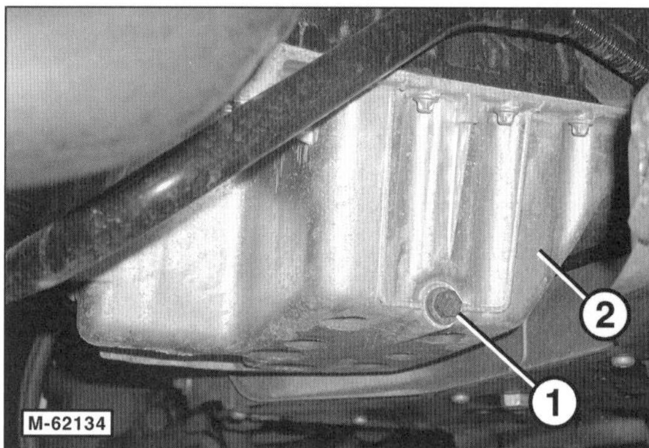

- Ölablassschraube –1– aus der Ölwanne –2– herausdrehen und Altöl ganz ablassen.
- Ölablassschraube mit **neuem** Dichtring und **30 Nm** festschrauben.
- Altöl-Auffangwanne unter dem Motor hervorziehen.

Achtung: Werden im Motoröl Metallspäne und Abrieb in größeren Mengen festgestellt, deutet dies auf Fressschäden hin, zum Beispiel Kurbelwellen- oder Pleuellagerschäden. Um Folgeschäden zu vermeiden, müssen nach der Motorreparatur die Ölkanäle und Ölschläuche sorgfältig gereinigt werden. Zusätzlich muss der Ölkühler, falls vorhanden, erneuert werden.

- Untere Motorraumabdeckung einbauen, siehe Seite 203.
- Fahrzeug ablassen.
- Dichtringe am Ölfilterdeckel und an der Öfilterführung erneuern.
- Neuen Filtereinsatz in den Deckel einsetzen.
- Schraubdeckel einschrauben und mit **25 Nm** festziehen.

Motoröl auffüllen

- Verschlussdeckel –1– öffnen und neues Öl am Einfüllstutzen des Zylinderkopfdeckels einfüllen.

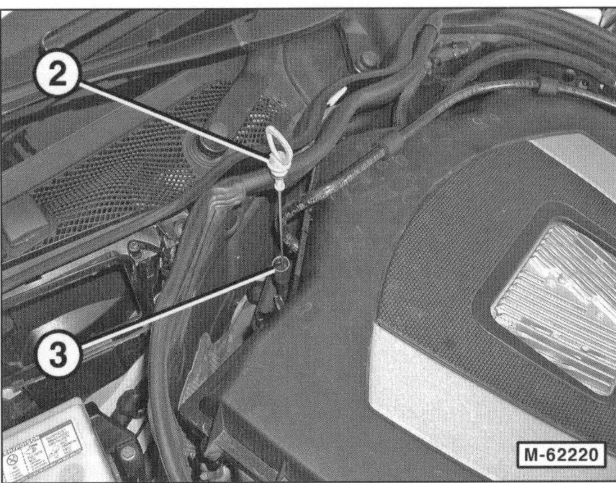

Achtung: Grundsätzlich empfiehlt es sich zunächst, ½ Liter Motoröl weniger einzufüllen, den Motor warm laufen zu lassen und nach einigen Minuten den Ölstand mit dem Messstab –2– zu kontrollieren und gegebenenfalls zu ergänzen. Zu viel eingefülltes Motoröl muss wieder abgesaugt werden, da sonst die Motordichtungen beziehungsweise der Katalysator beschädigt werden können. 3 – Führungsrohr.

- Obere Motorabdeckung einbauen.
- Nach Probefahrt Dichtigkeit der Ablassschraube und des Ölfilters überprüfen, gegebenenfalls vorsichtig nachziehen.
- Bei betriebswarmem Motor Ölstand ca. 2 Minuten nach Abstellen des Motors nochmals prüfen, gegebenenfalls korrigieren.

Motorölstand prüfen

Etwa alle 1.000 km oder vor längeren Fahrten sollte der Ölstand des Motors überprüft und gegebenenfalls ergänzt werden. Auf 1.000 km soll der Motor nicht mehr als 0,8 Liter Öl verbrauchen. Mehrverbrauch ist ein Anzeichen für verschlissene Ventilschaftabdichtungen und/oder Kolbenringe beziehungsweise Dichtungen.

Erforderliche Betriebsmittel:

- Zum Nachfüllen nur ein von MERCEDES freigegebenes Motoröl verwenden. Die Freigabe steht auf dem Ölbehälter, zum Beispiel »MB 229.5«. Es handelt sich dabei um die Blattnummer aus den MERCEDES-BENZ-Betriebsstoff-Vorschriften. Ein Motoröl für die **Benzinmotoren** muss die Freigabe **229.5** und für **Dieselmotoren 228.51, 229.31** oder **229.51** aufweisen.

Prüfen

- Motor warm fahren und Fahrzeug auf einer waagerechten Fläche abstellen.
- Nach Abstellen des Motors etwa 5 Minuten lang warten, bis sich das Öl in der Ölwanne gesammelt hat.

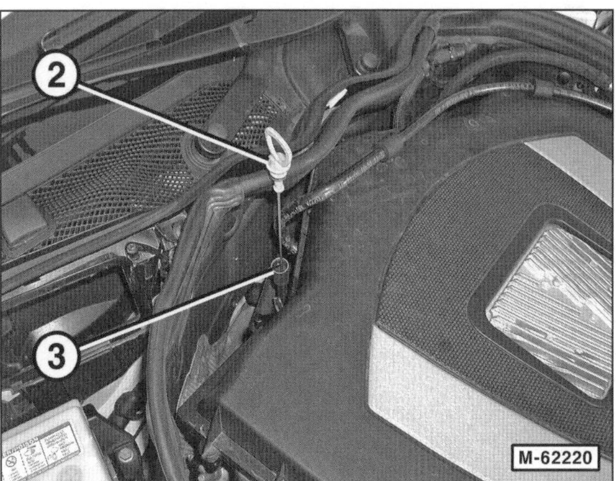

- Ölmessstab –2– herausziehen und mit sauberem Lappen abwischen. **Hinweis:** Je nach Motortyp kann sich der Ölmessstab vorn oder hinten am Motor befinden.
- Anschließend Messstab bis zum Anschlag in das Führungsrohr –3– einführen und wieder herausziehen.

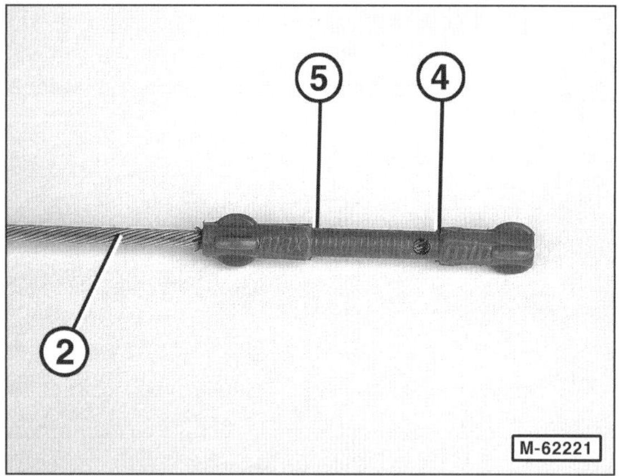

- Ölstand ablesen. Der Ölstand soll zwischen den beiden Markierungen MIN –4– und MAX –5– liegen.

Achtung: Liegt der Ölstand oberhalb der MAX-Markierung besteht die Gefahr von Katalysatorschäden.

- Liegt der Ölstand an der unteren Markierung –4– oder darunter, neues Motoröl bis zur MAX-Markierung nachfüllen. Die Füllmenge zwischen MIN- und MAX-Markierung beträgt beim 4-Zylinder-Benzinmotor etwa 1,5 Liter, bei den anderen Motoren etwa 2,0 Liter.

Achtung: Falls versehentlich zu viel Öl eingefüllt wurde, überschüssiges Öl mit einem Motoröl-Absauggerät absaugen.

- Nachgefüllt wird am Verschluss –1–. Beim Nachfüllen auf richtige Ölspezifikation achten und keine Ölzusätze verwenden.

Achtung: Wahllos abwechselnder Gebrauch verschiedener Öltypen ist ungünstig. Motoröle gleichen Typs, aber verschiedener Marken sollen möglichst nicht gemischt werden. Motoröle gleichen Typs und gleicher Marke, aber verschiedener Viskosität, können im Bedarfsfall ohne weiteres nachgefüllt werden.

Motor/Motorraum: Sichtprüfung auf Undichtigkeiten

Folgende Leitungen, Schläuche und Anschlüsse auf Undichtigkeiten, Scheuerstellen, Porosität und Brüchigkeit sichtprüfen:

- Kraftstoffleitungen.
- Kühlmittelschläuche.
- Bremsleitungen.
- Hydraulikleitungen der Servolenkung.
- Kältemittelleitungen der Klimaanlage.

Ölundichtigkeit suchen

Bei ölverschmiertem Motor und hohem Ölverbrauch überprüfen, wo das Öl austritt. Dazu folgende Stellen überprüfen:

- Öleinfülldeckel öffnen und Dichtung auf Porosität oder Beschädigung prüfen.
- Zylinderkopfdeckel-Dichtung.
- Zylinderkopfdichtung.
- Ölfilterdichtung: Ölfilterdeckel am Ölfiltergehäuse.
- Ölablassschraube (Dichtring).
- Ölwannendichtung.
- Trennstelle zwischen Motor und Getriebe (Dichtung an Schwungrad oder Getriebewelle).

Da sich bei Undichtigkeiten das Öl meistens über eine größere Motorfläche verteilt, ist die Austrittsstelle des Öls nicht auf den ersten Blick zu erkennen. Bei der Suche geht man zweckmäßigerweise wie folgt vor:

- Motorwäsche durchführen. Motor mit handelsüblichem Kaltreiniger einsprühen und nach einer kurzen Einwirkungszeit mit Wasser abspritzen. Wenn der Motor von unten abgespritzt wird, vorher Generator mit Plastiktüte abdecken.

Achtung: Motorwäsche nur in Auto-Selbstwaschanlagen mit Ölabscheider vornehmen.

- Trennstellen und Dichtungen am Motor von außen mit Kalk oder Talkumpuder bestäuben. **Hinweis:** Die Fachwerkstatt verwendet ein spezielles Lecköl-Suchspray.
- Ölstand kontrollieren, gegebenenfalls auffüllen.
- Probefahrt durchführen. Da das Öl bei heißem Motor dünnflüssig wird und dadurch schneller an den Leckstellen austreten kann, sollte die Probefahrt über eine Strecke von ca. 30 km auf einer Schnellstraße durchgeführt werden.
- Anschließend Motor mit Lampe anstrahlen, undichte Stelle lokalisieren und Fehler beheben.

Kühlsystem prüfen

- Kühlmittelschläuche durch Zusammendrücken und Verbiegen auf poröse Stellen untersuchen, hart gewordene und aufgequollene Schläuche erneuern.
- Die Schläuche dürfen nicht zu kurz auf den Anschlussstutzen sitzen.

- Festen Sitz der Schlauchschellen kontrollieren, gegebenenfalls Schellen erneuern.

- Dichtung –1– des Ausgleichbehälter-Verschlussdeckels –2– auf Beschädigungen überprüfen.

Achtung: Ein zu niedriger Kühlmittelstand kann auch von einem nicht richtig aufgeschraubten Verschlussdeckel herrühren.

- Zustand des Kühlmittels prüfen. Das Kühlmittel darf kein Öl enthalten und nicht übermäßig verschmutzt sein.
- Deutlicher Kühlmittelverlust und/oder Öl in der Kühlflüssigkeit sowie weiße Abgaswolken bei warmem Motor deuten auf eine defekte Zylinderkopfdichtung hin.

Achtung: Mitunter ist es schwierig, die Kühlmittel-Leckstelle ausfindig zu machen. Dann empfiehlt sich eine Druckprüfung des Kühlsystems. Hierbei kann ebenfalls das Überdruckventil des Verschlussdeckels geprüft werden.

- Gegebenenfalls Kühlsystem unter Druck prüfen, siehe Seite 160.

Sichtprüfung der Abgasanlage

> **Sicherheitshinweis**
> Beim Aufbocken des Fahrzeugs besteht Unfallgefahr! Deshalb vorher das Kapitel »Fahrzeug aufbocken« durchlesen.

- Fahrzeug aufbocken.
- Untere Motorraumabdeckung ausbauen, siehe Seite 203.
- Befestigungsschellen auf festen Sitz prüfen.
- Abgasanlage mit Lampe anstrahlen und auf Löcher, durchgerostete Teile sowie Scheuerstellen absuchen.
- Stark gequetschte Abgasrohre ersetzen.

Kühlmittelstand prüfen

Erforderliche Betriebsmittel zum Nachfüllen:

- Kühlerfrostschutzmittel. Spezifikation siehe auch Kapitel »Motor-Kühlung«.
- Sauberes, kalkarmes Wasser in Trinkwasserqualität.

Prüfen

Der Kühlmittelstand sollte in regelmäßigen Abständen, zumindest aber vor jeder größeren Fahrt geprüft werden. Zum Nachfüllen – auch in der warmen Jahreszeit – nur eine Mischung aus Kühlerfrostschutzmittel und kalkarmem, sauberem Wasser verwenden.

Achtung: Um die Weiterfahrt zu ermöglichen, kann auch, insbesondere im Sommer, reines Wasser nachgefüllt werden. Der Kühlerfrost- und Korrosionsschutz muss dann jedoch baldmöglichst korrigiert werden. **Hinweis:** Kühlmittelzusätze, die zum Beispiel einen zusätzlichen Korrosionsschutz oder ein Abdichten von geringen Undichtigkeiten bewirken sollen, möglichst nicht verwenden. Bedingt durch den schlechteren Wärmeübergang vom Zylinderkopf an das Kühlmittel kann es zu Hitzestauungen kommen, was unter ungünstigen Umständen zum Durchbrennen der Zylinderkopfdichtung oder zu Rissen im Zylinderkopf führen kann.

> **Sicherheitshinweis**
> Verschlussdeckel nicht bei heißem Motor öffnen. **Verbrühungsgefahr!** Der Kühlmittelstand wird bei kaltem Motor, Temperatur etwa +20° C, geprüft.

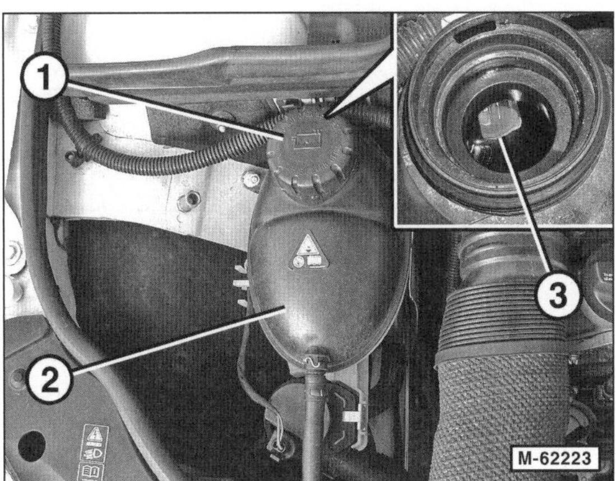

- Verschlussdeckel –1– am Kühlmittel-Ausgleichbehälter –2– vorsichtig öffnen. Falls die Kühlflüssigkeit noch nicht ganz auf Umgebungstemperatur abgekühlt ist, Verschlussdeckel beim Öffnen zuerst etwas aufdrehen und Überdruck entweichen lassen. Danach Deckel weiterdrehen und abnehmen. **Achtung:** Bei warmem Kühlmittel beim Öffnen einen dicken Lappen über den Deckel legen.
- Der Kühlmittelstand muss bei kaltem Motor (Umgebungstemperatur) bis zur Oberkante des Kunststoffstegs –3– im Kühlmittel-Ausgleichbehälter –2– reichen. Bei warmem Motor soll der Kühlmittelstand etwa 1,5 cm über dem Steg liegen.

Achtung: Kühlflüssigkeiten unterschiedlicher Spezifikation oder Farbe dürfen nicht miteinander gemischt werden, sonst können schwerwiegende Motorschäden auftreten. Wurde versehentlich falsches Kühlkonzentrat eingefüllt, Kühlsystem sofort entleeren und mit klarem Wasser durchspülen.

- Liegt der Kühlmittelstand bei kaltem Motor unterhalb der Steg-Oberkante, Kühlmittel nachfüllen, bis der Steg unterhalb des Flüssigkeitsspiegels liegt.
- Kühlmittel nur bei **kaltem Motor** nachfüllen, um Motorschäden zu vermeiden.
- Sichtprüfung auf Dichtheit durchführen, wenn der Kühlmittelstand in kurzer Zeit absinkt.

Frostschutz prüfen

Erforderliches Spezialwerkzeug:

- Prüfspindel zum Messen des Frostschutzanteils beziehungsweise HAZET-Prüfgerät 4810-C für Säuredichte und Frostschutzanteil.

Erforderliche Betriebsmittel zum Nachfüllen:

- Kühlkonzentrat. Es empfiehlt sich nur ein von MERCEDES freigegebenes Kühlkonzentrat zu verwenden. Die Freigabe steht auf dem Flüssigkeitsbehälter, zum Beispiel »MB 325.0«. Es handelt sich dabei um die Blattnummer aus den MERCEDES-BENZ-Betriebsstoff-Vorschriften. Das Kühlkonzentrat muss die Freigabe **325.0** oder **326.0** aufweisen.
- Sauberes, kalkarmes Wasser in Trinkwasserqualität oder destilliertes Wasser.

Vor Beginn der kalten Jahreszeit sollte sicherheitshalber die Konzentration des Frostschutzmittels geprüft werden.

Prüfung mit einer Prüfspindel:

Hinweis: Eventuell ist es erforderlich, die **Prüfspindel zu eichen**. Dabei ist folgendermaßen vorzugehen: 50 ml Kühlkonzentrat mit 50 ml destilliertem Wasser mischen. Diese Mischung hat einen Frostschutz von –37° C. Frostschutz mit der Prüfspindel messen und eventuelle Abweichung zum Sollwert von –37° C notieren. **Beispiel:** Die Prüfspindel zeigt –31° C an. Die Abweichung beträgt also –6° C. Wird dann am Fahrzeug ein Wert von –16° C gemessen, dann beträgt der tatsächliche Frostschutz (–16°) + (–6°) = –22° C.

- Motor warm fahren, bis der obere Kühlmittelschlauch zum Kühler etwa handwarm ist. Die Kühlmitteltemperatur im Ausgleichbehälter sollte ca. +20° C betragen.
- Verschlussdeckel am Ausgleichbehälter vorsichtig öffnen. **Achtung:** Nicht bei heißem Motor öffnen, siehe unter »Kühlmittelstand prüfen«.

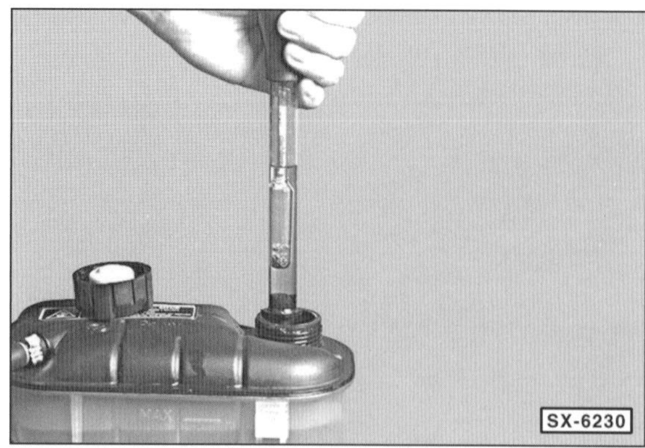

- Mit der Prüfspindel die Kühlflüssigkeit ansaugen und am Schwimmer die Kühlmitteldichte ablesen. Der Frostschutz soll in unseren Breiten bis –37° C reichen, was einem Frostschutzanteil von 50% entspricht. **Hinweis:** Die Abbildung zeigt nicht den Ausgleichbehälter der MERCEDES C-KLASSE.
- Gegebenenfalls Kühlkonzentrat nach Tabelle ergänzen.

Kühlkonzentrat ergänzen

Beispiel: Die Frostschutz-Messung mit der Spindel ergibt beim C200 einen Frostschutz bis –10° C. In diesem Fall aus dem Kühlsystem 2,1 l Kühlflüssigkeit ablassen und dafür 2,1 l reines Kühlkonzentrat auffüllen. Dadurch wird ein Frostschutz bis ca. – 37° C erreicht.

Gemessener Wert in °C ➡			0	–5	–10	–15	–20	–30	Füll-menge
Modell	Motortyp	Sollwert	Differenzmenge in Liter						
C180/200/250	271	– 37°	2,8	2,3	2,1	1,8	1,5	0,8	5,6
		– 45°	3,1	2,7	2,5	2,2	1,9	1,3	
C230/280, C300/350	272	– 37°	2,5	2,1	1,9	1,6	1,3	0,7	5,0
		– 45°	2,8	2,4	2,2	2,0	1,7	1,1	
C63AMG	156	– 37°	5,9	4,9	4,4	3,8	3,1	1,6	11,7
		– 45°	6,4	5,6	5,1	4,6	4,0	2,6	
C200/220CDI	646	– 37°	3,0	2,5	2,3	1,9	1,6	0,8	6,0
		– 45°	3,3	2,9	2,6	2,4	2,0	1,3	
C180/200CDI, C220/250CDI	651	– 37°	2,9	2,4	2,1	1,8	1,5	0,8	6,5
		– 45°	3,1	2,7	2,5	2,2	1,9	1,3	
C300/320CDI, C350CDI	642	– 37°	2,8	2,3	2,1	1,8	1,5	0,8	5,5
		– 45°	3,0	2,6	2,4	2,2	1,9	1,2	

Hinweis: Die in der Tabelle angegebenen Werte gelten bei einer Kühlflüssigkeitstemperatur von ca. +20° C. Der Frostschutz-Sollwert wird in °C angegeben.

- Verschlussdeckel am Ausgleichbehälter verschließen und nach Probefahrt Frostschutz erneut überprüfen.

Achtung: Eine zu hohe Konzentration des Frostschutzmittels führt zu einer Verschlechterung von Kühl- und Frostschutzwirkung. Dies ist der Fall bei einem Frostschutzanteil über ca. 55 %.

Keilrippenriemen prüfen

Spezialwerkzeug ist nicht erforderlich.

Zustand prüfen

- Zündung ausschalten. Getriebe in Leerlaufstellung.

- Keilrippenriemen –1– an einer gut sichtbaren Stelle mit einem Kreidestrich –-2– markieren.
- Motor stückweise durchdrehen, bis sich der angebrachte Kreidestrich wieder an gleicher Stelle befindet. Dabei den Zustand des Keilrippenriemens sichtprüfen.

Keilrippenriemen auf folgende Beschädigungen prüfen:

- Öl- und Fettspuren.

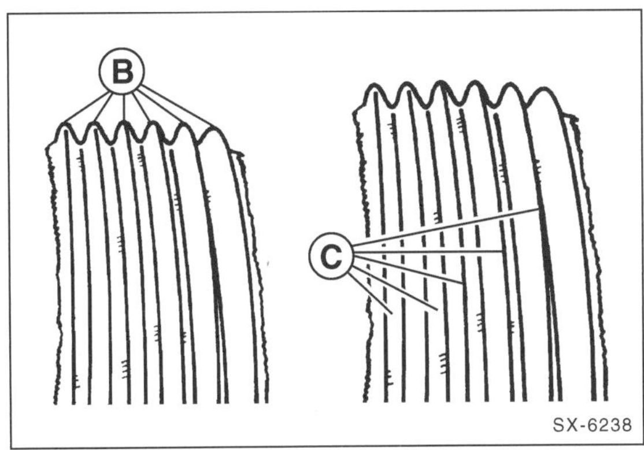

- Flankenverschleiß: Rippen laufen spitz zu –B–, neu sind sie trapezförmig.
- Der Zugstrang ist im Rippengrund sichtbar, erkennbar an den helleren Stellen –C–.

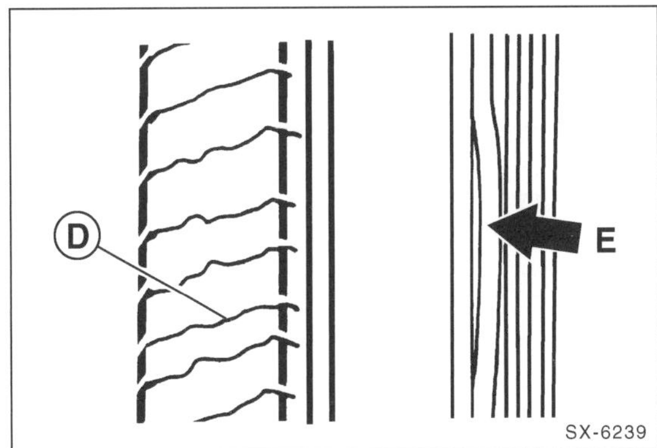

- Querrisse –D– auf der Rückseite des Riemens.
- Einzelne Rippen lösen sich ab –E–.

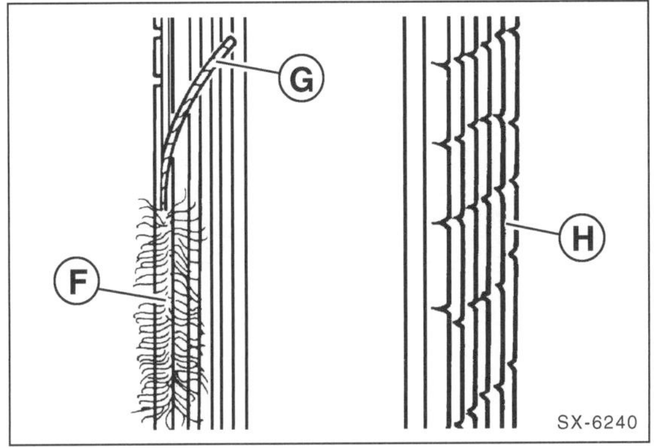

- Ausfransungen der äußeren Zugstränge –F–.
- Zugstrang seitlich herausgerissen –G–.
- Querrisse –H– in mehreren Rippen.

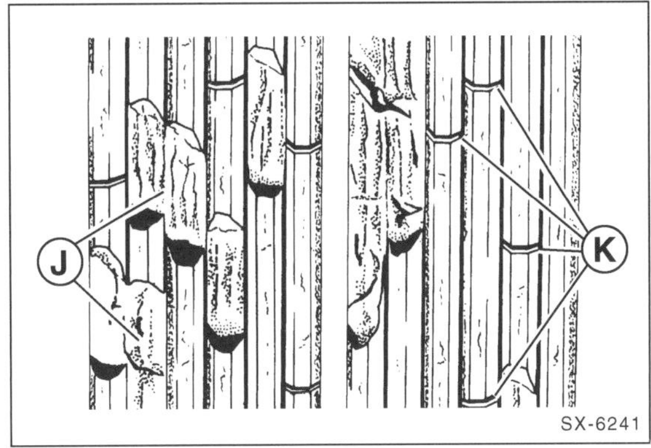

- Rippenbrüche –J–.
- Rippenquerrisse –K–.
- Einlagerung von Schmutz und Steinen zwischen den Rippen.
- Gummiknollen im Rippengrund.
- Sind eine oder mehrere dieser Beschädigungen vorhanden, Keilrippenriemen ersetzen, siehe Seite 150.
- Zündung ausschalten und Zündschlüssel abziehen.

Motor-Luftfilter: Filtereinsatz erneuern

Spezialwerkzeug ist nicht erforderlich.

Erforderliche Verschleißteile:

- Filtereinsatz.

Benzinmotor 271

Ausbau

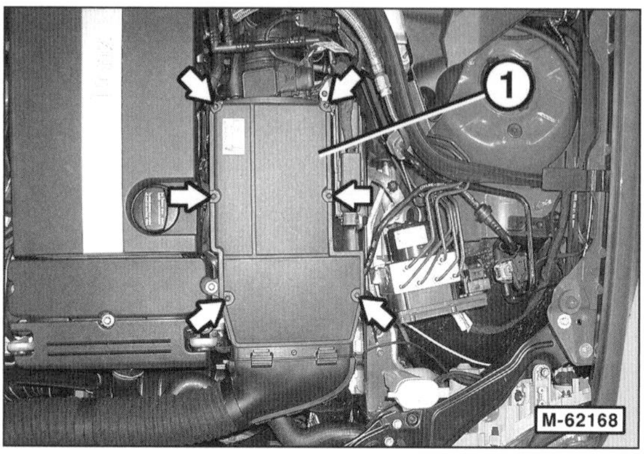

- 6 Schrauben –Pfeile– mit Torx-Schraubendreher T25 herausdrehen und Luftfilterdeckel –1– abheben.

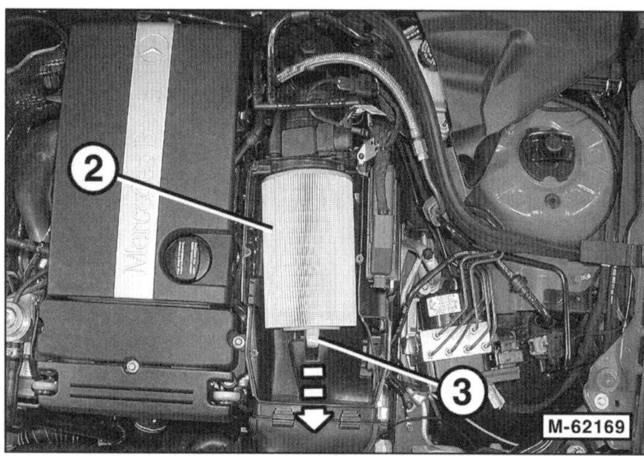

- Luftfilter –2– am Griff –3– etwas nach oben aus der Aufnahme ziehen und nach vorn herausnehmen –Pfeil–.
- Filtergehäuse innen mit sauberem Lappen auswischen.

Einbau

- Neuen Filtereinsatz an der Öffnung im Luftfiltergehäuse ansetzen und Griff in die Aufnahme nach unten drücken.
- Luftfilterdeckel auflegen und anschrauben.

Benzinmotor 272

Ausbau

Der Luftfiltereinsatz sitzt in der hinteren, oberen Motorabdeckung.

- Vordere, obere Motorabdeckung nach oben abziehen.

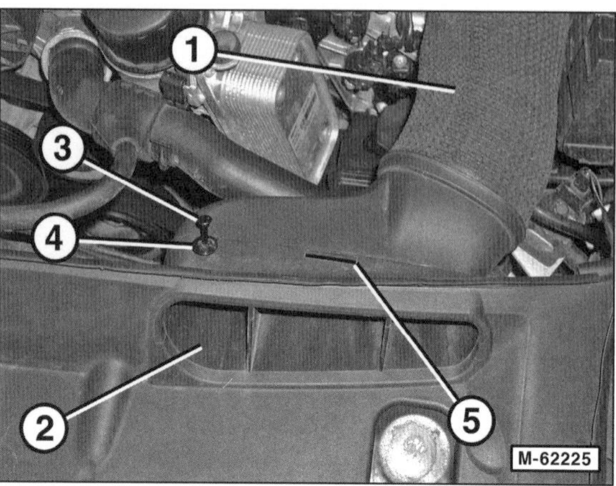

- Luftansansaugschläuche –1– links und rechts von den Ansaughutzen –2– abbauen. Dazu jeweils Stift –3– und anschließend Spreizclip –4– herausziehen. Luftschlauch mit der Öse –5– von der Hutze abclipsen und abziehen.
- Hintere, obere Motorabdeckung von den Führungen nach oben abziehen und umgekehrt auf einer weichen Unterlage ablegen.

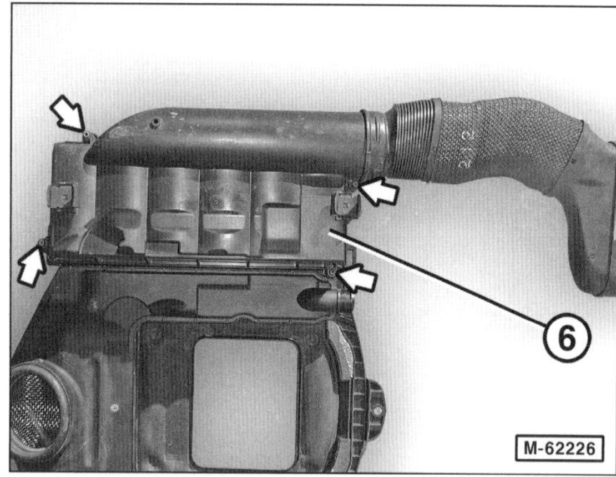

- Luftfiltergehäuse –6– von der Motorabdeckung abschrauben –Pfeile–. **Achtung:** Die Schrauben verbleiben im Gehäuse.

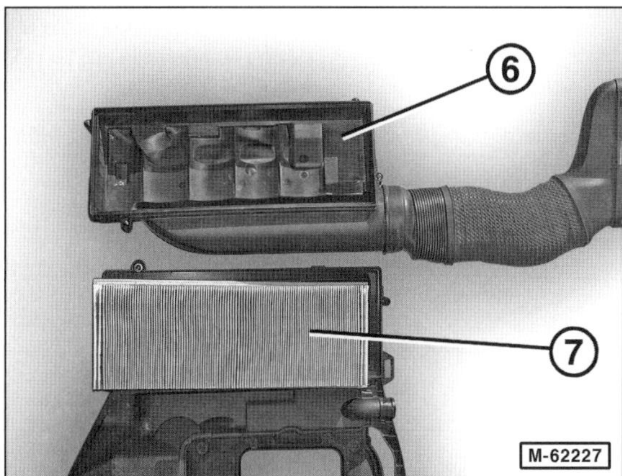

- Filtergehäuse abnehmen, umdrehen und Filtereinsatz –7– herausnehmen.
- Filtergehäuse mit einem sauberen Lappen auswischen.

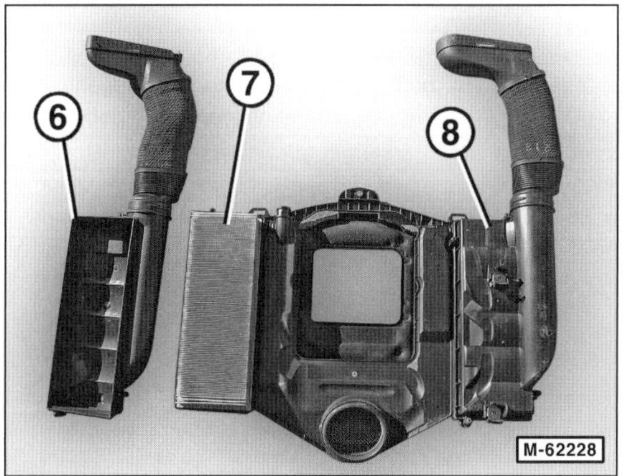

- Neuen Filtereinsatz –7– einsetzen und Gehäuse –6– an der Motorabdeckung anschrauben.
- Filtereinsatz im zweiten Gehäuse –8– auf die gleiche Weise ersetzen.
- Hintere, obere Motorabdeckung über dem Motor ausrichten und in die Führungen eindrücken.
- Vordere, obere Motorabdeckung einbauen.

Dieselmotor 646

Ausbau

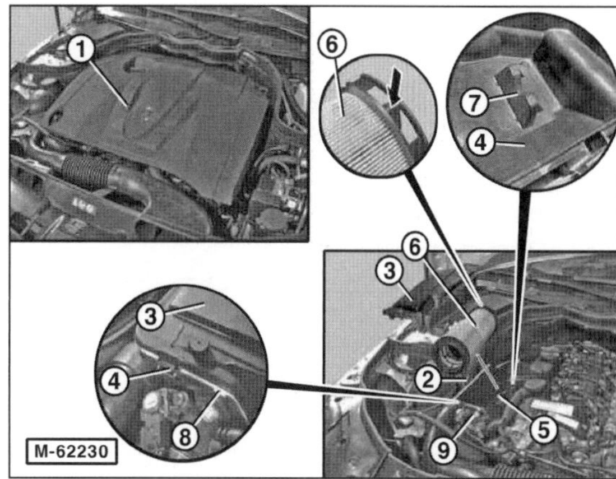

- Obere Motorabdeckung –1– links und rechts greifen und nach oben abziehen.
- 6 Blechklammern –2– für Luftfilterdeckel –3– mit einem Schraubendreher abhebeln.
- Verriegelung –4– ausrasten und Luftfilterdeckel –3– vom Gehäuse –5– abnehmen.
- Luftfiltereinsatz –6– hinten etwas anheben und vom Stutzen des Luftmassenmessers –9– abziehen. 8 – Dichtung.
- Luftfiltereinsatz herausnehmen.

Einbau

- Luftfiltereinsatz am Stutzen des Luftmassenmessers aufschieben und mit dem hinteren Griff –Pfeil– in die Aufnahme –7– am Luftfiltergehäuse –4– nach unten drücken.
- Der weitere Einbau erfolgt in umgekehrter Ausbaureihenfolge. Schrauben für Abdeckungen mit **9 Nm** festziehen. Beim Aufdrücken der oberen Motorabdeckung darauf achten, dass keine Leitungen eingeklemmt werden.

Dieselmotor 642

Ausbau

- Obere Motorabdeckung ausbauen. Dazu Motorabdeckung zuerst hinten anheben und aus den Halteclips ziehen, dann vorn anheben und ausclipsen.
- Elektrische Steckverbindung für Drucksensor am, in Fahrtrichtung gesehen, linken Luftfiltergehäuse abziehen.
- Verbindungsschläuche vom Luftansaugkanal zum rechten und linken Luftfiltergehäuse ausbauen, dazu Schlauchschellen öffnen.
- Luftfiltergehäuse mit jeweils 2 Schrauben abschrauben und nach oben herausziehen.

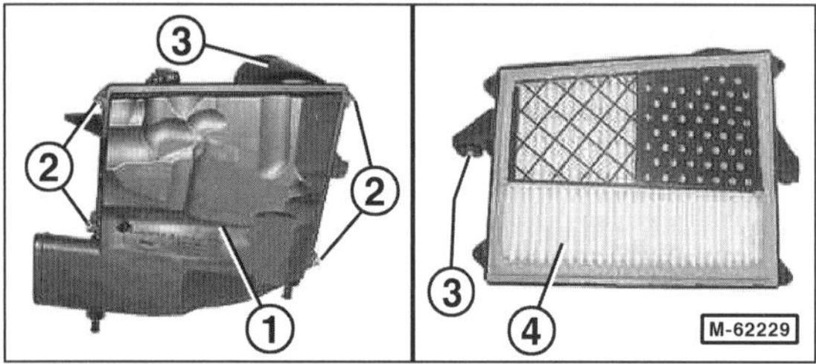

- Deckel –1– vom jeweiligen Luftfiltergehäuse mit 4 Schrauben –2– abschrauben und vom Filtergehäuse –3– abheben.
- Filtereinsatz –4– aus dem Filterhäuse –3– herausnehmen und Filtergehäuse innen reinigen.

Einbau

- Der Einbau erfolgt in umgekehrter Ausbaureihenfolge. **Hinweis:** Gummis in der unteren Halterung für das Luftfiltergehäuse auf festen Sitz prüfen und zum Einbau des Luftfilters mit handelsüblichem Gleitmittel benetzen. Anzugsdrehmement für Luftfiltergehäuse: **9 Nm**.

Hinweis: Nach Ersetzen des Luftfilters gegebenenfalls »Mengen-Mittelwert-Adaptionsdaten« im Motor-Steuergerät zurücksetzen lassen (Werkstattarbeit).

Dieselmotor 651

Ausbau

- Massekabel (–) abklemmen. **Hinweis:** Kein Ruhestromerhaltungsgerät anschließen.
- Obere Motorabdeckung ausbauen, siehe Seite 149.

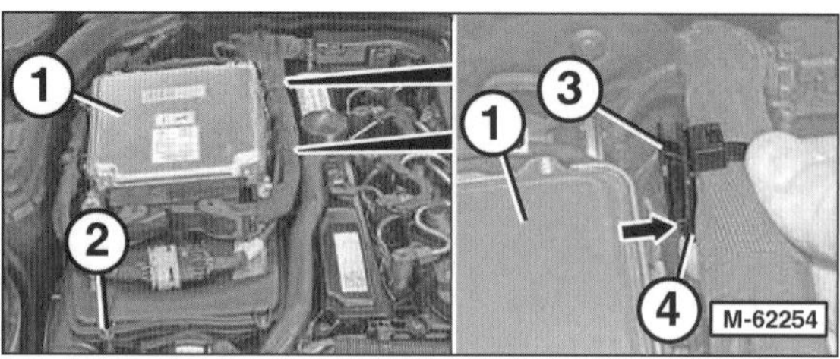

- Halterungen –4– der elektrischen Zuleitung am CDI-Steuergerät –1– abbauen. Dazu jeweils beide Rasten –3– in Pfeilrichtung aushaken und Halterungen –4– nach oben aus den Führungen ziehen.
- Schrauben –2– lösen. **Hinweis:** Die 7 Schrauben –2– verbleiben im Luftfiltergehäusedeckel.

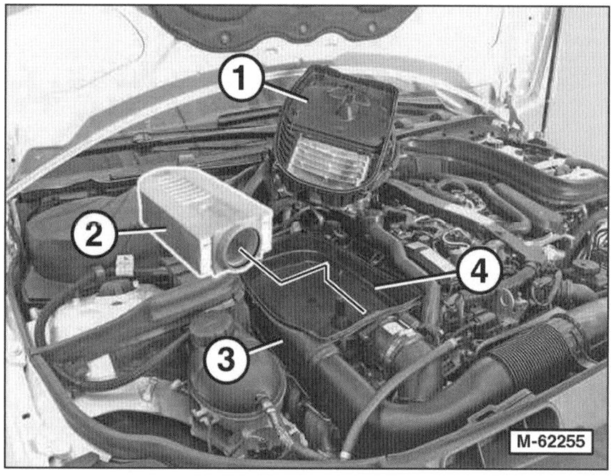

- Luftfiltergehäusedeckel –1– vorsichtig abhebeln und nach hinten legen.
- Luftfiltereinsatz –2– hinten anheben und vorn vom Stutzen am Luftfiltergehäuse –3– abziehen.

Einbau

- Innenseite vom Luftfiltergehäuse –4– und Luftfiltergehäusedeckel mit einem sauberen Lappen auswischen.
- Neuen Luftfiltereinsatz am Stutzen des Luftfiltergehäuses aufschieben.
- Der weitere Einbau erfolgt in umgekehrter Ausbaureihenfolge.

Kraftstofffilter aus- und einbauen

Sicherheitshinweis:
Kein offenes Feuer, nicht rauchen. Unfallgefahr! Feuerlöscher bereitstellen. Unbedingt für gute Belüftung des Arbeitsplatzes sorgen. Kraftstoffdämpfe sind giftig. Schutzbrille tragen.

Dieselmotor 646/651

Der Kraftstofffilter ist im Motorraum links neben dem Motor angeordnet.

Ausbau

- Zündung ausschalten.
- Obere Motorabdeckung ausbauen, siehe Seite 149.

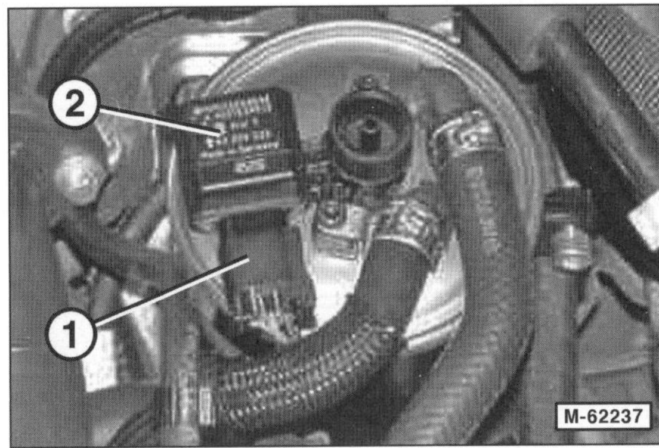

- Falls vorhanden, Stecker –1– vom Wassersatzsensor –2– entriegeln und abziehen. Wassersatzsensor abschrauben.

Achtung: Auslaufenden Kraftstoff in geeignetem Behälter und mit dickem, saugfähigem Lappen auffangen.

Hinweis: Falls erforderlich, Kraftstoffschläuche vor dem Ausbau mit Klebeband markieren, damit sie beim Einbau nicht verwechselt werden.

- Kraftstoffschläuche –2– am Kraftstofffilter –3– abziehen. Dazu Clic-Schellen –4– mit einer Klemmzange öffnen. **Achtung:** Clic-Schellen immer erneuern, keine Schraub- oder Federbandschellen verwenden.
- **Motor 651:** Kabelbinder für Entwässerungsschlauch an der Hochdruckleitung öffnen. Einbaulage des Entwässerungsschlauchs mit Filzstift oder Klebeband markieren. **Achtung:** Bei einem Kraftstofffilter mit langem Entwässerungsschlauch, den Schlauch nicht am Heizelement abziehen, das führt sonst später zu Undichtigkeiten.
- Bügel –5– öffnen und Kraftstofffilter –3– nach oben aus dem Halter –6– herausziehen.

Einbau

- Kraftstoffschläuche auf Beschädigungen sichtprüfen, gegebenenfalls ersetzen.
- Neuen Kraftstofffilter vor dem Einbau mit sauberem dieselkraftstoff füllen, dadurch wird die Kraftstoffanlage schneller entlüftet.
- Neuen Kraftstofffilter einsetzen und bis zum Anschlag nach unten drücken. **Hinweis:** Haltebügel erst nach Einbau der Kraftstoffschläuche schließen.
- Kraftstofffilter so ausrichten, dass die Kraftstoffschläuche nicht geknickt oder auf Zug beansprucht werden.
- Kraftstoffschläuche entsprechend der angebrachten Markierungen am Kraftstofffilter aufschieben und mit **neuen** Clic-Schellen sichern.
- **Motor 651:** Bei einem Kraftstofffilter mit langem Entwässerungsschlauch diesen entsprechend den Markierungen vor dem Ausbau verlegen und mit einem Kabelbinder an der Hochdruckleitung befestigen.
- Sicherungsbügel für Kraftstofffilter schließen.
- Falls ausgebaut, Wassersatzsensor mit neuen Dichtringen einsetzen und mit **2 Nm** anschrauben.
- Motor starten, Dichtheit der Kraftstoffanlage sichtprüfen.
- Obere Motorabdeckung einbauen, siehe Seite 149.

Dieselmotor 642

Ausbau

- Obere Motorabdeckung ausbauen. Dazu Motorabdeckung zuerst hinten anheben und aus den Halteclips ziehen, dann vorn anheben und ausclipsen.

- Luftansaugkanal –1– ausbauen.
  - ◆ Rechtes Luftfiltergehäuse –2– ausbauen; Anzugsdrehmoment: **9 Nm**.

◆ Stecker vom Luftmassenmesser abziehen.
◆ Stecker vom Heizelement für die Entlüftungsleitung abziehen.
◆ Schlauch für Kurbelgehäuseentlüftung abziehen.
◆ Schlauchschellen –3– an Turbolader und linkem Luftfiltergehäuse öffnen.
◆ Luftansaugkanal –1– nach vorn abnehmen. 4 – Kraftstoff-Vorlaufschlauch; 5 – Kraftstoffschlauch zur Hochdruckpumpe; 6 – Kraftstofffilter; 7 – Klemmschraube.

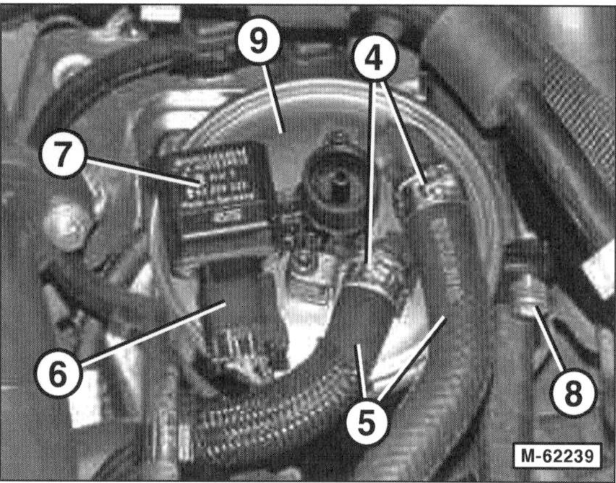

Hinweis: Falls erforderlich, Kraftstoffschläuche vor dem Ausbau mit Klebeband markieren, damit sie beim Einbau nicht verwechselt werden.

- Clic-Schellen –4– mit Klemmzange, zum Beispiel HAZET 798-3, öffnen und Kraftstoffschläuche –5– abziehen. **Hinweis:** Austretenden Kraftstoff mit dickem Lappen auffangen.
- Falls vorhanden, Stecker –6– vom Wassersatzsensor entriegeln abziehen. Wassersatzsensor –7– abschrauben.
- Klemmschraube –8– lösen und Kraftstofffilter –9– nach oben herausnehmen.

Einbau

- Der Einbau erfolgt in umgekehrter Ausbaureihenfolge. Anzugsdrehmoment der Klemmschraube: **5 Nm**.
- Motor starten und Dichtheit der Kraftstoffanlage sichtprüfen.
- Obere Motorabdeckung einbauen.

Benzinmotor

Der Kraftstofffilter sitzt zusammen mit dem Tankgeber in der linken Tankhälfte.

Ausbau

- Batterie abklemmen. **Achtung:** Hinweise im Kapitel »Batterie aus- und einbauen« beachten.
- Kraftstoffdruck abbauen, siehe Seite 172.

Sicherheitshinweis
Beim Aufbocken des Fahrzeugs besteht Unfallgefahr! Deshalb vorher das Kapitel »Fahrzeug aufbocken« durchlesen.

- Kraftstoffleitungen von der Kraftstoffpumpe und vom Beruhigungstopf abbauen, siehe auch Seite 173.
- Verschlussdeckel für linke Tankhälfte abschrauben und abnehmen.
- Linken Verschlussring abschrauben.

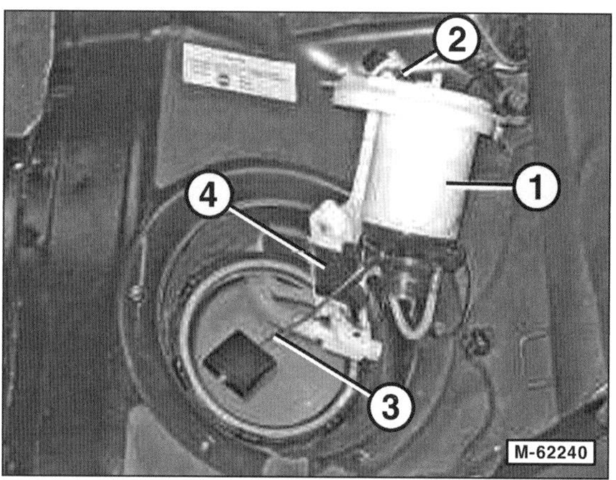

- Kraftstofffilter –1– mit Tankgeber –2– vorsichtig herausziehen. Dabei darauf achten, dass der Schwimmerarm –3– nicht verbogen wird.
- Tankgeber vom Kraftstofffilter abbauen.
- Druckgeber –4– vom Kraftstofffilter abbauen.
- Kraftstofffilter ersetzen.

Einbau

- Der Einbau des Kraftstofffilters erfolgt in umgekehrter Ausbaureihenfolge, siehe auch Seite 173.
- Batterie anklemmen. **Achtung:** Hinweise im Kapitel »Batterie aus- und einbauen« beachten.
- Motor starten und Dichtheit der Kraftstoffanlage sichtprüfen.
- Anschließend Verschlussdeckel mit **3 Nm** anschrauben und Einbau fortsetzen.

Zündkerzen aus- und einbauen

Erforderliches Spezialwerkzeug:

- Zündkerzenschlüssel, Schlüsselweite 16 mm, zum Beispiel HAZET-2506/-2776.

Erforderliche Verschleißteile:

- 4, 6 oder 8 Zündkerzen, siehe Tabelle auf Seite 31.

Motor 271

Ausbau

- Zündung ausschalten.

> **Sicherheitshinweis**
> Hochspannungsführende Teile nicht berühren. Personen mit einem Herzschrittmacher sollen keine Arbeiten an der elektronischen Zündanlage durchführen.

- Obere Motorabdeckung –1– senkrecht nach oben vom Zylinderkopfdeckel abziehen.

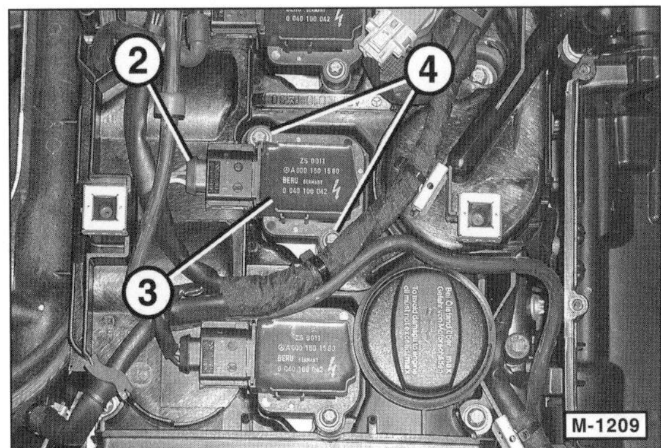

- Stecker –2– von der Zündspule –3– abziehen.
- Zwei Befestigungsschrauben –4– für Zündspule mit Torxschlüssel E8 herausdrehen.

- Zündspule senkrecht nach oben abziehen. Dabei integrierten Zündkerzenstecker von der Zündkerze abziehen.
- Sämtliche Zündspulen auf die gleiche Weise ausbauen.

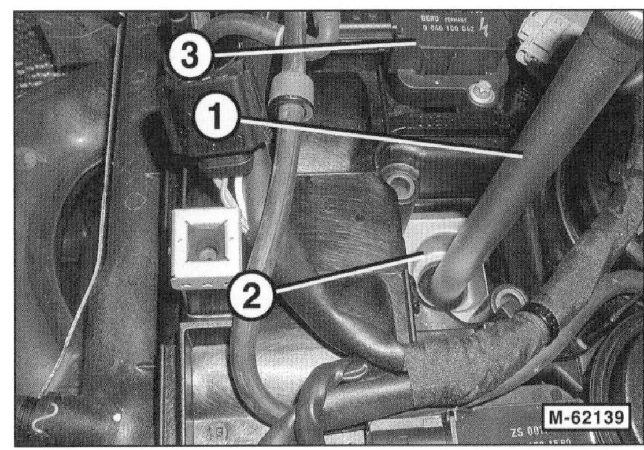

- Zündkerzen mit geeignetem Zündkerzenschlüssel –1– herausschrauben. Dabei darauf achten, dass der Zündkerzenschlüssel gerade und nicht verkantet angesetzt wird. 2 – Zündkerzenschacht, 3 – Zündspule.

Prüfen

- Ausgebaute Zündkerzen sichtprüfen. Feuchte und verölte Elektroden deuten auf Aussetzer der Zündkerze oder schlecht abdichtende Kolbenringe hin, gegebenenfalls Kompression prüfen (Werkstattarbeit).
- An den neuen Zündkerzen Elektrodenabstand mit einer Fühlerblattlehre prüfen. **Hinweis:** Bei neuen Zündkerzen ist der Elektrodenabstand in der Regel richtig eingestellt. Falls der Elektrodenabstand nachgestellt werden muss, seitlich gegen die Masse-Elektrode klopfen. Beim Aufbiegen kleinen Schraubendreher am Gewinderand der Kerze abstützen, keinesfalls jedoch an der Mittel-Elektrode, da diese sonst beschädigt wird.

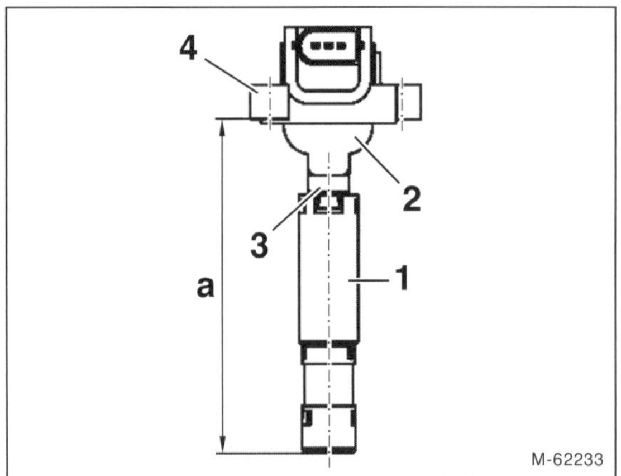

- Verbindungsstecker –1– der Zündspulen auf Beschädigung prüfen, gegebenenfalls erneuern. Dazu Verbindungsstecker –1– vom Gehäuse –2– der Zündspule –4– abziehen. Neuen Verbindungsstecker auf das Gehäuse aufschieben, bis die Ausgangsstellung erreicht ist. Dabei muss der Verbindungsstecker –1– mit der Phase –3– am Gehäuse –2– anliegen. Das Maß –a– muss 124 mm betragen.

Einbau

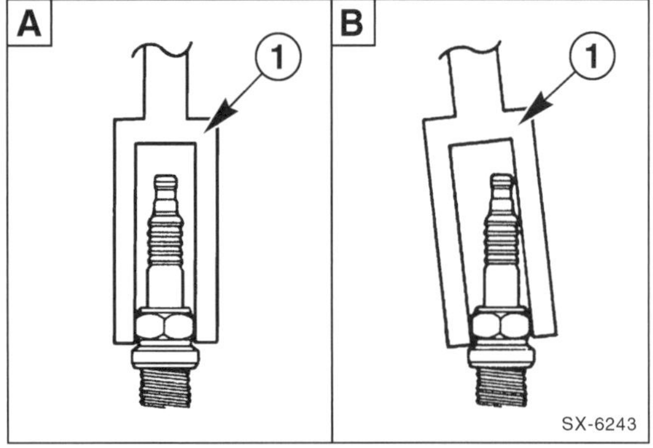

- Zündkerzen einsetzen und bis zur Anlage am Zylinderkopf einschrauben. Dabei Zündkerzenschlüssel –1– gerade aufsetzen –A–, nicht verkanten –B–. Anschließend festziehen. Anzugsdrehmoment Motor 271.9: **28 Nm**; Motor 271.8: **23 Nm.**
- Zündspulen mit den Verbindungssteckern auf die Zündkerzen aufstecken und mit **8 Nm** anschrauben.
- Elektrische Stecker auf die Zündspulen aufstecken und einrasten.
- Obere Motorabdeckung ansetzen und aufdrücken.

Motor 272

Ausbau

- Abdeckung an der Motorstirnseite ausclipsen.
- Hintere Motorabdeckung mit Luftfilter ausbauen.

- Stecker –1– von der Zündspule –2– abziehen.
- Zwei Befestigungsschrauben –3– für Zündspule herausdrehen.

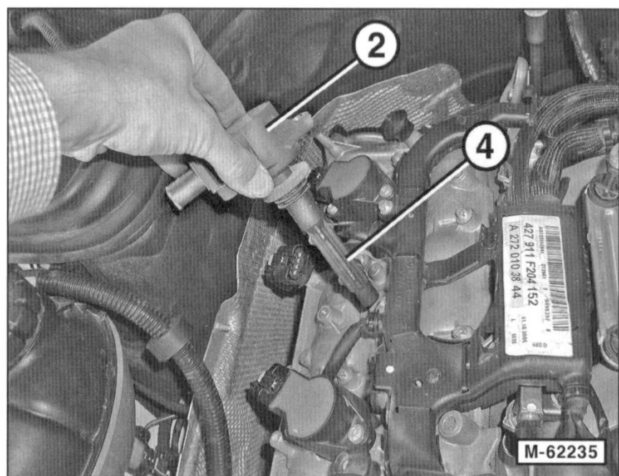

- Zündspule –2– in Kerzen-Längsrichtung abziehen. Dabei Verbindungsstecker –4– von der Zündkerze abziehen.
- Zündkerzen-Verbindungsstecker auf Beschädigung prüfen, gegebenenfalls erneuern.
- Sämtliche Zündspulen auf die gleiche Weise ausbauen.

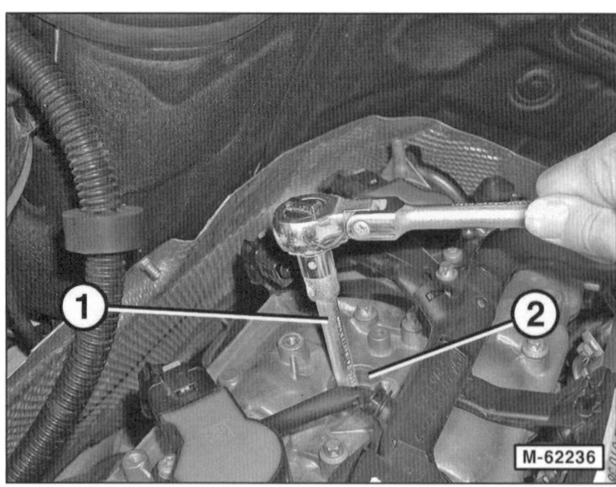

- Zündkerzen mit Zündkerzenschlüssel –1– herausschrauben. 2 – Zündkerzenschacht.

Einbau

- Zündkerzen mit dem Steckschlüssel von Hand bis zur Anlage am Zylinderkopf einschrauben und anschließend mit **23 Nm** festziehen.
- Zündkerzenstecker an den Zündkerzen aufstecken.
- Zündspulen ansetzen und mit **9 Nm** anschrauben. Stecker aufschieben und einrasten.
- Motorabdeckung mit Luftfilter einbauen.
- Abdeckung an der Motorstirnseite einclipsen.

Motor 274

Ausbau

- Zündung ausschalten.
- Obere Motorabdeckung ausbauen.

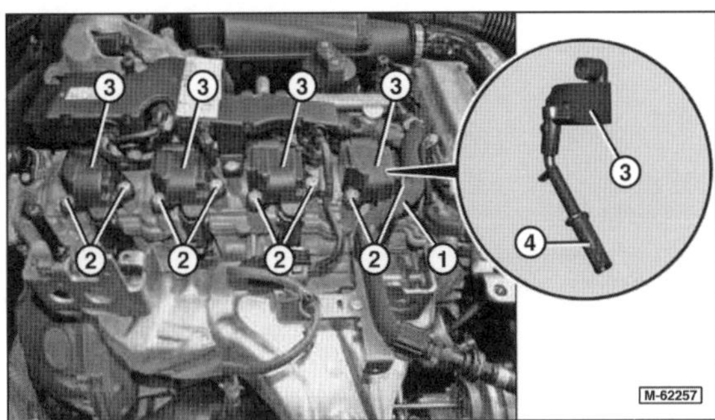

- Kühlmittel-Entlüftungsleitung –1– am Halter ausclipsen.
- Schrauben –2– herausdrehen.
- Elektrische Steckverbindungen an den Zündspulen –3– abziehen.
- Zündkerzenstecker –4– nach oben abziehen und mit den Zündspulen abnehmen. **Hinweis:** Zündkerzenstecker und Zündspulen bilden eine Einheit und können daher nur zusammen ausgebaut und erneuert werden.
- Zündkerzen mit einem Zündkerzenschlüssel herausschrauben.

Einbau

- Zündkerzen mit dem Steckschlüssel von Hand bis zur Anlage am Zylinderkopf einschrauben und anschließend mit **23 Nm** festziehen.
- Zündkerzenstecker an den Zündkerzen aufstecken.
- Zündspulen ansetzen und mit **9 Nm** anschrauben. Stecker aufschieben und einrasten.
- Kühlmittel-Entlüftungsleitung am Halter einclipsen.
- Obere Motorabdeckung einbauen.

Zündkerzengewinde erneuern

Hinweis: Falls festgestellt wird, dass das Zündkerzengewinde im Zylinderkopf defekt ist, muss dieses erneuert werden. Dazu gibt es unter anderem von Beru, Helicoil oder Time-Sert einen entsprechenden Werkzeug- und Reparatursatz. Mit einem Spezialbohrer wird das beschädigte Gewinde herausgeschält; der Zylinderkopf muss dazu nicht ausgebaut werden. Anschließend wird ein neues Gewinde in den Zylinderkopf geschnitten und die Zündkerze mit einem speziellen Gewindeeinsatz eingeschraubt. Nachträglich eingebaute Zündkerzen-Gewindeeinsätze sitzen sicher und sind kompressionsdicht.

Die richtigen Zündkerzen für die C-Klasse-Motoren

Motor	Zündkerzen	
	MERCEDES	NGK
1,6-l Mot 274.910	A 004 159 **68** 03	SILZ KFR 8 D 7 S
1,8-l Mot 271.952/820/950/860	A 004 159 **44** 03	PLKR7B8E
1,8-l Mot 271.910/952/820/950/860	A 004 159 **49** 03	PLKR7A
1,8-l Mot 271.910/952/820/950/860	A 004 159 **58** 03	PLKR7B8E
2,5-/3,0-l Mot 272.921/947	A 004 159 **49** 03	PLKR7A
2,5-/3,0-/3,5-l Mot 272.921/947/961	A 004 159 **18** 03	PLKR7A
3,0-/3,5-l Mot 272.957, 276.957	A 004 159 **64** 03	BOSCH: ZR 6 SII 3320
3,5-l Mot 272.982	A 004 159 **25** 03	SILZKR7A-S
6,3-l Mot 156.985	A 004 159 **39** 03	ILZKAR7A10

Getriebe/Achsantrieb

Folgende Wartungsarbeiten müssen nach dem Wartungsplan durchgeführt werden:

- Schalt- und Ausgleichgetriebe: Sichtprüfung auf Undichtigkeiten.
- Zustand der Gelenkscheiben prüfen.
- Automatisches Getriebe 722.9: Getriebeöl und -filter wechseln (Werkstattarbeit).

Getriebe: Sichtprüfung auf Undichtigkeiten

Erforderliche Betriebsmittel:

- Zum Nachfüllen nur ein von MERCEDES-BENZ freigegebenes Schaltgetriebeöl, zum Beispiel MB-235.10 – »Mobil Gear Oil MB 317«.

Prüfen

Folgende Leckstellen sind möglich:

- Trennstelle zwischen Motorblock und Getriebe (Schwungraddichtung/Wellendichtung-Getriebe).
- Ölstand-Kontrollschraube.
- Ölablassschraube.
- Gelenkwelle an Getriebe.

Bei der Suche nach der Leckstelle folgendermaßen vorgehen:

- Untere Motorabdeckung ausbauen, siehe Seite 203.
- Getriebegehäuse mit Kaltreiniger reinigen.
- Mögliche Leckstellen mit Kalk oder Talkumpuder bestäuben.
- Probefahrt durchführen. Damit das Öl besonders dünnflüssig wird, sollte die Probefahrt auf einer Schnellstraße über eine Entfernung von ca. 30 km durchgeführt werden.

Sicherheitshinweis
Beim Aufbocken des Fahrzeugs besteht Unfallgefahr! Deshalb vorher das Kapitel »Fahrzeug aufbocken« durchlesen.

- Anschließend Fahrzeug aufbocken und Getriebe mit einer Lampe nach der Leckstelle absuchen.
- Leckstellen umgehend beseitigen.
- Untere Motorabdeckung einbauen, siehe Seite 203.

Hinterachsgetriebe:

Der Ölstand im Hinterachsgetriebe muss im Rahmen der Wartung nicht geprüft und nicht gewechselt werden (Lebensdauerfüllung). Falls der Ölstand dennoch geprüft oder das Öl gewechselt wird:

- Der Ölstand muss bis zur Unterkante der seitlich angebrachten Ölstandkontrollschraube reichen. Anzugsdrehmoment Kontroll- und Einfüllschraube: **35 Nm;** Ölablassschraube: **30 Nm.**
- **Ölfüllmenge:**
  Getriebe 716.60 bis 716.638: . . . . 1,2 l
  Getriebe 716.640 bis 716.67:. . . . . 1,5 l

Gelenkscheiben der Gelenkwelle prüfen

Spezialwerkzeug/Betriebsmittel sind nicht erforderlich.

Prüfen

Sicherheitshinweis
Beim Aufbocken des Fahrzeugs besteht Unfallgefahr! Deshalb vorher das Kapitel »Fahrzeug aufbocken« durchlesen.

- Fahrzeug aufbocken.
- Falls erforderlich, untere Motorraumabdeckung ausbauen, siehe Seite 203.

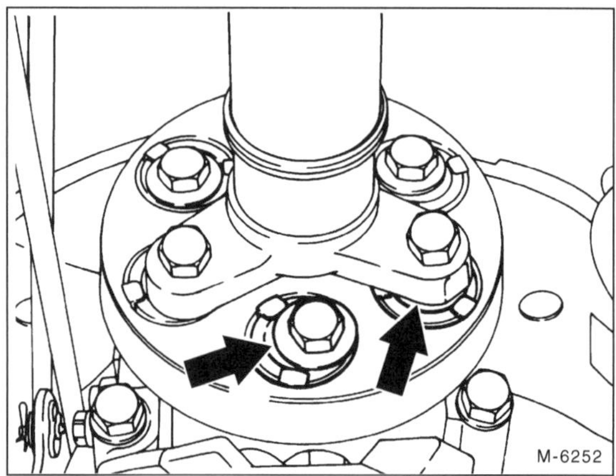

- Gelenkscheiben vorn und hinten mit Lampe auf Verschleiß, Beschädigungen und auf Verformungen sichtprüfen.
- Zwischenstege im Bereich der Passhülsen –Pfeile– auf Risse prüfen.
- Gegebenenfalls Gelenkscheibe erneuern. Bei Verformungen Gelenkwelle entspannen; wenn die Verformung bestehen bleibt, Gelenkscheibe ebenfalls ersetzen.
- Zwischenstege des Schwingungstilgers auf Risse prüfen. Gegebenenfalls Schwingungstilger erneuern.
- Fahrzeug ablassen.

Fahrwerk/Lenkung

Folgende Wartungsarbeiten müssen nach dem Wartungsplan durchgeführt werden:

- Vorderachsgelenke: Spiel und Befestigung prüfen, Staubkappen prüfen.
- Lenkung: Faltenbälge auf Undichtigkeiten und Beschädigungen, Spur- und Lenkstangengelenke auf Spiel prüfen.
- Servolenkung: Flüssigkeitsstand prüfen, gegebenenfalls Hydrauliköl auffüllen. Falls der Flüssigkeitsstand zu niedrig war, Ursache feststellen.

Vorderachsgelenke prüfen Faltenbälge der Lenkung prüfen/ Spurstangen auf Spiel prüfen

Spezialwerkzeug und Betriebsmittel sind nicht erforderlich.

Prüfen

Sicherheitshinweis
Beim Aufbocken des Fahrzeugs besteht Unfallgefahr! Deshalb vorher das Kapitel »Fahrzeug aufbocken« durchlesen.

- Fahrzeug vorn aufbocken, damit die Achs- und Führungsgelenke entlastet sind.

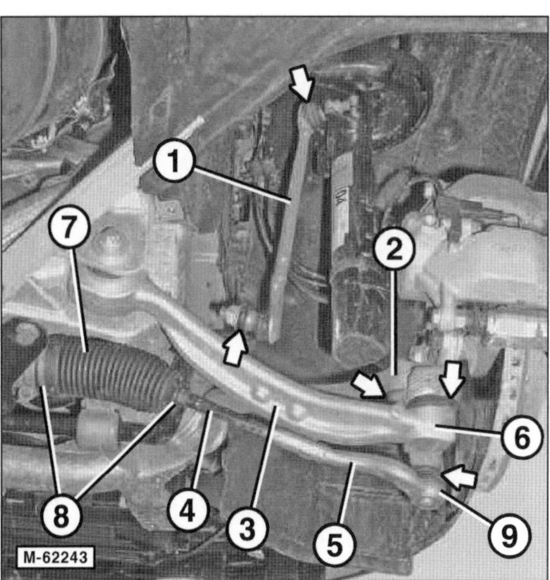

1 – Koppelstange (Verbindungsstange)
2 – Zugstrebe
3 – Querstrebe
4 – Spurstange
5 – Spurstangenkopf
6 – Achsgelenk
7 – Lenkmanschette
8 – Spannringe
9 – Spurstangengelenk

- Staubkappen –Pfeile– auf beiden Fahrzeugseiten mit einer Lampe anstrahlen und auf Beschädigungen überprüfen. Dabei auf Fettspuren an den Manschetten und in deren Umgebung achten.
- Bei beschädigter Staubkappe sicherheitshalber entsprechende Strebe komplett auswechseln. Eingedrungener Schmutz zerstört mit Sicherheit das Gelenk.
- Spiel prüfen. Dazu am Vorderrad kräftig ziehen und drücken und gleichzeitig mit den Fingern das Kugelgelenk –6– abtasten. Falls Spiel vorhanden ist, entsprechende Strebe ersetzen.
- Lenkrad bis zum Anschlag einschlagen und dadurch abwechselnd linken und rechten Faltenbalg –7– strecken. Faltenbälge auf Beschädigungen wie Risse, Scheuerstellen und Eindrückungen sichtprüfen.

Achtung: Bei der Prüfung Wülste der Faltenbälge auf keinen Fall ein- oder umdrücken, da hierdurch der Kunststoff beschädigt werden kann, was zu Undichtigkeiten führt.

- Spannringe –8– außen und innen auf festen Sitz prüfen.
- Spurstangen –4– links und rechts kräftig von Hand hin- und herbewegen. Das jeweilige Kugelgelenk –9– darf kein Spiel aufweisen, andernfalls Spurstangenkopf –5– ersetzen.

Ölstand für Servolenkung prüfen

Spezialwerkzeug ist nicht erforderlich.

Erforderliche Betriebsmittel:

- Zum Nachfüllen nur ein von MERCEDES-BENZ freigegebenes Lenkgetriebeöl, zum Beispiel MB-345.0, »Pentosin CHF 11 S Hydraulic Fluid«. **Hinweis:** Die Füllmenge beträgt ca. 0,8 l verwenden.

Prüfen

- **Motor 646:** Obere Motorabdeckung abschrauben.
- **Motor 642:** Obere Motorabdeckung ausbauen.
- **Motor 651 ohne EHPS (elektrohydraulische Servolenkung):** Obere Motorabdeckung ausbauen.
- **Motor 156:** Vordere, obere Motorabdeckung senkrecht nach oben abheben. Dabei Abdeckung nicht verkanten.

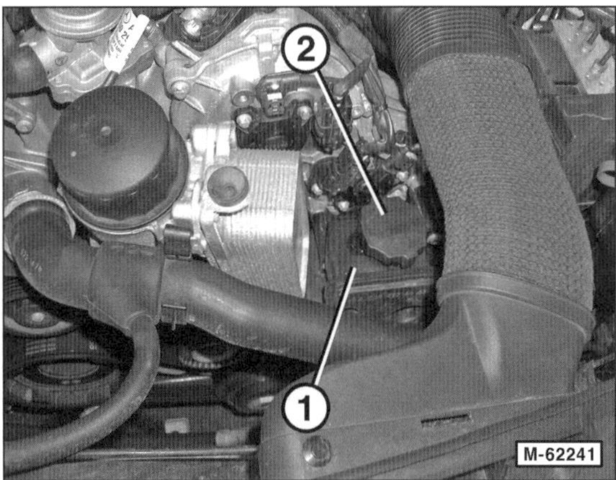

- Verschlussdeckel –2– um ¼ Umdrehung nach links drehen und mit Peilstab aus dem Vorratsbehälter –1– der Servolenkung herausziehen.

Hinweis: Beim **Motor 651 mit elektrohydraulischer Servolenkung** befindet sich der Verratsbehälter im Motorraum vorn rechts neben dem Kühlmittelausgleichbehälter.

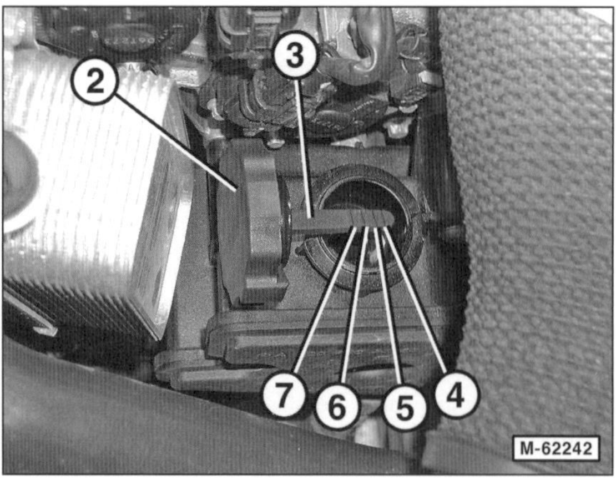

- Peilstab –3– am Verschlussdeckel mit fusselfreiem Lappen abwischen.
- Verschlussdeckel einsetzen und um ¼ Umdrehung nach rechts drehen. Anschließend Verschlussdeckel wieder abnehmen und Ölstand ablesen. Dabei Peilstab senkrecht halten, um Messfehler zu vermeiden.
- Der Ölstand soll bei kaltem Öl zwischen der »MIN«- und der »MAX«-Markierung –4/5– am Peilstab –3– liegen. Das Öl wird als »kalt« bezeichnet, wenn die Temperatur bei etwa +20° C liegt.
  Bei warmem Öl (+80° C) muss der Ölstand zwischen der »MIN«- und der »MAX«-Markierung –6/7– am Peilstab liegen.
- Falls erforderlich, MERCEDES-BENZ-Lenkgetriebeöl nachfüllen. Grundsätzlich nur neues Öl nachfüllen, da bereits kleinste Verunreinigungen zu Störungen an der hydraulischen Anlage führen können.
- Deckel mit Peilstab einsetzen und anschrauben.
- Anschließend bei laufendem Motor das Lenkrad mehrmals von Anschlag zu Anschlag bewegen, dadurch entlüftet sich die Anlage.

Folgende Wartungsarbeiten müssen nach dem Wartungsplan durchgeführt werden:

- Bremsanlage: Flüssigkeitsstand prüfen.
- Bremsanlage: Leitungen, Schläuche und Anschlüsse auf Undichtigkeiten und Beschädigungen prüfen.
- Belagstärke der Bremsbeläge vorn und hinten prüfen.
- Dicke und Zustand der Bremsscheiben vorn und hinten prüfen, siehe Seite 134.
- Bremsflüssigkeit: Erneuern, siehe Seite 142.
- Bereifung einschließlich Reserverad: Reifenfülldruck prüfen.
- Reifendichtmittel »TIREFIT«: Falls vorhanden, Verfallsdatum prüfen und gegebenenfalls ersetzen.
- Bereifung einschließlich Reserverad: Profiltiefe prüfen; Reifen auf Verschleiß, Risse und andere Beschädigungen prüfen.

Bremsflüssigkeitsstand prüfen

Erforderliche Betriebsmittel:

- Zum Nachfüllen nur Bremsflüssigkeit der Spezifikation »**DOT 4**« verwenden.

Prüfen

Der Vorratsbehälter für die Bremsflüssigkeit –1– befindet sich hinten links im Motorraum. Er hat zwei Kammern, je eine für jeden Bremskreis.

Der Vorratsbehälter ist durchscheinend, so dass der Bremsflüssigkeitsstand jederzeit von außen überwacht werden kann. Ein Absinken der Bremsflüssigkeit unter den MIN-Stand wird dem Fahrer am Kombiinstrument angezeigt. Dennoch ist es ratsam, regelmäßig einen Blick auf den Vorratsbehälter zu werfen.

- Der Flüssigkeitsstand soll bei geschlossenem Deckel nicht oberhalb der MAX-Markierung –2– und nicht unterhalb der MIN-Marke –3– liegen.
- Nur frei gegebene Bremsflüssigkeit einfüllen. **Achtung:** Keine Bremsflüssigkeit anderer DOT-Spezifikationen verwenden. Gegebenenfalls Einfülldeckel vor dem Öffnen mit sauberem Lappen abwischen.

Durch die Abnutzung der Scheibenbremsbeläge sinkt der Bremsflüssigkeitsspiegel im Vorratsbehälter geringfügig ab. Das ist normal.

Sinkt der Flüssigkeitsspiegel jedoch innerhalb kurzer Zeit stark ab, ist das ein Zeichen für Bremsflüssigkeitsverlust.

Die Leckstelle muss dann sofort ausfindig gemacht werden. Sicherheitshalber sollte die Überprüfung der Anlage von einer Fachwerkstatt durchgeführt werden.

Bremsleitungen sichtprüfen

Spezialwerkzeug ist nicht erforderlich.

Sicherheitshinweis
Beim Aufbocken des Fahrzeugs besteht Unfallgefahr! Deshalb vorher das Kapitel »Fahrzeug aufbocken« durchlesen.

- Fahrzeug aufbocken.
- Verschmutzte Bremsleitungen reinigen.

Achtung: Die Bremsleitungen aus Metall sind zum Schutz gegen Korrosion mit einer Kunststoffschicht überzogen. Wird diese Schutzschicht beschädigt, kann es zur Korrosion der Leitungen kommen. Deshalb dürfen Bremsleitungen nicht mit Drahtbürste oder Schmirgelleinen gereinigt werden.

- Bremsleitungen vom Hauptbremszylinder zur ABS-Hydraulikeinheit und den einzelnen Radbremsen mit Lampe anstrahlen und auf Undichtigkeiten überprüfen. Der Hauptbremszylinder sitzt im Motorraum unterhalb vom Vorratsbehälter für Bremsflüssigkeit. Die ABS-Hydraulikeinheit ist unterhalb vom Bremsflüssigkeit-Vorratsbehälter angeordnet.
- Bremsleitungen dürfen weder geknickt noch gequetscht sein. Auch dürfen sie keine Rostnarben oder Scheuerstellen aufweisen. Andernfalls Leitung bis zur nächsten Trennstelle ersetzen lassen (Werkstattarbeit).
- Bremsschläuche verbinden die Bremsleitungen mit den Radbremszylindern an den beweglichen Teilen des Fahrzeugs. Sie bestehen aus hochdruckfestem Material und können mit der Zeit porös werden, aufquellen oder durch scharfe Gegenstände angeschnitten werden. In einem solchen Fall sind sie sofort zu ersetzen.

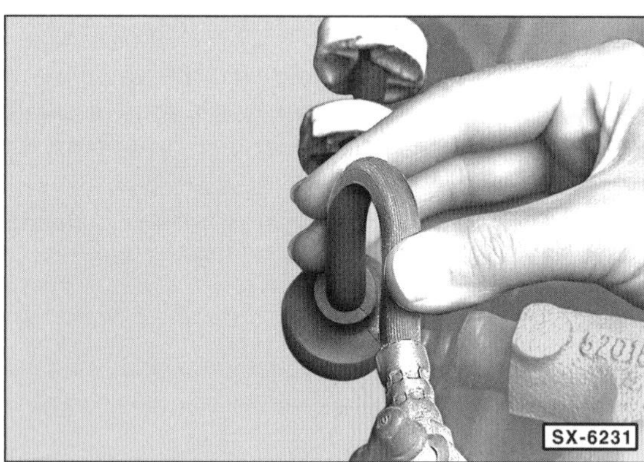

- Bremsschläuche mit der Hand hin- und herbiegen, um Beschädigungen festzustellen. Schläuche dürfen nicht verdreht sein, farbige Kennlinie beachten, falls vorhanden!
- Lenkrad nach links und rechts bis zum Anschlag drehen. Die Bremsschläuche dürfen dabei in keiner Stellung Fahrzeugteile berühren.
- Anschlüsse von Bremsleitungen und -schläuchen dürfen nicht durch ausgetretene Bremsflüssigkeit feucht sein.
- Fahrzeug ablassen.

Scheibenbremsbeläge: Dicke prüfen

Spezialwerkzeug ist nicht erforderlich.

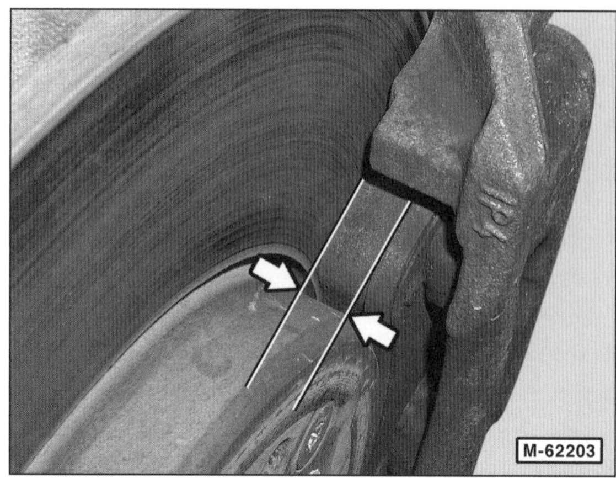

Die Dicke der äußeren Bremsbeläge –Pfeile– kann je nach Ausstattung durch eine Öffnung in der Felge sichtgeprüft werden. Wenn das nicht möglich ist oder bei hoher Laufleistung, Bremsbelagdicke bei ausgebauten Rädern prüfen.

Sicherheitshinweis
Beim Aufbocken des Fahrzeugs besteht Unfallgefahr! Deshalb vorher das Kapitel »Fahrzeug aufbocken« durchlesen.

- Reifen-Laufrichtung mit Pfeil am Reifen markieren. Radschrauben lösen. Fahrzeug aufbocken und Räder abnehmen. **Achtung:** Unbedingt Hinweise im Kapitel »Rad aus- und einbauen« beachten.

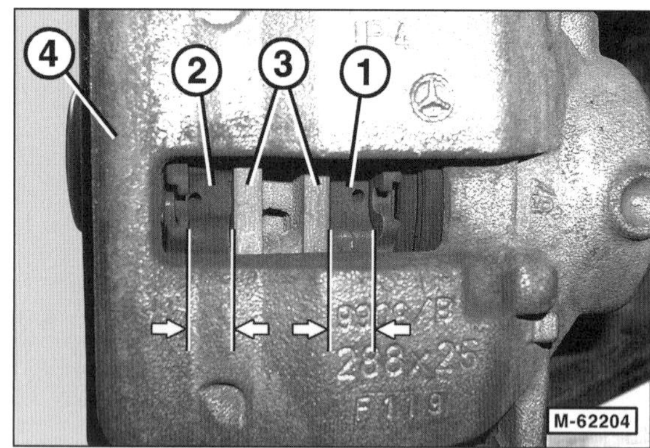

- Bremsbelagdicke prüfen. Belagdicke –Pfeile– des inneren –1– und äußeren Bremsbelages –2– durch das Schauloch im Bremssattel –4– prüfen. 3 – Bremsscheibe.
- Die Verschleißgrenze der Scheibenbremsbeläge ist erreicht, wenn ein Belag ohne Rückenplatte nur noch eine Dicke von **2,0 mm** aufweist.

- Im Zweifelsfall Bremsbeläge ausbauen und Belagdicke mit einer Schieblehre messen. Ist die Verschleißgrenze der Bremsbeläge erreicht, Bremsbeläge wechseln. Dabei müssen immer alle vier Beläge einer Achse ersetzt werden. Auch dann, wenn nur ein Belag die Verschleißgrenze erreicht hat.

Hinweis: Nach einer Faustregel entspricht 1 mm Bremsbelag einer Fahrleistung von etwa 4.000 km. Bei einer Belagdicke der Scheibenbremsbeläge von 4,0 mm, beträgt die Restnutzbarkeit der Bremsbeläge also noch mindestens 8.000 km.

- Bremssättel auf Bremsflüssigkeitsverlust untersuchen. Bei Undichtigkeiten umgehend Bremssattel instand setzen lassen (Werkstattarbeit).
- Bremsscheiben an der Innen- und Außenseite auf Rillen, Rostfraß und Risse sichtprüfen. Belüftete Bremsscheiben mit Haarrissen bis 25 mm Länge, die durch hohe Beanspruchung entstehen können, brauchen nicht erneuert werden. Bei aufklaffenden Rissen und Riefen, tiefer als 0,5 mm, Bremsscheiben erneuern.
- Dicke der Bremsscheiben prüfen, siehe Seite 134.
- Räder so ansetzen, dass die beim Ausbau angebrachten Markierungen übereinstimmen. Vorher Zentriersitz der Felge an der Radnabe mit Wälzlagerfett dünn einfetten. Radschrauben **nicht** fetten oder ölen. Korrodierte Radschrauben erneuern. Räder anschrauben. Fahrzeug ablassen und Radschrauben über Kreuz mit **130 Nm** festziehen.

Reifenprofil prüfen

Spezialwerkzeug ist nicht erforderlich.

Die Reifen ausgewuchteter Räder nutzen sich bei gewissenhaftem Einhalten des vorgeschriebenen Fülldrucks und bei fehlerfreier Radeinstellung und Stoßdämpferfunktion auf der gesamten Lauffläche annähernd gleichmäßig ab. Bei ungleichmäßiger Abnutzung, siehe Störungsdiagnose im Kapitel »Räder und Reifen«. Im Übrigen lässt sich keine generelle Aussage über die Lebensdauer bestimmter Reifenfabrikate machen, denn die Lebensdauer hängt von unterschiedlichen Faktoren ab:

- Fahrbahnoberfläche
- Reifenfülldruck
- Fahrweise
- Witterung

Vor allem sportliche Fahrweise, scharfes Anfahren und starkes Bremsen fördern den schnellen Reifenverschleiß.

Achtung: Die Rechtsprechung verlangt, dass Reifen lediglich bis zu einer Profiltiefe von 1,6 mm abgefahren werden dürfen, und zwar müssen die Profilrillen auf der gesamten Lauffläche noch mindestens 1,6 mm Tiefe aufweisen. Es empfiehlt sich jedoch, sicherheitshalber die Reifen bereits bei einer Mindestprofiltiefe von 2 mm auszutauschen.

Nähert sich die Profiltiefe der gesetzlich zulässigen Mindestprofiltiefe, das heißt, weist der mehrmals am Reifenumfang angeordnete 1,6 mm hohe Verschleißanzeiger kein Profil mehr auf, müssen die Reifen gewechselt werden.

Achtung: Winterreifen haben auf Matsch und Schnee nur den gewünschten Grip, wenn ihr Profil noch mindestens 4 mm tief ist.

Achtung: Reifen auf Schnittstellen untersuchen und mit kleinem Schraubendreher Tiefe der Schnitte feststellen. Wenn die Schnitte bis zur Karkasse reichen, korrodiert durch eindringendes Wasser der Stahlgürtel. Dadurch löst sich unter Umständen die Lauffläche von der Karkasse, der Reifen platzt. Deshalb: Bei tiefen Einschnitten im Profil aus Sicherheitsgründen Reifen austauschen.

Reifenfülldruck prüfen

Erforderliches Spezialwerkzeug:

- Fülldruckmessgerät an der Tankstelle.

Reifenfülldruck einmal im Monat prüfen. Vor längeren Autobahnfahrten Fülldruck zusätzlich kontrollieren, da hierbei die Temperaturbelastung für den Reifen am größten ist.

- Ventilkappe abschrauben.

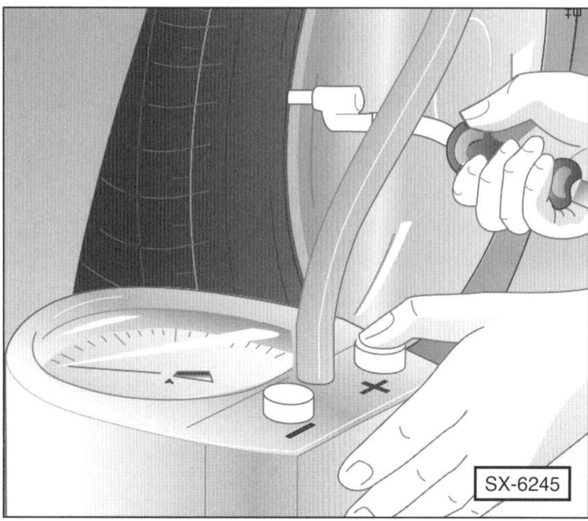

- Reifenfülldruck grundsätzlich am kalten Reifen prüfen, das heißt, er darf nicht länger als etwa 5 Minuten gefahren worden sein. Höherer Druck infolge Reifenerwärmung durch längere Fahrt darf nicht reduziert werden.

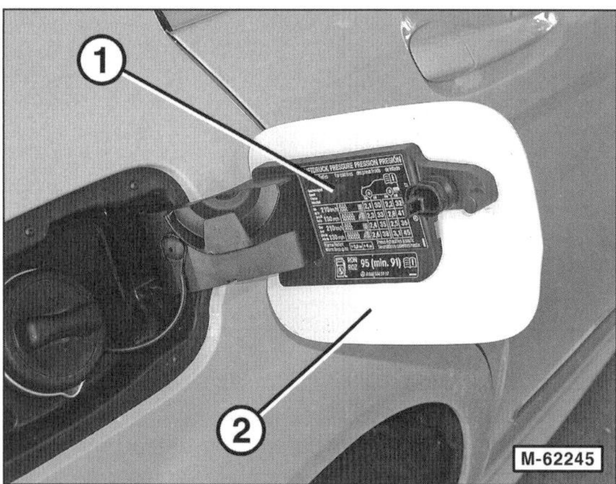

- Der richtige Reifenfülldruck steht auf einem Aufkleber –1– an der Innenseite der Tankklappe –2–. Anhaltswerte für den Reifenfülldruck, siehe Seite 122.
- Bei der Druckprüfung im Rahmen der Wartung ebenfalls das Reserverad prüfen.
- Ventilkappe aufschrauben.

Reifendichtmittel »TIREFIT«: Verfallsdatum prüfen

Je nach Ausstattung kann das Fahrzeug anstelle eines Reserverades mit einer Flasche Reifendichtmittel »TIREFIT« ausgerüstet sein.

- Kofferraumdeckel/Heckklappe öffnen.
- Kofferraumboden öffnen.

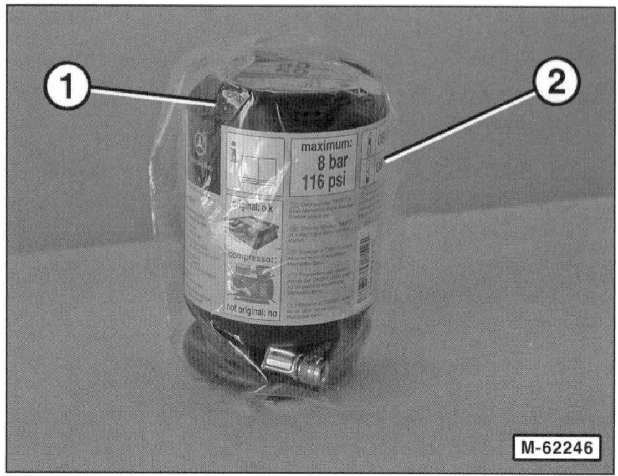

- TIREFIT-Flasche –1– herausnehmen und Verfallsdatum auf dem Etikett –2– prüfen: Die Haltbarkeit des Reifendichtmittels beträgt 4 Jahre, gerechnet ab dem Herstellungsdatum auf dem Behälter. Nach Ablauf dieser Frist Reifendichtmittel erneuern. Herstellungs- und Verfallsdatum sind auf dem Etikett der TIREFIT-Flasche aufgedruckt.
- Falls erforderlich, Reifendichtmittel beim Kauf eines neuen Behälters zur Entsorgung zurückgeben.
- Kofferraumboden und Heckklappe/Kofferraumdeckel schließen.

Reifenventil prüfen

Erforderliches Spezialwerkzeug:

- Ventil-Metallschutzkappe oder HAZET 666-1.

Prüfen

- Staubschutzkappe vom Ventil abschrauben.

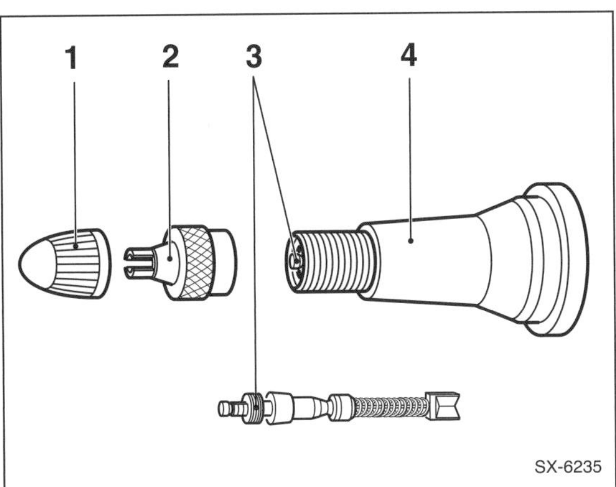

- Etwas Seifenwasser oder Speichel auf das Ventil geben. Wenn sich eine Blase bildet, Ventileinsatz –3– mit umgedrehter Metallschutzkappe –2– festdrehen.

Achtung: Zum Anziehen des Ventileinsatzes kann nur eine Metallschutzkappe –2– verwendet werden. Metallschutzkappen sind an der Tankstelle erhältlich. 1 – Gummischutzkappe, 4 – Ventil.

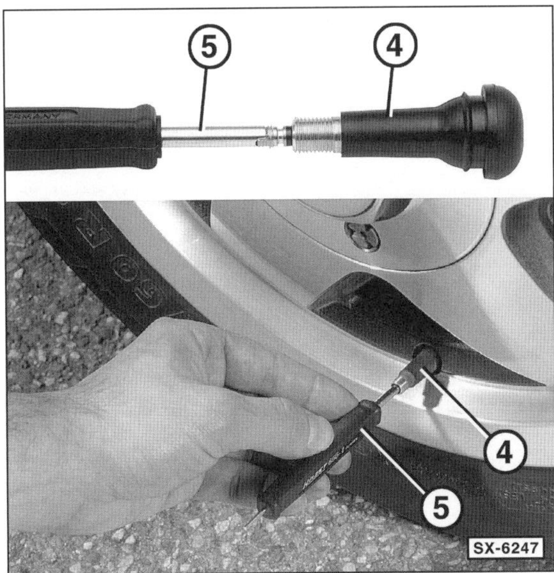

Hinweis: Anstelle der Metallschutzkappe kann auch das Werkzeug HAZET 666-1 –5– verwendet werden. 4 – Ventil.

- Ventil erneut prüfen. Falls sich wieder Blasen bilden oder das Ventil sich nicht weiter anziehen lässt, Ventileinsatz beziehungsweise Ventil erneuern.
- Grundsätzlich Staubschutzkappe wieder aufschrauben.

Karosserie/Innenausstattung/Heizung

Folgende Wartungsarbeiten müssen nach dem Wartungsplan durchgeführt werden:

- Staubfilter erneuern.
- Unterbodenschutz und Lackierung: Prüfen.
- Anhängevorrichtung: Zustand und Funktion prüfen.
- Panorama-Schiebedach: Führungsmechanik reinigen und schmieren.

Staubfilter aus- und einbauen

Spezialwerkzeug ist nicht erforderlich.

Erforderliche Verschleißteile:

- Staubfilter.

Ausbau

- Zündung ausschalten.
- Rechte Abdeckung unter der Armaturentafel ausbauen.

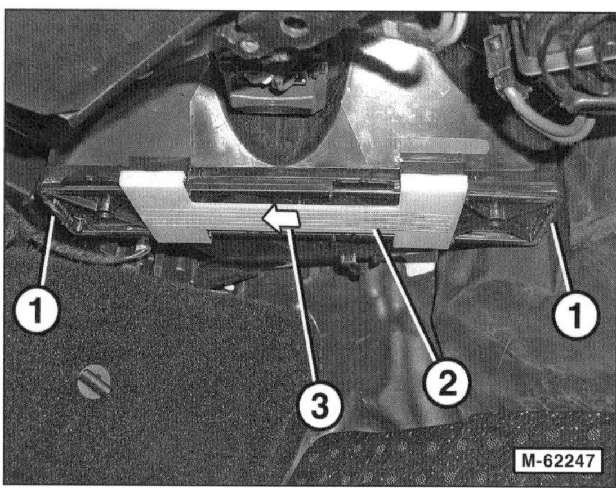

- Falls vorhanden, Klammern –1– aufhebeln.
- Schieber –2– in Pfeilrichtung –3– entriegeln.

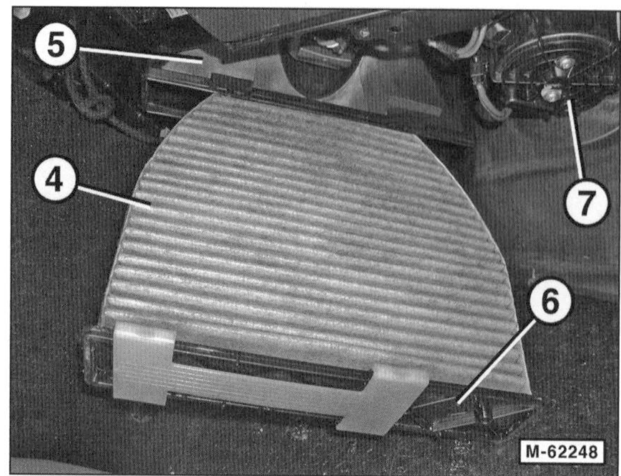

- Staubfilter –4– nach unten aus dem Heizungskasten –5– herausziehen.

Einbau

Achtung: Staubfilter immer erneuern, nicht reinigen.

- Staubfilter so in das Gehäuse einsetzen, dass der am Filter angebrachte Pfeil –6– zum Gebläsemotor –7– zeigt.
- Staubfilter andrücken und mit Schieber verriegeln.
- Rechte Abdeckung unter der Armaturentafel einbauen.

Wasserablaufleitungen im Windlaufgrill reinigen

Reinigen

- Motorhaube öffnen.

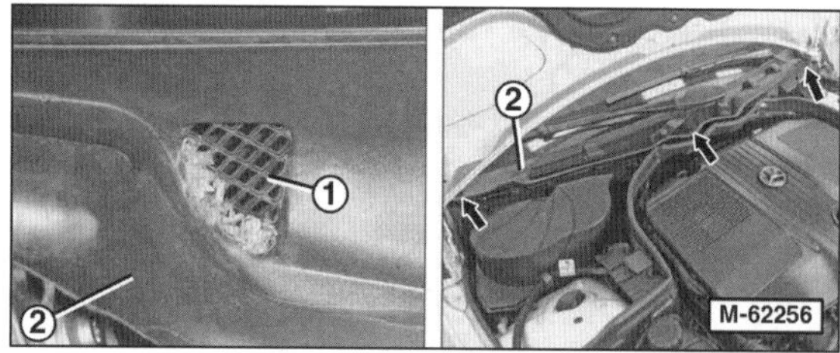

- Gitter –1– der linken, mittleren und rechten Wasserablaufleitung –Pfeile– im Windlaufgrill –2– auf Verschmutzungen prüfen und bei Bedarf reinigen.
- Motorhaube schließen.

Anhängevorrichtung: Zustand und Funktion prüfen

Spezialwerkzeug und Betriebsmittel sind nicht erforderlich.

Prüfen

- Kugelhals der Anhängevorrichtung ausklappen. Dazu linke Seitenverkleidung im Koffer-/Laderaum öffnen.

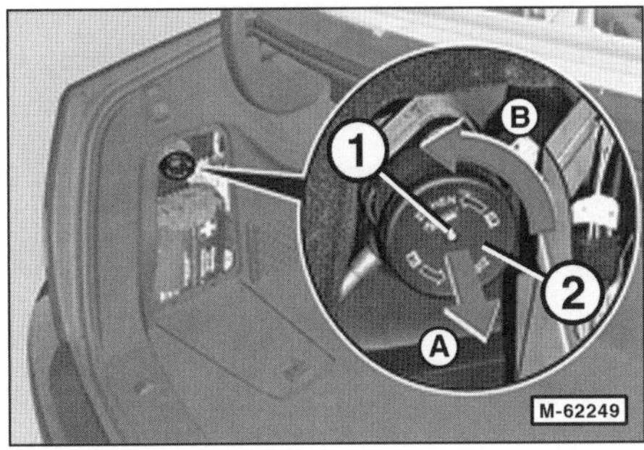

- Entriegelungsknopf –1– herausziehen –Pfeil A– und gegen den Uhrzeigersinn um ca. 90° drehen –Pfeil B–.

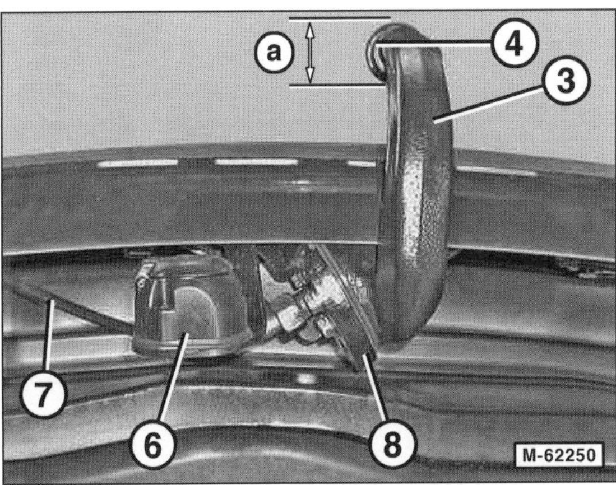

- Dadurch rastet der Kugelhals –3– aus und klappt nach unten.
- Funktion der Kontrollleuchte –2– (Abbildung M-62249) prüfen. Die Kontrollleuchte muss bei ausgerastetem Kugelhals –3– blinken.
- Kugelhals –3– unter dem hinteren Stoßfänger herausschwenken.
- Verriegelung des Kugelhalses und Funktion der Kontrollleuchte prüfen: Der Kugelhals muss in vertikaler Stellung einrasten und verriegeln, die Kontrollleuchte muss erlöschen.

Messen

- Abdeckung vom Kugelkopf –4– abnehmen und Durchmesser des Kugelkopfs messen. Wenn der Durchmesser weniger als a = 49 mm beträgt, Kugelhals ersetzen.
- Abdeckung am Kugelkopf aufdrücken.
- Anhängersteckdose –6–, Entriegelungsleitung –7– und Schwenkmechanismus –8– prüfen: Dazu Anhängersteckdose auf Beschädigungen und Entriegelungsleitung sowie Schwenkmechanismus auf Undichtigkeiten prüfen. Gegebenenfalls defekte Teile ersetzen (Werkstattarbeit).
- Entriegelungsknopf –1– (Abbildung M-62249) ziehen und ca 90° gegen den Uhrzeigersinn drehen. Dadurch rastet der Kugelhals aus und schwenkt nach unten.
- Kugelhals –3– hinter den Stoßfänger schwenken.
- Der Kugelhals muss hinter dem Stoßfänger einrasten und verriegeln, die Kontrollleuchte am Entriegelungsknopf muss erlöschen.
- Zündung einschalten und Sichtprüfung des Multifunktions-Displays durchführen: Bei eingerastetem Kugelhals –3– darf im Multifunktions-Display keine Fehlermeldung erscheinen.

Panorama-Schiebedach: Führungsmechanik reinigen und schmieren

Spezialwerkzeug ist nicht erforderlich.

Erforderliche Verschleißteile:

- Gleitpaste.

Prüfen

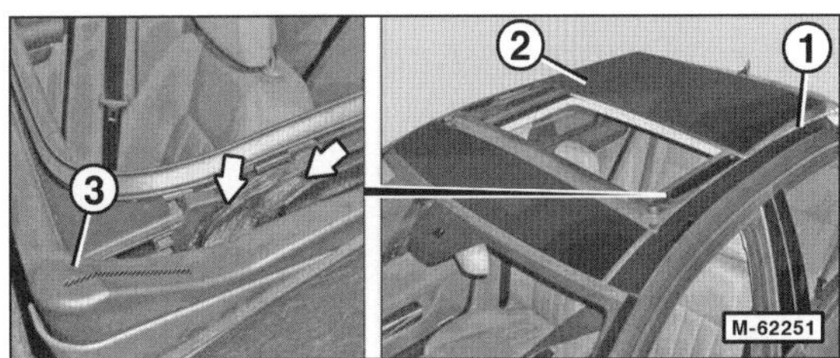

- Je drei Tropfen Spezial-Gleitmittel, zum Beispiel MERCEDES-A0009893660, in die hinteren Führungsschienen –1– träufeln.
- Zündung einschalten und Panorama-Schiebedach –2– öffnen.
- Die Anlenkarme –3– des Windabweisers im schraffiert dargestellten Bereich mit einem sauberen Lappen reinigen.
- Obere und untere Führungsschienen –Pfeile– auf ganzer Länge mit einem Lappen reinigen.
- Anschließend die Anlenkarme –3– des Windabweisers dünn mit Gleitpaste bestreichen, zum Beispiel mit MERCEDES-A0019894651.
- Laufflächen der Führungsschienen –Pfeile– auf ganzer Länge ebenfalls dünn mit Gleitpaste bestreichen.
- Funktionsprüfung des Panorama-Schiebedachs –2– durchführen. Dazu Schiebedach vollständig schließen und öffnen.
- Überschüssige Gleitpaste entfernen.
- Panorama-Schiebedach –2– schließen und Zündung ausschalten.

Elektrische Anlage

Folgende Wartungspunkte müssen nach dem Wartungsplan durchgeführt werden:

Elektrische Anlage

- Kontrollleuchten, Symbolbeleuchtung, Innenbeleuchtung und Kofferraumbeleuchtung: Funktion prüfen.
- Außenbeleuchtung: Funktion prüfen.
- Lichthupe, Warnblinker, Blinker: Funktion prüfen.
- Signalhorn: Prüfen.
- Wischergummi für Front-/Heckscheibe: Zustand prüfen.
- Scheibenwaschanlage/Scheinwerfer-Waschanlage: Flüssigkeitsstand, Frostschutz und Funktion prüfen, Düsenstellung kontrollieren.
- Batterie: »Magisches Auge« beziehungsweise Flüssigkeitsstand prüfen.
- Leuchtweitenregulierung der Scheinwerfer prüfen (nicht bei Xenon-Scheinwerfern).
- Serviceanzeige im Kombiinstrument zurücksetzen.
- Scheinwerfereinstellung: Prüfen (Werkstattarbeit).

Kontrollleuchten/Außenbeleuchtung: Funktion prüfen

Kontrollleuchten

- Zündung einschalten.
- Die Kontrolllampen leuchten ca. 30 Sekunden auf und verlöschen dann. Prüfen, ob alle Lampen entsprechend der Fahrzeug-Ausstattung aufleuchten.
- Die SRS-Kontrollleuchte (Airbag) muss spätestens nach ca. 4 Sekunden verlöschen.
- Fernlicht einschalten, Blinker betätigen und die entsprechenden Kontrolllampen prüfen.

Außenbeleuchtung

- Gläser der Front- und Heckbeleuchtung auf Beschädigung und Wassereintritt prüfen.
- Außenbeleuchtung einschalten und Funktion prüfen.

Leuchtweitenregulierung prüfen

- Motor starten und im Leerlauf laufen lassen.
- Abblendlicht einschalten.
- Leuchtweitenregler auf die verschiedenen Stellungen bringen und prüfen, ob sich beide Lichtbündel der Scheinwerfer gleichmäßig verstellen.

Wischergummi prüfen

Spezialwerkzeug ist nicht erforderlich.

- Wischerarme hochklappen und Wischerarme abwinkeln.
- Wischlippen mit einem weichen Tuch sowie Scheibenreinigungs- und Frostschutzmittel reinigen.
- Wischlippen auf Verhärtungen oder Risse prüfen, gegebenenfalls Wischergummis/Wischerblätter ersetzen, siehe Kapitel »Scheibenwischeranlage«.

Scheibenwaschanlage prüfen

Erforderliche Betriebsmittel:

- Handelsübliches Scheibenwasch-Konzentrat.

Flüssigkeitsstand prüfen/auffüllen

- Deckel –1– öffnen und Flüssigkeitsstand sichtprüfen.
- Gegebenenfalls eine Mischung aus Scheibenwasch-Konzentrat und Trinkwasser einfüllen, bis der Behälter vollständig gefüllt ist.
- Spritzdüsenstellung kontrollieren, siehe Seite 71.

Serviceanzeige im Kombiinstrument zurücksetzen

Die Serviceanzeige wird zurückgesetzt, nachdem die Wartung durchgeführt wurde.

Zurücksetzen mit 12-Tasten-Multifunktionslenkrad

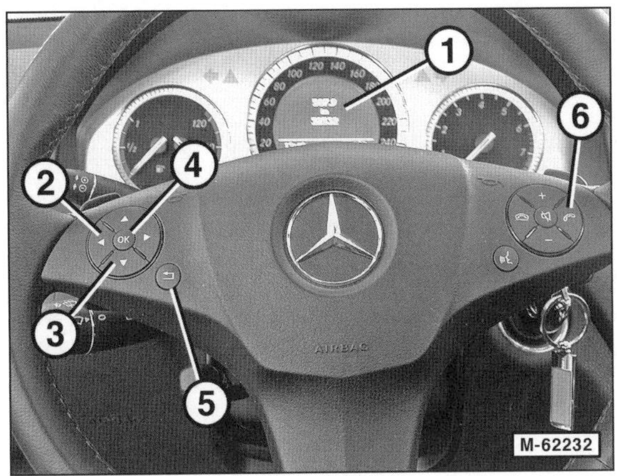

- Zündschlüssel ins Zündschloss stecken und in Stellung »1« drehen: Im Display –1– erscheint die Standardanzeige »Kilometerstand«. Andernfalls die Taste –3– für »Vorblättern« so oft drücken, bis der Kilometerstand angezeigt wird.
- Taste –2– für »Systemauswahl« so oft drücken, bis im Display –1– der Menüpunkt »**Reise**« mit einem Sichtbalken markiert ist. »**Reise**« bleibt für ca. 5 Sekunden angewählt. Innerhalb dieser Zeit muss der nächste Arbeitsschritt durchgeführt werden.
- **Zuerst** die Taste –6– für »Telefongesprächsannahme« drücken und gedrückt halten. Dann innerhalb einer Sekunde zusätzlich die Taste »OK« –4– drücken und gedrückt halten. Beide Tasten –6/4– für ca. 5 Sekunden gedrückt halten: Im Display –1– erscheint das Werkstattmenü mit den Registern »**Fahrzeugdaten**«, »**Rollentest**« und »**ASSYST PLUS**«.
- Die Taste –3– für »Vorblättern« so oft drücken, bis »**ASSYST PLUS**« mit einem Sichtbalken markiert ist. Dann die Auswahl mit der Taste »OK« –4– bestätigen: Im Display –1– erscheinen die Register »**Servicedaten**« und »**Gesamtservice**«.
- Die Taste –3– für »Vorblättern« drücken, um »**Gesamtservice**« mit dem Sichtbalken zu markieren und die Auswahl mit der Taste »OK« –4– bestätigen: Im Multifunktions-Display –1– erscheinen die aktuellen Servicepositionen.
- Die Taste –3– für »Vorblättern« so oft drücken, bis »**Serv. bestätigen**« mit einem Sichtbalken markiert ist, dann die Auswahl mit der Taste »OK« –4– bestätigen: Im Display –1– erscheint »**Service durchgeführt?**«.
- Die Taste –3– für »Vorblättern« drücken, bis »**Ja**« mit einem Sichtbalken markiert ist. Dann die Auswahl mit der Taste »OK« –4– bestätigen: Im Display –1– erscheint »**Keine Rücknahme möglich**«.
- Die Taste –3– für »Vorblättern« drücken, bis »**Bestätigung**« mit einem Sichtbalken markiert ist. Dann die Auswahl mit der Taste »OK« –4– bestätigen: Im Display –1– erscheint »**Gesamtservice durchgeführt**«.
- Taste »OK« –4– drücken und Taste »zurück« –5– so oft drücken, bis im Display –1– der Kilometerstand (Standardanzeige) erscheint.
- Zündschlüssel in Stellung »0« drehen.

Zurücksetzen mit 4-Tasten-Multifunktionslenkrad

- Zündschlüssel ins Zündschloss stecken und in Stellung »1« drehen: Im Display –1– erscheint die Kilometeranzeige (Standardanzeige). Andernfalls Taste »Systemauswahl« –2– so oft drücken.
- **Zuerst** die Taste »R« –3– drücken und gedrückt halten, dann innerhalb einer Sekunde **zusätzlich** die Taste »+« –4– drücken und gedrückt halten. **Hinweis:** Beide Tasten –3/4– für ca. 5 Sekunden gedrückt halten: Im Display –1– erscheint die Spannungsanzeige.
- Taste –2– für »Systemauswahl« drücken: Im Display –1– erscheint »**ASSYST PLUS**«.
- Taste »R« –3– drücken: Im Display –1– erscheint »**Servicedaten**«.
- Taste –2– für »Systemauswahl« drücken: Im Display –1– erscheint »**Gesamtservice**«.
- Taste »R« –3– drücken: Im Display –1– erscheinen die aktuellen Services.
- Taste –2– für »Systemauswahl« so oft drücken, bis im Display –1– »**Serv. bestätigen?**« erscheint.
- Taste »R« –3– drücken: Im Display –1– erscheint »**Service erledigt?**«.
- Taste »+« –4– drücken: Im Display –1– erscheint »**Keine Rücknahme!**«.
- Taste »+« –4– drücken: Im Display –1– erscheint »**Gesamtservice durchgeführt**«.
- Taste –2– für »Systemauswahl« so oft drücken, bis im Display –1– der Kilometerstand (Standardanzeige) angezeigt wird.

Wagenpflege

Aus dem Inhalt:

- Fahrzeug waschen
- Lackierung pflegen
- Unterbodenschutz
- Hohlraumkonservierung
- Polster reinigen
- Lackschäden ausbessern

Fahrzeug waschen

Aus Umweltschutzgründen ist es in den meisten Gemeinden verboten, Fahrzeuge auf öffentlichen Plätzen zu waschen. Wird das Auto sehr oft in einer automatischen Waschanlage gewaschen, hinterlassen die rotierenden Waschbürsten Schleifspuren auf dem Lack. Diese lassen sich verhindern, wenn man den Wagen von Hand in einer entsprechenden Waschanlage wäscht.

- Vogelkot, Insekten, Baumharze, Teer- und Fettflecken, Streusalz und andere aggressive Ablagerungen sofort abwaschen, da sie ätzende Bestandteile enthalten, die Lackschäden verursachen.
- Bedienungshinweise für den Hochdruckreiniger bezüglich Druck und Düsenabstand des Sprühkopfes befolgen.
- Beim Waschen reichlich Wasser verwenden. Mit einem Schwamm oder Waschhandschuh beziehungsweise einer weichen Bürste mit dem Reinigen des Fahrzeugdaches beginnen; Schwamm oft ausspülen.
- Waschmittel nur bei hartnäckiger Verschmutzung verwenden. Mit klarem Wasser gründlich nachspülen, um die Reste des Waschmittels zu entfernen. Bei regelmäßiger Benutzung von Waschmitteln muss öfter konserviert werden. Dem Waschwasser kann ein Konservierungsmittel beigegeben werden.
- Darauf achten, dass kein Wasser in die Eintrittsöffnungen für die Innenraumbelüftung eindringt. Hochdruckdüse nicht gegen den Kühler oder schadhafte Lackflächen des Fahrzeugs richten.
- Zum Abtrocknen sauberes Leder verwenden. Verschiedene Leder für Lack- und Fensterflächen verwenden, da Konservierungsmittelrückstände auf den Scheiben zu Sichtbehinderungen führen.
- Durch Streusalz besonders gefährdet sind alle innen liegenden Falze, Flansche und Fugen an Türen und Hauben. Diese Stellen müssen deshalb bei jeder Wagenwäsche – auch nach der Wäsche in automatischen Waschstraßen – mit einem Schwamm gründlich gereinigt und anschließend abgespült und abgeledert werden.
- Wagen niemals in der Sonne waschen oder trocknen. Wasserflecken sind sonst unvermeidlich.

Achtung: Nach der Wagenwäsche Bremspedal während der Fahrt leicht antippen, um den Wasserfilm abzubremsen.

Lackierung pflegen

Konservieren: So oft wie nötig soll die sauber gewaschene und getrocknete Lackierung mit einem Konservierungsmittel behandelt werden, um die Oberfläche durch eine Poren schließende und Wasser abweisende Wachsschicht gegen Witterungseinflüsse zu schützen. Auch wenn regelmäßig Waschkonservierer verwendet wird, empfiehlt es sich, den Lack mindestens zweimal im Jahr mit Hartwachs zu schützen.

Sofern Kraftstoff, Öl, Fett oder Bremsflüssigkeit auf den Lack gelangt, diese Flüssigkeiten **sofort entfernen,** sonst kommt es zu Lackverfärbungen.

Spätestens wenn Wasser nicht mehr deutlich vom Lack abperlt, muss konserviert werden. Der Lack trocknet sonst aus.

Eine weitere Möglichkeit, den Lack zu konservieren, bieten Waschkonservierer. Waschkonservierer schützen die Lackierung jedoch nur ausreichend, wenn sie bei **jeder** Wagenwäsche verwendet werden und der zeitliche Abstand zwischen 2 Wäschen nicht mehr als 2 bis 3 Wochen beträgt. Nur Lackkonservierer verwenden, die Carnauba- oder synthetische Wachse enthalten.

Polieren: Das Polieren des Lackes ist nur dann erforderlich, wenn dieser infolge mangelhafter Pflege beziehungsweise unter der Einwirkung von Umwelteinflüssen unansehnlich geworden ist und sich durch eine Behandlung mit Konservierungsmitteln kein Glanz mehr erzielen lässt. Zu warnen ist vor stark schleifenden oder chemisch stark angreifenden Poliermitteln, auch wenn der erste Versuch damit noch so sehr zu überzeugen scheint.

Vor jedem Polieren muss der Wagen sauber gewaschen und sorgfältig abgetrocknet werden. Im Übrigen ist nach der Gebrauchsanweisung für das Poliermittel zu verfahren.

Die Bearbeitung soll in nicht zu großen Flächen erfolgen, um ein vorzeitiges Eintrocknen der Politur zu vermeiden. Bei manchen Poliermitteln muss anschließend noch konserviert werden. Nicht in der prallen Sonne polieren!

Kunststoffteile und matt lackierte Teile dürfen nicht mit Konservierungs- oder Poliermitteln behandelt werden, da sich sonst Flecken bilden.

Teerflecke entfernen: Frische Teerflecke können mit einem in Waschbenzin getränkten weichen Lappen entfernt werden oder mit speziellen Teerfleck-Entfernern. Notfalls kann auch Petroleum oder Terpentinöl verwendet werden. Sehr gut gegen Teerflecke eignet sich auch ein Lackkonservierer. Bei Verwendung dieses Mittels kann auf ein Nachwaschen verzichtet werden.

Insekten entfernen: Insekten enthalten aggressive Stoffe, die den Lackfilm beschädigen können. Sie müssen deshalb umgehend mit lauwarmer Seifen- oder Waschmittellösung abgewaschen werden. Es gibt auch spezielle Insekten-Entferner.

Außenbeleuchtung: Leuchten- und Scheinwerferabdeckungen sind aus Kunststoff. Verunreinigungen nur mit einem feuchten, weichen Tuch entfernen. Scheinwerferabdeckungen auf keinen Fall mit einem trockenen oder scheuernden Tuch reinigen. Keine Eiskratzer verwenden und nicht mit Reinigungs- oder Lösungsmitteln säubern.

Kunststoffteile pflegen: Kunststoffteile, Kunstledersitze, Himmel, Leuchtengläser sowie mattschwarz gespritzte Teile mit Wasser und Flüssigseife säubern. Himmel nicht durchfeuchten. Kunststoffteile gegebenenfalls mit Kunststoffreiniger behandeln.

Scheiben reinigen: Schnee und Eis von Scheiben und Spiegeln nur mit einem Kunststoffschaber entfernen. Um Kratzer durch Schmutz zu vermeiden, sollte der Schaber nicht vor- und zurückbewegt, sondern nur geschoben werden. Fensterscheiben innen und außen mit sauberem, weichem Lappen abreiben. Bei starker Verschmutzung helfen Spiritus oder Salmiakgeist und lauwarmes Wasser oder auch ein spezieller Scheibenreiniger. Beim Reinigen der Windschutzscheibe Scheibenwischerarme nach vorn klappen. Bei der Reinigung der Windschutzscheibe sind auch die Wischerblätter zu säubern.

Achtung: Bei Verwendung silikonhaltiger Mittel dürfen die zur Reinigung der Lackierung verwendeten Waschbürsten, Schwämme, Lederlappen und Tücher nicht für die Scheiben verwendet werden. Beim Einsprühen der Lackierung mit silikonhaltigen Pflegemitteln sollten die Scheiben abgedeckt werden.

Gummidichtungen pflegen: Gummidichtungen durch Einpudern der Dicht- und Gleitflächen mit Talkum oder Besprühen mit Silikonspray geschmeidig halten. So werden auch quietschende oder knarrende Geräusche beim Schließen der Türen vermieden. Auch das Einreiben der betreffenden Flächen mit Schmierseife beseitigt die Geräusche.

Reifen reinigen: Reifen nicht mit einem Dampfstrahlgerät reinigen. Wird die Düse des Dampfstrahlers zu nahe an den Reifen gehalten, wird dessen Gummischicht innerhalb weniger Sekunden irreparabel zerstört, selbst bei Verwendung von kaltem Wasser. Ein auf diese Weise gereinigter Reifen sollte sicherheitshalber ersetzt werden.

Leichtmetall-Scheibenräder mit Felgenreiniger und Bürste reinigen, jedoch keine aggressiven, säurehaltigen, stark alkalischen und rauen Reinigungsmittel oder Dampfstrahler über +60° C verwenden.

Sicherheitsgurte nur mit milder Seifenlauge im eingebauten Zustand säubern, nicht chemisch reinigen, da dadurch das Gewebe zerstört werden kann. Automatikgurte nur in trockenem Zustand aufrollen.

Unterbodenschutz/ Hohlraumkonservierung

Die Fahrzeugunterseite und die Radkästen sind mit Unterbodenschutz beschichtet. Die besonders stark gefährdeten Bereiche in den Radläufen sind zusätzlich mit Kunststoffschalen gegen Steinschlag geschützt. Vor der kalten Jahreszeit und nach einer Unterbodenwäsche sollte der Unterbodenschutz kontrolliert und gegebenenfalls ausgebessert werden.

Im Schleuderbereich des Unterbaues können sich Staub, Lehm und Sand ablagern. Den angesammelten Schmutz entfernen, zumal er während der Winterzeit auch noch mit Streusalz angereichert sein kann.

Polsterbezüge pflegen/reinigen

Textilbezüge: Polsterbezüge mit Staubsauger und Bürste reinigen. Flecken mit Flüssigseife, 25-prozentiger Ammoniaklösung oder Branntweinessig entfernen.

Fett- und Ölflecke mit Reinigungsbenzin oder Fleckenwasser behandeln. Das Reinigungsmittel darf aber nicht unmittelbar auf den Stoff gegossen werden, da sich sonst unweigerlich Ränder bilden. Flecken durch kreisförmiges Reiben von außen nach innen bearbeiten. Andere Verschmutzungen lassen sich meistens mit lauwarmem Seifenwasser entfernen.

Lederbezüge: Bei starker Sonneneinstrahlung und längerer Standzeit Sitze abdecken, damit sie nicht ausbleichen.

Trikot- oder Wolllappen mit Wasser leicht anfeuchten und Lederflächen säubern, ohne das Leder oder die Nahtstellen zu durchfeuchten. Anschließend das getrocknete Leder mit einem sauberen und weichen Tuch nachreiben.

Stärker verschmutzte Lederflächen mit einem milden Feinwaschmittel ohne Aufheller (2 Esslöffel auf 1 Liter Wasser) oder Flüssigseife reinigen. Fett- und Ölflecke ohne zu reiben vorsichtig mit Reinigungsbenzin abtupfen.

Lackierte Lederpolster sollten nach dem Reinigen mit einem handelsüblichen Pflegemittel für Lederflächen behandelt werden. Solche Mittel sind bei den Fachwerkstätten und im Autofachhandel erhältlich. Das Mittel vor Gebrauch gut schütteln und mit einem weichen Lappen dünn auftragen. Nach dem Eintrocknen mit einem sauberen und weichen Tuch nachreiben. Diese Behandlung empfiehlt sich bei normaler Beanspruchung alle 6 Monate.

Steinschlagschäden ausbessern

Ausbeul- und Lackierarbeiten an der Autokarosserie setzen Erfahrung über den Werkstoff und dessen Bearbeitung voraus. Derartige Fertigkeiten werden in der Regel erst durch eine langjährige Praxis erreicht. Aus diesem Grund wird hier nur das Ausbessern von kleineren Lackschäden erläutert.

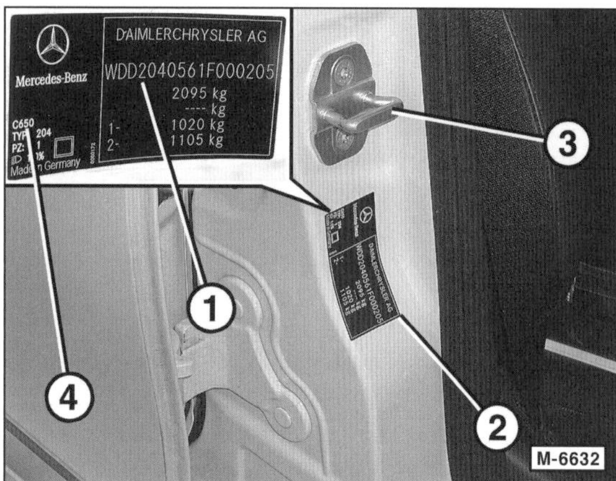

Zum Nachlackieren wird unbedingt dieselbe Lackfarbe benötigt, denn selbst kleinste Farbunterschiede fallen nach Abschluss der Arbeiten sofort ins Auge. Der jeweilige Fahrzeug-Farbton wird vom Hersteller durch die Lacknummer gekennzeichnet. Die Lacknummer –4– steht auf einem Aufkleber –2– unterhalb des Türschließzapfens –3– der Beifahrertür. 1 – Fahrzeug-Identifizierungsnummer.

Treten dennoch Differenzen zwischen dem Originallack und dem Reparaturlack auf, dann liegt das daran, dass sich Fahrzeug-Lackierungen durch Alterung, ultraviolette Sonnenbestrahlung, extreme Temperaturdifferenzen, Witterungsbedingungen und chemische Einflüsse wie beispielsweise Industrieabgase mit der Zeit verändern. Außerdem können Oberflächenschäden, Farbveränderungen und Ausbleichen des Lackes eintreten, wenn Reinigung und Lackpflege mit ungeeigneten Mitteln durchgeführt wurden.

Die Metallic-Lackierung besteht aus 2 Schichten, dem Metallic-Grundlack und der farblosen Decklackierung. Beim Lackieren wird der Klarlack über den feuchten Grundlack gespritzt. Die Gefahr von Farbdifferenzen bei der nachträglichen Metallic-Lackierung ist besonders groß, da hier schon die unterschiedliche Viskosität des Reparaturlackes gegenüber dem Originallack zu Farbverschiebungen führt.

Es lohnt sich, auch kleinste Lackschäden regelmäßig zu beseitigen, da auf diese Weise Rostschäden und größere Reparaturen vermieden werden.

Für kleine Kratzer und Steinschläge, die lediglich den Decklack abgesplittert haben, also nicht bis aufs blanke Blech vorgedrungen sind, genügt im allgemeinen der Lackstift oder Tupflack. Dabei handelt es sich um eine kleine Lackdose, in deren Deckel ein Pinsel integriert ist. Der Lackstift wird im Auto-Zubehörhandel angeboten.

- Tiefere Steinschlagschäden, die schon kleine Rostnarben gebildet haben, mit einem »Rostradierer« beziehungsweise einem Messer oder einem kleinen Schraubendreher auskratzen, bis das blanke Blech erscheint. Wichtig ist, dass keine auch noch so kleine Roststelle mehr sichtbar ist. Bei »Rostradierern« handelt es sich um kleine Kunststoffhülsen, die zum Auskratzen des Rostes kurze Drahtborsten besitzen.
- Die blanken Stellen müssen einwandfrei trocken und fettfrei sein. Dazu Reparaturstelle sowie umgebenden Lack mit Silikonentferner reinigen.
- Auf die blanke Metallfläche mit einem dünnen Pinsel etwas Lackgrundierung (»Primer«) auftragen. Da das Grundiermittel meist in Sprühdosen erhältlich ist, etwas Grundiermittel in den Deckel der Dose sprühen.
- Nachdem die Grundierung trocken ist, Stelle mit Tupflack ausbessern. Bei den Tupflackdosen ist ein Pinsel bereits im Deckel integriert. Falls nur eine Spraydose mit der entsprechenden Farbe zur Verfügung steht, etwas Farbe in den Deckel der Dose sprühen und Lack mit einem dünnen Wasserfarbenpinsel auftragen. Dabei in einem Arbeitsgang immer nur eine dünne Lackschicht anbringen, damit der Lack nicht herunterlaufen kann. Anschließend Farbe gut trocknen lassen. Vorgang so oft wiederholen, bis der Krater ausgefüllt ist und die ausgebesserte Stelle gegenüber der umgebenden Lackfläche keine Vertiefung mehr bildet.

Werkzeugausrüstung

Langfristig zahlt es sich immer aus, wenn man qualitativ hochwertiges Werkzeug kauft. Neben einer Grundausstattung mit Maul- und Ringschlüsseln in den gängigen Größen und verschiedenen Torxschraubendrehern sowie einem Satz Steckschlüssel empfiehlt sich auch der Kauf eines Drehmomentschlüssels. Darüber hinaus ist bei manchen Arbeitsgängen der Einsatz von Spezialwerkzeug zwingend erforderlich.

Gutes und stabiles Werkzeug wird von der Firma HAZET angeboten. In den Tabellen sind die Werkzeuge mit der HAZET-Bestellnummer aufgeführt. Vertrieben wird das Werkzeug über den Autozubehör-Fachhandel.

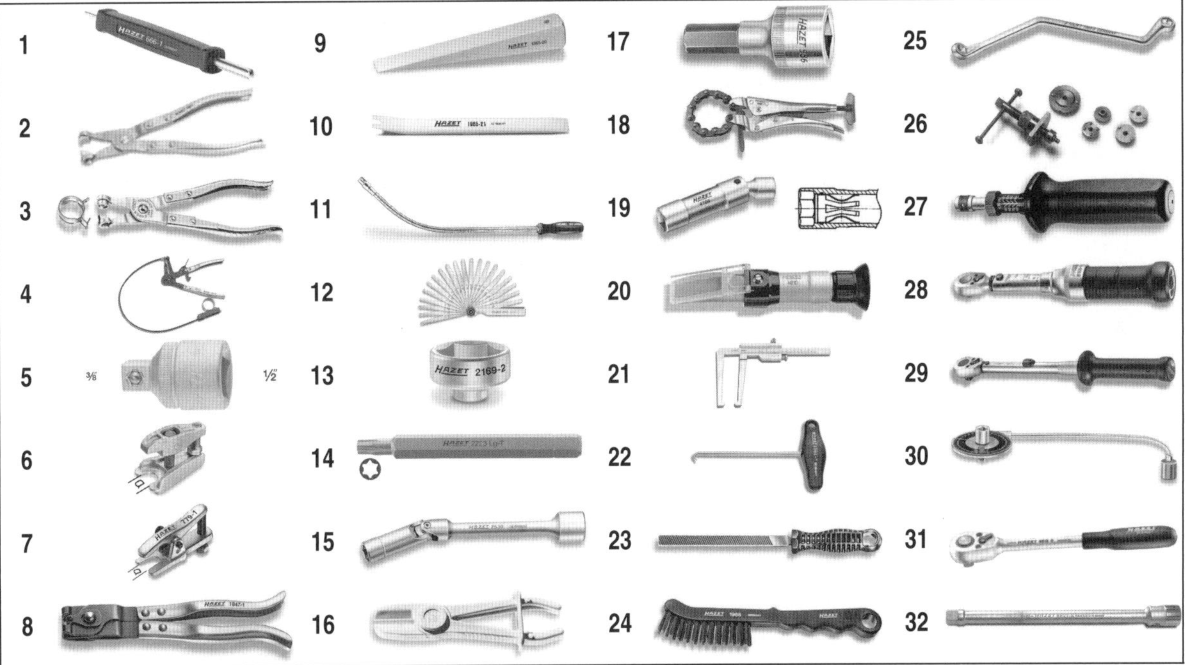

Abb.	Werkzeug	Hazet-Nr.
1	Ventildreher für Reifenventile	666-1
2	Zange für CLIC-Schlauchschellen an Kraftstoffschläuchen	798-3
3	Zange für Spannbandschellen	798-5
4	Zange für Spannbandschellen an schwer zugänglichen Stellen	798-15
5	Adapter von ⅜ Zoll auf ½ Zoll	958-2
6	Kugelgelenk-Abzieher, Maulweite 18 – 22 mm	1779-1
7	Kugelgelenk-Abzieher, Maulweite 20 – 22 mm, 2-stufig	1790-7
8	Spannzange für Schellen an den Achsmanschetten	1847-1
9	Montagekeil	1965-20
10	Montagekeil	1965-21
11	Magnet-Sucher	1976
12	Fühlerblattlehre 0,05 – 1,0 mm	2147
13	Ölfilterschlüssel	2169-27
14	Torx-Bit-Einsatz für Ausbau des Sicherungskastens	2223 Lg-T20
15	Glühkerzenschlüssel SW10	2530
16	Abklemmzangen-Satz	4590/3

Abb.	Werkzeug	Hazet-Nr.
17	Bremssattel-Steckschlüssel-Einsatz 7 mm (⅜ Zoll)	2784-1
18	Ketten-Abgasrohrschneider	4682
19	Steckschlüsseleinsatz für Zündkerzen ⅜ Zoll	4766
20	Messgerät für Frostschutzanteil	4810 C
21	Bremsscheiben-Messschieber	4956-1
22	Montagehaken für Handbremsbacken-Rückzugfeder	4964-1
23	Bremssattelfeile	4968-1
24	Bremssatteldrahtbürste	4968-2
25	Entlüftungsschlüssel Bremse	4968-9/-11
26	Bremskolben-Rücksetzvorrichtung	4970/6
27	Drehmomentschlüssel 1 – 6 Nm	6003 CT
28	Drehmomentschlüssel 4 – 40 Nm	6109-2 CT
29	Drehmomentschlüssel 40 – 200 Nm	6122-1 CT
30	Winkelscheibe für drehwinkelgesteuerten Schraubenanzug	6690
31	Ratsche ⅜ Zoll für Zündkerzenschlüssel	8816
32	Verlängerung für Zündkerzenschlüssel ⅜ Zoll	8821-6

Motorstarthilfe

Sicherheitshinweise

Werden die vorgeschriebenen Anschlusshinweise nicht genau eingehalten, besteht die Gefahr der Verätzung durch austretende Batteriesäure. Außerdem können Verletzungen oder Schäden durch eine Batterieexplosion entstehen oder Defekte an der Fahrzeugelektrik auftreten.

- Batterieflüssigkeit von Augen, Haut, Gewebe und lackierten Flächen fern halten. Die Flüssigkeit ist ätzend. Säurespritzer sofort mit klarem Wasser gründlich abspülen. Gegebenenfalls einen Arzt aufsuchen.
- Keine Funken oder offenen Flammen in Batterienähe, da aus der Batterie brennbare Gase austreten können.
- Augenschutz tragen.
- Darauf achten, dass die Starthilfekabel nicht durch drehende Teile wie zum Beispiel den Kühlerventilator beschädigt werden.

- Die Starthilfekabel sollten einen Leitungsquerschnitt von 25 mm^2 aufweisen und mit isolierten Kabelzangen ausgestattet sein. In der Regel ist der Leitungsquerschnitt auf der Packung der Starthilfekabel angegeben.
- Bei beiden Batterien muss die Spannung 12 Volt betragen. Die Kapazität der stromgebenden Batterie darf nicht wesentlich unter der entladenen Batterie liegen.
- Eine entladene Batterie kann bereits bei –10° C gefrieren. Vor Anschluss der Starthilfekabel muss eine gefrorene Batterie unbedingt aufgetaut werden. Aufgetaute Batterie vor dem Laden auf Gehäuserisse prüfen, gegebenenfalls ersetzen. Aus Sicherheitsgründen empfiehlt es sich allerdings, eine einmal gefrorene Batterie grundsätzlich zu ersetzen.
- Die entladene Batterie muss ordnungsgemäß am Bordnetz angeklemmt sein.
- Fahrzeuge so weit auseinander stellen, dass kein metallischer Kontakt besteht. Andernfalls könnte bereits beim Verbinden der Pluspole ein Strom fließen.
- Bei beiden Fahrzeugen Handbremse anziehen beziehungsweise Fußfeststellbremse treten. Schaltgetriebe in Leerlaufstellung, automatisches Getriebe in Parkstellung »P« schalten.
- Alle Stromverbraucher ausschalten.
- Grundsätzlich Motor des Spenderfahrzeuges ca. 1 Minute vor dem Startvorgang und während des Startvorganges mit Leerlaufdrehzahl drehen lassen. Dadurch wird eine Beschädigung des Generators durch Spannungsspitzen beim Startvorgang vermieden.

Hinweis: Bei der C-Klasse befindet sich die Fahrzeugbatterie je nach Motor im Motorraum hinter dem rechten Federbeindom unter einer Plastikabdeckung oder im Koffer-/Laderaum rechts in der Reserveradmulde. **Für die Starthilfe gibt es im Motorraum einen Plus- und einen Massepunkt.**

- Rote Abdeckung vom Pluskontakt zum rechten Federbeindom hin schieben.

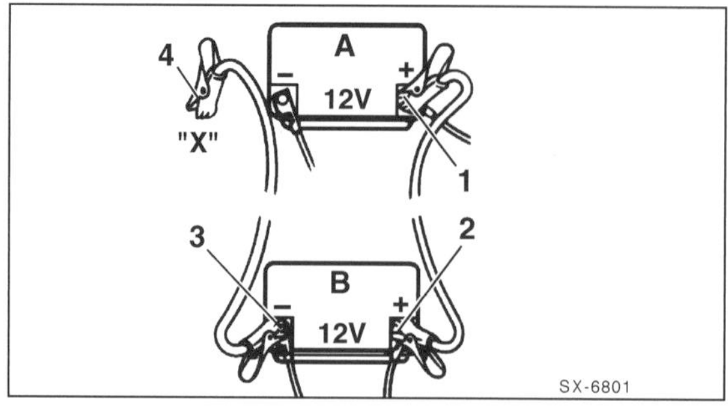

- Starthilfekabel in folgender Reihenfolge anschließen:
  1. Rotes Kabel –1– an den Pluspol (+) beziehungsweise den **Plusabgriff (C-KLASSE)** der entladenen Batterie –A– anklemmen.
  2. Das andere Ende des roten Kabels –2– an den Pluspol (+) beziehungsweise den **Plusabgriff (C-KLASSE)** der Strom gebenden Batterie –B– anklemmen.
  3. Schwarzes Kabel –3– an den Minuspol (–) der Strom gebenden Batterie –B– beziehungsweise an den **Masseanschluss am Federbeindom (C-KLASSE)** anklemmen.
  4. Das andere Ende des schwarzen Kabels –4– an eine gute Massestelle –X– des Empfängerfahrzeuges beziehungsweise an den **Masseanschluss am Federbeindom (C-KLASSE)** anschließen. **Achtung:** Ist das Empfängerfahrzeug keine C-KLASSE Kabel **nicht an den Minuspol (–)** der leeren Batterie anschließen. Am besten eignet sich ein mit dem Motorblock verschraubtes Metallteil.

Achtung: Die Klemmen der Starthilfekabel dürfen bei angeschlossenen Kabeln nicht in Kontakt miteinander kommen, ebenso dürfen die Plusklemmen keine Massestellen (Karosserie oder Rahmen) berühren – Kurzschlussgefahr!

- Motor des Empfängerfahrzeuges (leere Batterie) starten und laufen lassen. Beim Starten Anlasser nicht länger als 10 Sekunden ununterbrochen betätigen, da sich durch die hohe Stromaufnahme Polzangen und Kabel erwärmen. Deshalb zwischendurch eine »Abkühlpause« von mindestens ½ Minute einlegen.
- Bei Startschwierigkeiten nicht unnötig lange den Anlasser betätigen. Während des Anlassens wird permanent Kraftstoff eingespritzt. Fehlerursache ermitteln und beseitigen.
- Nach erfolgreichem Start beide Fahrzeuge mit der »Strombrücke« noch 3 Minuten laufen lassen.
- Um Spannungsspitzen beim Trennen abzubauen, im Fahrzeug mit der leeren Batterie Gebläse und Heckscheibenheizung einschalten. Nicht das Fahrlicht einschalten. Glühlampen brennen bei Überspannung durch.
- **Nach der Starthilfe** Kabel in **umgekehrter** Reihenfolge abklemmen.
- Die entladene Batterie baldmöglichst mit einem Batterie-Ladegerät aufladen. Um die Batterie mit dem Drehstromgenerator vollständig aufzuladen, müsste der Motor ca. 8 Stunden ohne Unterbrechung laufen, ohne dass elektrische Verbraucher eingeschaltet sind.

Fahrzeug aufbocken

Für viele Wartungs- und Reparaturarbeiten muss das Fahrzeug aufgebockt beziehungsweise angehoben werden. In der Werkstatt wird der Wagen in der Regel mit der Hebebühne angehoben, man kann ihn jedoch auch mit dem Fahrzeug- oder Werkstatt-Wagenheber anheben. Grundsätzlich darf das Fahrzeug nur an bestimmten Aufnahmepunkten angehoben werden.

Sicherheitshinweis
Wenn unter dem Fahrzeug gearbeitet werden soll, muss es mit geeigneten Unterstellböcken sicher abgestützt werden. Wird das Fahrzeug nur mit Hilfe des Bordwagenhebers angehoben, darf lediglich ein Radwechsel durchgeführt werden. Arbeiten unter dem Fahrzeug sind dann verboten. **Lebensgefahr!**

- Das Fahrzeug nur in unbeladenem Zustand aufbocken.
- Fahrzeug nur auf ebener, fester Fläche aufbocken. Bei weichem Untergrund breite Bretter unter den Wagenheber und die Unterstellböcke legen, damit sich das Gewicht auf eine größere Fläche verteilt.
- Die Räder, die beim Anheben auf dem Boden stehen bleiben, mit Keilen gegen Vor- oder Zurückrollen sichern. Nicht auf die Feststellbremse verlassen, diese muss bei einigen Reparaturen gelöst werden.
- Fahrzeug mit Unterstellböcken so abstützen, so dass jeweils ein Unterstellbock-Bein seitlich nach außen zeigt.

Anhebe- und Aufbockpunkte

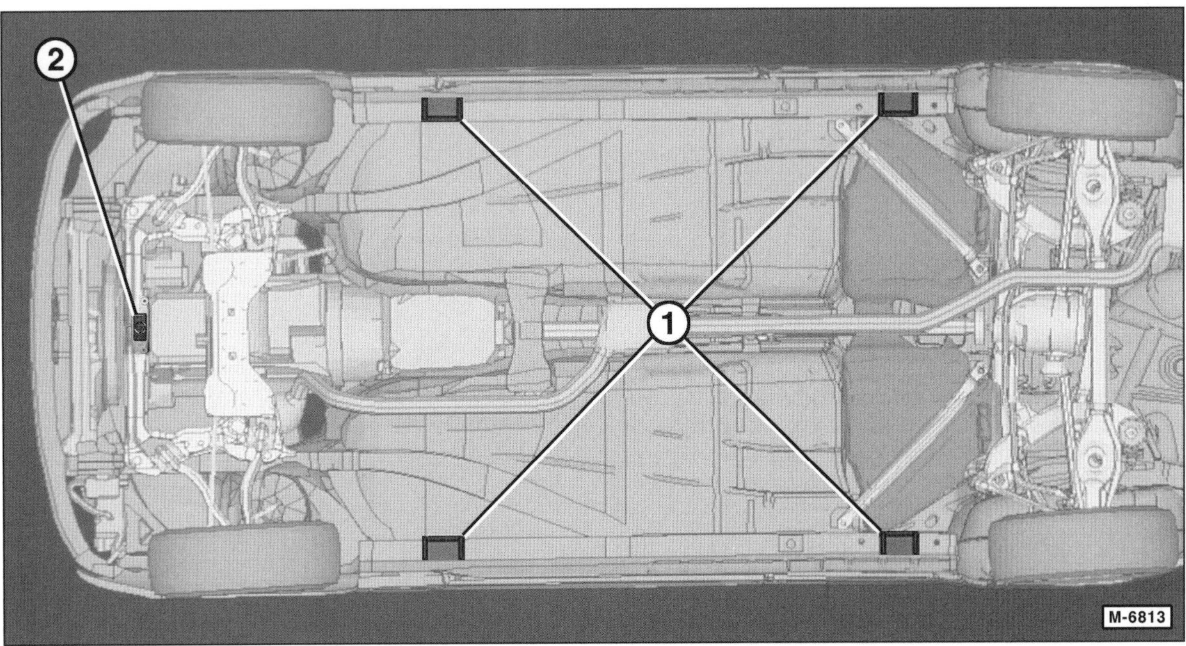

Die MERCEDES C-KLASSE darf nur an den dafür bestimmten Punkten angehoben und aufgebockt werden, da sonst bleibende Verformungen am Fahrzeug nicht auszuschließen sind.

1 – Aufbockpunkte für Wagenheber und Hebebühne.
2 – Aufbockpunkt für Werkstattwagenheber, falls vorhanden.

Elektrische Anlage

Aus dem Inhalt:

- Hupe ausbauen
- Sicherungen auswechseln
- Batterie ausbauen
- Generator prüfen
- Anlasser ausbauen
- Scheibenwischer
- Beleuchtungsanlage
- Armaturen/Schalter
- Radioanlage

Stromlaufpläne

In den sechziger Jahren reichte eine Doppelseite aus, um die Stromlaufpläne für ein Fahrzeugmodell abzubilden. Heutzutage sind dazu rund 300 Seiten erforderlich. Aus wirtschaftlichen Gründen wie auch aus Platzgründen ist der Abdruck der Stromlaufpläne im vorliegenden Band nicht machbar.

Jede Mercedes-Werkstatt verfügt über die aktuellen Stromlaufpläne für Ihr Fahrzeugmodell. Gegen Kostenerstattung wird man Ihnen diese sicherlich kopieren.

Steckverbinder trennen

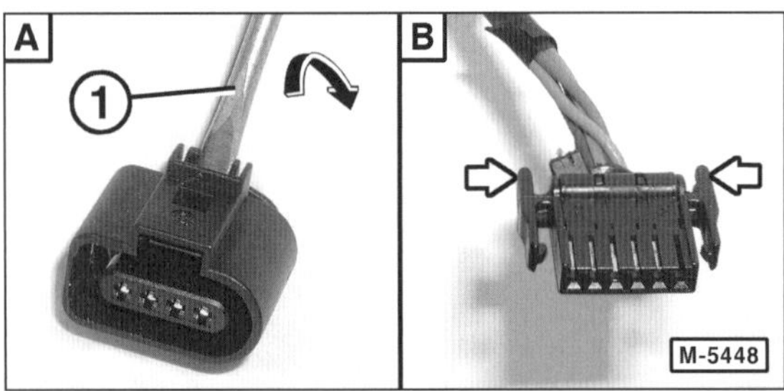

- Mit einem Schraubendreher –1– Verriegelungslasche herunterdrücken –Pfeil A–, Stecker dabei ziehen und Verbindung trennen. **Hinweis:** An schwer zugänglichen Stellen kann es hilfreich sein, zum Entriegeln der Lasche einen abgewinkelten Schraubendreher, zum Beispiel HAZET 818-1, oder ein ähnliches Werkzeug zu verwenden.
- Sicherungslaschen nach innen drücken –Pfeile B– und Steckverbindung trennen.

Achtung: Zum Trennen der Steckverbindung nicht an den Kabeln ziehen, sondern am Stecker.

Lichtwellenleiter

Es kommen vermehrt Lichtwellenleiter als Steuerleitungen für Radios und Navigationsgeräte zum Einsatz, die sich durch verlustarme Datenübertragung sowie eine hohe Bandbreite auszeichnen.

Sicherheitshinweise im Umgang mit Lichtwellenleitern:

- Steckverbindungen für Lichtwellenleiter vorsichtig trennen.
- Die Übergangsstellen des Lichtwellenleiters dürfen nicht verschmutzt oder verkratzt werden.
- Lichtwellenleiter nicht knicken, strecken oder quetschen.
- **Kontaktstellen mit Abdeckkappen und Stopfen schützen.**

Batterie für Funkfernbedienung aus- und einbauen

Prüfen

- Am Fahrzeug-Schlüssel auf die Taste 🔒 oder 🔓 drücken. Wenn die Batterie-Kontrollleuchte am Schlüssel kurz aufleuchtet, dann sind die Batterien in Ordnung. Andernfalls Batterien wechseln.

Ausbau

Hinweis: Es werden zwei 3-V-Knopfzellen vom Typ CR 2025 benötigt.

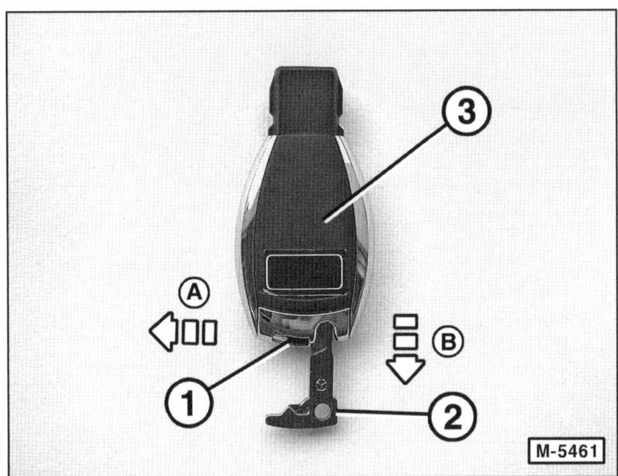

- Notschlüssel aus dem Fahrzeug-Schlüssel herausnehmen. Dazu den Entriegelungsschieber –1– in Pfeilrichtung –A– schieben und gleichzeitig den Notschlüssel –2– in Pfeilrichtung –B– ganz aus dem Fahrzeug-Schlüssel –3– herausziehen.

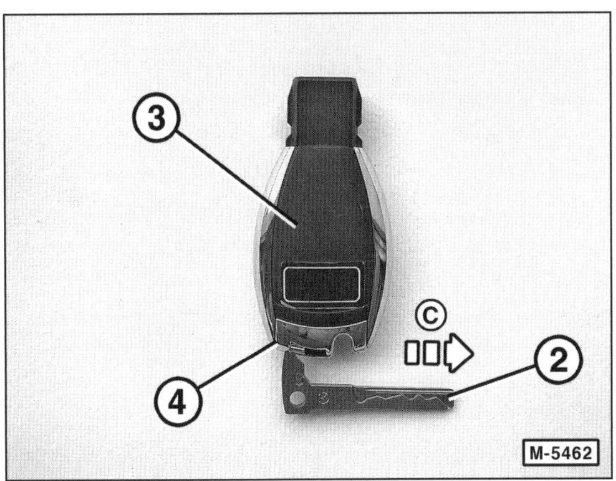

- Den Notschlüssel –2– in die Öffnung des Schlüssels –3– stecken und in Pfeilrichtung –C– drücken. Dadurch wird das Batteriefach –4– entriegelt.

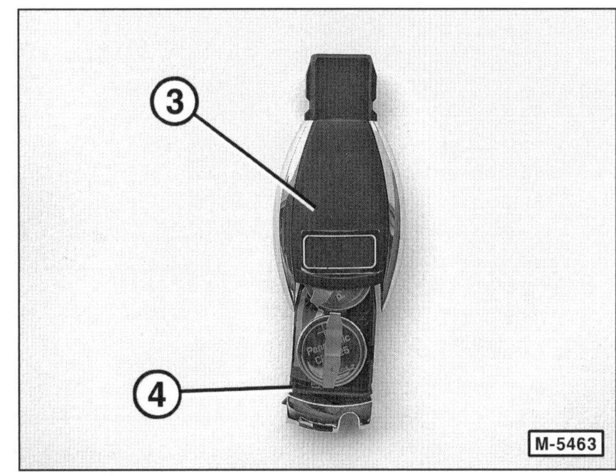

- Batteriefach –4– aus dem Schlüssel –3– herausziehen.

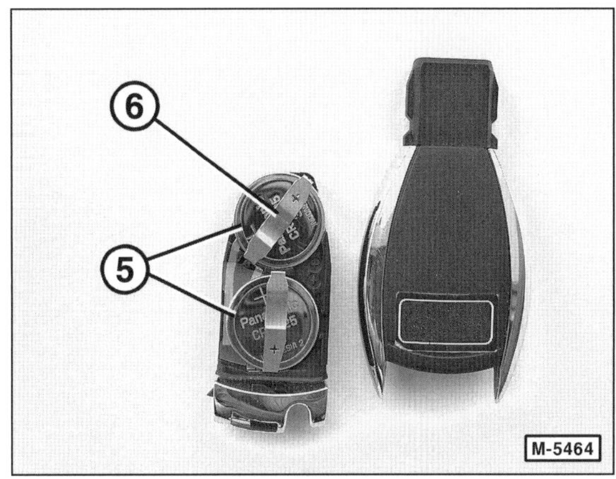

- Die alten Batterien –5– aus dem Batteriefach herausnehmen.

Einbau

- Neue Batterien so in die jeweiligen Haltefedern –6– einsetzen, dass der Pluspol beider Batterien beim Einschieben nach oben zeigt. Die Polarität (+) ist auf den Batterien sowie auf dem Batteriefach gekennzeichnet. **Achtung:** Die Kontaktflächen der Batterien nicht mit bloßen Fingern berühren. Zum Einsetzen ein fusselfreies Tuch verwenden.
- Batteriefach in das Gehäuse des Schlüssels zurückschieben und einrasten.
- Notschlüssel in den Fahrzeug-Schlüssel hineinschieben und einrasten lassen.
- Funktion aller Tasten des Schlüssels am Fahrzeug prüfen.

Hupe aus- und einbauen

Ausbau

Sicherheitshinweis
Beim Aufbocken des Fahrzeugs besteht Unfallgefahr! Deshalb die Hinweise im Kapitel »Fahrzeug aufbocken« beachten.

- Fahrzeug aufbocken.
- Für den Ausbau der linken Hupe den Waschwasserbehälter für Scheibenwaschanlage entleeren, abbauen und mit angeschlossenen Leitungen zur Seite drücken, siehe auch Seite 75.
- Für den Ausbau der rechten Hupe den rechten Innenkotflügel im Bereich des Stoßfängers lösen und mit einem Montagekeil herausheben.

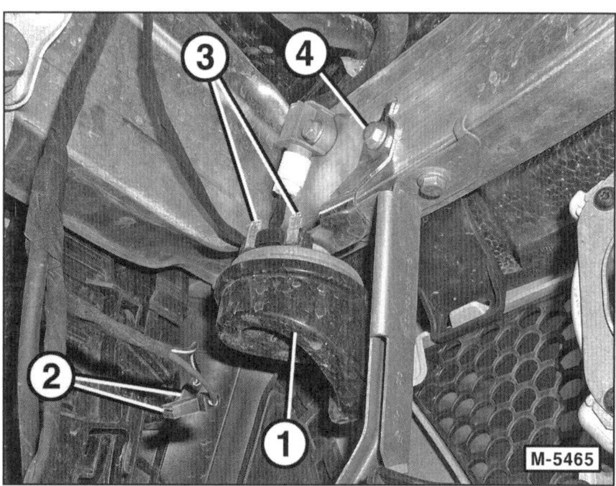

- Stecker –2– von den Anschlüssen –3– der Hupe –1– abziehen.
- Schraube –4– herausschrauben.
- Linke beziehungsweise rechte Hupe mit Halter herausnehmen.

Einbau

- Der Einbau erfolgt in umgekehrter Ausbaureihenfolge.

Sicherungen auswechseln

Um Kurzschluss- und Überlastungsschäden an den Leitungen und Verbrauchern der elektrischen Anlage zu verhindern, sind die einzelnen Stromkreise durch Schmelzsicherungen geschützt.

- Vor dem Auswechseln einer Sicherung immer alle Stromverbraucher und die Zündung ausschalten.

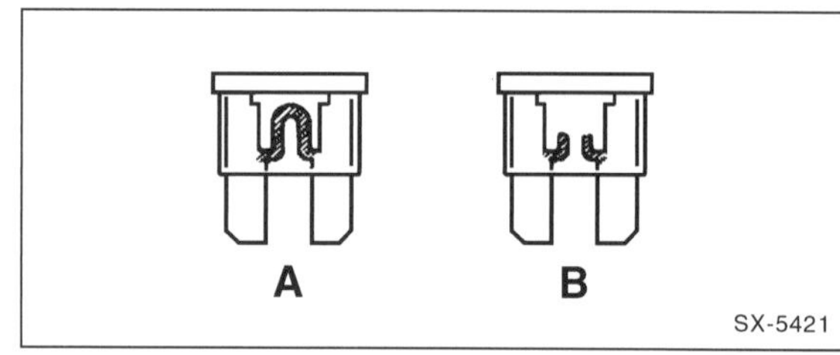

- Eine durchgebrannte Sicherung erkennt man am durchgeschmolzenen Metallstreifen. A – Sicherung in Ordnung, B – Sicherung durchgebrannt.

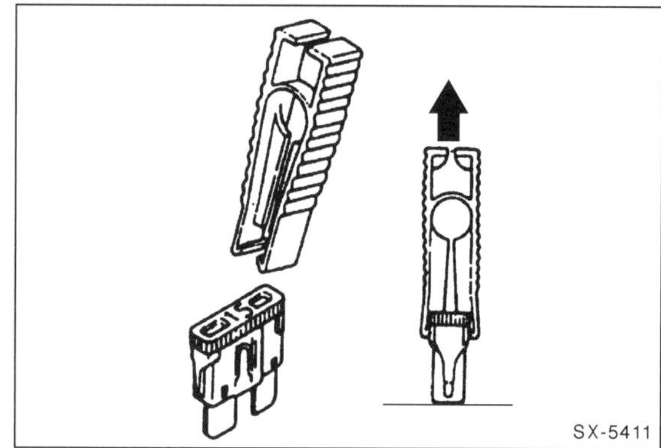

- Defekte Sicherung herausziehen.
- Defekte Sicherung herausziehen. Eine **Kunststoffklammer** befindet sich bei den Ersatzsicherungen beim Bordwerkzeug oder ist im Zubehörhandel erhältlich.

Nennstromstärke in Ampere	Kennfarbe
5	beige
7,5	braun
10	rot
15	blau
20	gelb
25	weiß
30	grün
40	bernstein
60	blau
70	beige
80	gelb

- Neue Sicherung **gleicher Sicherungsstärke** einsetzen. Die Nennstromstärke der Sicherung ist auf der Rückseite des Sicherungsgriffes aufgedruckt. Außerdem hat der Griff der Sicherungen eine Kennfarbe, an der ebenfalls die Nennstromstärke zu erkennen ist.

Achtung: Ab Nennstromstärke 40 A können sich die Kennfarben der Sicherungen wiederholen. Diese Sicherungen sind wesentlich größer und lassen sich nur sehr schwer aus der Halterung herausziehen.

- Ersatzsicherungen befinden sich beim Bordwerkzeug. Es empfiehlt sich, diese nach Gebrauch zu ersetzen.
- Brennt eine neu eingesetzte Sicherung nach kurzer Zeit wieder durch, muss der entsprechende Stromkreis überprüft werden.
- Auf keinen Fall Sicherung durch Draht oder ähnliche Hilfsmittel ersetzen, weil dadurch ernste Schäden an der elektrischen Anlage auftreten können.

Hinweis: Die Sicherungsbelegung ist abhängig von der Ausstattung und vom Baujahr des Fahrzeuges. Die aktuelle Belegung der Sicherungen befindet sich beim Bordwerkzeug im Stauraum unter dem Kofferraum-/Laderaumboden.

Sicherungseinbauorte im Fahrzeug

Die Sicherungen sind in 3 Sicherungskästen untergebracht, die sich seitlich am Armaturenbrett, im Kofferraum sowie im Motorraum befinden.

Sicherungskasten 1

Der Sicherungskasten 1 befindet sich auf der Fahrerseite seitlich am Armaturenbrett.

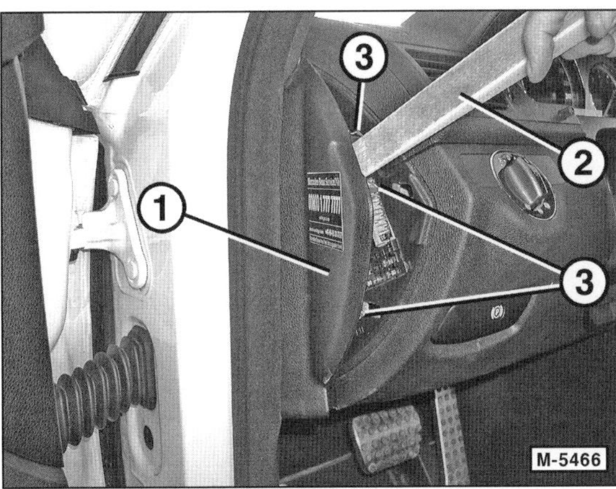

- Deckel –1– für Sicherungskasten mit einem Montagekeil –2– seitlich am Armaturenbrett abhebeln.
- Beim Einbau Deckel mit den Federklammern –3– über den Öffnungen ansetzen, andrücken und einrasten.
- Deckel weiter nach links schwenken, Führungsschienen oben und unten aus den Öffnungen ziehen und Deckel aus dem Armaturenbrett ziehen.
- Beim Einbau Führungsschienen in die Öffnungen stecken, Deckel schließen und in Halterungen einrasten lassen.

Sicherungskasten 2

Der Sicherungskasten 2 befindet sich im Kofferraum hinter der rechten Seitenverkleidung.

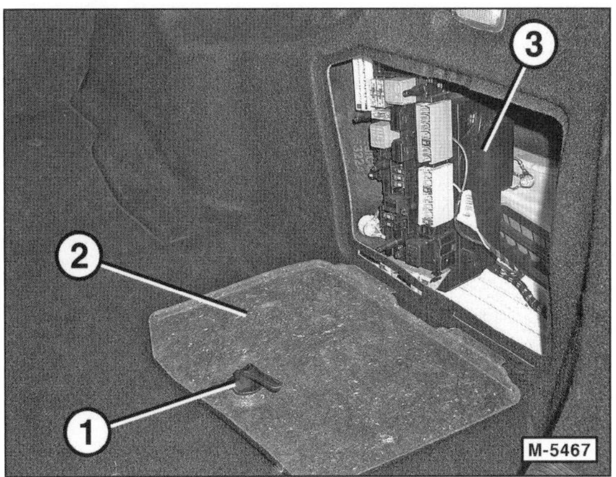

- **Limousine:** Verriegelung –1– drehen, Klappe –2– nach unten schwenken und vom Sicherungskasten –3– im Laderaum abnehmen.
- **T-Modell:** Verriegelungsgriff ziehen und Abdeckung auf der rechten Seite im Laderaum herunterklappen.

Sicherungskasten 3

Der Sicherungskasten 3 befindet sich auf der linken Seite im Motorraum unter einer Abdeckung.

- Mit einem trockenen Tuch eventuell vorhandene Feuchtigkeit vom Sicherungskasten abwischen.

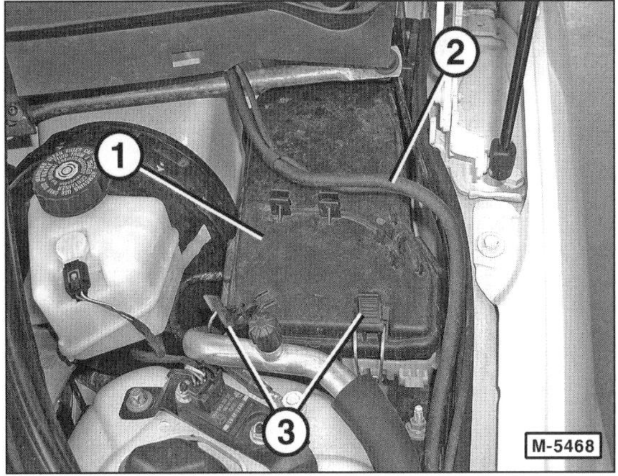

- Leitungen –2– vom Deckel –1– abclipsen.
- Halteklammern an den Griffen –3– nach vorn klappen, Deckel –1– des Sicherungskastens nach vorne ziehen und abnehmen.
- Vor dem Einbau prüfen, ob der Dichtgummi richtig im Deckel anliegt.
- Deckel hinten am Sicherungskasten in die Halterung einsetzen.
- Deckel vorn herunterdrücken und durch Umlegen der Halteklammern verriegeln.
- Leitungen am Deckel einclipsen.

Sicherungskasten mit Vorsicherungen

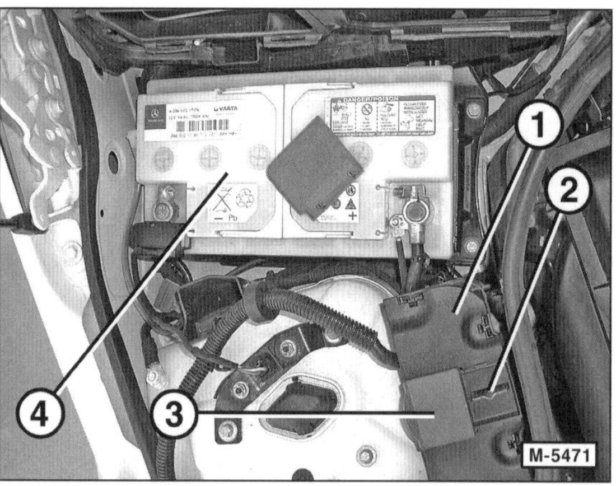

- Der Vorsicherungskasten befindet sich im Motorraum neben dem rechten Federbeindom unter dem Deckel –1–. Beim Dieselmotor ist ein zusätzlicher Vorsicherungskastem im Laderaum neben der Batterie angebracht, der vorwiegend bei Sonderfahrzeugen belegt ist. 2 – Plusabgriff, 3 – Abdeckung für Plusabgriff, 4 – Fahrzeug-Batterie.
- Im Vorsicherungskasten im Motorraum befinden sich folgende Sicherungen, die erst nach Ausbau des Sicherungskasten zugänglich sind:

Generator	400 A
Steuergerät SAM mit Sicherungs- und Relaismodul vorn	125 A
Steuergerät SAM mit Sicherungs- und Relaismodul hinten	40 A
Lüftermotor Verbrennungsmotor und Klimaanlage mit integrierter Regelung	80 A
Klimakasten	40 A
Benzinmotor: Steuergerät SAM mit Sicherungs- und Relaismodul vorn	60 A
Dieselmotor: PTC-Zuheizer	150 A
Sicherungskasten Innenraum	70 A
Steuergerät SAM mit Sicherungs- und Relaismodul vorn	100 A
Steuergerät SAM mit Sicherungs- und Relaismodul hinten	150 A

Batterie aus- und einbauen

Die Batterie befindet sich beim Benzinmotor im Motorraum rechts hinten unter dem Luftkanal. Beim Dieselmotor befindet sich die Batterie im Koffer- beziehungweise Laderaum.

Bei **Fahrzeugen mit ECO-Start-Stopp-System** ist im Koffer- beziehungsweise Laderaum eine Zusatzbatterie eingebaut. Wenn das Masseband einer Batterie abgeklemmt wird, sorgt eine elektrische Schaltung dafür, dass automatisch die andere Batterie vom Bordnetz getrennt wird. Sicherheitshalber muss aber nach dem Abklemmen geprüft werden, ob die elektrische Anlage tatsächlich stromlos ist.

Der Ausbau der Zusatzbatterie für das Start-Stopp-System steht am Ende des Kapitels.

Achtung: Batterie nie bei laufendem Motor abklemmen.

Achtung: Durch das Abklemmen der Batterie werden einige **elektronische Speicher gelöscht**.

- Je nach Ausführung des Radios **Radiocode** vor Abklemmen der Batterie oder Ausbau des Radios feststellen. Ansonsten kann das Radio nur durch den Hersteller wieder in Betrieb genommen werden. Die Code-Nummer ist in der Radio-Bedienungsanleitung angegeben. Sie sollte nicht im Fahrzeug aufbewahrt werden. **Hinweis:** Die serienmäßig eingebauten Radioanlagen werden von der Fahrzeugelektronik erkannt. Daher ist bei diesen Geräten eine Radiocode-Eingabe nicht erforderlich.
- Nach dem Anklemmen der Batterie gegebenenfalls die **Radiosender** neu einprogrammieren.
- Nach dem Anklemmen der Batterie die **Uhr** einstellen.
- Nach dem Anklemmen der Batterie alle elektrischen **Fensterheber** justieren:
  - ◆ Zündung einschalten. Jedes Fenster bis zum Anschlag hochfahren und Fensterheberschalter mindestens 1 Sekunde lang in Schließstellung halten.
- Je nach Ausstattung nach dem Anklemmen der Batterie automatisch aus- und einklappbare **Außenspiegel** einstellen:
  - ◆ Zündung einschalten. Taste zum Aus- und Einklappen der Außenspiegel kurz drücken.
  - ◆ Funktionsprüfung durchführen.

Hinweis: Wird die Autobatterie ersetzt, unbedingt die Altbatterie zum Händler mitnehmen und zurückgeben. Sonst muss Pfand für die neue Batterie bezahlt werden. Ausgebaute Batterie nur durch eine gleichartige Batterie ersetzen.

Ausbau

- Bei **Fahrzeugen mit ECO-Start-Stopp-System** wird zunächst der Ausbau der Hauptbatterie beschrieben. Der Ausbau der Zusatzbatterie steht in einem separaten Abschnitt.

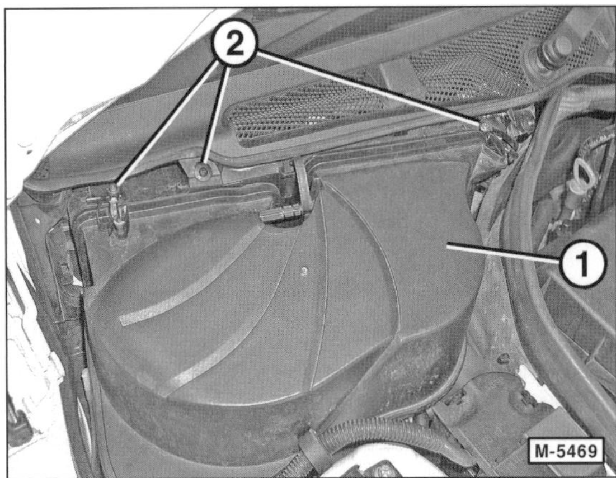

- **Benzinmotor:** Luftkanal –1– ausclipsen –2– und abnehmen.
- **Dieselmotor:** Verkleidung für Kofferraumboden anheben. Beim **T-Modell** Laderaumboden hinten und Zwischenboden herausnehmen.

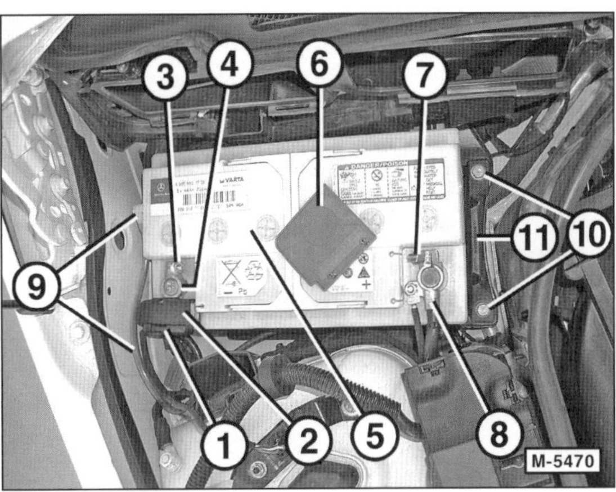

- Elektrische Steckverbindung –1– am Batteriesensor –2– trennen.
- **Zuerst:** Mutter –3– lösen und Masseleitung –4– vom Minuspol der Batterie –5– abnehmen.
- **Fahrzeuge mit ECO-Start-Stopp-System:** Prüfen, ob im Bordnetzsystem weiterhin Spannung vorhanden ist. Dazu Diodenprüflampe oder Voltmeter zwischen die Batterie-Plusleitung und die abgeklemmte Masseleitung anschließen. Wenn Spannung anliegt, ist durch einen Defekt in der elektrischen Anlage das Bordnetzsystem weiterhin aktiv. In diesem Fall Masseleitung der Zusatzbatterie für das Start-Stopp-System separat abklemmen.
- Abdeckung –6– ausclipsen und abnehmen.
- Mutter –7– lockern und Plusleitung –8– vom Pluspol der Batterie abziehen.

- Entlüftungsschlauch –9– von der Batterie abziehen.
- **Benzinmotor:** Schrauben –10– der Befestigungsschiene –11– herausschrauben.
- **Dieselmotor:** Mutter der Befestigungsschiene herausschrauben.
- Befestigungsschiene –11– abnehmen.
- Tragebügel hochklappen und Fahrzeugbatterie herausheben.

Einbau

- Sicherstellen, dass nur Batterien mit gleichen Abmessungen und gleicher Ausführung gegeneinander ausgetauscht werden.
- Sicherheitshinweise an der Batterie beachten. Originalteile-Batterien sind mit Sicherheitshinweisen ausgestattet.
- Batterie einsetzen und ausrichten. Befestigungsschiene mit **21 Nm** festschrauben.
- Batteriepole säubern, gegebenenfalls mit einer Messingdrahtbürste blank kratzen.
- Entlüftungsschlauch an der Batterie aufstecken. Dabei darauf achten, dass der Entlüftungsschlauch nicht geknickt wird. **Hinweis:** Die unter Umständen auf der gegenüberliegenden Batterieseite vorhandene Entlüftungsöffnung muss mit einem Stopfen verschlossen sein.
- Vor dem Anklemmen der Batterie sicherstellen, dass die Zündung und alle Stromverbraucher ausgeschaltet sind.
- **Zuerst Pluskabel** am Pluspol (+) anklemmen, danach Massekabel am Minuspol (–). **Niemals** Batterie-Pluskabel anschließen, wenn die Minusklemme an der Batterie angeschlossen ist.

Hinweis: Durch eine falsch angeschlossene Batterie können erhebliche Schäden am Generator und an der elektrischen Anlage entstehen.

- Masseleitung am Minuspol der Batterie aufschieben, Klemmmutter mit **5 Nm** festziehen.
- Beide Batteriepole dünn mit Polfett einschmieren. **Achtung:** Batteriepole nicht vor Anklemmen der Kabel fetten.
- Festen Sitz von Batterie und Anschlusskabeln nochmals überprüfen.
- Abdeckkappe über dem Batterie-Plusspol aufsetzen.
- Elektrische Steckverbindung am Batteriesensor aufstecken.
- **Benzinmotor:** Luftkanal einclipsen.
- **Dieselmotor:** Verkleidung für Kofferraum- beziehungsweise Laderaumboden hinten einsetzen.
- Falls erforderlich, Uhr, Radiosender und Außenspiegel einstellen, Fensterheber justieren.

Zusatzbatterie für Start-Stopp-System

Technische Besonderheiten bei Fahrzeugen mit **ECO Start-Stopp-Funktion:** Über einen **Kurbelwellenhallsensor** mit Drehrichtungserkennung erkennt das Motorsteuergerät in welchem Zylinder der Kolben optimal zum Start positioniert ist. Dort wird beim Motorstart der Kraftstoff zuerst eingespritzt und somit das Anlassen beschleunigt. Eine zusätzliche **elektrische Getriebeölpumpe** versorgt die Kupplungen des Automatikgetriebes vorab mit Öldruck, um nach dem Direktstart des Verbrennungsmotors umgehend losfahren zu können. Außerdem kommt ein **verstärkter Anlasser** zum Einsatz, der auf acht Mal so viele Startvorgänge ausgelegt ist. Zusätzlich wird das Bordnetz durch eine **zweite Batterie** unterstützt, die im Koffer- beziehungsweise Laderaum untergebracht ist.

Ausbau

- Alle elektrischen Verbraucher ausschalten, Zündung ausschalten und Senderschlüssel aus dem elektronischen Zündschloss herausziehen. Andernfalls können elektrischen Verbraucher beim Ab- und Anklemmen der Masseleitung beschädigt werden.

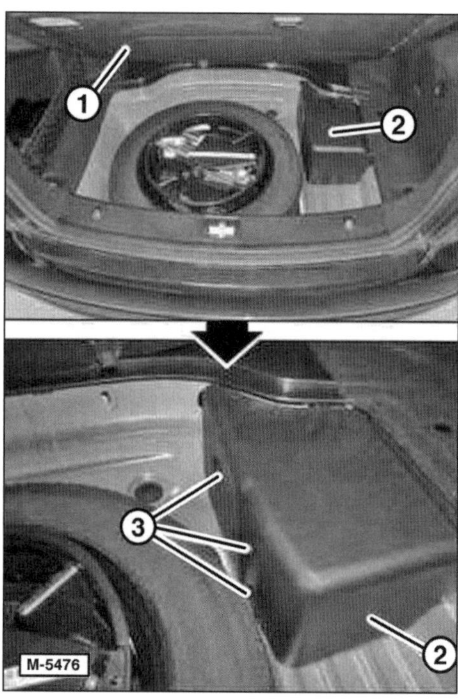

- Kofferraumbodenabdeckung –1– öffnen.
- **T-Modell:** Laderaumboden hinten und Zwischenboden herausnehmen.
- Abdeckung für Zusatzbatterie –2– ausbauen. Dazu 3 Spreizclips –3– mit einem Kunststoffkeil, zum Beispiel HAZET 1965-21, ausclipsen.
- **T-Modell:** Verkleidung für Ersatzradmulde so weit lösen, bis die Zusatzbatterie zugänglich ist.

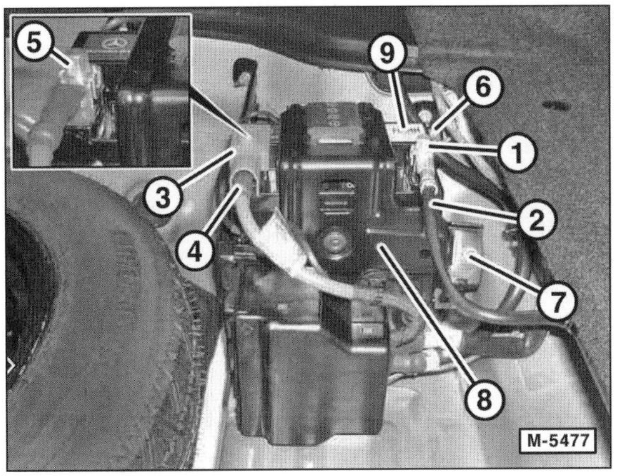

- Schraube –1– herausschrauben und Masseleitung –2– vom Minuspol der Zusatzbatterie –9– abziehen.
- Abdeckung –3– der Plusleitung –4– abnehmen.
- Mit einer Diodenprüflampe oder einem Voltmeter das Bordnetzsystem zwischen der Plusleitung –4– der Zusatzbatterie und einem geeignetem Massepunkt auf Spannung überprüfen. Falls Spannung vorhanden ist, dann ist durch einen Defekt in der elektrischen Anlage das Bordnetzsystem weiterhin aktiv. In diesem Fall Masseleitung der Hauptbatterie abklemmen. **Hinweis:** Normalerweise wird beim Abklemmen des Massekabels an der Zusatzbatterie die Masseleitung zur Hauptbatterie automatisch unterbrochen.

Achtung: Wird nur das Massekabel –2– abgeklemmt, die Plusleitung –4– abdecken, um eine eventuelle Kurzschlussgefahr zu vermeiden.

- Schraube –5– herausschrauben und Plusleitung –4– abziehen.
- Mutter –7– für Bügel –8– abschrauben.
- Bügel –8– nach oben schwenken.
- Zusatzbatterie –9– aus dem Batteriehalter herausnehmen.

Einbau

- Der Einbau erfolgt in umgekehrter Ausbaureihenfolge. Schrauben für Batteriekabel an Batteriepole mit **5 Nm** festziehen. Darauf achten, dass der Entlüftungsschlauch –6– knickfrei verlegt wird.

Relais für Zusatzbatterie aus- und einbauen

Das Relais für Zusatzbatterie befindet sich neben der Zusatzbatterie. Es hat die Aufgabe, die Zusatzbatterie während des Startvorgangs und zum Laden mit dem Bordnetz zu verbinden. Um Schaltgeräusche auf einem komfortablen Niveau zu halten, wird das Relais durch ein Gehäuse mit Schaumstoffeinlage schallisoliert.

Ausbau

- Masseleitung an der Fahrzeugbatterie abklemmen, siehe Seite 55.

- Masseleitung an der Zusatzbatterie für das ECO-Start-Stopp-System –1– abklemmen, siehe Seite 56.
- Rasthaken –2– entriegeln und Abdeckung –3– öffnen.

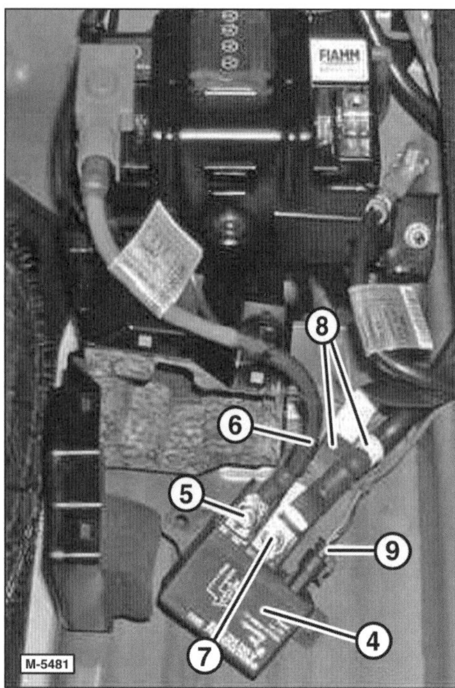

- Relais –4– für die Zusatzbatterie des ECO Start-Stopp-Systems aus dem Schaumstoff herausnehmen.
- Mutter –5– abschrauben und elektrische Leitung –6– abnehmen.
- Mutter –7– abschrauben und elektrische Leitungen –8– abnehmen.
- Elektrische Steckverbindung –9– trennen.
- Relais –4– für die Zusatzbatterie des ECO Start-Stopp-Systems herausnehmen.

Einbau

- Der Einbau erfolgt in umgekehrter Ausbaureihenfolge.

Batterie prüfen

Vor Beginn des Winters sollte die Batterie überprüft werden. Bei großer Kälte sinkt die Batteriespannung einer nur mäßig geladenen Batterie während des Anlassvorgangs stark ab.

Batterie mit magischem Auge

Bei einer wartungsarmen Batterie fehlen die Zellverschluss-Stopfen auf der Batterieoberseite. Kontrollmessungen des Säurestands oder der Säuredichte entfallen, da keine Flüssigkeit entweicht oder entgast.

In Fahrzeugen, in denen eine wartungsarme Batterie eingebaut ist, ist an der Batterie oftmals ein »magisches Auge« angebracht. Durch diese optische Anzeige werden der Säurestand und der Ladezustand der Batterie angezeigt, und zwar durch unterschiedliche Farbkennung. Dazu das magische Auge mit einer Taschenlampe von oben anleuchten.

- Bevor eine Sichtprüfung am magischen Auge vorgenommen wird, vorsichtig mit dem Griff eines Schraubendrehers auf das magische Auge klopfen. Luftblasen, die die Anzeige beeinträchtigen könnten, steigen hierdurch auf. Die Farbanzeige des magischen Auges wird dadurch genauer.
- Anzeige **grün**: Batterie ist in gutem Zustand.
- Anzeige **schwarz**: Batterie muss geladen werden.
- Andere Farbanzeige: Kritischer Säurezustand. Die wartungsarme Batterie muss ausgetauscht werden.

Hinweis: Batterien neuester Generation sind mit einem Rückzündungsschutz ausgestattet, einer so genannten »Fritte«. Das bei der Ladung entstehende Gas tritt durch eine Öffnung an der oberen Deckelseite aus, in die die Fritte eingesetzt ist. Die Fritte besteht aus einer kleinen, runden Glasfasermatte und arbeitet ähnlich wie ein Ventil.

Batterie unter Belastung prüfen

- Voltmeter an die Batteriepole anschließen. Anschlusskabel nicht abklemmen.
- Motor starten und Spannung ablesen.
- Während des Startvorganges darf bei einer **vollen** Batterie die Spannung nicht unter 10 Volt (bei einer Säuretemperatur von ca. +20° C) abfallen.
- Bricht die Spannung sogar zusammen, ist die Batterie defekt.

Ruhespannung prüfen

Der Batterie-Zustand wird durch Messen der Spannung mit einem Voltmeter zwischen den Batteriepolen überprüft.

- Batteriepole abklemmen, siehe Kapitel »Batterie aus- und einbauen«.
- Vor der Prüfung muss die Batterie mindestens zwei Stunden abgeklemmt sein.

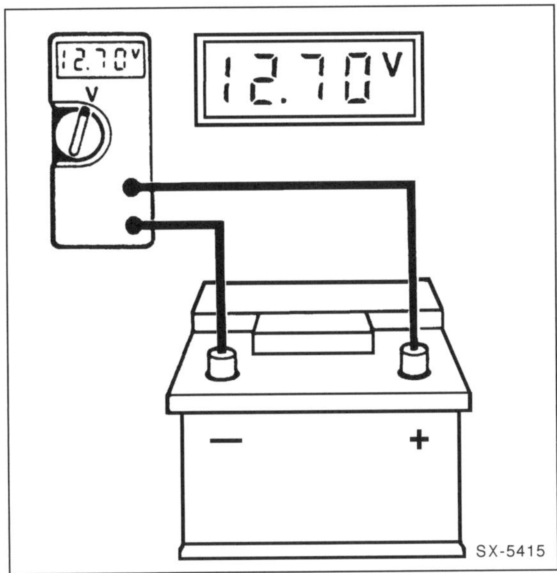

- Voltmeter an die Batteriepole anschließen und Spannung messen.
- **Beurteilung des Spannungsmesswertes:**
  12,5 Volt oder darüber : Batterie in gutem Zustand.
  12,4 Volt oder darunter : Batterie in schlechtem Zustand, Batterie laden oder ersetzen.
- Batterie anklemmen.

Batteriesensor aus- und einbauen

Bei der C-KLASSE (Typ 204) ist direkt am Minuspol der Batterie ein Batteriesensor eingebaut. Durch den Batteriesensor wird Spannung, Strom und Temperatur an der Bordnetzbatterie gemessen und somit der Batteriezustand bewertet.

Der Batteriesensor hat einen extrem großen Messbereich (1 mA bis 1000 A) mit hoher Auflösung. Dadurch wird eine Ruhestromüberwachung im Fahrzeug ermöglicht und kann mit dem Diagnosegerät ausgelesen werden.

Die Ruhestromüberwachung startet nachdem das elektronische Zündschloss Stellung "0" (Zündung "AUS, Klemme 15C") geschaltet wird oder der Zündschlüssel abgezogen wird.

Achtung: Beim Laden der Batterie darf die Minusklemme des Ladegeräts nicht direkt an den Minuspol der Batterie angeschlossen werden. Dadurch würde der Batteriesensor überbrückt, sodass anschließend nicht der korrekte Wert für den Ladezustand der Batterie abgerufen werden kann. Derselbe Effekt tritt auf, wenn die Batterie zum Laden abgeklemmt wird.

Ausbau

Benzinmotor

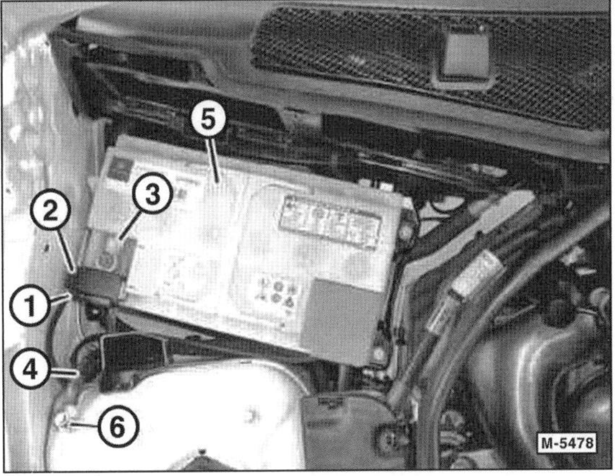

Dieselmotor

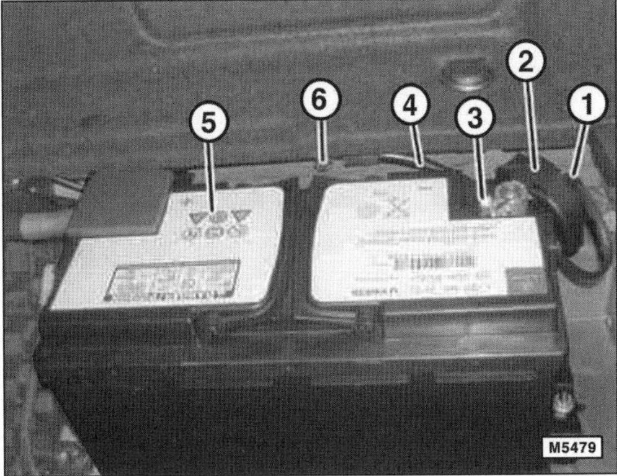

- Elektrische Steckverbindung –1– am Batteriesensor –2– trennen.

- Mutter –3– lösen und Masseleitung vom Minuspol der Batterie –5– abnehmen
- Masseleitung –4– vom Massepunkt –6– abschrauben.
- Masseleitung –4– mit Batteriesensor –2– herausnehmen.

Einbau

- Der Einbau erfolgt in umgekehrter Ausbaureihenfolge. Klemmmutter für Masseleitung mit **5 Nm**, Mutter für Masseleitung an Karosserie mit **16 Nm** festziehen.

Batterie entlädt sich selbstständig

Je nach Fahrzeugausstattung addiert sich zur natürlichen Selbstentladung der Batterie auch die Stromaufnahme der verschiedenen Stromverbraucher im Ruhezustand. Daher sollte die Batterie in einem abgestellten Fahrzeug alle 6 Wochen nachgeladen werden. Wenn der Verdacht auf Kriechströme besteht, kann die Fachwerkstatt mithilfe des Fahrzeug-Diagnosegeräts die Werte aus der Ruhestromüberwachung des Batteriesensors abrufen.

75 Minuten nach Abziehen des Zündschlüssels darf der Ruhestrom nicht größer als 50 mA sein.

Folgende Sonderausstattungen führen, mit verlängerter Nachlaufzeit (bis zu 60 Minuten), zu einem höheren Ruhestrom.

- Elektrisches Glas-Schiebehebedach: Ruhestrom 125 mA.
- Reifendruckkontrolle: Ruhestrom 175 mA.
- Reifendruckkontrolle und elektrisches Glas-Schiebehebedach: Ruhestrom 250 mA.

Wenn der Batteriesensor nicht ausgelesen werden kann, Bordnetz nach folgender Anleitung prüfen:

- Zur Prüfung eine geladene Batterie verwenden.

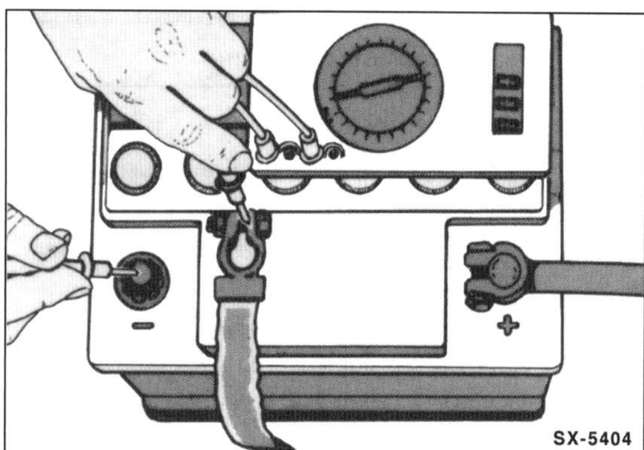

- Am Amperemeter den höchsten Messbereich einstellen.
- Batterie-Massekabel (–) abklemmen. **Achtung:** Hinweise im Kapitel »Batterie aus- und einbauen« beachten.
- Amperemeter zwischen Batterie-Minuspol (–) und Massekabel schalten: Amperemeter-Plus-Anschluss (+) an Massekabel und Minus-Anschluss (–) an Batterie-Minuspol (–).

Achtung: Die Prüfung kann auch mit einer Prüflampe durchgeführt werden. Leuchtet die Lampe zwischen Massekabel und Minuspol der Batterie jedoch nicht auf, ist auf jeden Fall ein Amperemeter zu verwenden.

- Alle Verbraucher ausschalten, vorhandene Zeituhr (und andere Dauerverbraucher) abklemmen, Türen schließen.
- Vom Amperebereich solange auf den Milliamperebereich zurückschalten bis eine ablesbare Anzeige erfolgt (50 mA sind zulässig).
- Durch Herausnehmen der Sicherungen nacheinander die verschiedenen Stromkreise unterbrechen. Geht bei einem unterbrochenen Stromkreis die Anzeige auf Null zurück, ist hier die Fehlerquelle zu suchen.
- Fehler können sein: korrodierte und verschmutzte Kontakte, durchgescheuerte Leitungen, interner Kurzschluss in Aggregaten.
- Wird in den abgesicherten Stromkreisen kein Fehler gefunden, so sind die Leitungen an den nicht abgesicherten Aggregaten, wie Generator und Anlasser, abzuziehen.
- Geht beim Abklemmen von einem der ungesicherten Aggregate die Anzeige auf Null zurück, betreffendes Bauteil überholen oder austauschen. Bei Stromverlust in der Anlasser- oder Zündanlage immer auch den Zünd-Anlassschalter nach Schaltplan prüfen.
- Batterie-Massekabel (–) anklemmen. **Achtung:** Hinweise im Kapitel »Batterie aus- und einbauen« beachten.

Batterie laden

Sicherheitshinweise

- Batterie **nicht** bei laufendem Motor abklemmen.
- Batterie **niemals kurzschließen,** das heißt Plus- (+) und Minuspol (–) dürfen nicht verbunden werden. Bei Kurzschluss erhitzt sich die Batterie und kann platzen.
- Gefrorene Batterie vor dem Laden auftauen. Eine geladene Batterie gefriert bei ca. –65° C, eine halbentladene bei ca. –30° C und eine entladene bei ca. –12° C. Aufgetaute Batterie vor dem Laden auf Gehäuserisse prüfen, gegebenenfalls ersetzen. Die von der ausgelaufenen Säure betroffenen Fahrzeugteile müssen umgehend mit Seifenlauge behandelt oder ausgetauscht werden.
- Batterie nur in gut belüftetem Raum oder im Freien laden. Beim Laden der eingebauten Batterie Motorhaube geöffnet lassen.

Zum Laden der Batterie **nur ein elektronisch gesteuertes Ladegerät** verwenden. Mit einem elektronisch gesteuerten Ladegerät kann die Batterie auch in eingebautem Zustand geladen werden.

Beim Laden muss die Batterie eine Temperatur von mindestens +10° C aufweisen.

Laden

- Ladegerät bei **eingebauter Batterie** folgendermaßen anschließen:
  - Minuskabel (–) des **ausgeschalteten** Ladegerätes am Massepunkt des Fahrzeuges anschließen.
    Achtung: Beim Laden der Batterie darf die Minusklemme des Ladegeräts nicht direkt an den Minuspol der Batterie angeschlossen werden. Dadurch würde der Batteriesensor überbrückt, sodass anschließend nicht der korrekte Wert für den Ladezustand der Batterie abgerufen werden kann. Derselbe Effekt tritt auf, wenn die Batterie zum Laden abgeklemmt wird.
  - Pluskabel (+) des **ausgeschalteten** Ladegerätes am Plusabgriff des Fahrzeuges anschließen. Vorher rote Abdeckung für Plusabgriff oben am Vorsicherungskasten neben dem rechten Federbeindom zurückschieben.
- Netzstecker des Ladegerätes in die Steckdose stecken. Falls erforderlich, Ladegerät einschalten.
- Nach dem Laden der Batterie Ladegerät ausschalten (wenn möglich) und Netzstecker des Ladegerätes ziehen.
- Anschlusskabel des Ladegerätes von der Batterie abklemmen.
- Geladene Batterie prüfen, siehe entsprechendes Kapitel.

Batteriepole reinigen

Batteriepole auf Korrosion überprüfen. Korrosion an den Batteriepolen zeigt sich in Form von weißen oder gelblichen pulverartigen Ablagerungen an den Polen.

- Batterie ausbauen, siehe entsprechendes Kapitel.
- Zur Entfernung von Korrosion Batteriepole mit einer Lösung aus Wasser und Soda bestreichen. Es kommt zu einer chemischen Reaktion mit Blasenbildung und einer braunen Verfärbung an den Polen.
- Gegebenenfalls Batteriepole mit einem Polreiniger oder einer Drahtbürste, zum Beispiel HAZET 4650-1, von Korrosionsrückständen reinigen.
- Nach Abklingen dieser Reaktion Batteriepole und Batterie mit klarem Wasser abwaschen und Batterie abtrocknen.
- Batterie einbauen, siehe entsprechendes Kapitel.
- Batterie-Pluskabel (+) und Batterie-Massekabel (–) bei ausgeschalteter Zündung anklemmen. Anschließend Anschlussklemmen und Batteriepole mit Polfett oder etwas Vaseline dünn einfetten, um Korrsion zu vermeiden. **Achtung:** Pole **nicht vor** dem Anklemmen der Kabel fetten.

Batterie lagern

Wird das Fahrzeug länger als 2 Monate stillgelegt, Batterie ausbauen und im aufgeladenen Zustand lagern. Die günstigste Lagertemperatur liegt zwischen 0° C und +27° C. Bei diesen Temperaturen hat die Batterie die günstigste Selbstentladungsrate. Spätestens nach 2 Monaten Batterie erneut aufladen, da sie sonst unbrauchbar wird.

Zentralentgasung

Bei der Zentralentgasung tritt das Gas an einer definierten Stelle aus der Batterie aus. Mit Hilfe eines Entgasungsschlauches kann die Ableitung des Gases gezielt zu einer unkritischen Seite erfolgen. Je nach Einbau kann die Batterie von einer unterschiedlichen Seite entgasen.

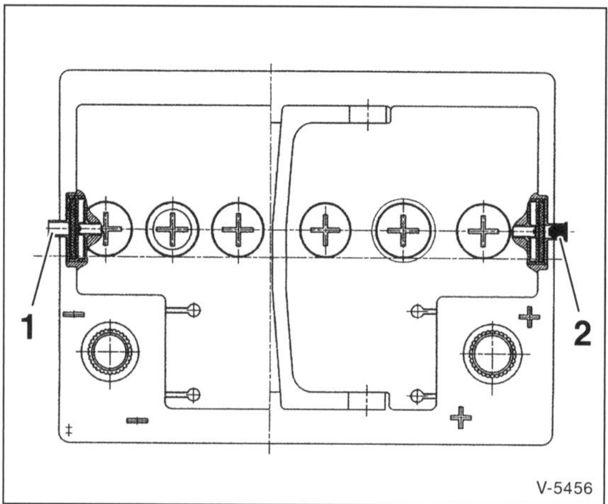

Oft sind die Batterien mit Entgasungsöffnungen –1/2– an jeder Polseite versehen. Von diesen beiden Öffnungen muss eine immer verschlossen sein –2–. Damit ist sichergestellt, dass die Entgasung nur gezielt über den angeschlossenen Schlauch erfolgt. Sollten beide Öffnungen verschlossen sein, unbedingt einen Stopfen aus der Entgasungsöffnung gemäß der Einbauanleitung der Batterie entfernen.

Batterietypen

Je nach Modell und Ausstattung können technisch recht unterschiedliche Batterietypen im Fahrzeug eingebaut sein. .

Nass-Batterie

Eine Batterie mit flüssigem Elektrolyt wird als Nass-Batterie bezeichnet. Diese Batterie besitzt ein magisches Auge zur Kontrolle von Ladezustand und Säurestand. Es darf kein destilliertes Wasser nachgefüllt werden, wie bei früheren Ausführungen der Nass-Batterie. Wenn der Säurestand zu niedrig ist, muss die Batterie ersetzt werden. Die Nassbatterie ist nicht für Fahrzeuge mit Start-Stopp-System geeignet.

EFB-Batterie

EFB = **E**nhanced **F**looded **B**attery. Die EFB-Batterie ist eine Weiterentwicklung der Standard-Nass-Batterie und kann auch für Fahrzeuge mit Start-Stopp-System verwendet werden. Allerdings nur, wenn der Fahrzeughersteller nicht ausdrücklich eine AGM-Stromquelle vorschreibt.

AGM-Batterie (Vlies-Batterie)

AGM = **A**bsorbent-**G**lass-**M**att-Battery. Bei der AGM-Batterie ist der Elektrolyt in einem Mikroglasvlies festgelegt; sie gilt dadurch als auslaufsicher. Die Batterie ist mit einem Batteriedeckel verschlossen, Zellverschluss-Stopfen und Entgasungskanal sind im Deckel integriert. Die AGM-Batterie hat kein magisches Auge und bietet folgende Vorteile: hohe Zyklenfähigkeit (Zyklus = abwechselnder Lade- und Entladevorgang), Auslaufsicherheit, wartungsarm, geringe Gasung und gute Kaltstarteigenschaften. Wird häufig bei Fahrzeugen mit Start-Stopp-System verwendet. Hinweis: Bei Ersatz einer AGM- oder Vlies-Batterie unbedingt wieder eine Vlies-Batterie einbauen.

VRLA-Batterie

Bei der **V**alve-**R**egulated-**L**ead-**A**cid-Batterie (VRLA) handelt es sich um einen wartungsfreien Stromspeicher mit festgelegtem Elektrolyt. Die Zellverschluss-Stopfen lassen sich nicht herausschrauben. Wird die Batterie überladen, werden die entstehenden Wasserstoff- und Sauerstoffgase innerhalb der jeweiligen Zelle wieder zu Wasser zurückgewandelt. Bei zu starker Ladung tritt das überschüssige Gas über ein Entspannungsventil aus. Da diese Flüssigkeitsmengen nicht wieder ersetzt werden können, ist eine nachhaltige Beschädigung der Batterie möglich. Deshalb muss beim Laden unbedingt ein Batterieladegerät mit einer Ladebegrenzung von 14,4 Volt eingesetzt werden.

Gel-Batterie

Bei der Gel-Batterie ist der Elektrolyt durch die Zugabe von Kieselsäure zur Schwefelsäure in einer gelartigen Masse eingebunden. Entsprechend ihrem Entgasungsprinzip zählt die Gel-Batterie zu den VRLA-Batterien. Dieser Batterietyp zeichnet sich durch eine hohe Zyklenfestigkeit aus, die Batterie kann also öfters ent- und geladen werden. Eine Gel-Batterie hat kein magisches Auge. Sie ist wartungsfrei und auslaufsicher. Da die Batterie nicht hochtemperaturfähig ist, eignet sie sich nicht für den Einbau im Motorraum.

Störungsdiagnose Batterie

Störung	Ursache	Abhilfe
Abgegebene Leistung ist zu gering, Spannung fällt stark ab.	Batterie entladen.	■ Batterie nachladen.
	Ladespannung zu niedrig.	■ Spannungsregler prüfen, gegebenenfalls austauschen.
	Anschlussklemmen lose oder oxydiert.	■ Anschlussklemmen reinigen, Klemmenmuttern anziehen.
	Masseverbindungen Batterie/Motor/ Karosserie sind schlecht.	■ Masseverbindung überprüfen, gegebenenfalls metallische Verbindungen herstellen oder Schraubverbindungen festziehen. Korrodierte Schrauben durch verzinnte ersetzen.
	Zu große Selbstentladung der Batterie.	■ Batterie austauschen.
	Batterie sulfatiert.*)	■ Batterie mit geringer Stromstärke laden. Falls die abgegebene Leistung immer noch zu gering ist, Batterie austauschen.
	Batterie verbraucht, aktive Masse der Platten ausgefallen.	■ Batterie austauschen.
Nicht ausreichende Ladung der Batterie.	Fehler an Generator, Spannungsregler oder Leitungsanschlüssen.	■ Generator und Spannungsregler überprüfen, gegebenenfalls Generator austauschen.
	Keilrippenriemen locker, Spannvorrichtung defekt.	■ Spannvorrichtung prüfen, gegebenenfalls Keilrippenriemen ersetzen.
	Zu viele Verbraucher angeschlossen.	■ Stärkere Batterie einbauen; eventuell auch leistungsstärkeren Generator verwenden.

Generator aus- und einbauen/ Generator-Ladespannung prüfen

Das Fahrzeug ist mit einem Drehstromgenerator ausgerüstet. Je nach Modell und Ausstattung können Generatoren mit unterschiedlichen Leistungen eingebaut sein. **Achtung:** Wenn nachträglich elektrisches Zubehör mit hohem Stromverbrauch in das Fahrzeug eingebaut wird, sollte überprüft werden, ob die bisherige Generatorleistung noch ausreicht; gegebenenfalls stärkeren Generator einbauen.

Wenn die Batterie nicht ausreichend geladen oder wenn sie überladen wird, ist die Generatorspannung zu prüfen.

Prüfvoraussetzungen

- Keilrippenriemenspannung und -zustand sind in Ordnung.
- Fester Sitz, einwandfreier Zustand und guter Kontakt der elektrischen Leitungen an Fahrzeugbatterie, Generator, Anlasser und Plusabgriff im Motorraum.
- Dieselmotor: Freilauf der Riemenscheibe für Generator ist mechanisch in Ordnung.
- Masseband zwischen Motor und Karosserie ist in einwandfreiem Zustand (nicht korrodiert) und fest angeschraubt.

Ladespannung prüfen

- Voltmeter zwischen Plus- und Minuspol der Batterie anschließen.
- Motor starten. Die Spannung darf beim Startvorgang bis etwa 8 Volt (bei + 20° C Außentemperatur) absinken.
- Motordrehzahl auf 3.000/min erhöhen. Die Spannung soll dann 13 bis 14,5 Volt betragen. Dies ist ein Beweis, dass Generator und Regler arbeiten. Die Generatorspannung (Bordspannung) muss höher als die Batteriespannung sein, damit die Batterie im Fahrbetrieb wieder aufgeladen wird.
- Regelstabilität prüfen. Dazu Fernlicht einschalten und Messung bei 3.000/min wiederholen. Die gemessene Spannung darf nicht mehr als 0,4 Volt über dem vorher gemessenen Wert liegen.
- Liegen die gemessenen Werte außerhalb der Sollwerte, Generator und Regler von Fachwerkstatt überprüfen lassen.

Sicherheitshinweise

Bei Arbeiten an der elektrischen Anlage im Motorraum grundsätzlich die Batterie abklemmen. **Achtung:** Dadurch werden elektronische Speicher gelöscht, wie zum Beispiel die Daten im Motor-Fehlerspeicher. Vor dem Abklemmen der Batterie bitte Hinweise im Kapitel »Batterie aus- und einbauen« beachten.

- Batterie oder Spannungsregler **nicht** bei laufendem Motor abklemmen.
- Generator **nicht** bei angeschlossener Batterie ausbauen.
- Vor Arbeiten mit einem Elektroschweißgerät Batterie grundsätzlich vom Bordnetz abklemmen.

Benzinmotor

Ausbau

Hinweis: Die Beschreibung erfolgt am Beispiel des 4-Zylinder-Motors.

- Batterie abklemmen. **Achtung:** Hinweise im Kapitel »Batterie aus- und einbauen« beachten.
- Keilrippenriemen ausbauen, siehe Seite 150.

- Stecker am elektrischen Anschluss –5– entriegeln und abziehen.
- Abdeckkappe abziehen, Mutter abschrauben und elektrische Leitung vom elektrischen Anschluss –2– abnehmen.
- Schrauben –3/4– herausdrehen und Generator –1– nach oben herausnehmen.

Einbau

- Der Einbau erfolgt in umgekehrter Ausbaureihenfolge. Generator mit **20 Nm** anschrauben, Mutter für dickes Anschlusskabel (Klemme B+) mit **15 Nm** festziehen.

Dieselmotor

Ausbau

Hinweis: Die Beschreibung erfolgt am Beispiel des 4-Zylinder-Motors.

- Batterie abklemmen und Kontakte isolieren. **Achtung:** Hinweise im Kapitel »Batterie aus- und einbauen« beachten.
- Obere Motorabdeckung ausbauen.
- Luftansaugkanal vor dem Luftfilter ausbauen.
- Luftkanal nach Luftfilter ausbauen.
- Keilrippenriemen ausbauen, siehe Seite 150.

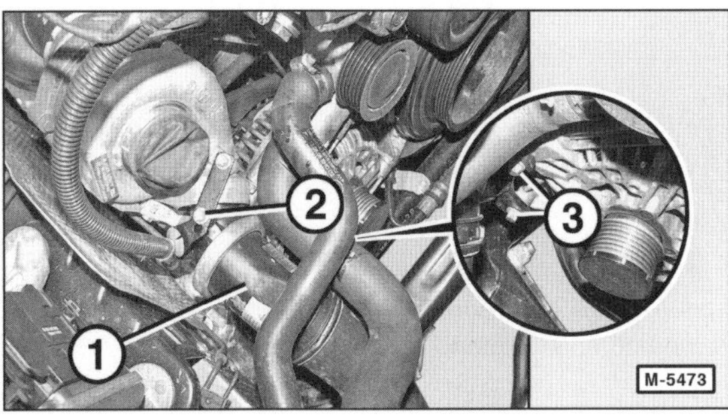

- Geräuschdämpfer –1– abbauen. Dazu Schrauben –2/3– herausdrehen.
- Vordere Unterbodenabdeckung ausbauen, siehe Seite 203.
- Schutzkappe abziehen, Mutter abschrauben und dicke (B+)-Leitung abnehmen.
- Stecker an der Rückseite des Generators entriegeln, abziehen und dünne (D+)-Leitung abnehmen.
- 4 Befestigungsschrauben für Generator herausdrehen Generator nach oben herausnehmen.

Einbau

- Der Einbau erfolgt in umgekehrter Ausbaureihenfolge. Generator mit **20 Nm** festschrauben, Mutter für dicke (B+)-Leitung mit **18 Nm** festziehen.

Spannungsregler aus- und einbauen

Ausbau

Hinweis: Die Beschreibung erfolgt am Beispiel des 4-Zylinder-Motors.

- Batterie abklemmen. **Achtung:** Hinweise im Kapitel »Batterie aus- und einbauen« beachten.

Sicherheitshinweis
Beim Aufbocken des Fahrzeugs besteht Unfallgefahr! Deshalb die Hinweise im Kapitel »Fahrzeug aufbocken« beachten.

- Fahrzeug aufbocken.
- Mittleres und hinteres Teilstück der unteren Motorraumverkleidung ausbauen, siehe Seite 203.

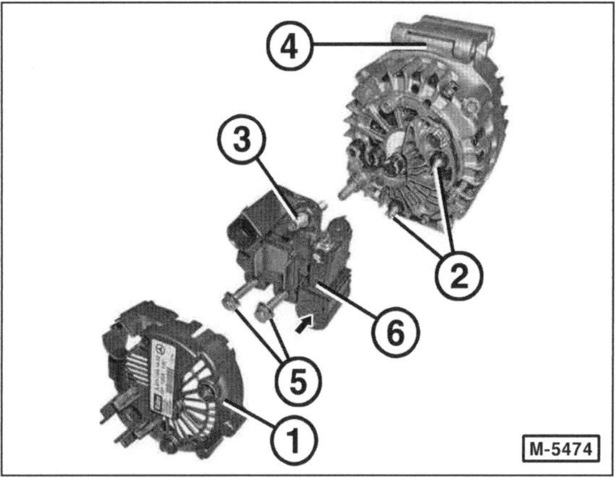

- Abdeckung –1– von den Stehbolzen –2/3– am Generator –4– gleichmäßig abhebeln.
- Schrauben –5– und Stehbolzen –3– herausdrehen und Regler –6– abnehmen.

Einbau

- Der Einbau erfolgt in umgekehrter Ausbaureihenfolge. Dabei ist zu beachten, dass nach dem Einsetzen des neuen Reglers –6– dieser durch Drücken in Pfeilrichtung noch entriegelt werden muss. Schraube M4x19 für Regler an Generator mit **3 Nm**, Schraube M4x13 mit **2 Nm** festziehen.

Störungsdiagnose Generator

Störung	Ursache	Abhilfe
Ladekontrolllampe brennt nicht bei eingeschalteter Zündung.	Batterie leer.	■ Laden.
	Anschlusskabel an der Batterie locker oder korrodiert.	■ Kabel auf festen Sitz prüfen, Anschlüsse reinigen.
	Kabel am Generator locker oder korrodiert.	■ Kabel auf einwandfreien Kontakt prüfen, Mutter festziehen.
	Kontrolllampe defekt.	■ Kombiinstrument ersetzen.
	Regler defekt.	■ Regler prüfen, gegebenenfalls austauschen.
	Unterbrechung in der Leitungsführung zwischen Generator, Zündschloss und Kontrolllampe.	■ Mit Ohmmeter nach Schaltplan untersuchen. Leitung gegebenenfalls reparieren beziehungsweise ersetzen.
Ladekontrolllampe erlischt nicht bei Drehzahlsteigerung.	Keilrippenriemen locker, Riemen rutscht durch.	■ Keilrippenriemen prüfen, Spannvorrichtung prüfen, gegebenenfalls ersetzen.
	Verkabelung schadhaft oder locker.	■ Verkabelung überprüfen, gegebenenfalls instand setzen.

Anlasser aus- und einbauen

Ausbau

Hinweis: Die Beschreibung erfolgt am Beispiel des 4-Zylinder-Benzinmotors.

- Batterie abklemmen. **Achtung:** Hinweise im Kapitel »Batterie aus- und einbauen« beachten.

Sicherheitshinweis
Beim Aufbocken des Fahrzeugs besteht Unfallgefahr! Deshalb die Hinweise im Kapitel »Fahrzeug aufbocken« beachten.

- Fahrzeug aufbocken.
- Hinteres Teilstück der unteren Motorraumverkleidung ausbauen. Dieselmotor: Untere Motorraumverkleidung komplett ausbauen.

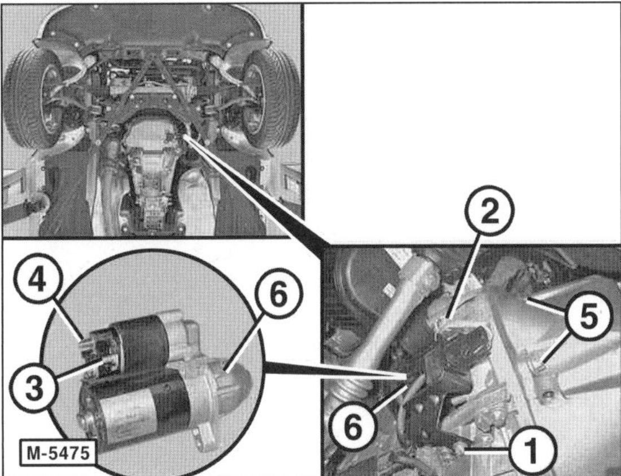

- Schraube –1– herausdrehen.
- Elektrische Leitung an Kabelhalter –2– ausclipsen. 4-Zylinder-Dieselmotor: Halter abschrauben.
- Elektrische Leitungen an den elektrischen Anschlüssen –3/4– abschrauben.
- Schrauben –5– herausdrehen und Anlasser –6– nach unten herausnehmen.

Einbau

- Ritzel am Anlasser sowie Zahnkranz an der Schwungscheibe oder an der Mitnehmerscheibe auf Beschädigung prüfen.
- Der Einbau erfolgt in umgekehrter Ausbaureihenfolge.
  Anzugsdrehmomente:
  Schrauben für Anlasser an Motorblock . . . . . . **40 Nm**
  Mutter an Klemme 30 . . . . **14 Nm**
  Mutter an Klemme 50 . . . . **6 Nm**
  Schraube für Halter der Lambdasonden-Steckverbindung an Ölwanne (Motor 271) . . . . **11 Nm**

Magnetschalter für Anlasser aus- und einbauen

Ausbau

- Anlasser ausbauen, siehe entsprechendes Kapitel.
- Anlasser in Schraubzwinge spannen. Zwingenbacken zum Schutz vor Beschädigungen mit Lappen umwickeln.

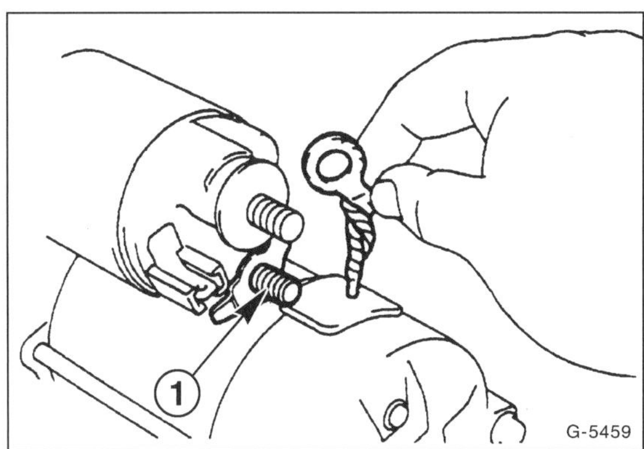

- Mutter abschrauben und Kabel von der Klemme –1– am Magnetschalter trennen.

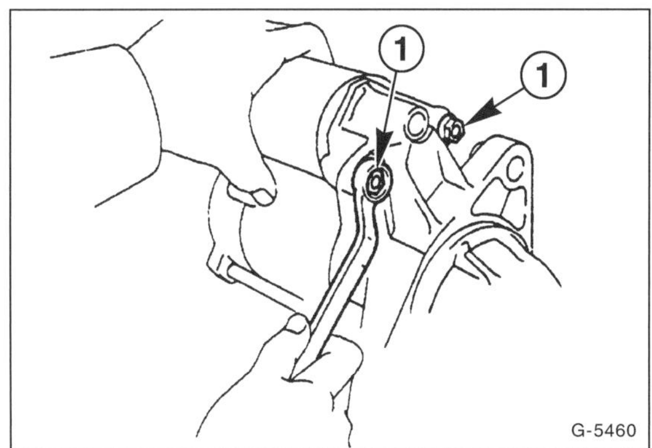

- Muttern –1– abschrauben und Magnetschalter aus Anlasserblock herausziehen.

Einbau

- Trennfuge zum Anlasserblock mit geeignetem Dichtmittel abdichten.
- Magnetschalter in Anlasserblock einhängen und anschrauben.
- Kabel an die Anschlussklemme des Magnetschalters anschrauben.
- Anlasser vor Einbau in ausgebautem Zustand prüfen.
- Anlasser einbauen, siehe entsprechendes Kapitel.

Magnetschalter für Anlasser prüfen

Schaltschema Anlasser/Magnetschalter

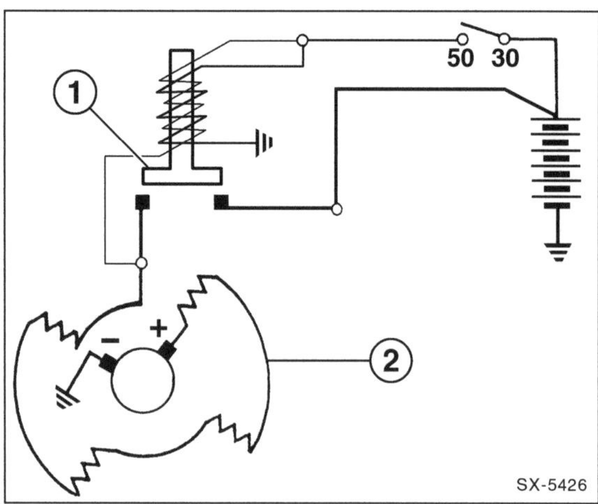

Bei einem Defekt des Magnetschalters –1– wird das Ritzel im Anlasser –2– nicht gegen den Zahnkranz des Schwungrades gezogen. Dadurch kann der Anlasser den Motor nicht durchdrehen.

Prüfen in eingebautem Zustand

- Prüfvorraussetzung: Batterie voll geladen.
- Zündung ausschalten.
- Gang herausnehmen, Schalthebel in Leerlaufstellung; bei Automatikgetriebe Wählhebel auf Stellung P.
- Zum Prüfen ein Hilfskabel, zum Beispiel Starthilfekabel, an Klemme 50 des Magnetschalters (= dünnes Kabel, führt zum Zündschloss) anschließen.
- Das andere Ende des Hilfskabels **kurz** an Klemme 30 (= dickes Pluskabel, führt zur Batterie) halten.
- Das Anlasserritzel muss jetzt nach vorne schnellen. Falls nicht, Magnetschalter austauschen.

Prüfen in ausgebautem Zustand

- Prüfvorraussetzung: Voll geladene Autobatterie.
- Anlasser ausbauen, siehe entsprechendes Kapitel.
- Anlasser-Gehäuse mit einem Starthilfekabel an Batterie-Minuspol (–) anschließen.
- Zweites Starthilfekabel an Batterie-Pluspol (+) anschließen.
- Das andere Ende des 2. Starthilfekabels **kurz** an die kleine Klemme 50 des Magnetschalters halten.
- Das Anlasserritzel muss jetzt nach vorne schnellen. Falls nicht, Magnetschalter austauschen.

Störungsdiagnose Anlasser

Störung	Ursache	Abhilfe
Anlasser dreht sich nicht beim Betätigen des Zündanlassschalters.	Batterie entladen.	■ Batterie laden.
	Anlasser läuft an nach Überbrücken der Klemmen 30 und 50; dann ist die Leitung vom Zündanlassschalter unterbrochen, oder der Anlassschalter ist defekt.	■ Unterbrechung beseitigen, defekte Teile ersetzen.
	Kabel oder Masseanschluss ist unterbrochen, oder die Batterie ist entladen.	■ Batteriekabel und Anschlüsse prüfen. Batteriespannung messen, ggf. laden.
	Ungenügender Stromdurchgang infolge lockerer oder oxydierter Anschlüsse.	■ Batteriepole und -klemmen reinigen. Stromsichere Verbindungen zwischen Batterie, Anlasser und Masse herstellen.
	Keine Spannung an Klemme 50.	■ Leitung unterbrochen, Zündanlassschalter defekt.
Anlasserwelle dreht sich zu langsam und zieht den Motor nicht durch.	Batterie teilentladen.	■ Batterie laden.
	Ungenügender Stromdurchgang infolge lockerer oder oxydierter Anschlüsse.	■ Batteriepole und -klemmen und Anschlüsse am Anlasser reinigen, Anschlüsse festziehen.
	Kohlebürsten liegen nicht auf dem Kollektor auf, klemmen in ihren Führungen, sind abgenutzt, gebrochen, verölt oder verschmutzt.	■ Kohlebürsten überprüfen, reinigen beziehungsweise auswechseln. Führungen prüfen.
	Ungenügender Abstand zwischen Kohlebürsten und Kollektor.	■ Kohlebürsten ersetzen und Führungen für Kohlebürsten reinigen.
	Kollektor riefig oder verbrannt und verschmutzt.	■ Anlasser ersetzen.
	Spannung an Klemme 50 zu niedrig (weniger als 10 Volt).	■ Zündanlassschalter oder Magnetschalter überprüfen.
	Lager ausgeschlagen.	■ Lager prüfen, gegebenenfalls auswechseln.
	Magnetschalter defekt.	■ Magnetschalter auswechseln.
Anlasserritzel spurt ein und zieht an, Motor dreht nicht oder nur ruckweise.	Ritzelgetriebe defekt.	■ Anlasser ersetzen.
	Ritzel verschmutzt.	■ Ritzel reinigen.
	Zahnkranz am Schwungrad defekt.	■ Schwungrad erneuern.
Ritzelgetriebe spurt nicht aus.	Ritzelgetriebe oder Steilgewinde verschmutzt beziehungsweise beschädigt.	■ Anlasser ersetzen.
	Magnetschalter defekt.	■ Magnetschalter ersetzen.
	Rückzugfeder schwach oder gebrochen.	■ Magnetschalter ersetzen.
Anlasserwelle läuft weiter, nachdem der Zündschlüssel losgelassen wurde.	Magnetschalter hängt, schaltet nicht ab.	■ Zündung sofort ausschalten, Magnetschalter ersetzen.
	Zündanlassschalter schaltet nicht ab.	■ Sofort Batterie abklemmen, Zündanlassschalter ersetzen.

Scheibenwischanlage

Sicherheitshinweis
Bei Wartungs- und Reparaturarbeiten an der Scheibenwischanlage besteht Verletzungsgefahr der Hände durch Klemmen oder Quetschen. Im Extremfall durch Abscheren von Gliedmaßen bei Eingriffen in die Scheibenwischermechanik. Vor jeglichen Reparaturarbeiten ist stets der Zündschlüssel abzuziehen.

Scheibenwischergummi ersetzen

Aero-Wischer/Frontscheibe

Bei der C-KLASSE werden vorne Aero-Wischer verwendet. Das Wischerblatt besteht aus einem Wischergummi mit eingearbeiteter Metallversteifung.

Ausbau

- Zündung ausschalten, Zündschlüssel abziehen. Falls vorhanden, Start-Stopp-Taste KEYLESS-GO vom Steuergerät für elektronisches Zündschloss abziehen.
- Wischerarm von der Windschutzscheibe wegklappen, bis er spürbar einrastet.

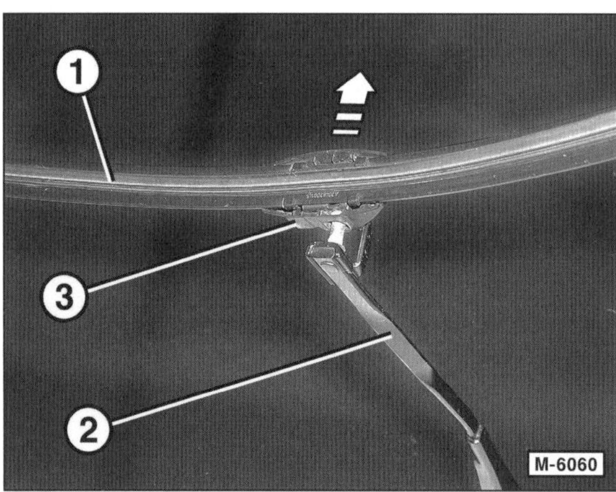

- Wischerblatt –1– rechtwinklig zum Wischerarm –2– stellen.
- Wischerblatt in Pfeilrichtung vom Wischerarm herausziehen. **Achtung:** Wischerblatt beim Wechseln nur an der Halterung –3– anfassen, damit die Wischergummis nicht beschädigt werden.

Einbau

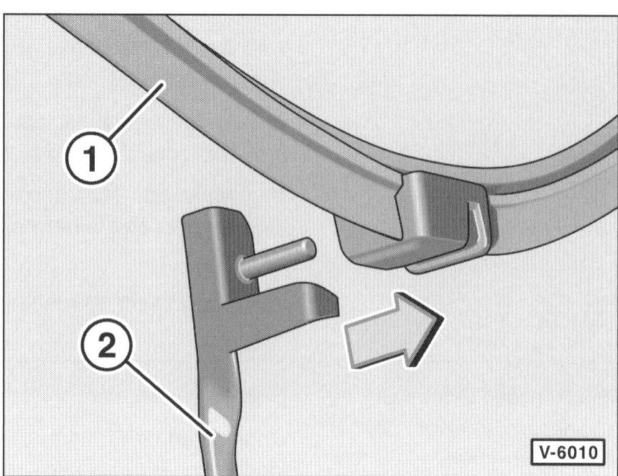

- Neues Wischerblatt –1– entgegen der Pfeilrichtung auf die Halterung am Wischerarm –2– aufschieben.
- Wischerblatt parallel zum Wischerarm drehen.
- Wischerarm langsam zurück an die Windschutzscheibe klappen.

Wischer/Heckscheibe

T-Modell

Ausbau

- Wischerarm hochklappen und einrasten.

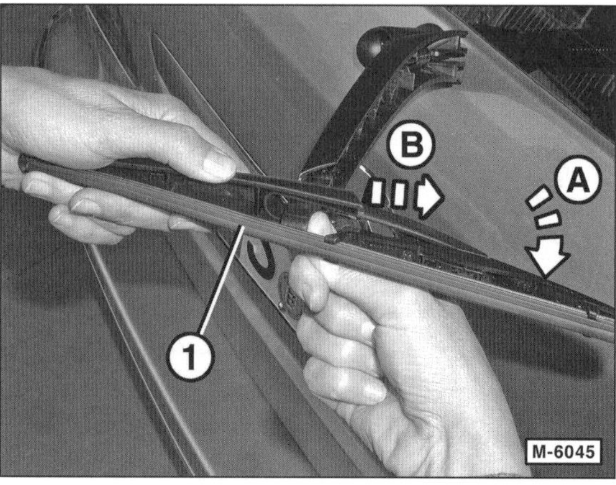

- Wischerblatt –1– rechtwinklig zum Wischerarm stellen –Pfeil A–.
- Steg des Wischerblattes aus der Halterung in der Mitte des Wischerarms herausdrücken –Pfeil B–.
- Wischerblatt vom Wischerarm abziehen.

Einbau

- Wischerblatt über den Wischerarm schieben und Steg in die Halterung drücken.
- Wischerblatt und Wischerarm zurückklappen.

Spritzdüse für Frontscheibe/Waschwasserschlauch aus- und einbauen

Ausbau

- Beide Wischerarme ausbauen, siehe entsprechendes Kapitel.

- Windlaufgrill –1– ausbauen, siehe Seite 203.
- Windlaufgrill –1– umgedreht über den Motorraum legen. Um Beschädigungen zu vermeiden, eine weiche Unterlage zwischenlegen.
- Scheibenwaschdüsen –3– aus den Haltern –4– ausclipsen.
- Waschwasserschlauch –2– mit Scheibenwaschdüsen –3– aus dem Windlaufgrill –1– herausnehmen.
- Waschwasserschlauch –2– bis zum linken Scheinwerfer freilegen.

Sicherheitshinweis
Beim Aufbocken des Fahrzeugs besteht Unfallgefahr! Deshalb die Hinweise im Kapitel »Fahrzeug aufbocken« beachten.

- Fahrzeug aufbocken.
- Vorderes Teilstück des Innenkotflügels im linken Vorderkotflügel ausbauen.
- Bei Fahrzeugen mit beheizter Scheibenwaschanlage elektrische Steckverbindung für Spritzdüsenheizung trennen.
- Auffanggefäß unter den Scheibenwaschbehälter stellen und auslaufendes Scheibenwaschwasser auffangen.
- Waschwasserschlauch von der Scheibenwaschpumpe trennen. **Achtung:** Waschwasserschlauch vorsichtig trennen, um Beschädigungen zu vermeiden.
- Waschwasserschlauch –2– freilegen und herausnehmen.

Einbau

- Der Einbau erfolgt in umgekehrter Ausbaureihenfolge. Beim Einsetzen der Scheibenwaschdüsen auf richtigen Sitz des Halters –5– in der Einstellschraube –6– achten.
- Scheibenwaschflüssigkeit auffüllen.

Spritzdüsen für Frontscheibe einstellen

Prüfen

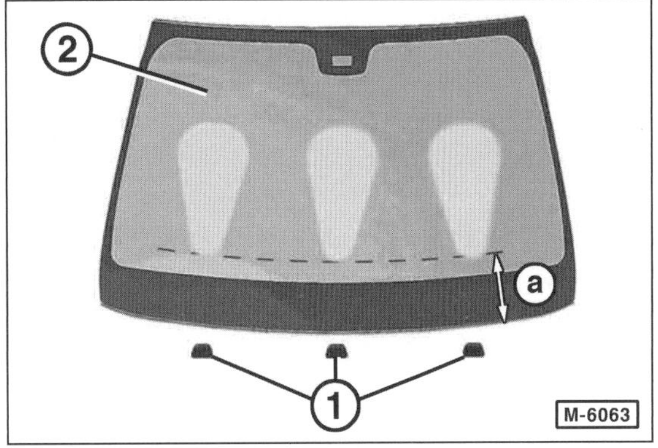

- Die Spritzstrahlen der 3 Spritzdüsen –1– müssen kegelig zerstäuben und im gekennzeichneten Bereich auf der Frontscheibe –2– auftreffen. Der Abstand –a– muss ca. 150 mm betragen. Andernfalls Spritzdüsen einstellen.
- Verstopfte Spritzdüsen mit geeigneter Nadel und Druckluft von außen reinigen.

Einstellen

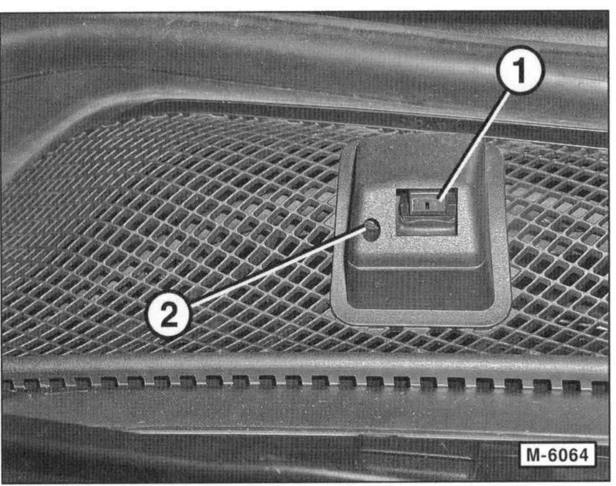

- Spritzdüse –1– mit einem kleinen Schraubendreher an der Einstellschraube –2– justieren, bis der Spritzstrahl im Sollbereich auf die Frontscheibe auftrifft.

Spritzdüse für Heckscheibe aus- und einbauen

Ausbau

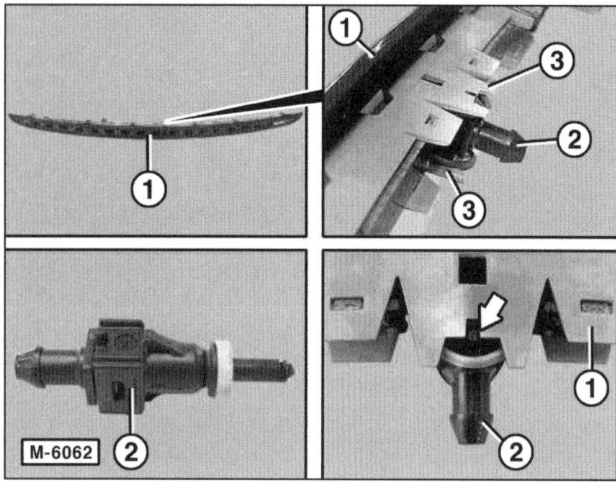

- Mittlere Bremsleuchte –1– ausbauen, siehe Seite 84.
- Spritzdüse –2– aus der Bremsleuchte vorsichtig ausclipsen, damit die Laschen –3–, in denen die Spritzdüse –2– verrastet ist, nicht abbrechen.

Einbau

- Spritzdüse so an der mittleren Bremsleuchte ansetzen, dass der Zapfen an der Spritzdüse –2– in die entsprechende Aussparung –Pfeil– im Gehäuse der mittleren Bremsleuchte eingreift.
- Spritzdüse einclipsen und mittlere Bremsleuchte einbauen.

Wischerarme an der Frontscheibe aus- und einbauen

Ausbau

- Frontscheibe mit Wasser benetzen.
- Scheibenwischer kurze Zeit laufen lassen und mit dem Scheibenwischerschalter abschalten. Dadurch laufen die Wischer in die Endstellung.
- Zündung ausschalten, Zündschlüssel abziehen. Falls vorhanden, Start-Stopp-Taste KEYLESS-GO vom Steuergerät für elektronisches Zündschloss abziehen.
- Stellung der Wischergummis bei korrekt eingestellten Wischerarmen auf der Scheibe prüfen. Die Wischergummis müssen mit den Markierungen im Siebdruck der Frontscheibe übereinstimmen. Falls keine Markierungen vorhanden sind, Stellung der Wischergummis auf der Frontscheibe markieren. Dazu kann beispielsweise ein Klebeband (Tesakrepp) neben dem jeweiligen Wischergummi auf die Frontscheibe geklebt werden.
- Motorhaube öffnen.

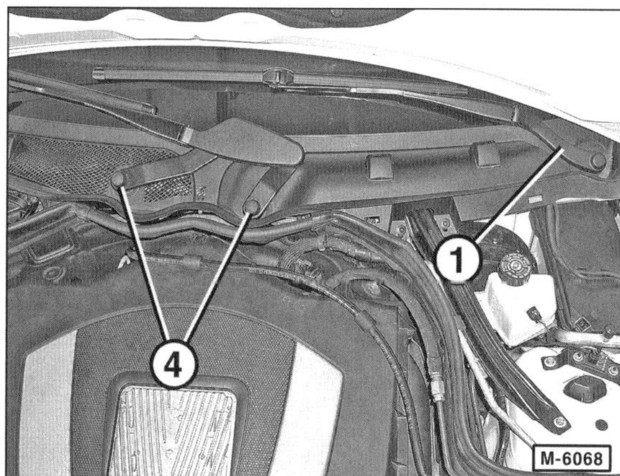

- Abdeckung –1– und Abdeckkappen –4– abdrücken.

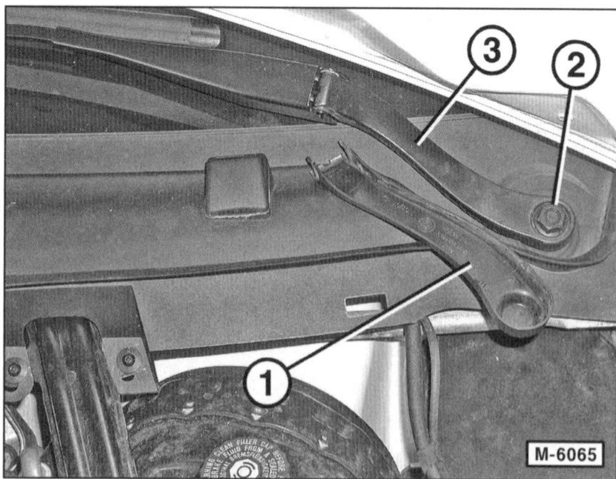

- Mutter –2– ca. 2 Umdrehungen lösen, noch nicht ganz abschrauben. Linken Wischerarm –3– leicht hin und her bewegen, bis er sich von der Welle löst. Mutter ganz abschrauben und Wischerarm von der Welle abziehen.

Hinweis: Falls der Wischerarm schwer abzuziehen ist, mit einem Gabelschlüssel unter den Wischerarm greifen und diesen vorsichtig abhebeln. Es kann auch ein geeignetes Abziehwerkzeug, zum Beispiel HAZET 4855-2, verwendet werden.

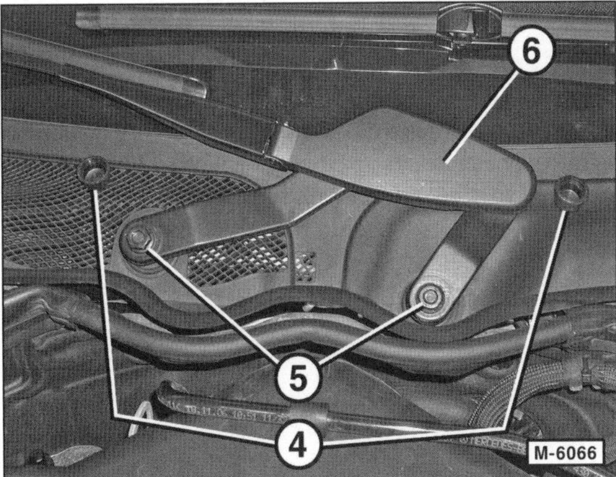

- Abdeckkappen –4– von den Muttern –5– mit kleinem Schraubendreher vorsichtig abhebeln und Muttern abschrauben.
- Rechten Wischerarm –6– abnehmen.

Einbau

- Sicherstellen, dass der Scheibenwischermotor in Endstellung steht. Gegebenenfalls Motor kurz laufen lassen und mit dem Wischerschalter abschalten.
- Wischerarme auf die Wischerwelle aufsetzen und anhand der Markierungen im Siebdruck der Frontscheibe oder an den vor dem Ausbau angebrachten Klebeband-Markierungen ausrichten.
- Muttern aufschrauben und handfest anziehen.
- Endstellung der Wischerarme nochmals überprüfen. Dazu Motorhaube schließen, Scheibe mit Wasser benetzen und Scheibenwischer kurz laufen lassen. Die Wischerarme müssen in die eingestellte Endstellung zurückkehren und dürfen sich beim Wischen nicht über den Scheibenrand hinausbewegen.
- Gegebenenfalls Muttern nochmals lösen und Einstellung erneut vornehmen.
- Muttern mit **30 Nm** festziehen.

Wischerarm an der Heckscheibe aus- und einbauen

T-Modell

Ausbau

- Heckscheibe mit Wasser benetzen.
- Scheibenwischer kurze Zeit laufen lassen und mit dem Scheibenwischerschalter abschalten. Dadurch laufen die Wischer in die Endstellung.
- Zündung ausschalten, Zündschlüssel abziehen. Falls vorhanden, Start-Stopp-Taste KEYLESS-GO vom Steuergerät für elektronisches Zündschloss abziehen.
- Stellung des Wischergummis bei korrekt eingestelltem Wischerarm auf der Heckscheibe markieren, zum Beispiel mit Klebeband.

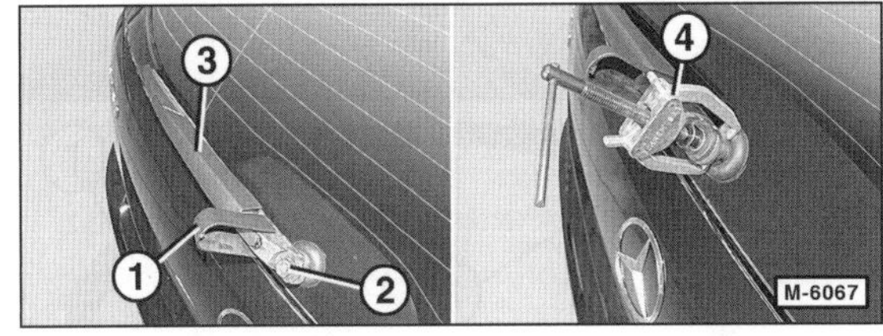

- Abdeckung –1– aufklappen.
- Mutter –2– abschrauben.
- Wischerarm –3– hochklappen und abnehmen. Wenn der Wischerarm sehr fest sitzt, Wischerarm mit dem Abzieher –4– von der Wischerwelle abziehen und abnehmen.

Einbau

- Wischerarm so auf die Wischerwelle aufstecken, dass der Wischergummi mit der angebrachten Klebemarkierung übereinstimmt. Falls keine Markierung vorhanden ist, Wischerarm möglichst waagerecht und parallel zur unteren Fensterkante aufsetzen.
- Mutter mit **13 Nm** festschrauben.
- Abdeckung zuklappen.

Wischeranlage an der Frontscheibe aus- und einbauen

Ausbau

- Sicherstellen, dass sich die Scheibenwischer in Endstellung befinden, siehe Kapitel »Wischerarm aus- und einbauen«.
- Batterie abklemmen. **Achtung:** Hinweise im Kapitel »Batterie aus- und einbauen« beachten.

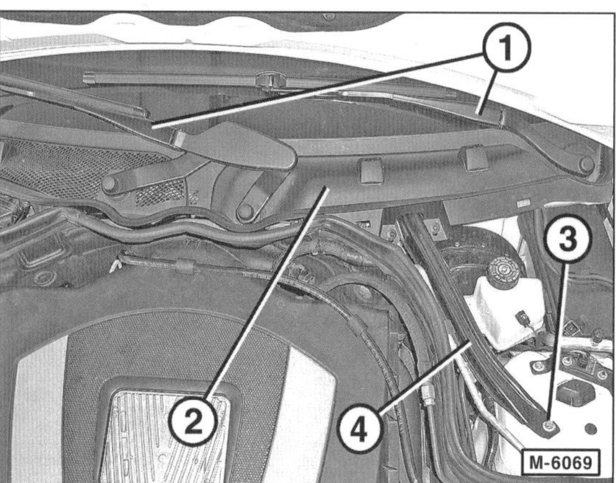

- Wischerarme –1– ausbauen, siehe entsprechendes Kapitel.
- Windlaufabdeckung –2– ausbauen, siehe Seite 203.
- Schraube –3– herausschrauben.
- Halter –4– abnehmen.

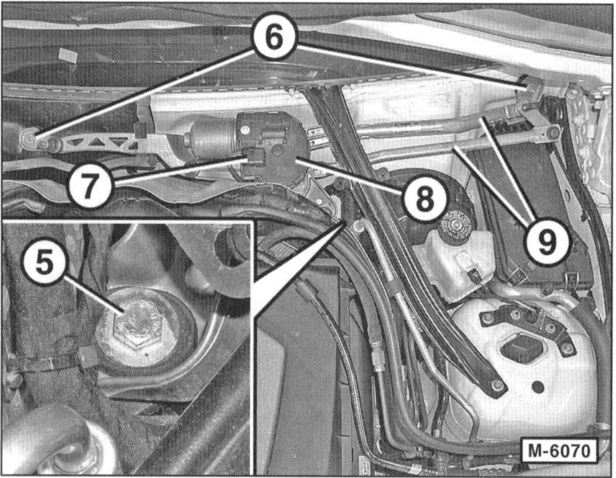

- Schraube –5– herausschrauben. **Achtung:** Dabei Einbaulage des Halters an der Trennwand nicht verändern, sonst ändert sich der Anpressdruck der Wischerarme und somit das Wischbild.
- Muttern –6– abschrauben.
- Elektrische Steckverbindung –7– am Wischermotor –8– trennen.
- Wischeranlage –9– komplett mit Wischermotor herausnehmen.

Einbau

- Der Einbau erfolgt in umgekehrter Ausbaureihenfolge.

Achtung: Beim Einbau einer neuen Wischeranlage muss vorher der Halter an der Trennwand von der neuen Wischeranlage abgebaut werden. Vor dem Einbau der Wischerblätter prüfen, ob sich der Wischermotor in Endstellung befindet. Dazu kurzzeitig die Batterie anschließen. Wischermotor kurz laufen lassen und anschließend mit Wischerschalter ausschalten, damit der Motor in Endstellung stehen bleibt.

Anzugsdrehmomente:

Halter an Federbeindom	**40 Nm**
Schraube Wischeranlage an Halter	**11 Nm**
Mutter Wischeranlage an Karosserie	**20 Nm**

Wischermotor an der Heckscheibe aus- und einbauen

T-Modell

Ausbau

- Batterie abklemmen. **Achtung:** Hinweise im Kapitel »Batterie aus- und einbauen« beachten.
- Wischerarm ausbauen, siehe entsprechendes Kapitel.

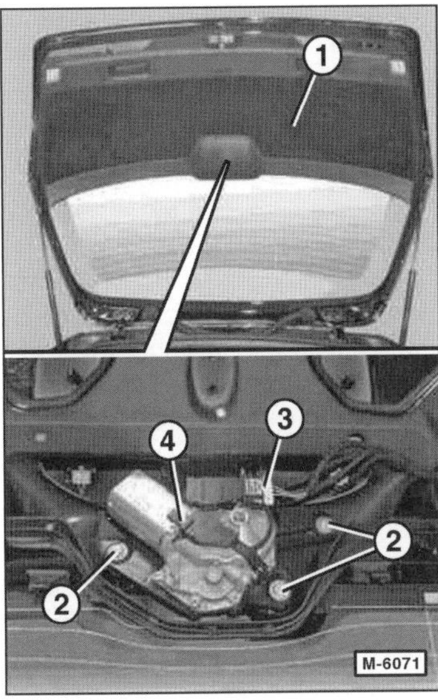

- Mittlere Verkleidung –1– an der Heckklappe ausbauen, siehe Seite 233.
- Schrauben –2– herausdrehen.
- Elektrische Steckverbindung –3– trennen und Wischermotor –4– abnehmen.

Einbau

Der Einbau erfolgt in umgekehrter Ausbaureihenfolge.

Scheibenwaschbehälter/-pumpe aus- und einbauen

Ausbau

- Linke Abdeckung über dem Scheinwerfer ausbauen, siehe Seite 207.

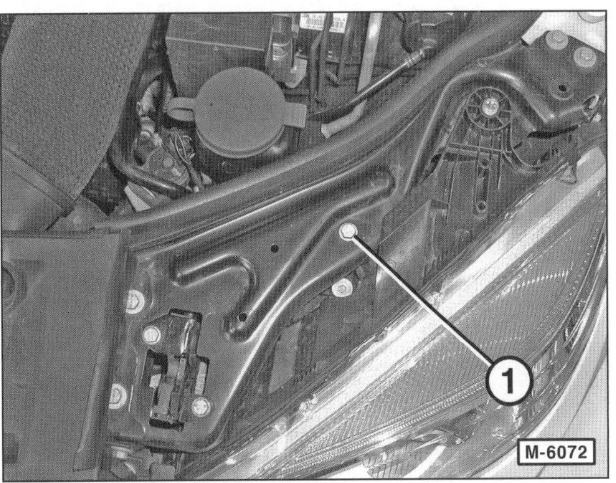

- Schraube –1– herausschrauben.

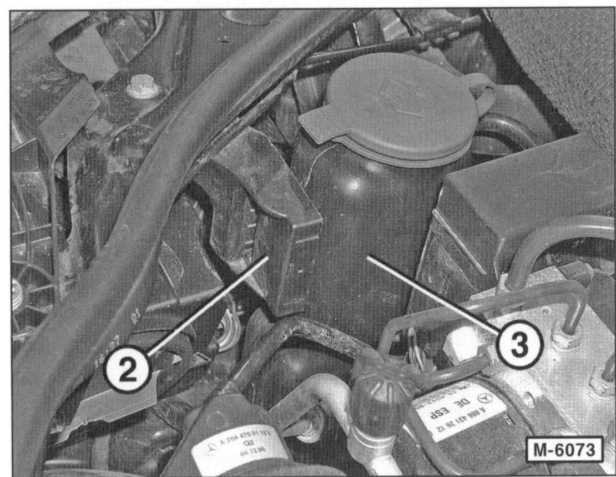

- Halter –2– am Waschwasserbehälter –3– ausclipsen.

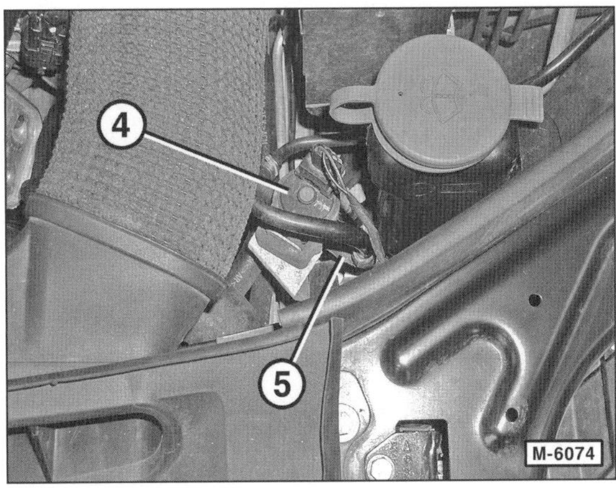

- **Benzinmotor:** Umschaltventil –4– für Aktivkohlefilter-Regenerierung aus Halter –5– aushängen.

- Schraube –6– herausschrauben.
- Vorderteil des linken Innenkotflügel ausbauen, siehe Seite 213.

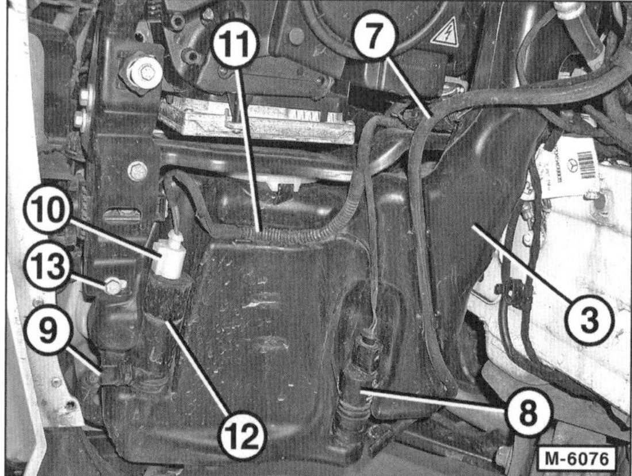

- Waschwasserschlauch –7– aus Waschwasserbehälter –3– ausclipsen.
- Auffangbehälter unter den Waschwasserbehälter stellen und auslaufendes Waschwasser auffangen.
- Pumpe Scheibenwaschanlage –8– ausclipsen und mit angeschlossenen Leitungen zur Seite legen.
- Schlauchkupplung –9– und elektrische Steckverbindung –10– trennen, Leitungssatz –11– freilegen.
- Falls vorhanden, Pumpe für Scheinwerfer-Reinigungsanlage –12– ausclipsen und abnehmen.
- Schraube –13– herausschrauben.
- Waschwasserbehälter –3– mit dem Haltezapfen aus dem Halter an der Karosserie aushängen und absenken.
- Elektrische Steckverbindung am Schalter für Flüssigkeitsstand der Scheibenwaschanlage abziehen.
- Bei beheizter Scheibenwaschanlage: Deckel für Wärmetauscher vom Waschwasserbehälter abclipsen und Wärmetauscher aus dem Waschwasserbehälter herausnehmen.
- Waschwasserbehälter abnehmen.
- Wenn der Waschwasserbehälter erneuert wird: Schalter für Flüssigkeitsstand der Scheibenwaschanlage abbauen.

Einbau

- Der Einbau erfolgt in umgekehrter Ausbaureihenfolge. Dabei ist folgendes zu beachten:
- Bei beheizter Scheibenwaschanlage: Dichtung für Wärmetauscher auf Porosität oder Beschädigung prüfen, gegebenenfalls erneuern. Auf richtigen Sitz der Dichtung achten.
- Waschwasserbehälter mit dem Haltezapfen in den Halter an der Karosserie einführen.
- Vor Einbau der Waschwasserpumpe(n), Dichtung(en) auf Porosität oder Beschädigung prüfen, gegenenfalls ersetzen.
- Waschwasserbehälter befüllen.

Regensensor aus- und einbauen

Hinweis: Der Regensensor ist auf der Windschutzscheibe befestigt, in Höhe des Innenspiegels. Er steuert die Intervallschaltung des Scheibenwischers. Der Aus- und Einbau muss behutsam vorgenommen werden, um die Windschutzscheibe sowie die Sensoroptik nicht zu beschädigen.

Ausbau

- Zündung ausschalten, Zündschlüssel abziehen. Falls vorhanden, Start-Stopp-Taste KEYLESS-GO vom Steuergerät für elektronisches Zündschloss abziehen.
- Innenspiegel zur Seite schwenken.

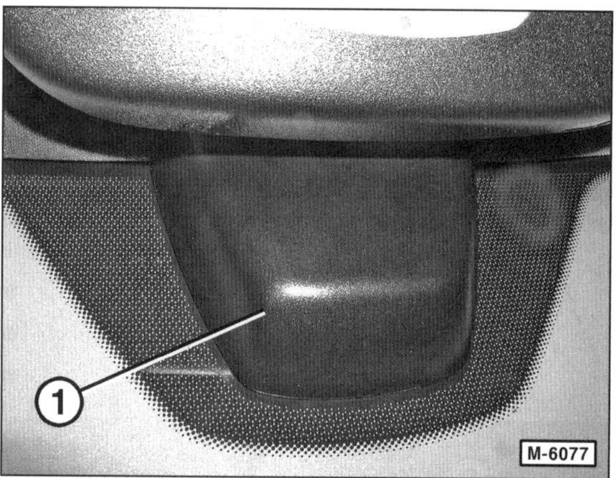

- Abdeckung –1– für Regensensor senkrecht von der Frontscheibe abziehen. **Hinweis:** Die Abdeckung ist mit 4 Haltestopfen befestigt.

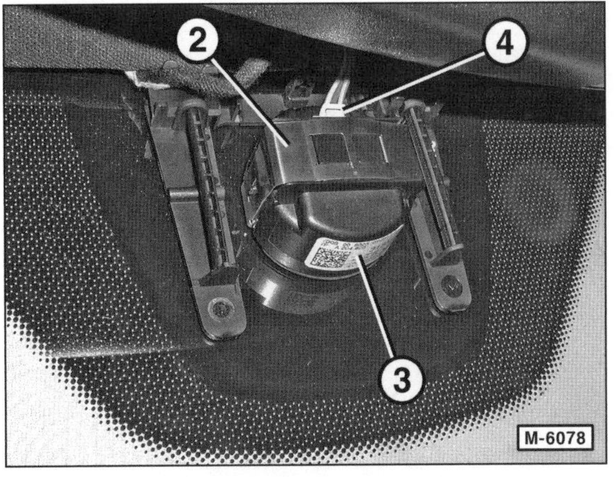

- Haltebügel –2– an beiden Seiten auseinander drücken, Regensensor –3– aushängen und abnehmen.
- Elektrische Steckverbindung –4– vorsichtig trennen, da sie leicht beschädigt werden kann.
- Je nach Fahrzeugausstattung Regen-/Lichtsensor oder Lichtsensor herausnehmen.

Einbau

- Der Einbau erfolgt in umgekehrter Ausbaureihenfolge.
- Wird der Regen-/Lichtsensor erneuert, muss die Adaption des Regensensors beziehungsweise die des Lichtsensor-Verstärkungsfaktors entsprechend der Frontscheibenvariante neu codiert werden (Werkstattarbeit).

Störungsdiagnose Scheibenwischergummi

Wischbild	Ursache	Abhilfe
Schlieren.	Wischergummi verschmutzt.	■ Wischergummi mit harter Nylonbürste und einer Waschmittellösung oder Spiritus reinigen.
	Ausgefranste Wischlippe, Gummi ausgerissen oder abgenutzt.	■ Wischergummi erneuern.
	Wischergummi gealtert, rissige Oberfläche.	■ Wischergummi erneuern.
Im Wischfeld verbleibende Wasserreste ziehen sich sofort zu Perlen zusammen.	Frontscheibe durch Lackpolitur oder Öl verschmutzt.	■ Frontscheibe mit sauberem Putzlappen und einem Fett-Öl-Silikonentferner reinigen.

Beleuchtungsanlage

Lampentabelle

12-V-Glühlampe für	Typ	Leistung
Abblendlicht (Halogen)	H7	55 W
Fernlicht (Halogen)	H7	55 W
Abblendlicht/Fernlicht (Bi-Xenon)	D1S	35 W
Standlicht/Parklicht vorn	W	5 W
Abbiegelicht (Xenon-Scheinwerfer)	H7	55 W
Blinklicht vorn (Glühlampe)	PY	21 W
Biinklicht vorn (Leuchtdioden)	LED	–
Zusatzblinklicht	LED	–
Nebelscheinwerfer	H11	55 W
Brems-/Rücklicht	2xP	21 W
Standlicht/Parklicht hinten	W	5 W
Blinklicht hinten (Glühlampe)	PY	21 W
Blinklicht hinen (Leuchtdioden)	LED	–
Nebelschlusslicht	P	21 W
Rückfahrlicht	P	21 W
Rückfahrlicht (T-Modell ohne LED-Blinklicht)	W	16 W
Dritte Bremsleuchte (Leuchtdioden)	LED	–
Kennzeichenleuchte	W	5 W

H7/H11: Halogenlampen; D1S: Bi-Xenon;
P: Bajonett-Sockel; W: Glassockel; Y: Leuchtenfarbe orange.

Hinweis: Glühlampen grundsätzlich nur durch solche gleicher Ausführung ersetzen. Vor einem Lampenwechsel sicherstellen, dass der betreffende Schalter ausgeschaltet ist.

Achtung: Den Glaskolben einer leistungsstarken Glühlampe nicht mit bloßen Fingern berühren. Am besten ein sauberes Stofftuch dazwischen legen oder Baumwollhandschuhe tragen. Verdampft der durch die Berührung verursachte Fingerabdruck, setzen sich Rückstände auf dem Reflektor ab, die den Scheinwerfer matt werden lassen. Dies gilt insbesondere für die Haupt- und Nebelscheinwerfer. Versehentlich entstandene Berührungsflecken auf dem Glaskolben mit einem sauberen, nicht fasernden Tuch und etwas Spiritus abwischen.

Achtung: Die mit einem Schutzlack beschichteten Kunststoffscheiben der Hauptscheinwerfer dürfen auf keinen Fall mit einem trockenen oder gar scheuernden Lappen gesäubert werden. Es dürfen auch keine Reinigungs- oder Lösungsmittel benutzt werden. Die Scheiben nur mit einem weichen, feuchten Tuch reinigen.

Glühlampen für Außenleuchten auswechseln

Anordnung der Lampen am Scheinwerfer

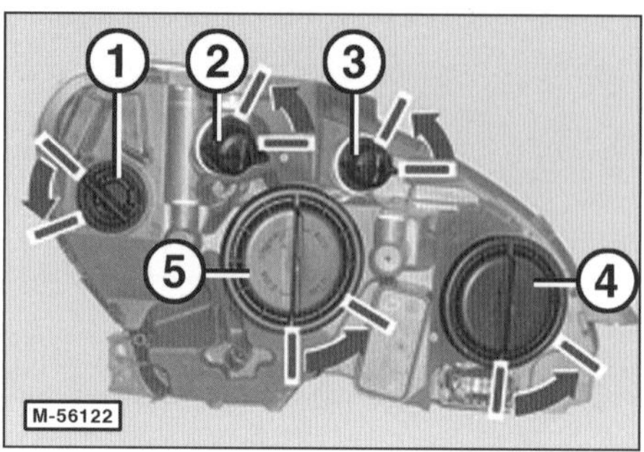

1 – Fassung für Blinklicht
2 – Deckel für Standlicht
3 – Deckel für Standlicht
4 – Deckel für Fernlicht/Lichthupe
5 – Deckel für Abblendlicht/Xenonlicht

Hinweis: Die Abbildungen zeigen die Rückseite des linken Scheinwerfers. Die Pfeile kennzeichnen den Drehwinkel zum Öffnen des jeweiligen Deckels beziehungsweise der Blinklichtfassung.

Achtung: Halogen-Lampen stehen unter Druck und können platzen. Deshalb beim Lampenwechsel Schutzbrille und Handschuhe tragen.

Sofern nicht besonders erwähnt, erfolgt der Lampenwechsel am einfachsten über den Radkasten. Dazu vorher das Vorderteil des Innenkotflügels ausbauen, siehe Seite 213.

- Schalter des Scheinwerfers ausschalten.
- Zündung ausschalten, Zündschlüssel abziehen. Falls vorhanden, Start-Stopp-Taste KEYLESS-GO vom Steuergerät für elektronisches Zündschloss abziehen.
- Beim Einbau durch einen Blick vorne in den Scheinwerfer die korrekte Einbauposition der Glühlampe überprüfen.
- Beim Einbau auf richtigen Sitz des Deckels an der Rückseite des Scheinwerfers achten, damit kein Wasser eintreten kann.
- Nach dem Einbau neue Glühlampe auf Funktion überprüfen. Gegebenenfalls Scheinwerfer-Einstellung von einer Werkstatt kontrollieren und einstellen lassen.

Abblendlicht (Halogen)

Ausbau

- An der Rückseite des Scheinwerfers den entsprechenden Deckel abnehmen: Dazu Deckel ca. 60° nach links gegen den Uhrzeigersinn drehen.

- Stecker –1– von der Lampe abziehen.
- Haltefeder –2– des Lampenhalters leicht eindrücken und nach unten aushängen.
- Glühlampe am Sockelteller, nicht am Glaskolben, aus dem Lampenhalter herausziehen.

Einbau

- Neue Lampe so einsetzen, dass der Sockelteller in die Aussparung am Lampenhalter passt und plan anliegt.
- Haltefeder des Lampenhalters hochklappen und einhängen.
- Stecker auf die Lampe stecken.
- Gehäusedeckel ansetzen, im Uhrzeigersinn drehen und einrasten.

Abblendlicht (Bi-Xenon)

Sicherheitshinweis/Xenon-Scheinwerfer
Vorsicht beim Lampenwechsel an Xenon-Scheinwerfern. Verletzungsgefahr durch Hochspannung! Personen mit Herzschrittmacher dürfen keine Arbeiten an Xenon-Scheinwerfern vornehmen. **Auf jeden Fall Scheinwerfer ausschalten, Zündschlüssel abziehen und Batterie vom Stromnetz abklemmen.** Danach Scheinwerferschalter kurz ein- und wieder ausschalten, um Restspannungen abzubauen. Sicherheitshalber Schutzbrille, Handschuhe sowie Schuhe mit Gummisohlen tragen.

Ausbau

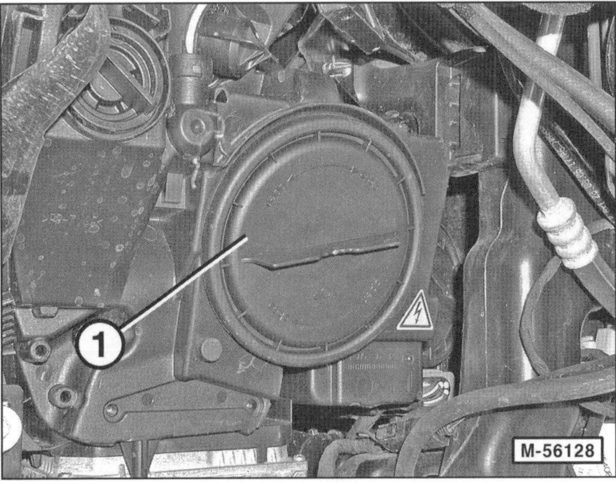

- An der Rückseite des Scheinwerfers den Deckel –1– nach links drehen und abnehmen.

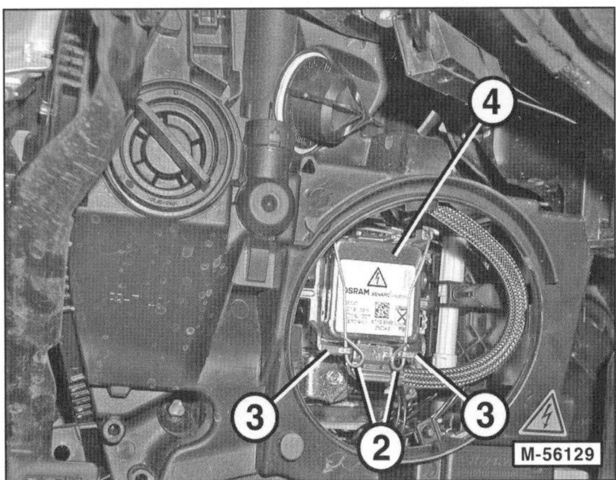

- Federbügel –2– aus den Nasen –3– aushängen. 4 – Zündgerät.

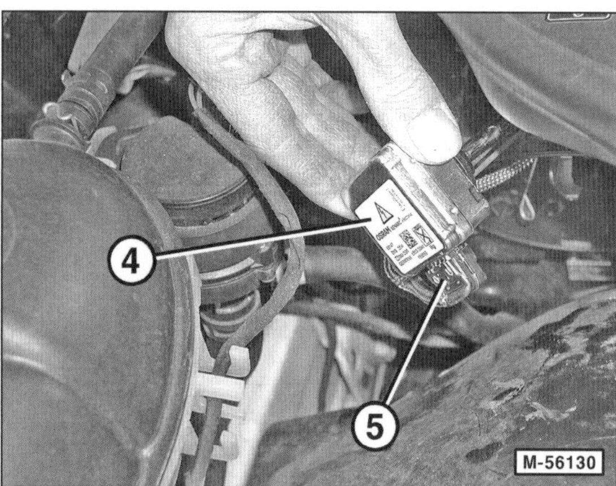

- Zündgerät –4– zusammen mit der Xenonlampe aus dem Reflektor herausziehen. **Hinweis:** Xenonlampe und Zündgerät bilden eine Einheit und können nicht getrennt werden.
- Stecker –5– vom Zündgerät abziehen.

Einbau

- Stecker am Zündgerät aufschieben.
- Zündgerät zusammen mit der Xenonlampe in den Reflektor einsetzen. Dabei auf korrekten Sitz des Zündgerätes achten.
- Federbügel einhängen und Xenonlampe sichern.
- An der Rückseite des Scheinwerfers den Deckel einsetzen, nach rechts drehen und einrasten.

Fernlicht

Hinweis: Bei Fahrzeugen mit Bi-Xenonlicht ist seit 3/11 anstelle der bisherigen Fernlichtlampe die Lampe für das Abbiegelicht eingebaut

Ausbau

- An der Rückseite des Scheinwerfers den entsprechenden Deckel abnehmen: Dazu Deckel ca. 60° nach links gegen den Uhrzeigersinn drehen.
- Lampe am Stecker nach unten drücken und dadurch unten an der Haltefeder ausrasten.
- Lampe am Stecker aus dem Reflektor herausziehen.
- Stecker von der Lampe abziehen, dabei Lampe nur am Sockelteller und nicht am Glaskolben festhalten.

Einbau

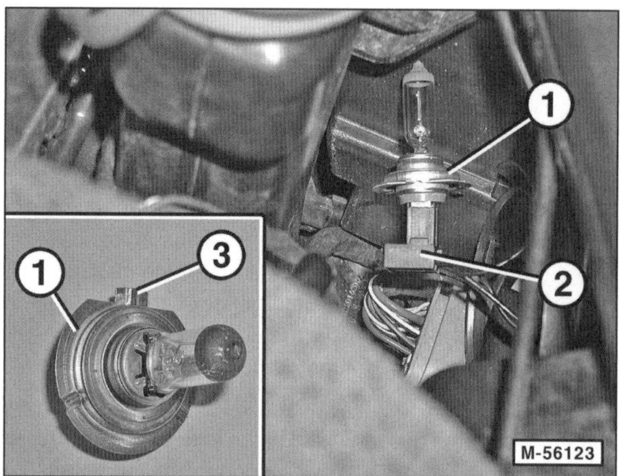

- Neue Lampe am Sockelteller –1– halten und in den Stecker –2– einstecken.
- Lampe so ansetzen, dass die Nase –3– am Sockelteller nach oben gerichtet ist.
- Lampe unten an der Haltefeder einhängen, nach oben drücken und einrasten. Der Sockelteller muss in die Aussparung am Lampenhalter passen und plan anliegen.
- Gehäusedeckel ansetzen, im Uhrzeigersinn drehen und einrasten.

Standlicht

Ausbau

Hinweis: In jedem Scheinwerfergehäuse sind 2 Standlichtlampen eingebaut.

- Jeweilige Abdeckkappe gegen den Uhrzeigersinn drehen und abnehmen.

- Fassung –1– mit Lampe herausziehen. **Hinweis:** Die Fassung sitzt mitunter sehr fest, so dass hierfür eine schlanke Abziehzange erforderlich ist.

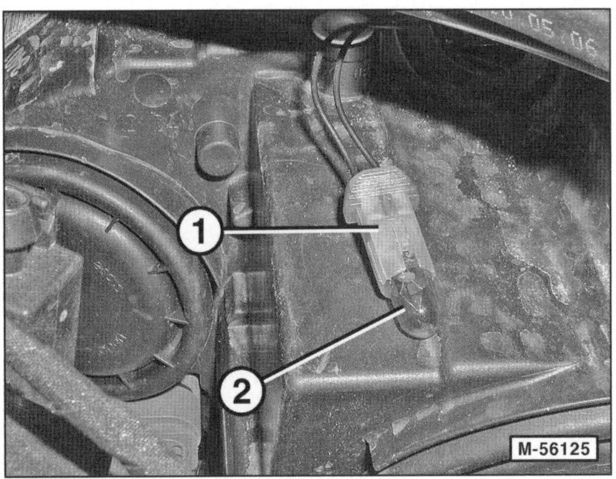

- Lampe –2– aus der Fassung –1– herausziehen.

Einbau

- Neue Lampe in die Fassung drücken.
- Fassung mit Lampe bis zum Anschlag in den Reflektor einsetzen und einrasten.
- Gehäusedeckel mit den Nasen über den Aussparungen am Gehäuse ansetzen und im Uhrzeigersinn drehen, bis er einrastet.

Blinklicht vorn

Ausbau

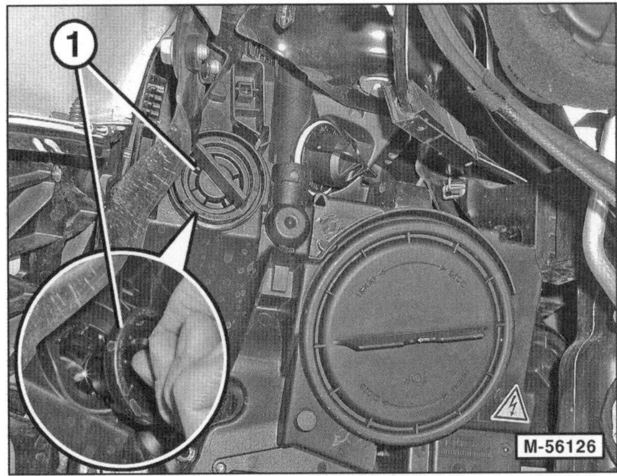

- Fassung für Blinklicht –1– gegen den Uhrzeigersinn drehen und zusammen mit der Glühlampe aus dem Scheinwerfer herausziehen.

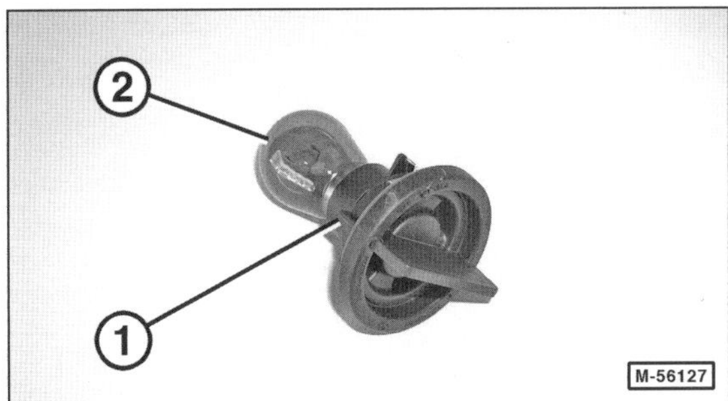

- Glühlampe –2– in die Fassung –1– drücken, gegen den Uhrzeigersinn drehen und aus der Fassung herausziehen.

Einbau

- Neue Glühlampe in die Fassung einsetzen, im Uhrzeigersinn drehen und einrasten.
- Fassung mit Glühlampe in den Scheinwerfer einsetzen, im Uhrzeigersinn drehen und einrasten.

LED-Blinkleuchte vorn

Fahrzeuge mit Bi-Xenonlicht seit 3/11

Ausbau

- Scheinwerfer ausbauen, siehe Seite 87.
- 4 Schrauben für LED-Ansteuermodul –5– herausschrauben und LED-Leuchteinheit vom Scheinwerfer abnehmen, siehe Abbildung M-56153 auf Seite 82.
- Steckverbindung für LED-Modul trennen, dazu Sicherungsbügel öffnen.

Einbau

- Der Einbau erfolgt in umgekehrter Ausbaureihenfolge. Vor Einsetzen des LED-Moduls richtigen Sitz der Dichtung prüfen.

Hinweis: Falls das LED-Modul ersetzt wird, bei der Inbetriebnahme mit dem MERCEDES-Diagnosegerät anpassen.

Nebelscheinwerfer

Ausbau

- Stecker am Nebelscheinwerfer abziehen.
- Abdeckkappe abziehen.

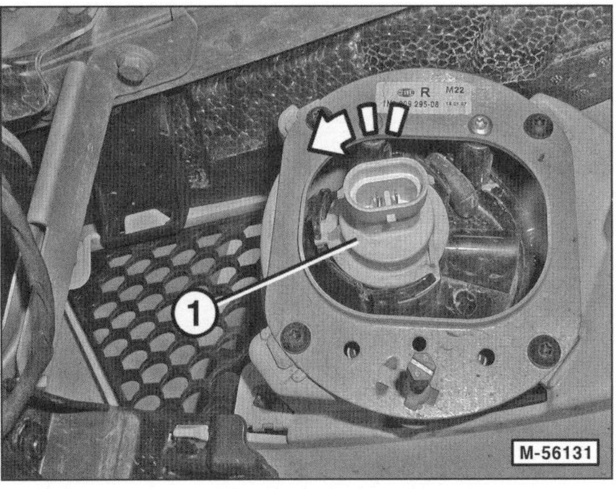

- Lampenfassung –1– gegen den Uhrzeigersinn drehen und herausnehmen.
- Glühlampe aus der Fassung herausziehen.

Einbau

- Neue Lampe in die Lampenfassung stecken.
- Lampenfassung am Nebelscheinwerfer einsetzen, im Uhrzeigersinn drehen und einrasten.
- Abdeckkappe aufschieben.
- Stecker an der Lampenfassung aufstecken.

Zusatz-Blinklicht

Ausbau

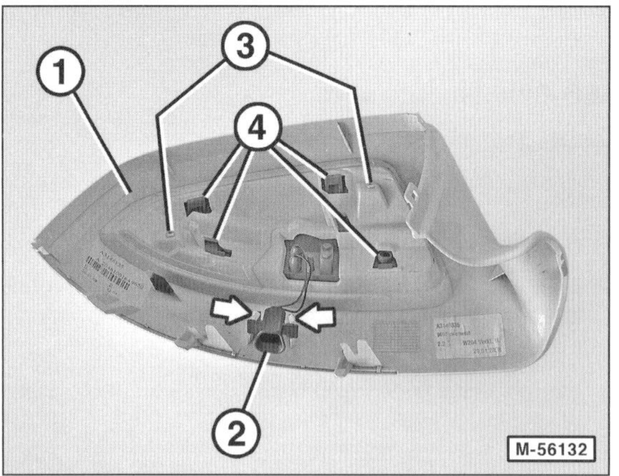

- Obere Verkleidung –1– am Außenspiegel ausbauen, siehe Seite 222.
- Kupplung –2– von der oberen Verkleidung vorsichtig abclipsen. **Achtung:** Die Rasthaken –Pfeile– können leicht abbrechen.
- Schrauben –3– herausschrauben.
- Zusatz-Blinkleuchte an den Rasthaken –4– aus der Verkleidung ausclipsen.

Einbau

- Der Einbau erolgt in umgekehrter Ausbaureihenfolge.

Abbiegelicht

Seit 3/11

Hinweis: Bei Fahrzeugen mit Bi-Xenonlicht ist die Abbiegelichtlampe anstelle der bisherigen Fernlichtlampe eingebaut

Ausbau

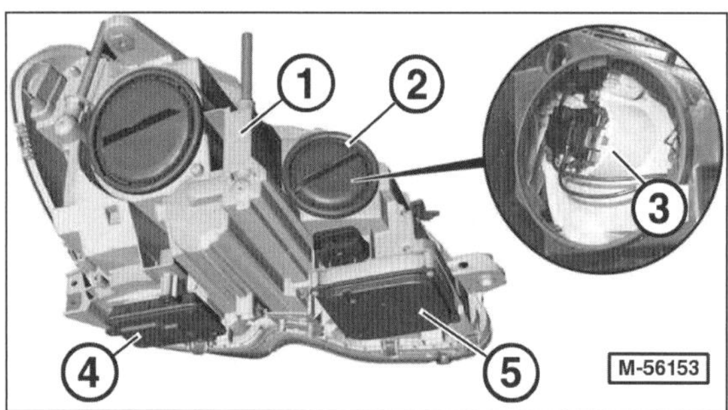

- An der Rückseite des Scheinwerfers –1– den Deckel –2– abnehmen: Dazu Deckel ca. 60° nach links gegen den Uhrzeigersinn drehen.
- Fassung –3– nach links drehen (Bajonettverschluss) und herausziehen.
- Der Einbau erfolgt in umgekehrter Ausbaureihenfolge.

Hinweis: Beim Blinklichtwechsel muss das LED-Ansteuermodul –5– für das Blinklicht ausgebaut werden. 4 – Spannungsversorgungsmodul für das Xenonlicht.

Heckleuchte

In der Heckleuchte sind folgende Glühlampen untergebracht: Brems-, Schluss-, Blink- und Rückfahrlicht. Auf der Fahrerseite ist das Nebelschlusslicht integriert.

Limousine

- Kofferraum öffnen.

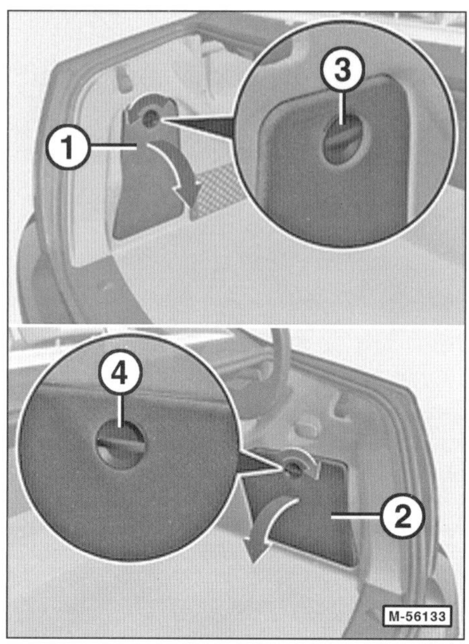

- Abdeckung in der Seitenverkleidung links –1– oder rechts –2– öffnen. Dazu Entriegelungsknopf –3/4– ¼ Umdrehung in Pfeilrichtung drehen und Abdeckung aushängen.
- Mehrfachstecker am Lampenträger abziehen.

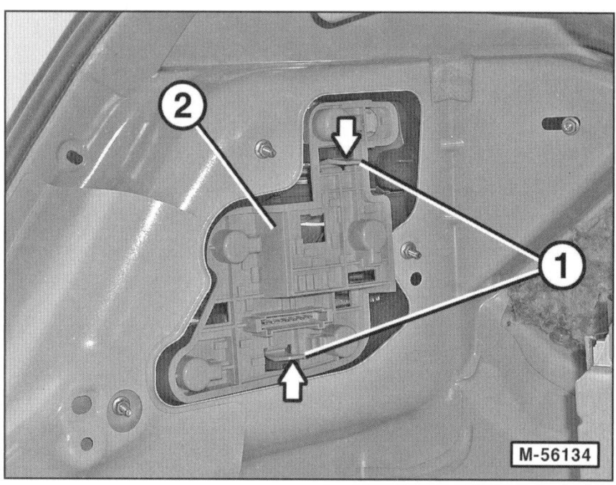

- Haltelaschen –1– gleichzeitig gegeneinander drücken –Pfeile– und den Lampenträger –2– mit den Lampen ein Stück herausziehen. **Hinweis:** Es ist nicht erforderlich, die komplette Seitenverkleidung auszubauen, wie in der Abbildung dargestellt.
- Fahrzeuge mit LED-Blinklicht: Die Kabel des LED-Blinklichts von den Steckern des Lampenhalters abziehen.

- Lampenträger mit den Lampen herausziehen.

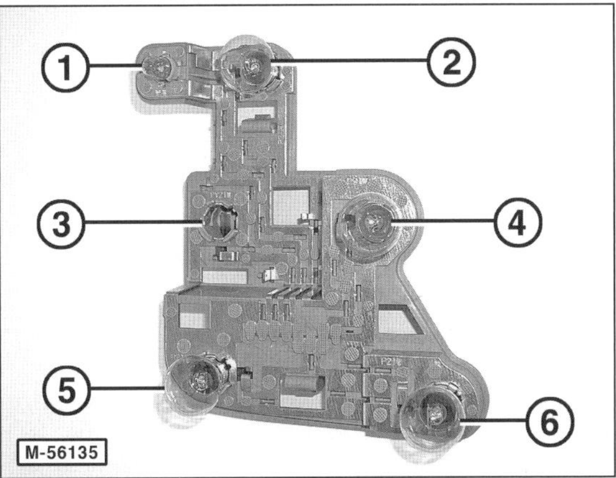

1 – Seitenmarkierungslicht
2 – Nebelschluss-/Seitenmarkierungslicht
3 – Blinklicht, gelb (nicht belegt bei LED-Blinklicht)
4 – Rückfahrlicht
5 – Stand-/Brems-/Rücklicht
6 – Bremslicht/Rücklicht

- Defekte Glühlampe niederdrücken, gegen den Uhrzeigersinn drehen und herausnehmen. **Achtung:** Die Lampe –1– für das Seitenmarkierungslicht ist gesteckt, zum Ausbau herausziehen.
- Neue Glühlampe einsetzen, niederdrücken und im Uhrzeigersinn drehen. Gegebenenfalls Lampe –1– in die Fassung stecken.
- Lampenträger ansetzen, andrücken und einrasten. **Hinweis:** Bei Fahrzeugen mit LED-Blinklicht die Kabel des LED-Blinklichts aufstecken.
- Stecker am Lampenträger aufschieben.
- Abdeckung in die Seitenverkleidung einhängen und hochklappen. Entriegelungsknopf entgegen der Pfeilrichtung drehen und Abdeckung verriegeln.

T-Modell

Aus- und Einbau der Lampen erfolgt prinzipiell wie bei der Limousine.

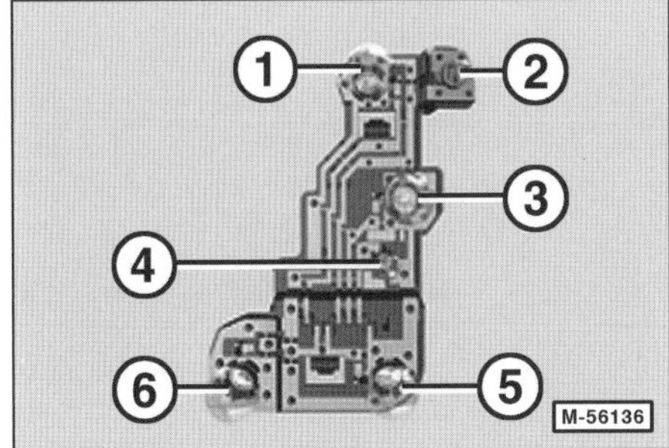

1 – Nebelschlusslicht/Seitenmarkierungslicht
2 – Seitenmarkierungslicht
3 – Blinklicht, gelb (nicht belegt bei LED-Blinklicht)
4 – Rückfahrlicht
5 – Stand-/Brems-/Rücklicht
6 – Brems-/Rücklicht

Kennzeichenleuchte

- Kofferraumdeckel-Verkleidung ausbauen, siehe Seite 229.

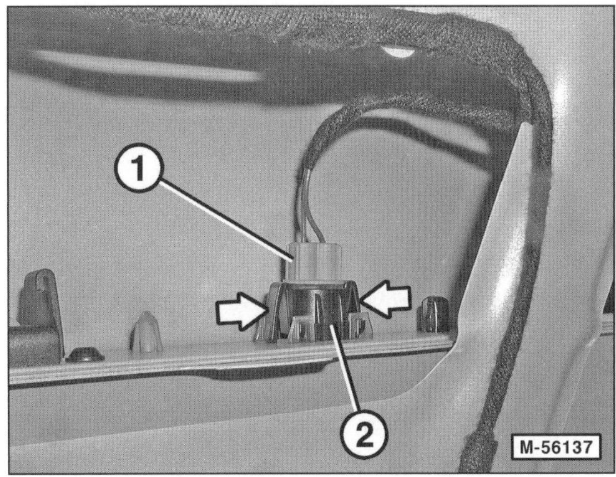

- An der Innenseite des Kofferraumdeckels die Lampenfassung –1– gegen den Uhrzeigersinn drehen und mit der Lampe aus dem Gehäuse –2– herausziehen.
- Lampe aus der Fassung herausziehen.

Hinweis: Falls die Leuchte komplett ausgebaut werden soll, äußere Griffleiste ausbauen. Clips –Pfeile– zusammendrücken und Lampengehäuse –2– herausdrücken. Beim Einbau darauf achten, dass die Dichtung unbeschädigt ist und korrekt anliegt.

Tagfahrlicht

Seit 3/11

Ausbau

- **Rechtes Tagfahrlicht:** Rechten Innenkotflügel mit einem Montagekeil so weit lösen, bis das rechte Tagfahrlicht ausgebaut werden kann, siehe Seite 213.
- **Linkes Tagfahrlicht:** Kühlergrill ausbauen und vorderen Stoßfänger lösen, siehe Seite 208/209.

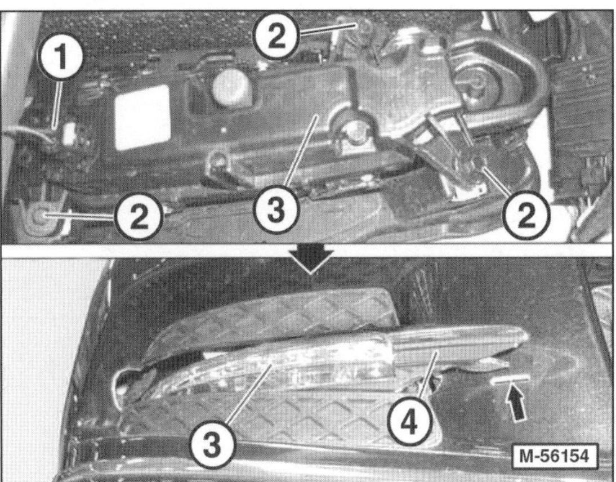

- Elektrische Steckverbindung –1– trennen.
- Schrauben –2– herausdrehen und jeweiliges Tagfahrlicht –3– aus der Abdeckung des Stoßfängers herausnehmen.

Hinweis: Beim Erneuern des Tagfahrlichts die Blende –4– des Tagfahrlichts umbauen.

Einbau

- Der Einbau erfolgt in umgekehrter Ausbaureihenfolge.

Mittlere Bremsleuchte aus- und einbauen

T-Modell

Ausbau

- Obere Innenverkleidung links und rechts von der Heckklappe abbauen, siehe entsprechendes Kapitel.

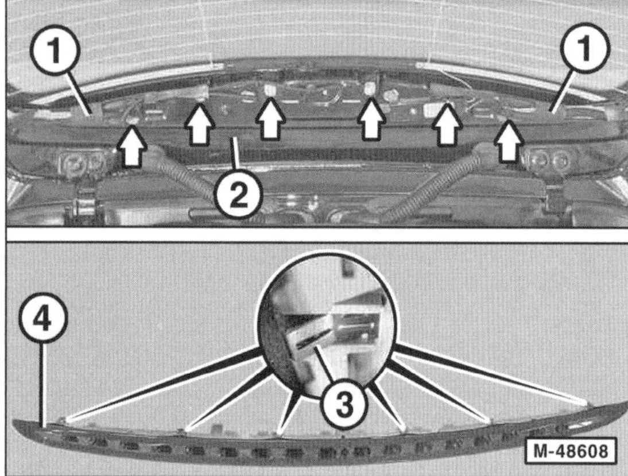

- Linken und rechten Halter für Leitungssatz –1– von der Heckklappe –2– abclipsen.

Hinweis: Die Federn –3– befinden sich an der Unterseite der mittleren Bremsleuchte –4–. Der Zugang zu den Federn erfolgt durch die Öffnungen (Pfeile) an der Innenseite der Heckklappe.

- Von einer Seite beginnend die Federn –3– nacheinander zurückdrücken und gleichzeitig die mittlere Bremsleuchte –4– schrittweise aus der Heckklappe herausziehen. **Achtung:** Bremsleuchte besonders vorsichtig ausclipsen und herausziehen, da sie sehr bruchempfindlicht ist.
- Elektrische Steckverbindung von der mittleren Bremsleuchte abziehen.
- Waschwasserschlauch an der Spritzdüse abziehen. Dazu Kunststoffverbindungsstück durch Verdrehen des Ringes entriegeln.
- Mittlere Bremsleuchte abnehmen.

Einbau

- Der Einbau erfolgt in umgekehrter Ausbaureihenfolge.

Glühlampen für Innenleuchten auswechseln

Hinweis: Zum Ausbau einiger Abdeckungen muss ein Kunststoffkeil verwendet werden, zum Beispiel HAZET 1965-20.

- Zündung ausschalten, Zündschlüssel abziehen. Falls vorhanden, Start-Stopp-Taste KEYLESS-GO vom Steuergerät für elektronisches Zündschloss abziehen.
- Schalter der Leuchte ausschalten.
- Nach dem Einbau Glühlampe auf Funktion überprüfen.

Leseleuchten vorn

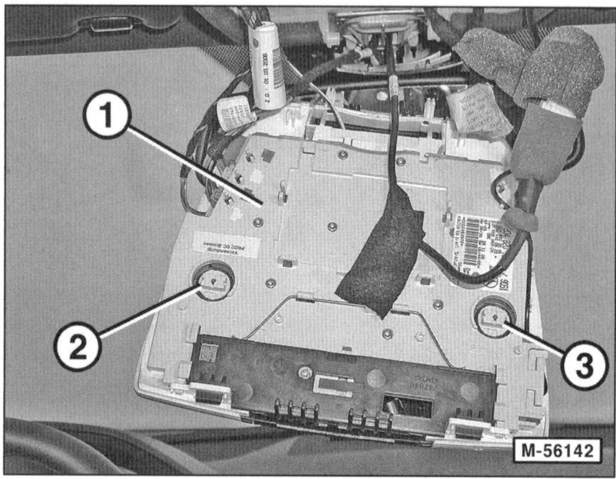

- Steuergerät für Dachbedieneinheit –1– aushängen, siehe Seite 190.
- An der Rückseite der Bedieneinheit –1– die Fassung –2/3– der jeweiligen Lampe gegen den Uhrzeigersinn drehen und mit Lampe herausziehen.
- Lampe aus der Fassung herausziehen.

Deckenleuchte hinten

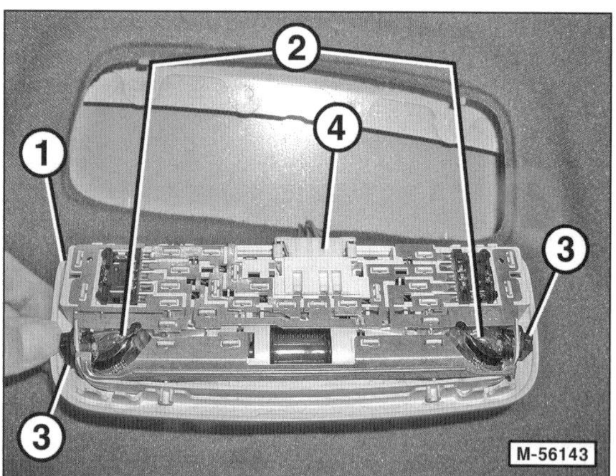

- Deckenleuchte –1– mit einem Montagekeil aus der Dachverkleidung heraushebeln. **Hinweis:** Die Deckenleuchte sitzt an 4 Kunststoffstegen. Die Aufnahmen an der Leuchte müssen von den Kunststoffstegen abgedrückt werden. Keil zuerst hinten ansetzen, aber nicht in die Aussparung einführen.

- Stecker –4–entriegeln und von der Deckenleuchte abziehen.
- Lampen –2– für Leseleuchten ausbauen. Dazu an der Rückseite der Leuchte jeweils die Fassung –3– gegen den Uhrzeigersinn drehen und mit der Lampe herausziehen.
- Lampe aus der Fassung herausziehen.

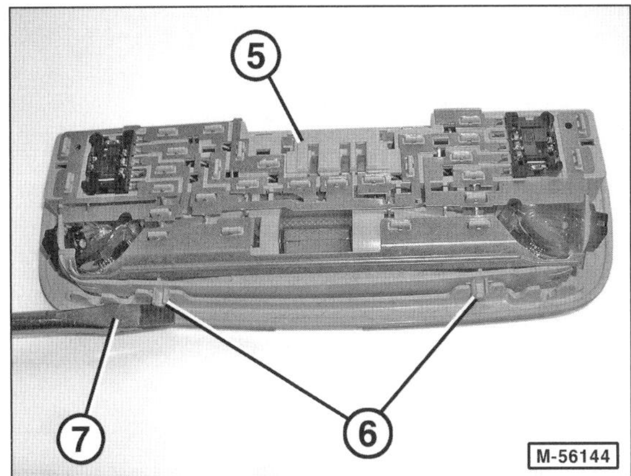

- Lampenträger –5– vom Leuchtenglas abdrücken. Dazu 4 Kunststoffstege –6– mit großem Schraubendreher –7– aus den Aufnahmen heraushebeln. Dabei darauf achten, dass der Rahmen des Leuchtenglases keine Druckstellen erhält.

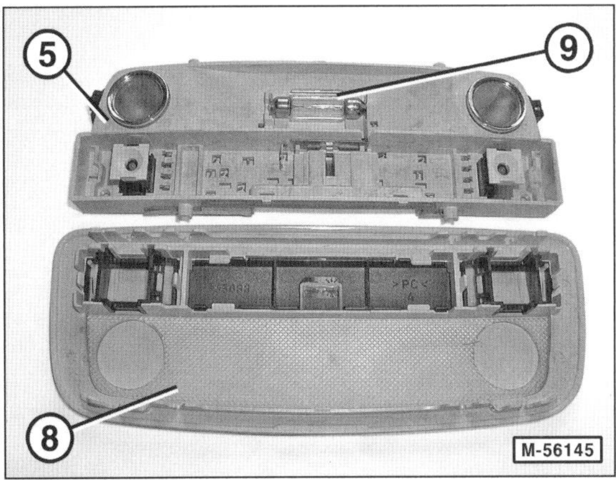

- Lampenträger –5– vom Leuchtenglas –8– abnehmen und umdrehen.
- Soffitten-Glühlampe –9– aus der Halterung herausnehmen.

Fußraumleuchte/Handschuhfachleuchte/ Kosmetikleuchte

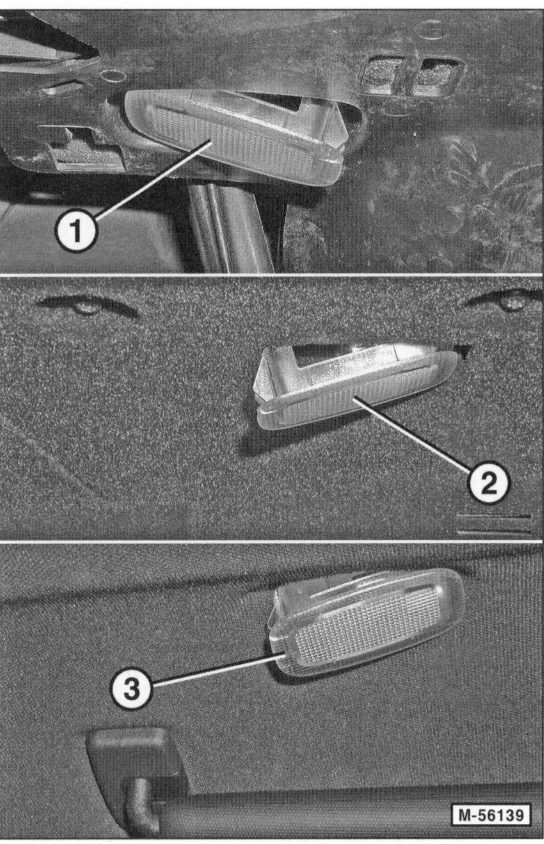

- Leuchte –1/2/3– mit einem Montagekeil aus der Verkleidung heraushebeln, dabei Keil an der Aussparung der Leuchte gegenüber vom Stecker ansetzen.
  1 – Fußraumleuchte
  2 – Handschuhfachleuchte
  3 – Kosmetikleuchte
- Leuchte aus Verkleidung herausziehen.
- Fassung drehen und mit Glühlampe aus Leuchte herausziehen.
- Glühlampe aus der Fassung herausziehen.

Türeinstiegsleuchte

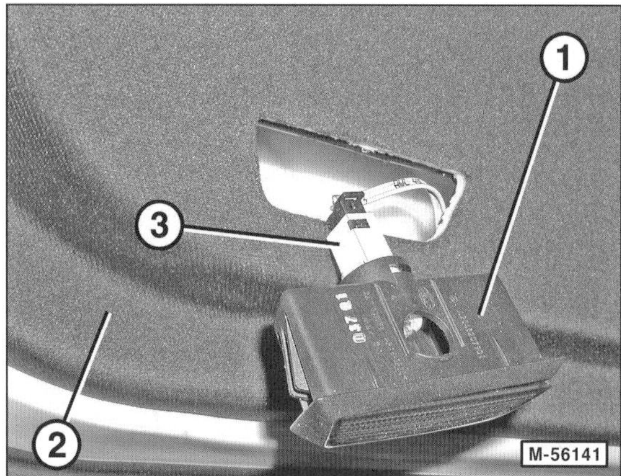

- Leuchte –1– mit einem Montagekeil ringsum aus der Türverkleidung heraushebeln. **Hinweis:** Haltefedern befinden sich an beiden Seiten und Rasthaken oben an Leuchte.
- Fassung gegen den Uhrzeigersinn drehen und herausziehen.
- Glühlampe aus der Fassung herausziehen.

Kofferraum-Innenleuchte

- Rechte Klappe in der Seitenverkleidung öffnen.

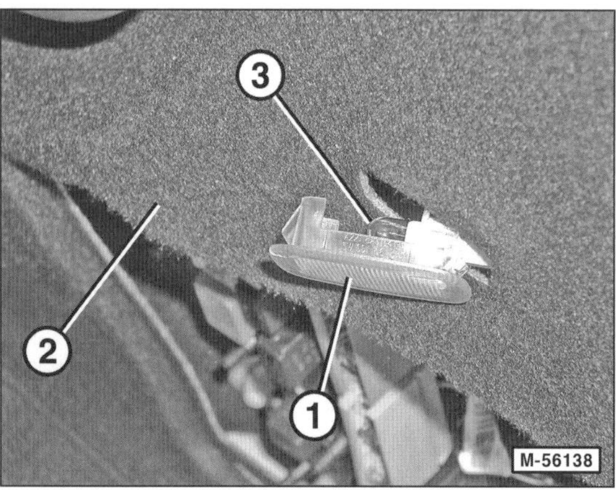

- Hinter die Kofferraumleuchte greifen und Leuchte –1– aus der rechten Seitenverkleidung –2– herausdrücken.
- Lampe –3– aus der Fassung herausziehen.

Leuchte im Kofferraumdeckel

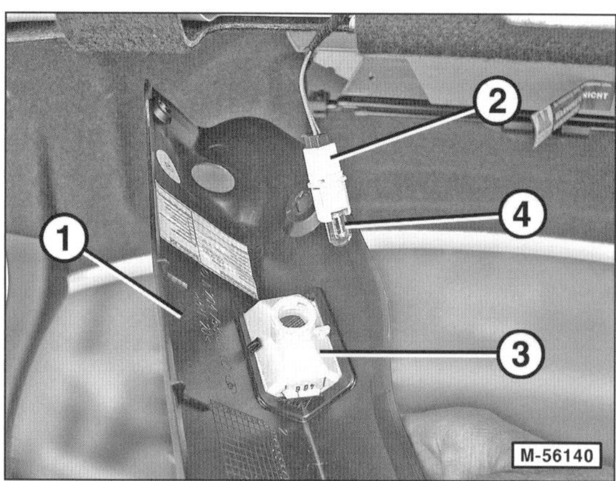

- Innere Griffleiste –1– am Kofferraumdeckel abbauen, siehe Seite 229.
- Lampenfassung –2– gegen den Uhrzeigersinn drehen und aus der Leuchte –3– herausziehen.
- Lampe –4– aus der Fassung herausziehen.
- Falls die Leuchte ausgebaut werden soll, diese von hinten aus der Leiste herausdrücken. **Achtung:** Leuchte nicht von außen aus der Leiste heraushebeln, da sonst das Leuchtenglas beschädigt wird.

Scheinwerfer aus- und einbauen

Für die Verkehrssicherheit ist die exakte Einstellung der Scheinwerfer von großer Bedeutung. Die richtige Einstellung der Scheinwerfer wird mit einem Spezialgerät durchgeführt, das in der Regel nur in einer Werkstatt vorhanden ist.

Sicherheitshinweis:
Vorsicht beim Lampenwechsel an Xenon-Scheinwerfern. Verletzungsgefahr durch Hochspannung! Auf jeden Fall Scheinwerfer ausschalten und Batterie abklemmen. Anschließend Scheinwerferschalter kurz ein- und wieder ausschalten, um Restspannungen abzubauen. Sicherheitshalber Schuhe mit Gummisohlen tragen.

Hinweis: Bevor der Xenon-Scheinwerfer erneuert wird, müssen die Grunddaten des Xenon-Steuergerätes mit dem MERCEDES-Diagnosegerät ausgelesen und zwischengespeichert werden. Nach dem Einbau des neuen Scheinwerfers zwischengespeicherte Grunddaten auf das neue Xenon-Steuergerät übertragen.

Ausbau

- Xenon-Scheinwerfer: Wenn möglich, Fehlerspeicher auslesen.
- Kühlerverkleidung ausbauen.

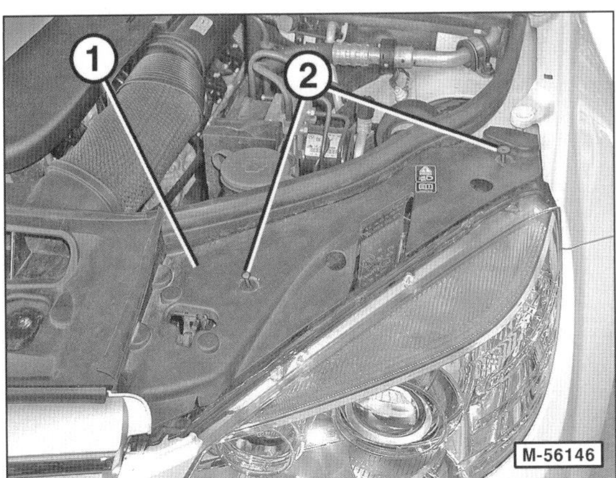

- Abdeckung –1–ausbauen, dazu 2 Spreizclips –2– herausziehen.

Sicherheitshinweis
Beim Aufbocken des Fahrzeugs besteht Unfallgefahr! Deshalb die Hinweise im Kapitel »Fahrzeug aufbocken« beachten.

- Fahrzeug aufbocken.
- Vorderen Stoßfänger ausbauen, siehe Seite 209.
- Zündung ausschalten, Zündschlüssel abziehen. Falls vorhanden, Start-Stopp-Taste KEYLESS-GO vom Steuergerät für elektronisches Zündschloss abziehen.

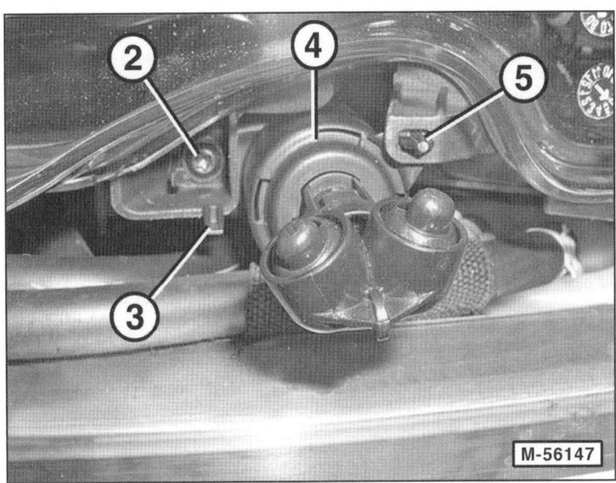

- Bei Scheinwerferreinigungsanlage: Schraube –2– herausschrauben, Rasthaken –3– entriegeln und Hubdüse –4– nach hinten schieben. **Hinweis:** Die Schraube –2– verbleibt am Scheinwerfer. 5– Zapfen.

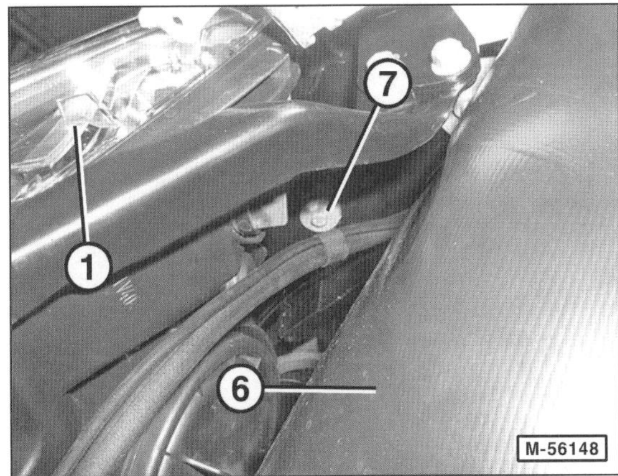

- Innenkotflügel –6– lösen und zur Seite drücken.
- Schraube –7– hinten am Scheinwerfer –1– herausschrauben.

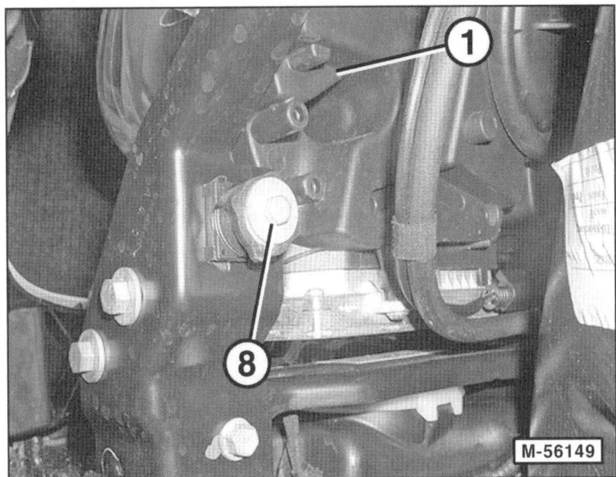

- Schraube –8– hinten am Scheinwerfer –1– herausschrauben.

- Luftführung neben dem Scheinwerfer zur Seite drücken, Schraube –9– herausschrauben und Hülse –10– abnehmen.
- Scheinwerfer so weit nach vorn herausziehen, bis die elektrische Steckverbindung an der Rückseite getrennt werden kann. Stecker abziehen.
- Scheinwerfer abnehmen.

Einbau

- Der Einbau erfolgt in umgekehrter Ausbaureihenfolge. Dabei ist folgendes zu beachten:
  - ◆ Schrauben –7/8/9– nur bis zur Anlage hineinschrauben, da nach dem Einbau des Stoßfängers noch die Fugenmaße geprüft und eingestellt werden müssen. Anschließend diese Schrauben festziehen.

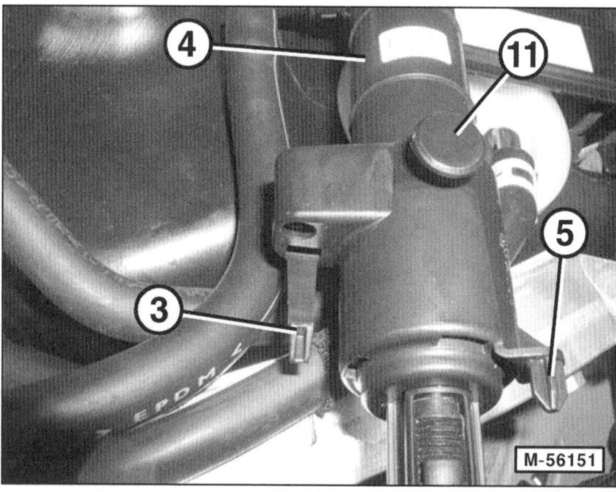

  - ◆ Bei Fahrzeugen mit Scheinwerferreinigungsanlage: Hubdüse –4– so einsetzen, dass die Zapfen –5/11– in die Führungen am Scheinwerfer eingreifen.
  - ◆ Scheinwerfereinstellung prüfen lassen, gegebenenfalls korrigieren (Werkstattarbeit).

Heckleuchte aus- und einbauen

Limousine

Ausbau

- Im Kofferraum die Seitenverkleidung im Bereich der Heckleuchte lösen und nach innen drücken.
- Mehrfachstecker abziehen.

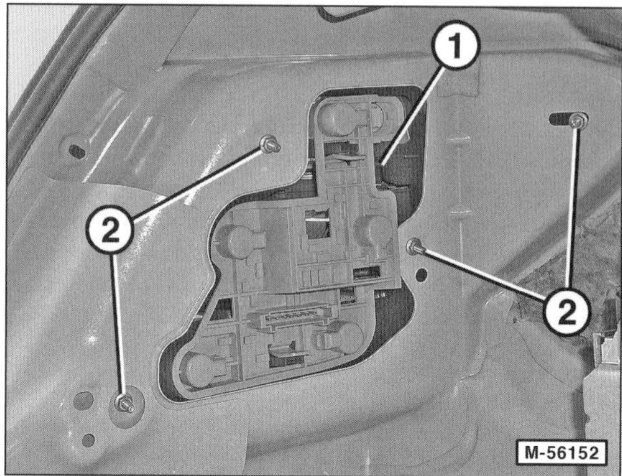

- Heckleuchte –1– von außen festhalten und 4 Muttern –2– abschrauben.
- Heckleuchte abnehmen.

Einbau

- Poröse oder beschädigte Gummidichtung sowie gesprungene Leuchtengläser umgehend ersetzen, sonst dringt Wasser in den Innenraum.
- Leuchte mit Dichtung ansetzen. Auf richtigen Sitz der Dichtung achten.
- Leuchte mit 4 Muttern festschrauben, dabei die Muttern gleichmäßig anziehen.
- Stecker an der Leuchte aufstecken.
- Seitenverkleidung schließen.

Speziell T-Modell

- 3 Muttern für Heckleuchte abschrauben.
- Beim Einbau darauf achten, dass die Leuchte unter dem Abdichtrahmen der Heckklappe sitzt.

Armaturen/Schalter/Radioanlage

Achtung: Vor dem Trennen der Steckverbindungen elektrostatische Aufladung abbauen, dazu kurz den Schließbügel der Tür oder die Karosserie anfassen.

Hinweis: Zum Abhebeln von Verkleidungen und Blenden Kunststoffkeil verwenden, zum Beispiel HAZET 1965-20. Angrenzende Bereiche zum Schutz vor Beschädigungen gegebenenfalls mit Klebeband abdecken.

Kombiinstrument aus- und einbauen

Fahrzeuge von 3/07 bis 2/11

Ausbau

- Wird das Kombiinstrument ausgetauscht, vor dem Ausbau die gespeicherten Daten, zum Beispiel Service-Intervallanzeige und Wegstreckenzähler, mit einem Diagnosegerät auslesen und später auf das neue Kombiinstrument übertragen lassen (Werkstattarbeit).
- Lenkrad nach hinten und unten stellen.
- Zündung ausschalten, Zündschlüssel abziehen. Falls vorhanden, Start-Stopp-Taste KEYLESS-GO vom Steuergerät für elektronisches Zündschloss abziehen.

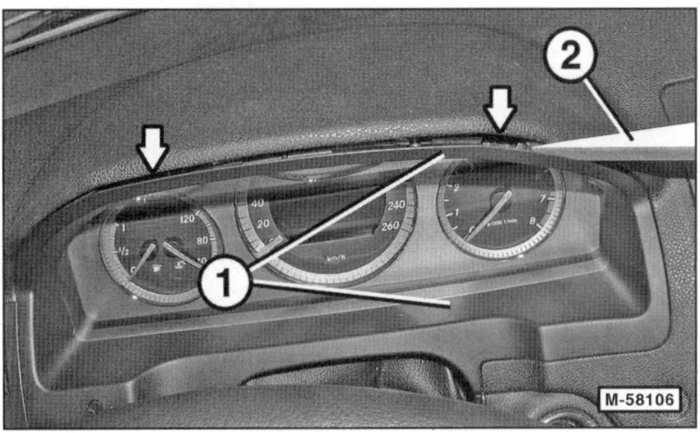

- Blende –1– zuerst oben links und rechts –Pfeile– ausrasten. Dazu Montagekeil –2– in den Schlitz einführen.

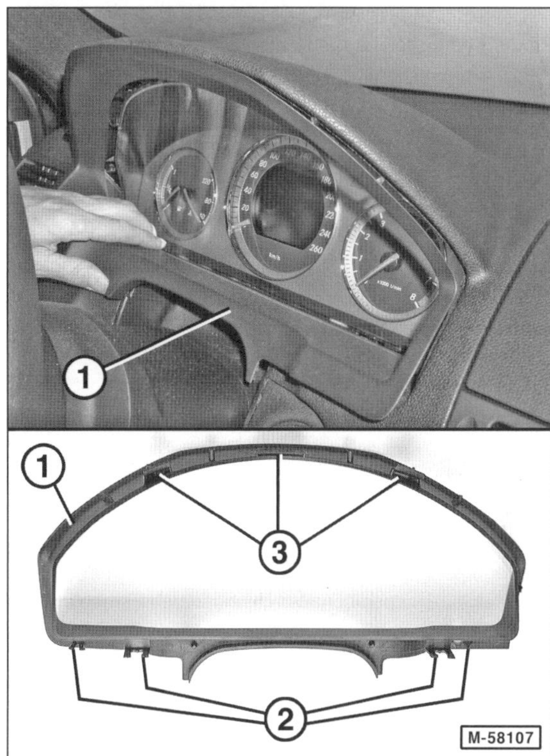

- Blende –1– im unteren Bereich links und rechts nach hinten ziehen und an den unteren Rasthaken –2– nach hinten ausrasten und abnehmen. **Hinweis:** Je nach Ausstattung können auch seitlich 2 Rasthaken vorhanden sein. 3 – Laschen.

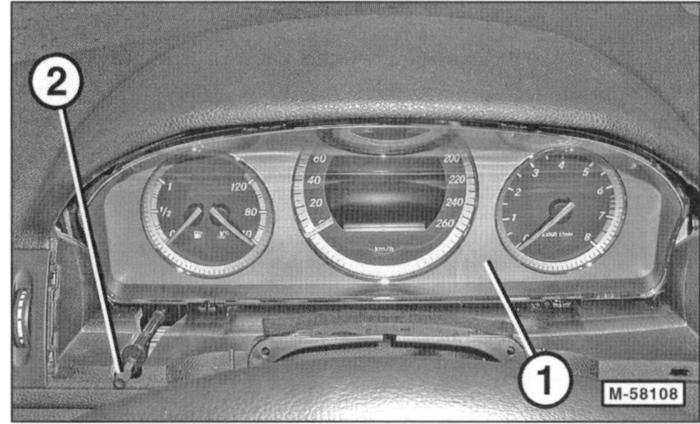

- Rückstellknopf –2– aus dem Kombiinstrument –1– herausziehen.

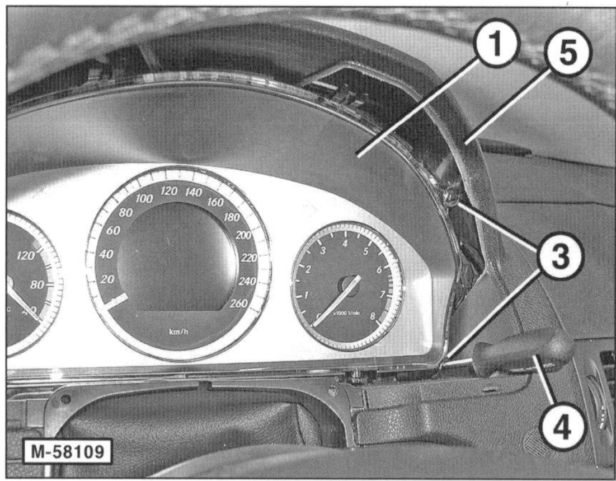

- Rechts und links jeweils 2 Schrauben –3– mit Torxschraubendreher T25 –4– lockern und nur so weit herausschrauben, bis das Kombiinstrument –1– lose ist. **Hinweis:** Die Schrauben –3– verbleiben am Kombiinstrument.
- Kombiinstrument –1– oben aus der Armaturentafel –5– herausschwenken und so weit nach hinten abnehmen, bis die elektrische Steckverbindung an der Rückseite des Kombiinstrumentes zugänglich ist.
- Elektrische Steckverbindung trennen und Kombiinstrument herausnehmen.

Einbau

- Der Einbau erfolgt in umgekehrter Ausbaureihenfolge. Beim Einbau der Blende –1– auf richtigen Sitz der Laschen –3– achten, siehe Abbildung M-58107.

Speziell Fahrzeuge ab 3/11

Hier werden nur die Abweichungen beschrieben.

- Luftdüse Mitte ausbauen, siehe Seite 96.

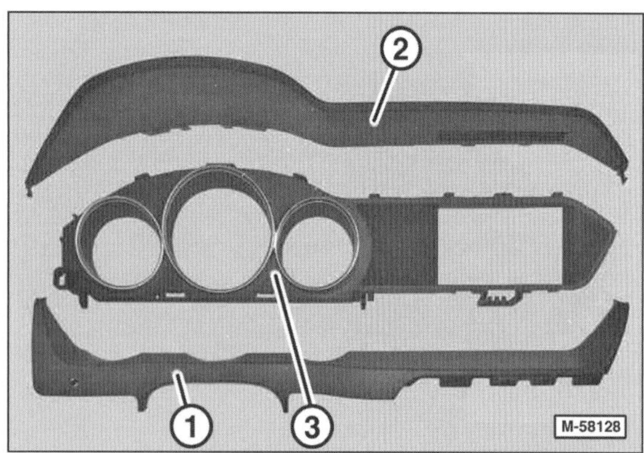

- Zuerst untere Blende für Kombiinstrument –1–, dann obere Blende für Kombiinstrument –2– und danach mittlere Blende für Kombiinstrument –3– mit einem Kunststoffkeil vorsichtig abdrücken.

Mantelrohrschaltermodul aus- und einbauen

Das Mantelrohrschaltermodul beinhaltet Kontaktspirale, Hupen- und Airbag-Betätigung, Lenkwinkelsensor, Steuergerät für Mantelrohrmodul und den Kombischalter (Blinker/Wischer/Fernlicht). Die Schaltereinheit ist ein Bauteil und kann nur komplett ausgebaut beziehungsweise erneuert werden. Nach dem Erneuern muss die Schaltereinheit mit dem MERCEDES-Diagnosegerät aktiviert werden (Werkstattarbeit).

Ausbau

Achtung: Unbedingt Airbag-Sicherheitshinweise beachten, siehe Seite 117.

- Lenkrad ausbauen, siehe Seite 119.

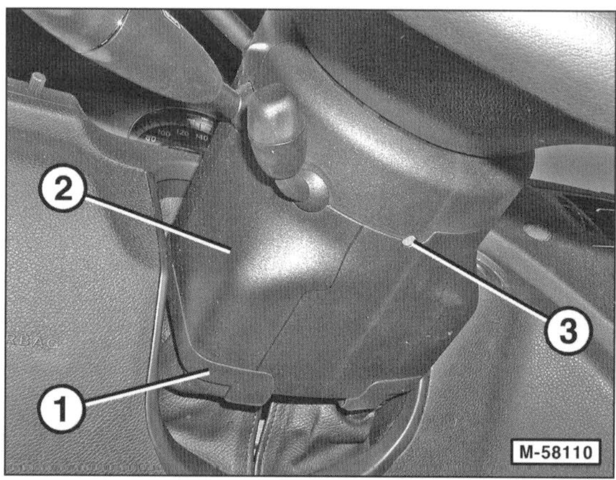

- Mantelrohr-Abdeckung –1– vom Mantelrohrschaltermodul –2– abdrücken. Dabei Rahmen der Mantelrohr-Abdeckung an den Verrastungen mit einem Kunststoffkeil abdrücken.
- Mantelrohrschaltermodul –2– vom Mantelrohr abziehen. **Achtung:** Dabei rote Sicherungsrasten im Mantelrohrschaltermodul nicht betätigen, da sonst die Kontaktspirale zerstört werden kann.
- Elektrische Steckverbindung am Mantelrohrschaltermodul –2– trennen und Schaltermodul herausnehmen.

Einbau

- Elektrische Steckverbindung am Mantelrohrschaltermodul aufstecken.
- Mantelrohrschaltermodul –2– auf das Mantelrohr aufdrücken, bis die Montageanzeige –3– eingefahren ist.

Hinweis: Nach Einbau eines neuen Mantelrohrschaltermoduls die Transportsicherung an der oberen Stirnseite des Moduls abbrechen.

- Mantelrohr-Abdeckung ansetzen und einrasten.
- Lenkrad ausbauen, siehe Seite 119.

Lichtschalter aus- und einbauen

Fahrzeuge von 3/07 bis 5/10

Ausbau

- Lichtschalter –1– ganz nach links drehen und auf »linkes Parklicht« –Pfeil– stellen.
- Lichtschalter ein Stück herausziehen und in Richtung »0« drehen. Dadurch wird die Blende am Schalter entriegelt.

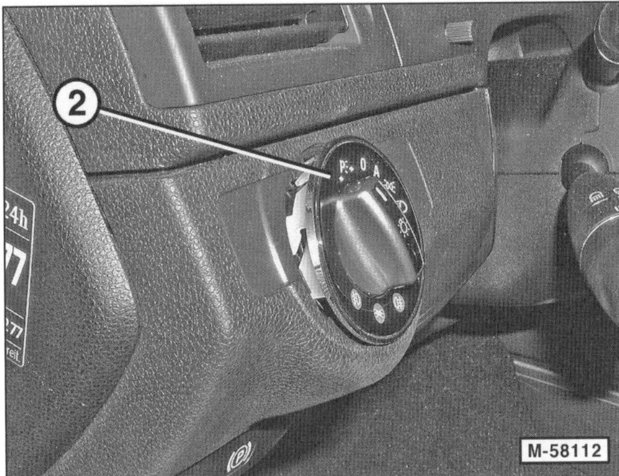

- Blende –2– abnehmen.

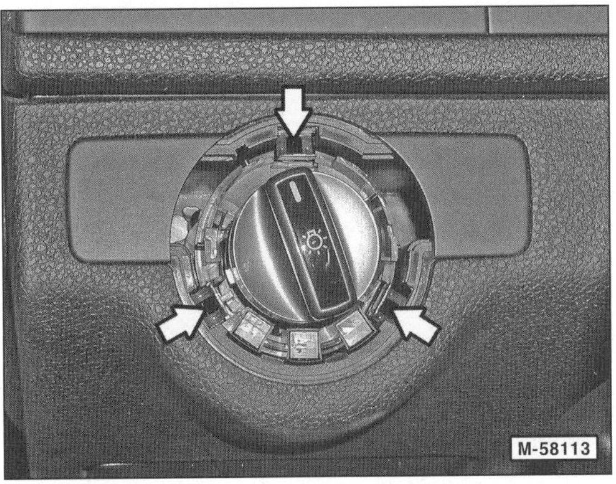

- 3 Halteklammern –Pfeile– mit Schraubendreher nach innen drücken –Pfeilrichtung– und dadurch Schalter entriegeln.

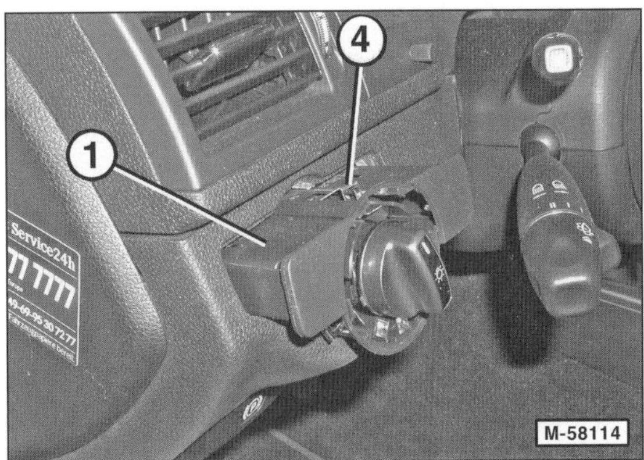

- Gesamte Schaltereinheit –1– aus der Armaturentafel herausziehen. 4 – Obere Halteklammer.
- Stecker an der Rückseite entriegeln und abziehen.

Einbau

- Mehrfachstecker am Lichtschalter aufschieben.
- Lichtschalter in die Öffnung einschieben und einrasten, gegebenenfalls Metall-Klammern zurückdrücken.
- Blende vorsichtig einsetzen, dabei nach links drehen, bis sie in der Armaturentafel sitzt. Dann nach links bis zum Anschlag drehen, bis sie vollständig einrastet. Die »0« muss oben stehen.

Speziell ab 6/10

Ausbau

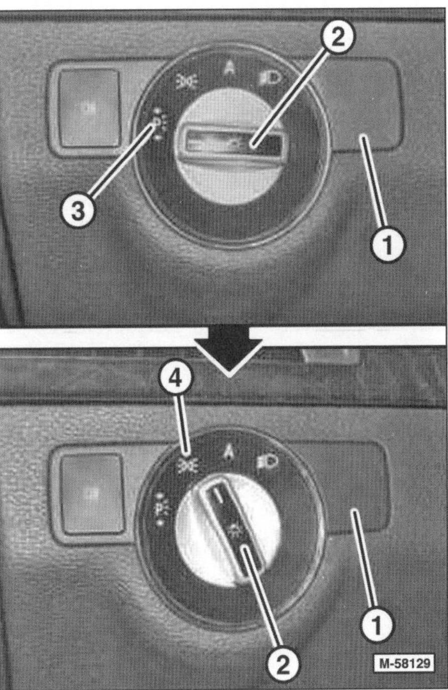

- Drehknopf –2– des Lichtschalters –1– auf Parklicht links –3– drehen und hineindrücken. Anschließend den Drehknopf –2– in eingedrücktem Zustand auf Standlicht –4– zurückdrehen. Dadurch wird der Lichtschalter –1– entriegelt.

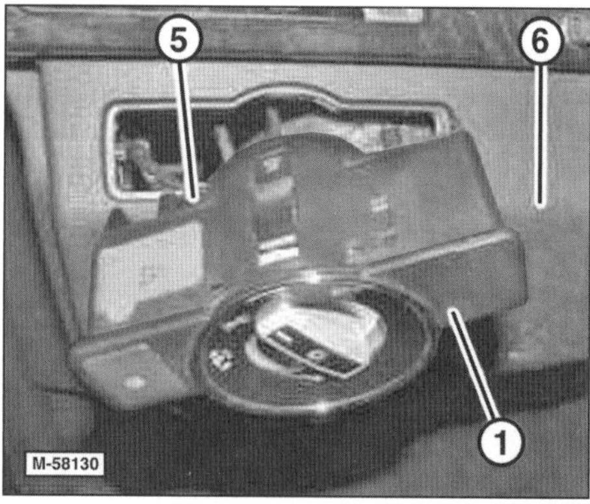

- Lichtschalter –1– aus der Armaturentafel –6– herausziehen und elektrische Steckverbindung –5– trennen

Einbau

- Der Einbau in erfolgt umgekehrter Ausbaureihenfolge.

Fensterheberschalter aus- und einbauen

Ausbau

- Türverkleidung ausbauen, siehe Seite 213.

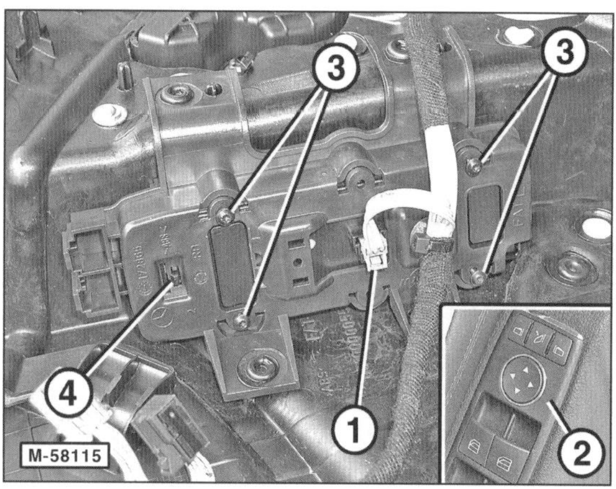

- Stecker –1– vom Schalterfeld –2– abziehen.
- An Rückseite der Türverkleidung 4 Schrauben –3– mit Torx-Schraubendreher T10 herausdrehen.
- Schalterfeld nach außen herausdrücken, dabei Rasthaken –4– entriegeln.

Einbau

- Der Einbau erfolgt in umgekehrter Ausbaureihenfolge.

Schalter für Kofferraum aus- und einbauen

Ausbau

- Türverkleidung ausbauen, siehe Seite 213.

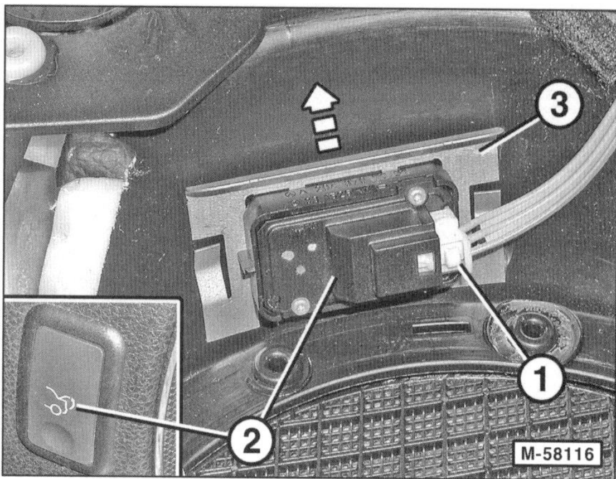

- Stecker –1– vom Schalter –2– abziehen.
- An der Rückseite der Türverkleidung Metallrahmen –3– nach oben –Pfeil– vom Schalter –2– abziehen.
- Schalter nach außen herausdrücken.

Einbau

- Der Einbau erfolgt in umgekehrter Ausbaureihenfolge.

Radio aus- und einbauen

Ausbau

Hinweis: Wenn das Radio erneuert wird, vorher Grunddaten des Radios mit dem MERCEDES-Diagnosegerät auslesen und zwischenspeichern. Später die ausgelesenen Daten auf das neue Radio übertragen (Werkstattarbeit).

- Wenn möglich, Fehlerspeicher auslesen.
- Mittlere Luftdüse ausbauen, siehe Seite 96.
- Radio ausschalten.

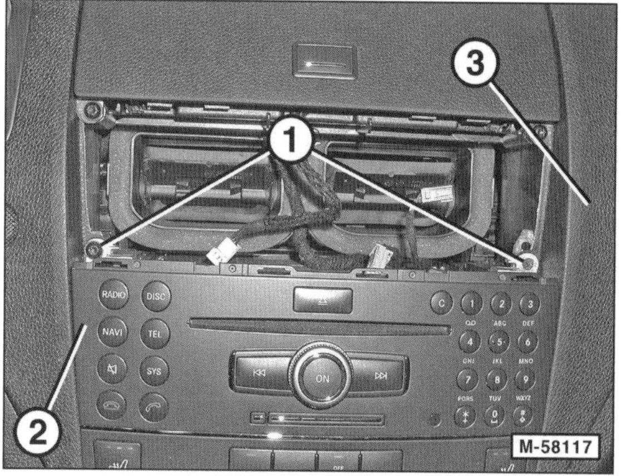

- Schrauben –1– herausschrauben. 2 – Radio, 3 – Armaturentafel.

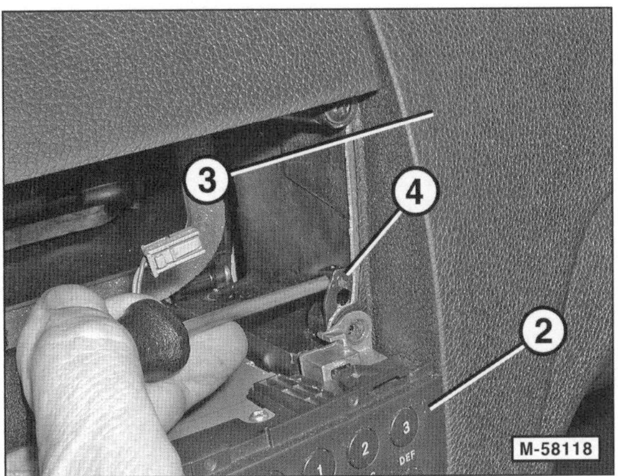

- 2 Riegel –4– links und rechts vollständig nach oben schieben
- Radio –2– so weit aus der Armaturentafel –3– herausziehen, bis die elektrischen Steckverbindungen beziehungsweise die Lichtwellenleiterkupplung an der Rückseite zugängig sind.
- Elektrische Steckverbindungen und Lichtwellenleiterkupplung an der Rückseite des Radios trennen.

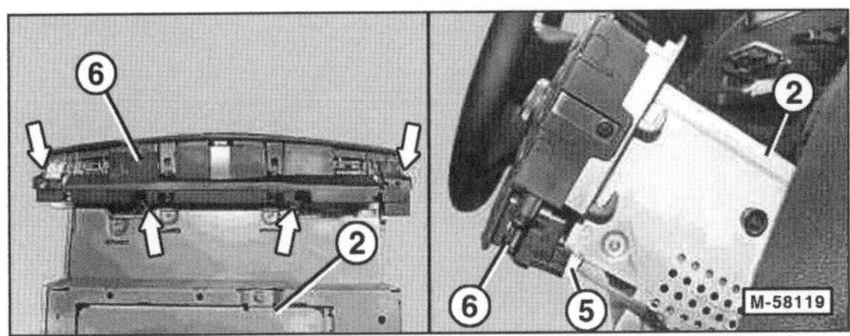

- Bei Parktronic/Sitzheizung/Heckfensterrollo die elektrische Steckverbindung –5– am Steuergerät für oberes Bedienfeld trennen. 2 – Radio.
- Je nach Aussattung Blende –6– oder Steuergerät für oberes Bedienfeld abschrauben –Pfeile– und abnehmen.

Einbau

- Der Einbau erfolgt in umgekehrter Ausbaureihenfolge.

Radio-Display aus- und einbauen

Ausbau

Hinweis: Wenn das Display erneuert wird, vorher Grunddaten auslesen und zwischenspeichern. Später die ausgelesenen Daten auf das neue Display übertragen.

- Wenn möglich, Fehlerspeicher auslesen.
- Mittlere Luftdüse ausbauen, siehe Seite 96.

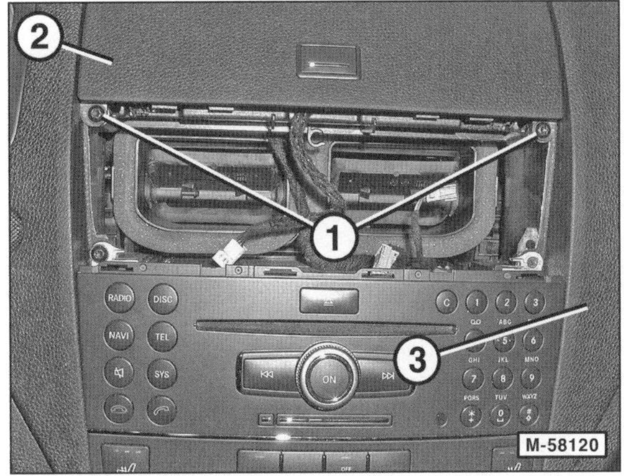

- Schrauben –1– herausschrauben. 2 – Geschlossenes Display.
- Eingeklapptes Display schräg nach oben aus der Armaturentafel –3– ausclipsen
- Elektrische Steckverbindungen an der Rückseite des Displays trennen.

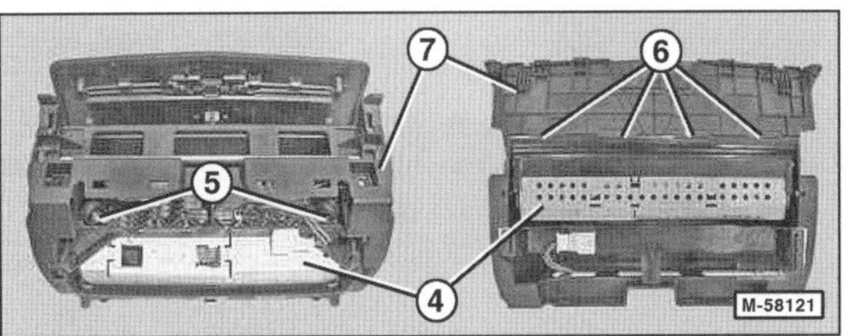

- Wird das Display erneuert, Schrauben –5– herausschrauben, Klammern –6– ausclipsen und Display aus dem Gehäuse –7– herausnehmen.

Einbau

- Der Einbau erfolgt in umgekehrter Ausbaureihenfolge.

Heizung/Klimatisierung

Aus dem Inhalt:

- Luftaustrittsdüsen
- Frischluft-/Heizgebläse
- Gebläseregelstufe
- Lüftungsklappen
- Heizungsbedieneinheit
- Wärmetauscher
- Klimaanlage
- Sensoren für Klimaanlage

Achtung: Wenn im Rahmen von Arbeiten an der Heizung auch Arbeiten an der elektrischen Anlage durchgeführt werden, **grundsätzlich** die Batterie vom Bordnetz abklemmen. Dazu unbedingt Hinweise im Kapitel »Batterie aus- und einbauen« beachten.

Die Frischluft für die Heizungs- und Belüftungsanlage wird von einem elektrischen Gebläse angesaugt. Bevor die Luft in den Innenraum gelangt, wird sie von einem Staub- und Pollenfilter gereinigt.

Erwärmt wird die Luft für den Fahrzeuginnenraum über den Wärmetauscher oder sie wird im Verdampfer der Klimaanlage abgekühlt und dann auf die Luftaustrittsdüsen im Fahrzeuginnenraum verteilt.

Der Wärmetauscher wird ständig von der heißen Motorkühlflüssigkeit durchströmt, so dass er die Wärme für den Fahrzeuginnenraum schnell an die vorbeiströmende Frischluft abgibt. Um den Luftdurchsatz im Fahrzeuginnenraum zu erhöhen, kann das integrierte Frischluftgebläse in mehreren Leistungsstufen betrieben werden. Je nach Einstellung der Gebläsestufe sendet das Steuer- und Bediengerät der Klimaanlage ein Signal an den Gebläseregler. Der Gebläseregler regelt dann die Betriebsspannung für den Gebläsemotor. Der Gebläseregler sitzt am Klimakasten neben dem Gebläsemotor.

Bei eingeschalteter Klimaanlage wird die einströmende Luft stets zuerst abgekühlt und entfeuchtet, so dass die Scheiben nicht beschlagen. Danach wird die Luft auf die gewünschte Temperatur erwärmt.

Soll keine Frischluft von außen angesaugt werden, zum Beispiel bei schlechter Außenluft, kann auf Umluftbetrieb umgeschaltet werden. In dieser Betriebsart wird nur die im Fahrzeug befindliche Luft umgewälzt. Geschieht das über einen längeren Zeitraum, können die Scheiben innen beschlagen. Wird der entsprechende Taster etwa 2 bis 3 Sekunden gedrückt, werden automatisch alle geöffneten Fenster sowie das Schiebedach geschlossen.

Wird das Fahrzeug von einem Dieselmotor angetrieben, ist zusätzlich ein **PTC-Zuheizelement** (Positive Temperature Coefficient) vorhanden, um bei tiefen Außentemperaturen das Heizungsdefizit zu verbessern. Nach dem Start des Motors erwärmt sich die vorbeiströmende kalte Luft direkt an den elektrisch beheizbaren Heizsträngen der Zusatzheizung. In Abhängigkeit von der Außentemperatur wird die warme Luft in den Fahrzeuginnenraum geleitet. Die PTC-Zusatzheizung funktioniert im Prinzip wie ein herkömmlicher Heißluftfön. Das PTC-Zusatzheizelement sitzt im Klimakasten vor dem Heizungs-Wärmetauscher.

Tritt ein Fehler in der Heizungs- oder Klimaanlage auf, wird er in einem elektronischen Speicher abgelegt. Über ein Fehlerauslesegerät kann der entsprechende Speicher ausgelesen werden. Eine exakte Fehlerdiagnose ohne Auslesegerät ist nicht möglich.

Klimaanlage

Achtung: Arbeiten an der Klimaanlage dürfen nur von einer Fachwerkstatt durchgeführt werden. Deshalb werden Reparaturen an der Klimaanlage nicht beschrieben.

Die C-KLASSE ist serienmäßig mit einer Klimaanlage ausgestattet. Die Klimaanlage ist eine kombinierte Kühl- und Heizanlage. Im Kühlbetrieb arbeitet die Klimaanlage im Prinzip wie ein Kühlschrank. Der Kompressor verdichtet das dampfförmige FCKW-freie Kältemittel R 134 A. Dieses erhitzt sich dabei und wird in den Kondensator geleitet. Dort wird das Kältemittel abgekühlt und verflüssigt sich. Über das Expansionsventil wird das Kältemittel entspannt und in den Verdampfer eingespritzt, wo es auf Grund seines niedrigen Druckes verdampft. Es kühlt dabei stark ab.

Durch diesen Verdampfungs- und Abkühlungsprozess wird der von außen vorbeistreichenden Luft Wärme entzogen. Die Luft kühlt sich ab und mitgeführte Luftfeuchtigkeit wird zu Kondenswasser, das ins Freie geleitet wird. Die Intensität der Kühlung ist abhängig von der eingestellten Temperatur und von der Gebläseschalterstellung.

Durch das Abschalten der Kühlanlage läuft der Klimakompressor nicht mit, so dass Kraftstoff eingespart wird.

Hinweis: Die Klimaanlage sollte, vor allem in der kalten Jahreszeit, einmal im Monat für einige Zeit bei höchster Gebläsestufe eingeschaltet werden, und zwar bei normaler und gleichmäßiger Fahrzeuggeschwindigkeit und bei betriebswarmem Motor. Dadurch wird sichergestellt, dass das im Kältemittel enthaltene Schmieröl in Umlauf gebracht wird, die beweglichen Teile der Klimaanlage regelmäßig geschmiert und die Dichtungen nicht porös werden.

Auf Wunsch gibt es für die C-Klasse eine **elektronisch gesteuerte Klimaanlage (Klimaautomatik)**. Der Automatikmodus sorgt für konstante Temperaturen im Innenraum. Außerdem werden Lufttemperatur, Luftmenge und Luftverteilung automatisch geregelt und Schwankungen der Außentemperatur ausgeglichen. Nach Ausschalten der Kühlfunktion wird die Heizungs- und Belüftungsanlage dennoch automatisch geregelt.

Sicherheitshinweis
Der Kältemittelkreislauf der Klimaanlage darf nicht geöffnet werden, da das Kältemittel bei Hautberührung Erfrierungen hervorrufen kann. Bei versehentlichem Hautkontakt ist die betroffene Stelle sofort mindestens 15 Minuten lang mit kaltem Wasser zu spülen. Kältemittel ist farb- und geruchlos sowie schwerer als Luft. Bei austretendem Kältemittel besteht am Boden beziehungsweise in unteren Räumen (Gruben) Erstickungsgefahr. Das Kältemittelgas ist nicht wahrnehmbar.

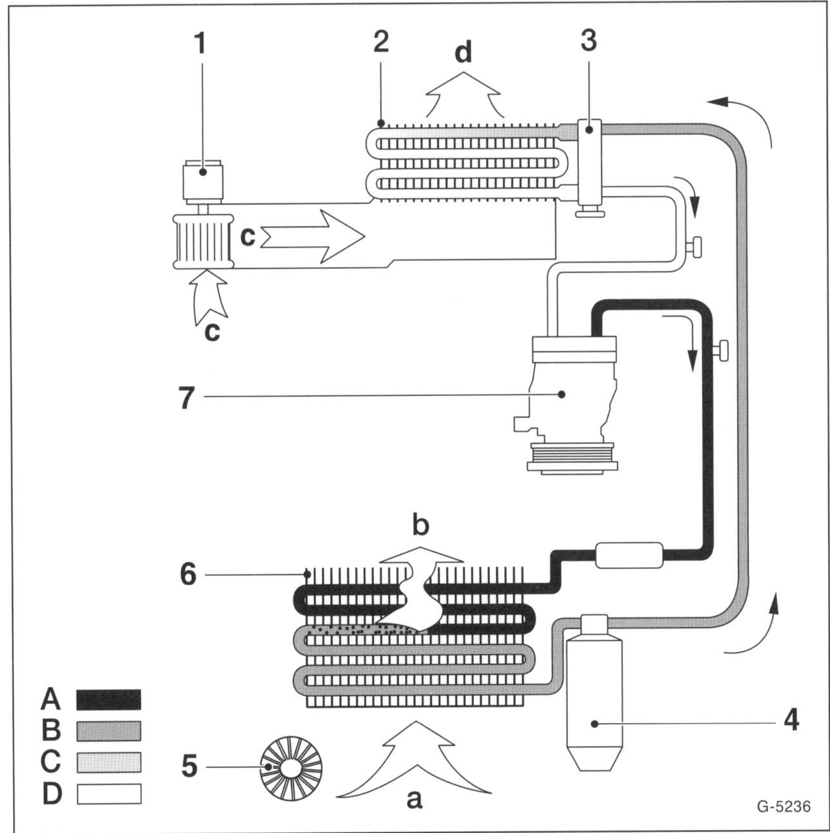

1 – Gebläse
2 – Verdampfer
3 – Expansionsventil
4 – Sammelbehälter
5 – Kondensatorlüfter
6 – Kondensator
7 – Kompressor

a – Fahrtwind zur Kondensatorkühlung.
b – Warmluft wird an die Umgebung abgegeben.
c – Ungekühlte Luft strömt durch das Gebläse.
d – Gekühlte Luft strömt in den Innenraum.

A – Hochdruck, gasförmig.
B – Hochdruck, flüssig.
C – Niederdruck, flüssig.
D – Niederdruck, gasförmig.

Luftaustrittsdüsen aus- und einbauen

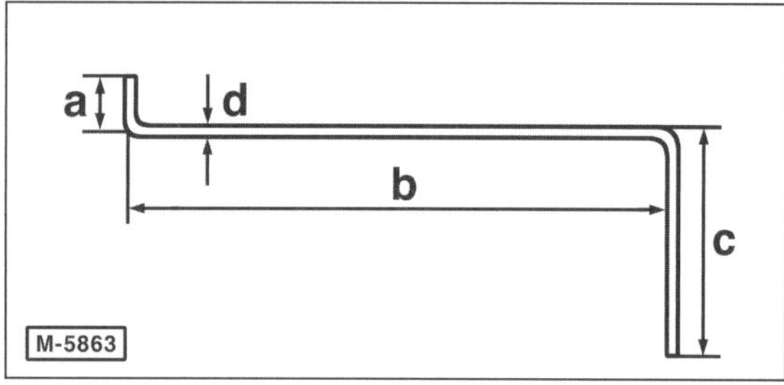

a = 0,7 cm
b = 10 cm
c = ca. 7 cm
d = 2 – 2,5 mm

Hinweis: Die Fachwerkstatt verwendet zum Entriegeln der Luftaustrittsdüsen den MERCEDES-Ausziehhaken 140 589 02 33 00. Der Ausziehhaken kann aus nicht verbiegendem Draht gefertigt werden.

Luftaustrittsdüse Mitte bis 2/11

Ausbau

- Zündung kurz einschalten, dann wieder ausschalten. Dadurch kann das Radiodisplay ohne eingeschaltete Zündung noch ausgeklappt werden.
- Radio-Display ausklappen.

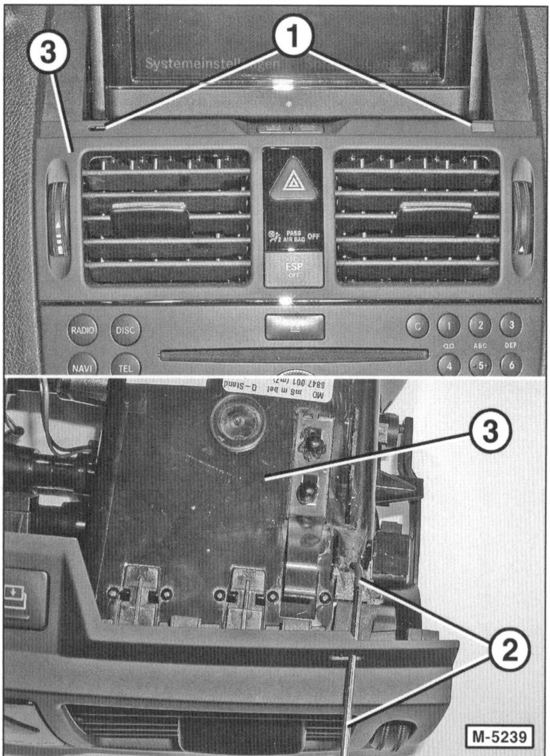

- 2 Stopfen –1– herausziehen, damit die Öffnungen für das oder die Ausziehwerkzeug(e) zugänglich werden. **Hinweis:** In der Abbildung ist rechts der Stopfen und links die Schlitzöffnung gezeigt.
- Ausziehwerkzeug –2– auf jeder Seite etwa 2,5 cm tief in den Schlitz einführen.
- Ausziehhaken so drehen, dass der Haken nach unten gerichtet ist. Düse –3– nach hinten ziehen.
- Wenn 2 Ausziehhaken vorhanden sind, beide einsetzen und die Düse gleichmäßig nach hinten aus der Armaturentafel herausziehen.
- Wenn nur ein Auszihehaken vorhanden ist, Düse abwechselnd auf jeder Seite stückweise herausziehen, bis die Düse entriegelt ist. Dann Düse gleichmäßig nach hinten aus der Armaturentafel ziehen. **Hinweis:** Die Düse hält nur durch die Federn, die beim Herausziehen heruntergedrückt und dadurch entriegelt werden. Das sind jeweils 2 Federn oben und unten.
- An der Rückseite der Düse Stecker entriegeln und von den Schaltern abziehen.

Einbau

- Stecker an der Rückseite der Luftaustrittsdüse an den Schaltern aufschieben und Luftaustrittsdüse in die Armaturentafel einsetzen.

Achtung: Beim Einschieben der Luftaustrittsdüse auf korrekte Verlegung der Kabel achten.

- Luftaustrittsdüse einschieben und einrasten. Dabei auf korrekten Sitz in der Armaturentafel achten.
- Luftaustrittsdüse und Schalter auf Funktion prüfen.
- Ausziehhaken abnehmen und Öffnungen mit Stopfen verschließen.

Luftaustrittsdüse Mitte ab 3/11

Ausbau

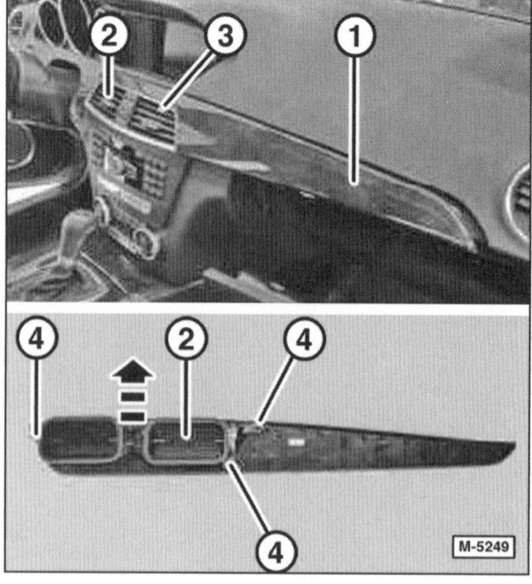

- Blende –1– zusammen mit der Luftdüse Mitte –2– mit einem Kunststoffkeil, zum Beispiel HAZET 1965-20, abdrücken und abnehmen.
- Elektrische Steckverbindung –3– trennen.
- Luftdüse Mitte –2– in Pfeilrichtung aus der Blende –1– ausclipsen.

- Schrauben –4– herausschrauben.
- Luftdüse Mitte –2– abnehmen.

Einbau

- Der Einbau in umgekehrter Ausbaureihenfolge.

Luftaustrittsdüse hinten

Ausbau

- Hintere Klappe in der Mittelkonsole oder Ascher hinten öffnen.
- Armlehne aufklappen.

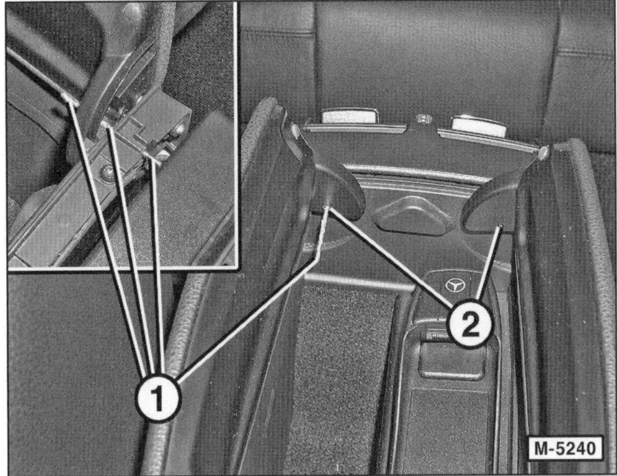

- Mit 2 mm Dorn, zum Beispiel Bohrer –1– oder Blindnieten, obere 2 Rasthaken entriegeln. Dazu den Dorn durch die kleinen Bohrungen –2– stecken.
- Gleichzeitig Düse mit Montagekeil etwas lösen.

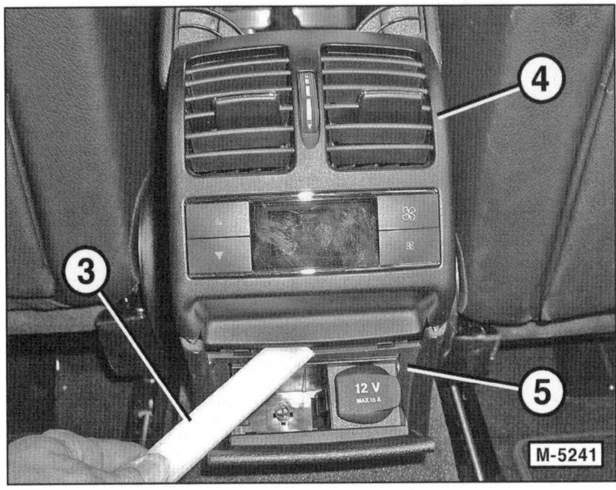

- Die unteren beiden Rasthaken mit einem Montagekeil –3– entriegeln. Dazu Keil in Schlitz zwischen Düse –4– und Mittelkonsole –5– einführen.

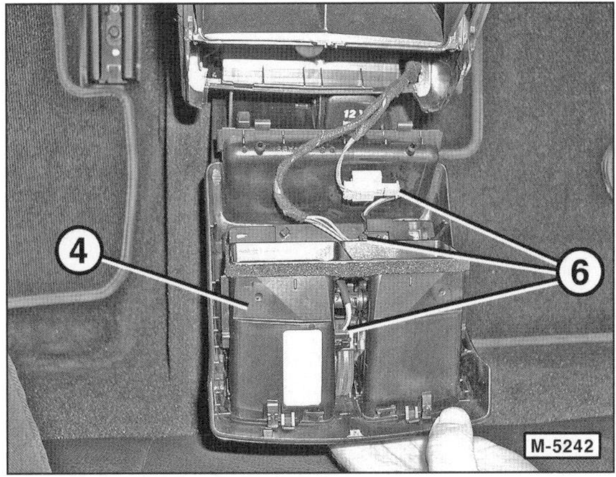

- Luftdüse –4– von der Mittelkonsole abnehmen.
- Stecker –6– an der Rückseite entriegeln und abziehen.

Einbau

- Stecker an der Rückseite der Luftaustrittsdüse aufstecken.
- Düse von oben in die seitlichen Führungen einschieben, dann nach unten schieben und einrasten.
- Armlehne herunterklappen und Ascher schließen.

Gebläsemotor aus- und einbauen

Ausbau

- Verkleidung unter dem Handschuhfach ausbauen, siehe Seite 185.

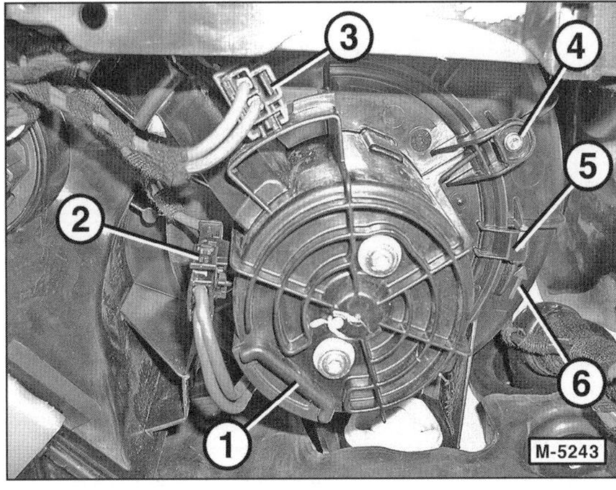

- Elektrische Steckverbindung –2– trennen und dazugehörigen Stecker vom Gebläsemotor –1– abclipsen.
- Elektrische Steckverbindung –3– vom Gebläsemotor abclipsen.
- Schraube –4–, falls vorhanden herausdrehen.
- Lasche –5– herunterziehen und Motor –1– entgegen der Pfeilrichtung –6– drehen. Dadurch wird die Bajonettverbindung entriegelt.

- Gebläsemotor nach unten aus dem Klimakasten herausnehmen.

Einbau

- Gebläsemotor einsetzen, in Pfeilrichtung –6– drehen und einrasten.
- Der weitere Einbau erfolgt in umgekehrter Ausbaureihenfolge.

Bedieneinheit für Klimaanlage aus- und einbauen

Achtung: Vor dem Trennen der Steckverbindungen elektrostatische Aufladung abbauen, dazu kurz den Schließbügel der Tür oder die Karosserie anfassen.

Wird die Klimabedieneinheit ausgetauscht, werden in der Fachwerkstatt vor dem Ausbau die gespeicherten Daten mit einem Diagnosegerät ausgelesen und auf das neue Gerät überspielt.

Ausbau

- Wenn möglich, Fehlerspeicher auslesen.
- Zündung ausschalten, Zündschlüssel abziehen. Falls vorhanden, Start-Stopp-Taste KEYLESS-GO vom Steuergerät für elektronisches Zündschloss abziehen.

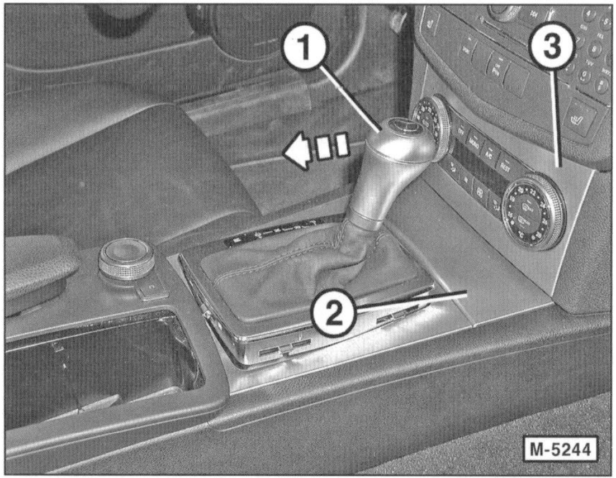

- Je nach Fahrzeugausstattung, Wählhebel –1– oder Schalthebel in die hinterste Stellung bringen –Pfeil–.
- Deckel –2– für Ablagefache/Ascher öffnen. **Hinweis:** Die Schalthebelmanschette wird nicht ausgeclipst.

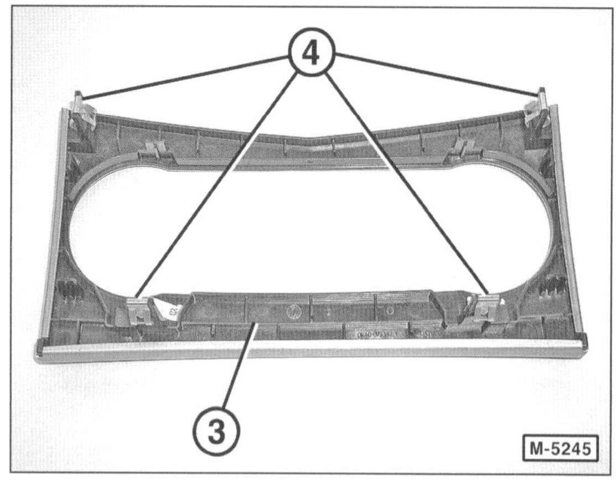

- Blende –3– aus der Armaturentafel ausclipsen und abnehmen. Dazu Blende mit einem Montagekeil vorsichtig an allen vier Ecken lösen. **Achtung:** Montagekeil nicht in der Mitte ansetzen, sonst kann sich die Blende verbiegen beziehungsweise in der Mitte abknicken. 4 – Halteclips.

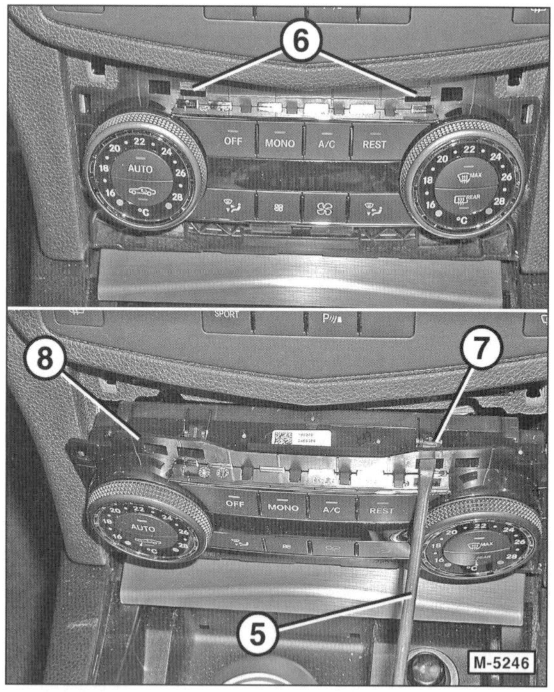

- **Bis 2/2011:** Mit einem geeigneten Schraubendreher –5– die Rasthaken durch die Öffnungen –6– entriegeln, dabei die Spitze –7– des Schraubendrehers nach unten drücken. Gleichzeitig Bediengerät –8– aus der Armaturentafel so weit herausziehen, bis die elektrischen Steckverbindungen zugänglich sind.
- **Seit 3/2011:** An Position –6– zwei Schrauben herausdrehen. Bediengerät –8– aus der Armaturentafel so weit herausziehen, bis die elektrischen Steckverbindungen zugänglich sind.
- Elektrische Steckverbindungen trennen.

Einbau

- Der Einbau erfolgt in umgekehrter Ausbaureihenfolge.
- Falls erforderlich, die Stellmotoren mit dem MERCEDES-Diagnosegerät einlernen und normieren. Fehlerspeicher löschen (Werkstattarbeit).

Sensoren für Klimaanlage aus- und einbauen

Verschiedene Sensoren steuern die Automatik der Klimaanlage in der C-KLASSE.

Luftfeuchtesensor

Ausbau

- Zündung ausschalten, Zündschlüssel abziehen. Falls vorhanden, Start-Stopp-Taste KEYLESS-GO vom Steuergerät für elektronisches Zündschloss abziehen.

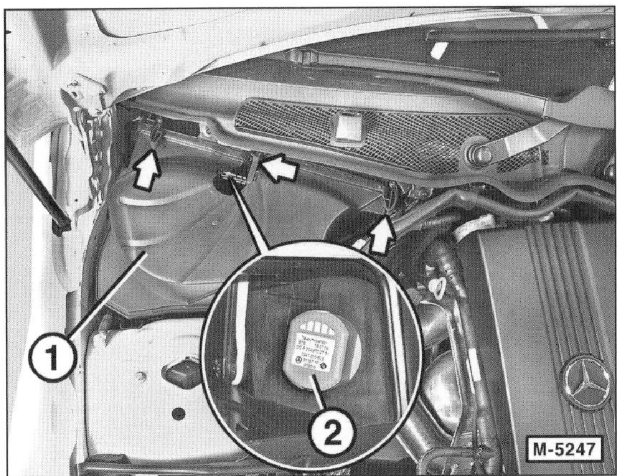

- Luftkanal –1– ausclipsen –Pfeile– und abnehmen.
- Luftfeuchtesensor –2– ca. 10° entgegen dem Uhrzeigersinn drehen und abnehmen.
- Elektrische Steckverbindung trennen und Luftfeuchtesensor herausnehmen.

Einbau

- Der Einbau erfolgt in umgekehrter Ausbaureihenfolge.

Sonnensensor

Fahrzeuge mit Komfort-Klimatisierungsautomatik

Ausbau

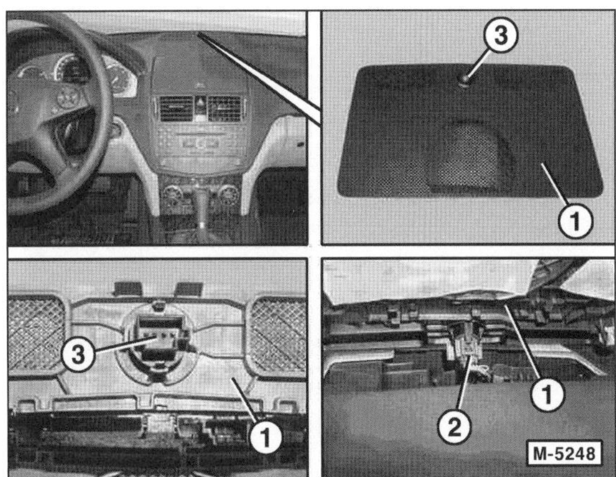

- Abdeckung –1– mit Langkeil aus der Armaturentafel ausclipsen.
- Elektrische Steckverbindung –2– trennen.
- Einbaulage des Sonnensensors –3– merken und Sonnensensor –3– aus der Abdeckung –1– ausclipsen.

Einbau

- Der Einbau erfolgt in umgekehrter Ausbaureihenfolge.

Störungsdiagnose Heizung

Störung	Ursache	Abhilfe
Heizgebläse läuft nicht.	Sicherung für Gebläsemotor defekt.	■ Sicherung für Gebläse prüfen, gegebenenfalls ersetzen.
	Gebläseschalter defekt.	■ Klimabedieneinheit ausbauen und ersetzen.
	Gebläseregler defekt.	■ Gebläseregler ausbauen und Spannung am Kontakt des Gebläsemotors bei eingeschalteter Zündung und betätigtem Gebläseschalter messen. Falls keine oder zu geringe Spannung anliegt, Gebläseregler ersetzen.
	Gebläsemotor defekt.	■ Gebläseregler ausbauen und Spannung am Kontakt des Gebläsemotors bei eingeschalteter Zündung und betätigtem Gebläseschalter messen. Wenn Spannung anliegt, Gebläsemotor auswechseln.
Heizleistung zu gering.	Kühlmittelstand zu niedrig.	■ Kühlmittelstand prüfen, gegebenenfalls Kühlmittel auffüllen.
	Staubfilter verstopft.	■ Staubfilter ersetzen.
	PTC-Zusatzheizung defekt.	■ PTC-Zusatzheizung prüfen (Werkstattarbeit).
	Wärmetauscher undicht oder verstopft.	■ Wärmetauscher ersetzen (Werkstattarbeit).
Heizgebläse läuft nur mit einer Geschwindigkeit.	Gebläseregler defekt.	■ Gebläseregler ersetzen.
Geräusche im Bereich des Heizgebläses.	Eingedrungener Schmutz, Laub.	■ Gebläse ausbauen, reinigen, Luftkanal säubern.
	Lüfterrad hat Unwucht, Lager defekt.	■ Gebläsemotor ausbauen und auf leichten Lauf prüfen.
Heizluft riecht süßlich, Scheiben beschlagen, wenn Heizung eingeschaltet wird.	Wärmetauscher undicht.	■ Kühlsystem abdrücken (Werkstattarbeit). Wenn Kühlflüssigkeit aus dem Heizungskasten austritt, Wärmetauscher erneuern lassen.

Fahrwerk

Aus dem Inhalt:

- **Vorderachse**
- **Hinterachse**
- **Federbein**
- **Stoßdämpfer**
- **Schraubenfeder**
- **Hinterachswelle**
- **Lenkung/Airbag**
- **Räder und Reifen**

Die C-KLASSE verfügt über eine Dreilenker-Vorderachse und eine Raumlenker-Hinterachse, deren wichtigste Komponenten Schraubenfedern, Stabilisator und Zweirohr-Stoßdämpfer sind. Die vorderen Achskomponenten sind zusammen mit dem Zahnstangen-Lenkgetriebe und den Motorlagern auf einem Aluminium-Vorderachsträger montiert, der mit der Karosserie verschraubt ist.

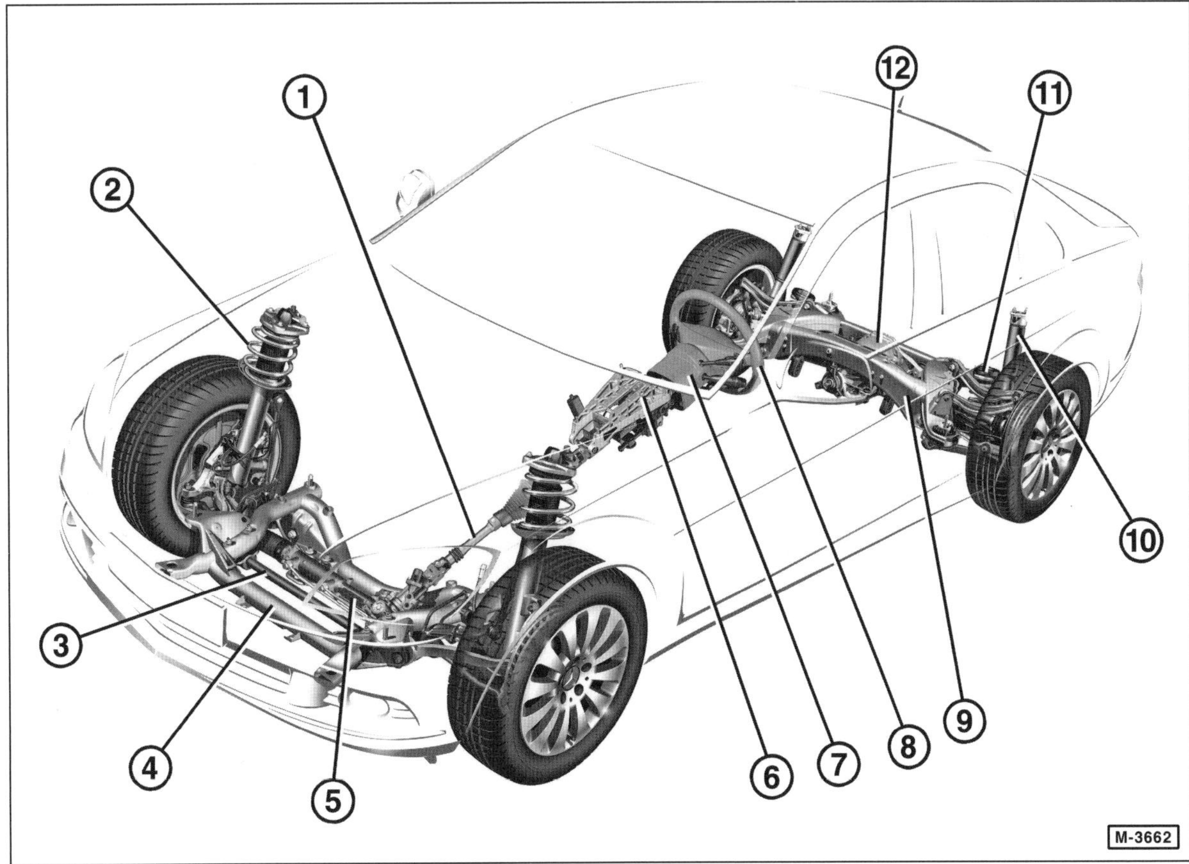

1 – Lenksäule
2 – Federbein
3 – Stabilisator
4 – Vorderachsträger
5 – Zahnstangen-Lenkgetriebe
6 – Mantelrohr
7 – Mantelrohr-Schaltermodul
8 – Multifunktions-Lenkrad
9 – Hinterachsträger
10 – Stoßdämpfer hinten
11 – Schraubenfeder hinten
12 – Hinterachsgetriebe

Vorderachse

Die Dreilenker-Vorderachse verfügt über McPherson-Federbeine und einen Drehstab-Stabilisator. Auf jeder Seite übernehmen 2 Querlenker die Radführung. Als dritter Vorderachslenker dient die Spurstange, die das querliegende Lenkgetriebe mit den Rädern verbindet.

Die untere Lenkerebene besteht aus zwei einzelnen Elementen, die als Zug- und Querstreben dienen und beide aus Aluminium geschmiedet sind.

Die Federbeine bestehen aus zylindrischen Schraubenfedern, Zweirohr-Stoßdämpfern und groß dimensionierten Kopflagern. Der Stabilisator ist nicht an der Radführung beteiligt, sondern über Verbindungsstangen (Koppelstangen) mit dem Federbein verbunden.

Die Kräfte der serienmäßigen Stoßdämpfer werden je nach Fahrsituation automatisch geregelt: Bei normaler Fahrweise und geringer Anregung der Stoßdämpfer verringern sich automatisch die Dämpferkräfte, wodurch sich der Abrollkomfort erhöht. Bei dynamischer Fahrweise stellt sich hingegen die maximale Dämpfkraft ein und das Auto wird stärker stabilisiert.

Diese Technik arbeitet auf hydromechanischem Weg und kommt ohne Sensoren und Elektronik aus. Sie basiert im Wesentlichen auf einem Bypass-Kanal im Kolbenzapfen des Stoßdämpfers und einem Steuerkolben, der sich in einer separaten Ölkammer bewegt.

Sicherheitshinweis
Schweiß- und Richtarbeiten an tragenden und radführenden Bauteilen der Vorderradaufhängung **sind nicht zulässig. Selbstsichernde Muttern** sowie korrodierte Schrauben/Muttern im Reparaturfall **immer ersetzen.**

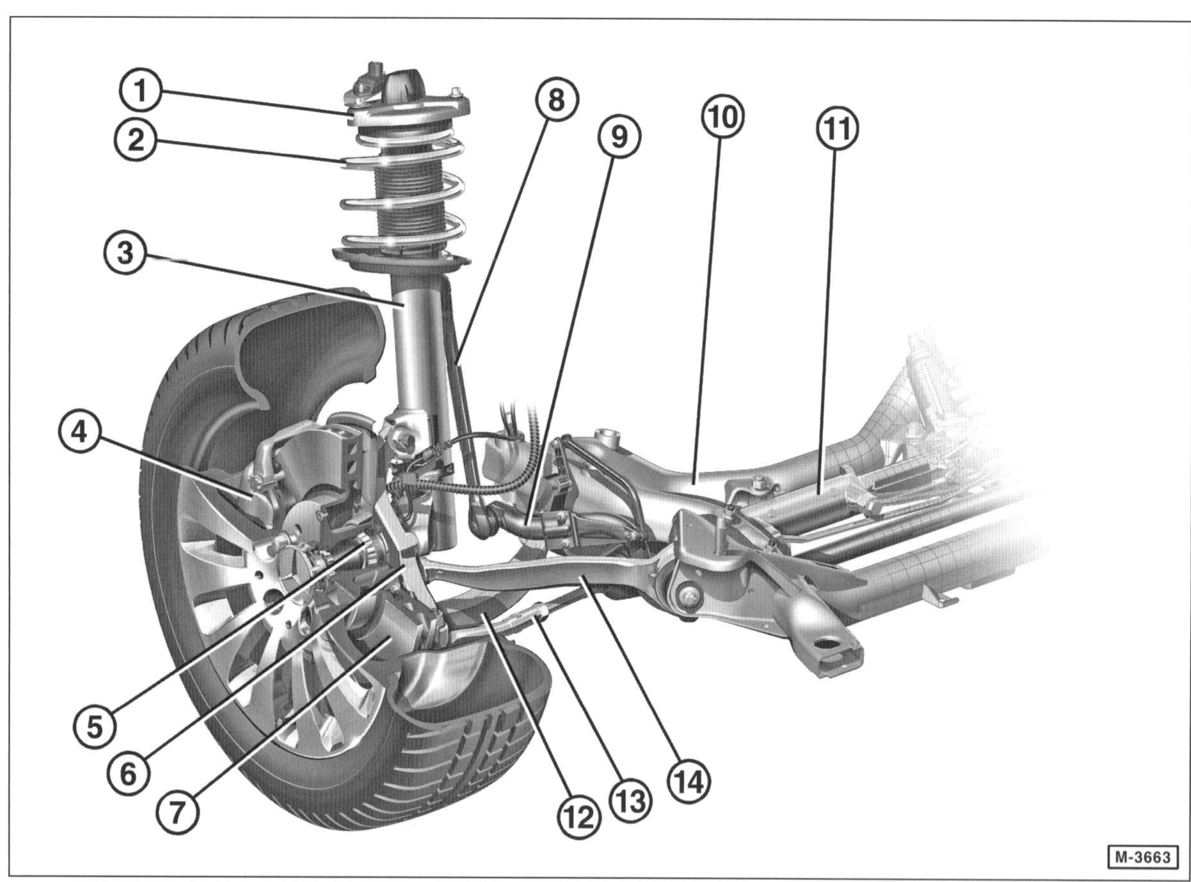

1 – Kopflager
2 – Schraubenfeder (Federbein)
3 – Stoßdämpfer (Federbein)
4 – Bremssattel
5 – Radlager
6 – Achsschenkel
7 – Bremsscheibe
8 – Koppelstange
9 – Stabilisator
10 – Vorderachsträger
11 – Zahnstangen-Lenkgetriebe
12 – Querstrebe (hinterer Querlenker)
13 – Spurstange
14 – Zugstrebe (vorderer Querlenker)

Federbein aus- und einbauen

Ausbau

Sicherheitshinweis
Beim Aufbocken des Fahrzeugs besteht Unfallgefahr! Deshalb die Hinweise im Kapitel »Fahrzeug aufbocken« beachten.

- Radschrauben lösen. Fahrzeug aufbocken und Vorderrad abnehmen. **Achtung:** Unbedingt Hinweise im Kapitel »Rad aus- und einbauen« beachten.

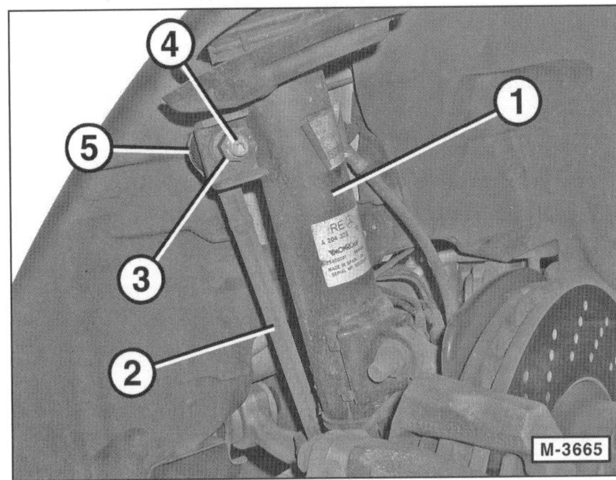

- Koppelstange –2– am Federbein –1– abschrauben und herausdrücken. Dazu Kugelbolzen –4– zum Lösen der Mutter –3– mit Innentorxschlüssel T40 festhalten. **Achtung:** Staubkappe –5– nicht beschädigen.
- Mutter –3– abschrauben und Koppelstange –2– aus Federbein –1– herausdrücken.

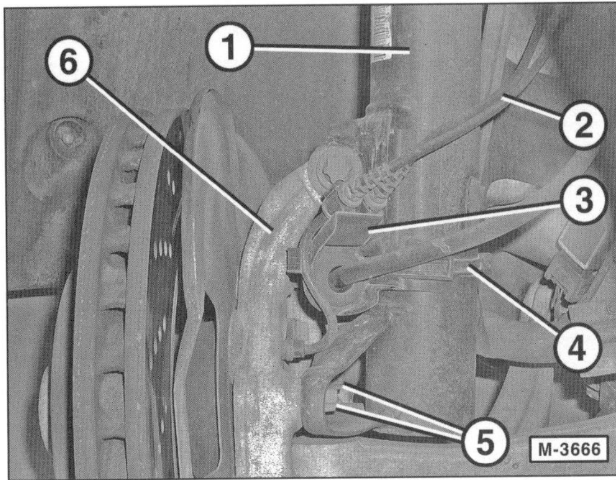

- Elektrische Leitungen –2– am Leitungshalter –3– ausclipsen.
- Kabelbinder –4– am Federbein –1– durchkneifen und abnehmen.
- Leitungshalter –3– am Federbein –1– ausclipsen und zur Seite legen.
- Schrauben –5– vom Achsschenkel –6– abschrauben.

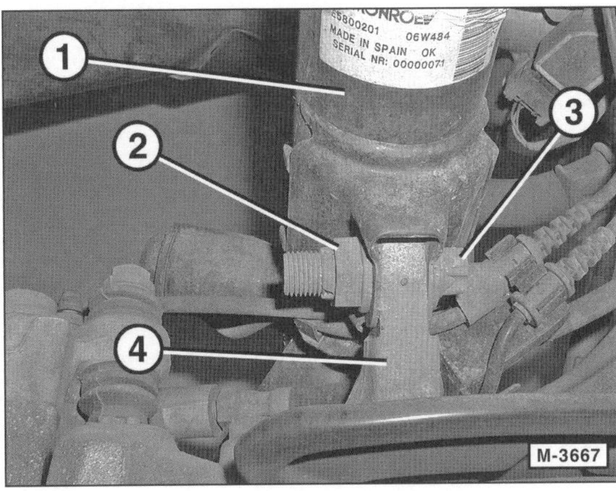

- Mutter –2– abschrauben und Schraube –3– herausziehen.
- Federbein –1– aus dem Achsschenkel –4– herausdrücken und abstützen.

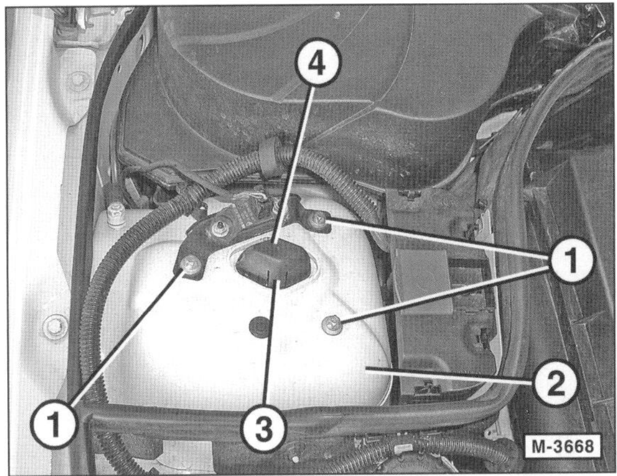

- Schrauben –1– am Federbeindom –2– herausdrehen.
- Entriegelungsnasen –3– an der Abdeckkappe –4– zusammendrücken und Federbein herausnehmen.
- Federbein sichtprüfen. Bei Beschädigung ist das Federbein zu erneuern.

Einbau

- Federbein durch das Radhaus vorsichtig in den Federbeindom einführen und mit der Abdeckkappe einrasten.
- Federbein am Federbeindom anschrauben. Schrauben mit **40 Nm** festziehen.
- Federbein in den Achsschenkel einsetzen. Obere Schraube einsetzen, Mutter aufschrauben, noch nicht festziehen.
- Untere Schrauben eindrehen, noch nicht festziehen.
- Obere Mutter mit **100 Nm** festziehen und anschließend mit einem starren Schlüssel um ¼ **Umdrehung (90°)** weiterdrehen. Dabei jeweils an der Schraube gegenhalten.

- Untere Schrauben mit **70 Nm** anziehen. Anschließend Schrauben wieder **lösen** und dann mit **100 Nm** festziehen.
- Leitungshalter am Federbein einclipsen.
- **Neuen** Kabelbinder am Federbein ansetzen und festziehen.
- Elektrische Leitungen am Leitungshalter einclipsen.
- Koppelstange am Federbein einsetzen und mit **98 Nm** festschrauben. Dabei Kugelbolzen mit Innentorxschlüssel gegenhalten. **Achtung:** Staubkappe nicht beschädigen.
- Räder anschrauben, Fahrzeug ablassen, erst dann Radschrauben über Kreuz festziehen. **Achtung:** Unbedingt Hinweise im Kapitel »Rad aus- und einbauen« beachten.
- Fahrwerkvermessung durchführen lassen (Werkstattarbeit).

Federbein zerlegen/Stoßdämpfer/ Schraubenfeder aus- und einbauen

Ausbau

- Federbein ausbauen, siehe entsprechendes Kapitel.

Achtung: Die Schraubenfeder steht unter hoher Spannung. Um den Stoßdämpfer ausbauen zu können, **muss die Schraubenfeder mit einem geeigneten Federspanner zusammengedrückt werden.**

Sicherheitshinweis
Auf keinen Fall Stoßdämpfer lösen, wenn die Feder nicht einwandfrei und sicher gespannt ist. Falls der Federspanner in die Windungen der Feder eingesetzt wird, darauf achten, dass die Federwindungen sicher umfasst werden und der Federspanner nicht abrutschen kann. Die Schraubenfeder steht unter großer Vorspannung, deshalb nur stabiles Werkzeug verwenden. Keinesfalls Feder mit Draht zusammenbinden. Unfallgefahr!

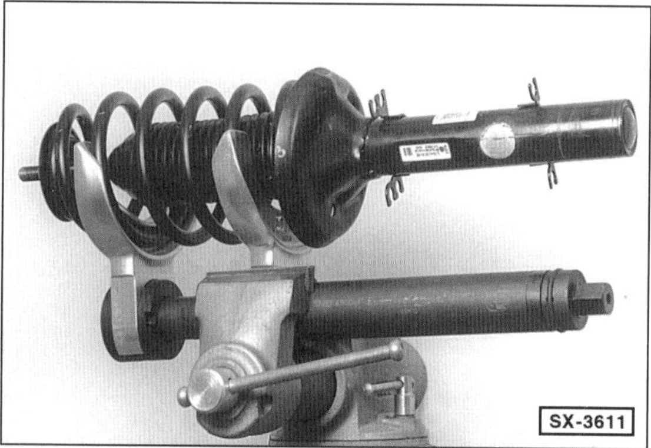
SX-3611

- Federbein mit den Windungen der Schraubenfeder so in einen geeigneten Federspanner einsetzen, dass mindestens 3 Windungen der Feder gespannt werden. **Achtung:** Zum Spannen der Feder nur stabiles Werkzeug verwenden, zum Beispiel HAZET-Federspanner 4900-2A mit Spannplatten HAZET 4900-11.
- Federspanner zusammen mit Federbein in einen Schraubstock einspannen.

Achtung: Federbein nicht direkt am Federbeinrohr im Schraubstock festklemmen.

- Feder spannen, bis das Federbeinlager entlastet ist.

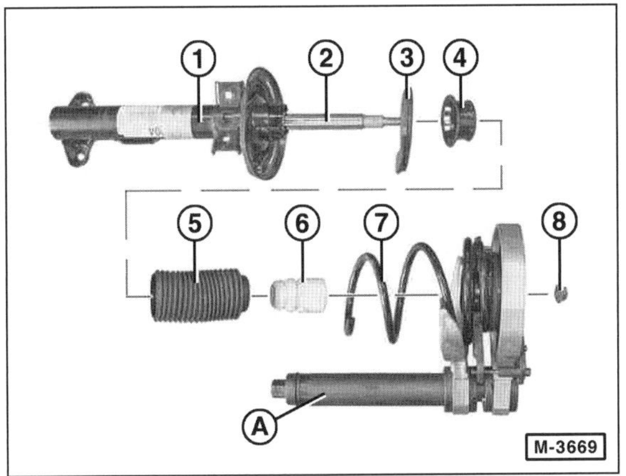

1 – Stoßdämpfer
2 – Kolbenstange
3 – Gummieinlage
4 – Abdeckkappe
5 – Staubmanschette
6 – Anschlagpuffer
7 – Vorderfeder
8 – Mutter
A – Feder-Spanngerät

- Selbstsichernde Mutter –8– von der Stoßdämpfer-Kolbenstange –2– abschrauben.
- Staubmanschette –5–, Anschlagpuffer –6–, Abdeckkappe –4–, Gummieinlage –3– abnehmen.

Achtung: Falls die Feder ausgewechselt werden soll, **Feder langsam entspannen**. Soll dagegen nur der Stoßdämpfer ersetzt werden, bleibt die Feder gespannt.

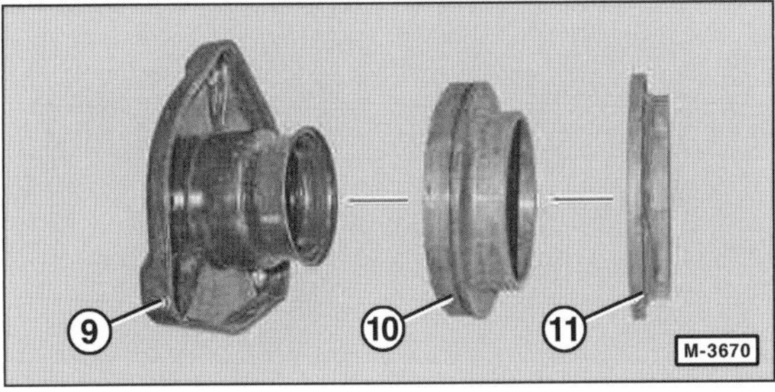

9 – Federteller oben
10 – Axiallager
11 – Gummiring

- Federteller –9– von der Vorderfeder abnehmen.
- Falls erforderlich, den Gummiring –11– zum Erneuern mit einem geeignetem Werkzeug vom Axiallager –10– abheben.
- Falls erforderlich, das Axiallager –10– zum Erneuern mit einem geeignetem Werkzeug vom Federteller –9– abheben.
- Stoßdämpfer prüfen, siehe entsprechendes Kapitel.
- Alle Einzelteile des Federbeins auf Risse, Verschleiß, Korrosion und Alterungserscheinungen sichtprüfen. Beschädigte beziehungsweise verschlissene Teile erneuern.
- Zusammenbau in umgekehrter Reihenfolge

Einbau

Es empfiehlt sich, Schraubenfedern und Stoßdämpfer immer paarweise, also an beiden Fahrzeugseiten, zu ersetzen. Beim Einbau neuer Federn darauf achten, dass je nach Motorisierung/Fahrzeugausstattung unterschiedliche Federn eingebaut sind. Nur gleiche Federn an einer Achse verwenden. Die Kennzeichnung der Federn erfolgt durch Farbmarkierung an einer Windung.

- Falls erforderlich, Schraubenfeder mit dem Federspanner spannen, siehe unter »Ausbau«.
- Stoßdämpfer mit Gummieinlage, Abdeckkappe, Staubmanschette und Anschlagpuffer in die Schraubenfeder einsetzen.
- Oberen Federteller mit Axiallager und Gummiring auflegen. Dabei ist zu beachten, dass die Vorderfeder –7– mit der ebenen Seite der Windung zum oberen Federteller –9– montiert wird.
- Mutter auf die Stoßdämpfer-Kolbenstange aufschrauben und mit **100 Nm** festziehen. **Achtung:** Beim C63AMG (204.077/277) und Fahrzeugen mit dem Fahrdynamikpaket »ADVANCED AGILITY« mit verstellbaren Dämpfern beträgt das Anzugsdrehmoment für die Mutter der Kolbenstange **85 Nm.**
- Schraubenfeder langsam entspannen und Federbein aus dem Federspanner herausnehmen.
- Federbein einbauen, siehe entsprechendes Kapitel.

Stoßdämpfer prüfen

Folgende Fahreigenschaften weisen auf defekte Stoßdämpfer hin:

- Langes Nachschwingen der Karosserie bei Bodenunebenheiten.
- Aufschaukeln der Karosserie bei aufeinander folgenden Bodenunebenheiten.
- Springen der Räder auch auf normaler Fahrbahn.
- Ausbrechen des Fahrzeuges beim Bremsen (kann auch andere Ursachen haben).
- Kurvenunsicherheit durch mangelnde Spurhaltung, Schleudern des Fahrzeuges.
- Abnorme Reifenabnutzung mit Abflachungen (Auswaschungen) am Reifenprofil.
- Defekte Dämpfer erkennt man auch während der Fahrt an Polter- und Knackgeräuschen. Allerdings haben diese Geräusche häufig auch andere Ursachen, zum Beispiel lockere Fahrwerksschrauben, Muttern, defektes Radlager, Gleichlaufgelenk (Achsgelenk). Daher Dämpfer vor dem Ersetzen immer prüfen, gegebenenfalls auf Stoßdämpferprüfstand prüfen lassen.

Der Stoßdämpfer kann von Hand geprüft werden. Eine genaue Überprüfung der Stoßdämpferleistung ist jedoch nur mit einem Shock-Tester (Stoßdämpfer eingebaut) oder einer Stoßdämpfer-Prüfmaschine möglich.

Prüfung von Hand

- Stoßdämpfer ausbauen.

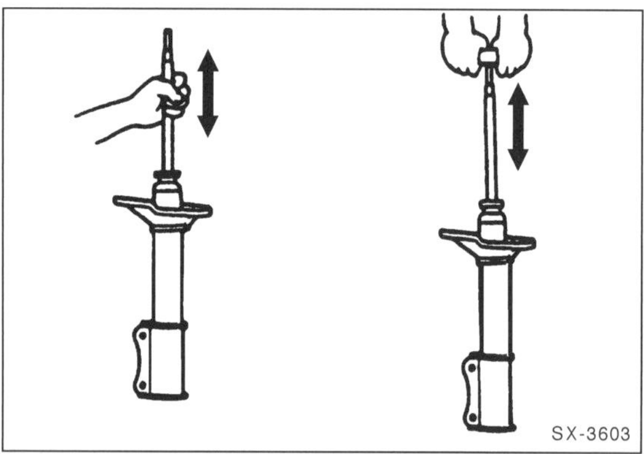

- Stoßdämpfer in Einbaulage halten, Stoßdämpfer auseinander ziehen und zusammendrücken. Der Stoßdämpfer muss sich über den gesamten Hub gleichmäßig schwer und ruckfrei bewegen lassen.
- Kolbenstange auf Oberflächen-Beschädigung, Verbiegung und auf klemmfreien Lauf in der Führungsbuchse prüfen.
- Gummilager im Gehäuseauge sichtprüfen. Die Gummilager müssen fest im Gehäuse sitzen und dürfen nicht gerissen oder beschädigt sein. Defekte Gummilager können im Fahrbetrieb Poltergeräusche verursachen.
- Bei Gasdruck-Stoßdämpfern geht die Kolbenstange bei ausreichendem Gasfülldruck von selbst wieder in die Ausgangslage zurück. Ist dies nicht der Fall, braucht der Dämpfer nicht unbedingt ersetzt werden. Die Wirkungsweise entspricht, solange kein größerer Ölverlust eingetreten ist, der Wirkungsweise eines konventionellen Dämpfers. Die dämpfende Funktion ist auch ohne Gasdruck vollständig vorhanden. Allerdings kann sich das Geräuschverhalten verschlechtern.
- Bei einwandfreier Funktion sind geringe Spuren von Stoßdämpferöl kein Grund zum Austausch. Als Faustregel gilt: Wenn ein Ölfleck sichtbar ist und sich nicht weiter ausbreitet als vom oberen Stoßdämpferverschluss (Kolbenstangendichtring) bis zum unteren Federteller, gilt der Dämpfer als in Ordnung. Voraussetzung ist, dass der Ölfleck stumpf, matt beziehungsweise durch Staub getrocknet ist. Ein geringfügiger Ölaustritt ist sogar von Vorteil, weil dadurch der Dichtring geschmiert wird und sich somit die Lebensdauer erhöht.
- Bei starkem Ölverlust Stoßdämpfer austauschen.

Stoßdämpfer verschrotten

Damit ein defekter Stoßdämpfer entsorgt werden kann, muss das Hydrauliköl aus dem Stoßdämpfer abgelassen werden. Der entleerte Stoßdämpfer kann dann wie normaler Eisenschrott behandelt werden.

Achtung: Hydrauliköl ist ein Problemstoff und darf auf keinen Fall einfach weggeschüttet oder dem Hausmüll mitgegeben werden. Gemeinde- und Stadtverwaltungen informieren darüber, wo sich die nächste Problemstoff-Sammelstelle befindet.

Sicherheitshinweis
Der Gasdruck eines neuen Stoßdämpfers beträgt bis zu 25 bar. Deshalb beim Öffnen des Dämpfers Arbeitsstelle abdecken und **unbedingt Schutzbrille tragen.**

Stoßdämpfer können auf 2 Arten entleert werden, entweder durch Anbohren oder durch Aufsägen der Außenwand.

Stoßdämpfer anbohren

- Ausgebauten Stoßdämpfer senkrecht, mit der Kolbenstange nach unten, in den Schraubstock einspannen.

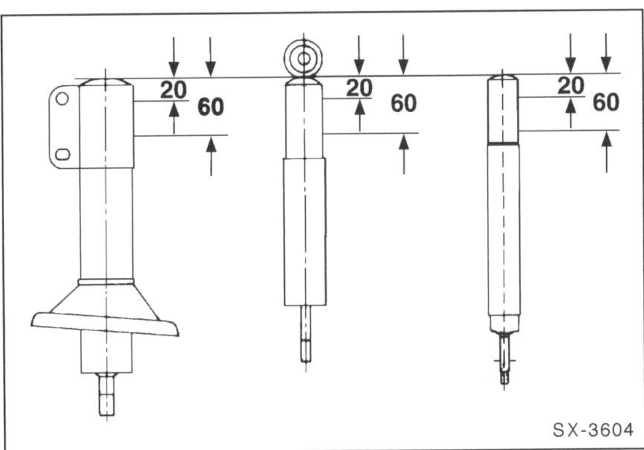

- Stoßdämpferrohr ca. 20 mm vom Stoßdämpferboden entfernt, mit einem 5-mm-Bohrer anbohren.

Achtung: Bei Gasdruck-Stoßdämpfern entweicht nach dem Durchbohren der ersten Rohrwandung Gas. Öffnung während des Entgasens mit Lappen abdecken. Anschließend weiterbohren, bis das innenliegende Rohr durchbohrt ist.

- Dämpfer über eine Ölauffangwanne halten und Hydrauliköl durch Hin- und Herbewegen der Kolbenstange über den gesamten Hub herausdrücken.
- Anschließend ca. 60 mm vom Stoßdämpferboden ein zweites Loch mit 5 mm Durchmesser bohren. **Achtung:** Das zweite 60 mm vom Boden entfernte Loch darf nicht zuerst gebohrt werden.
- Dämpfer abtropfen lassen, bis kein Öl mehr austritt.
- Hydrauliköl bei einer Problemstoff-Sammelstelle entsorgen.
- Entleerten Stoßdämpfer als Eisenschrott entsorgen.

Koppelstange aus- und einbauen

Klappergeräusche an der Vorderachse sind häufig auf eine defekte Koppelstange (Verbindungsstange) zurückzuführen.

Ausbau

Sicherheitshinweis
Beim Aufbocken des Fahrzeugs besteht Unfallgefahr! Deshalb vorher das Kapitel »Fahrzeug aufbocken« durchlesen.

- Fahrzeug aufbocken.
- Koppelstange unten vom Stabilisator abschrauben. Dabei Kugelbolzen der Koppelstange mit Innentorxschlüssel gegenhalten.
- Gelenkzapfen der Koppelstange aus dem Stabilisator herausdrücken.

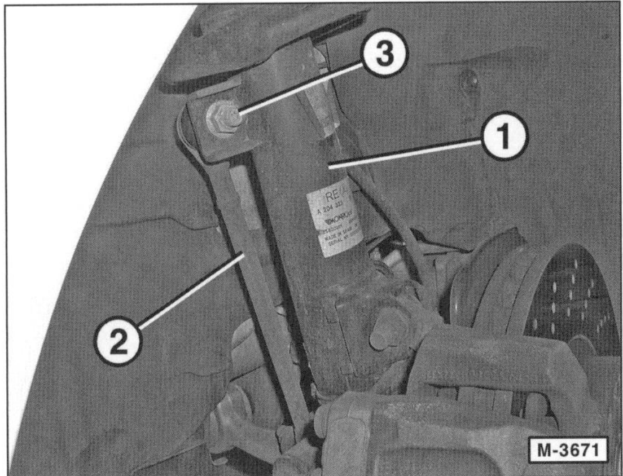

- Koppelstange –2– vom Federbein –1– abschrauben. Dabei Kugelbolzen –3– der Koppelstange mit Innentorxschlüssel T40 gegenhalten.

Einbau

- Koppelstange an Stoßdämpfer und Stabilisator mit **neuen** Muttern anschrauben und mit **98 Nm** festziehen. Dabei Kugelbolzen der Koppelstange gegenhalten. Darauf achten, dass die Gummimanschette nicht verdreht oder beschädigt wird.

Hinterachse

Die Raumlenker-Hinterachse der C-KLASSE besteht aus dem Hinterachsträger an dem die Hinterachslenker über Gummi-Metall-Lager angeschraubt sind. Vor dem Hinterachsträger befindet sich ein Stabilisator, der bei Kurvenfahrt die Neigung der Karosserie verringert sowie das Abheben des kurveninneren Hinterrades verhindert.

Zur Abfederung der Karosserie dienen zwei Schraubenfedern. Die Stoßdämpfer sitzen platzsparend neben den Schraubenfedern; dadurch wird das Platzangebot im Koffer- beziehungsweise Laderaum nicht beeinträchtigt.

Die Motor-Antriebskraft wird über die Gelenkwelle (Kardanwelle) auf das Hinterachsgetriebe und von dort durch die Hinterachs-Antriebswellen auf die Räder übertragen.

Die Hinterachse ist wartungsfrei.

Achtung: Bei Arbeiten an der Hinterachse unbedingt darauf achten, dass die Oberfläche der Aluminiumteile keine Kerben oder Kratzer bekommen. Beschädigungen reduzieren die Lebensdauer der Bauteile deutlich.

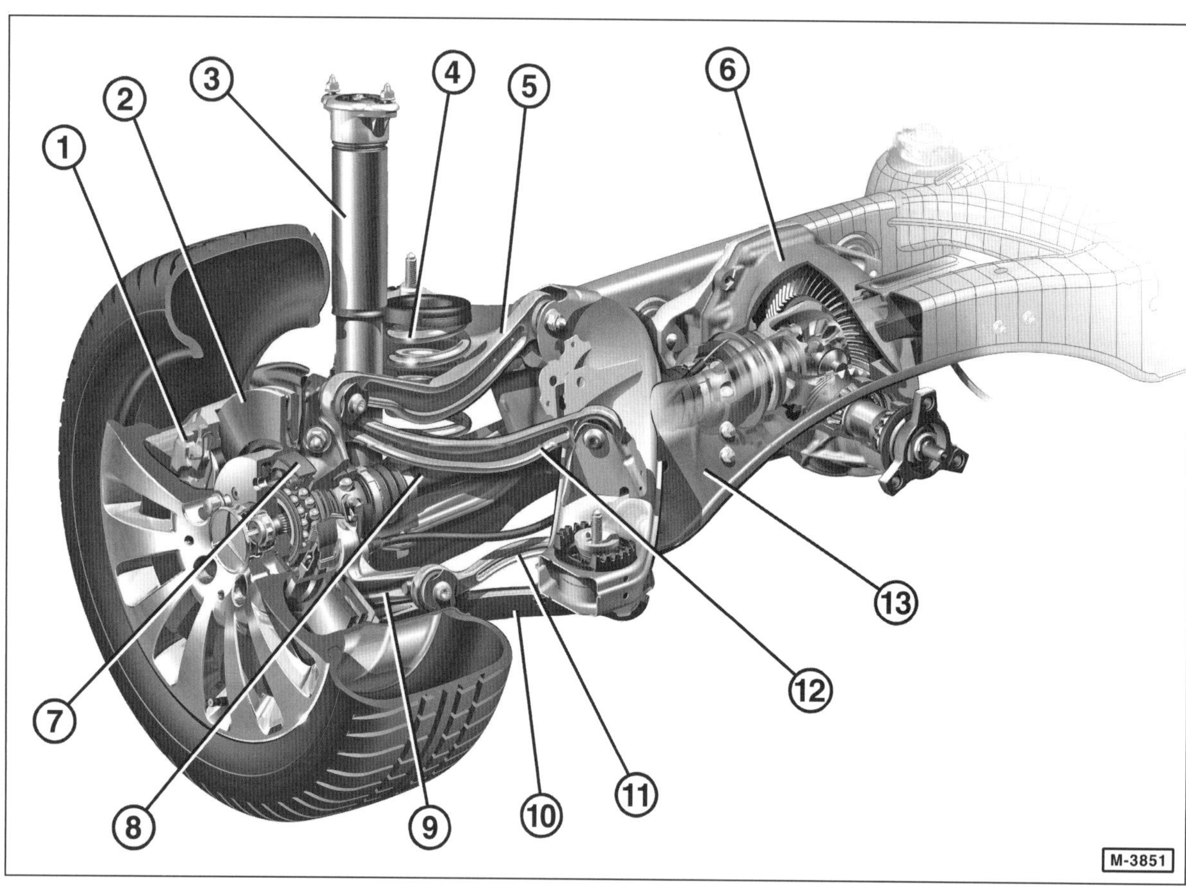

1 – **Bremssattel**
2 – **Bremsscheibe**
3 – **Stoßdämpfer**
4 – **Hinterachsfeder**
5 – **Sturzstrebe**
6 – **Hinterachsgetriebe**
7 – **Bremsbacke für Handbremse**
8 – **Hinterachswelle**
9 – **Radträger**
10 – **Schubstrebe**
11 – **Spurstange**
12 – **Zugstrebe**
13 – **Hinterachsträger**

Stoßdämpfer hinten aus- und einbauen

Stoßdämpfer sind im Reparaturfall, unabhängig vom Fabrikat, einzeln austauschbar. Die Ausführung der Stoßdämpfer nach Farbkennziffer muss jedoch übereinstimmen.

Ausbau

- Kofferraum-Seitenverkleidung ausclipsen und herausnehmen, siehe Abschnitt »Innenausstattung«.

Achtung: Die Stoßdämpfer dienen gleichzeitig als Ausfederungsanschlag für die Hinterräder. Daher oberes Stoßdämpferlager **bei auf den Rädern stehendem Fahrzeug lösen,** damit die Achse beim Lösen des Stoßdämpfers nicht nach unten fällt. Ist das Fahrzeug angehoben, muss der Federlenker mit einem Werkstattwagenheber abgestützt werden.

Achtung: Beim Lösen der oberen Aufhängung darf sich die Stoßdämpfer-Kolbenstange nicht mitdrehen, sonst könnte sich die Befestigung des Arbeitskolbens lösen. Unfallgefahr! Kolbenstange mit Maulschlüssel gegenhalten.

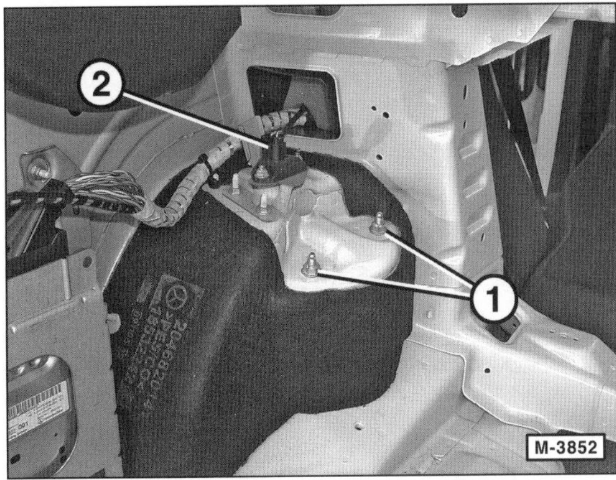

- Obere Muttern –1– für Stoßdämpfer abschrauben. 2 – Elektrische Leitung bei Fahrzeugen mit Xenonlicht.

Sicherheitshinweis
Beim Aufbocken des Fahrzeugs besteht Unfallgefahr! Deshalb die Hinweise im Kapitel »Fahrzeug aufbocken« beachten.

- Radschrauben lösen. Fahrzeug aufbocken und Hinterrad abnehmen. **Achtung:** Unbedingt Hinweise im Kapitel »Rad aus- und einbauen« beachten.
- Federlenker mit Werkstattwagenheber unterstützen.
- Innenkotflügel im Hinterkotflügel ausbauen.

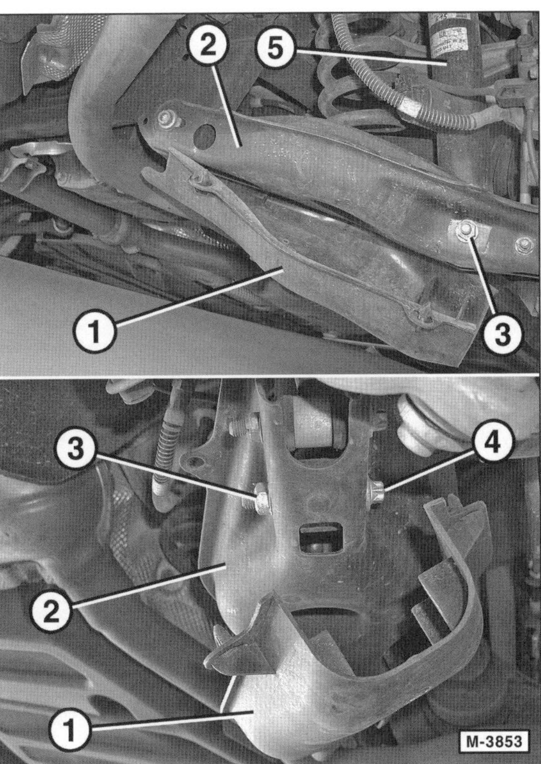

- Abdeckung –1– am Federlenker –2– ausclipsen.
- Mutter –3– abschrauben.
- Schraube –4– aus Federlenker –2– herausziehen und Stoßdämpfer –5– herausnehmen. Dabei Stoßdämpfer zusammendrücken und nach hinten über Bremsschlauch ausfahren.
- Stützlager oben am Stoßdämpfer auf Beschädigung prüfen.
- Falls der Stoßdämpfer erneuert wird, Mutter von der Kolbenstange abschrauben und Stützlager abnehmen.
- Anschlagpuffer mit Schutzkappe abnehmen.

Einbau

- Vor dem Einbau Stoßdämpfer prüfen, siehe Seite 106.
- Gummiteile auf Porosität und Beschädigung prüfen, gegebenenfalls ersetzen.
- Falls abgebaut, Stützlager aufsetzen und **neue, selbstsichernde Mutte**r an der Kolbenstange anschrauben und mit **28 Nm** festziehen. Dabei Kolbenstange mit Maulschlüssel gegenhalten.
- Stoßdämpfer zunächst oben, dann am Federlenker einsetzen. **Neue selbstsichernde** Mutter am Federlenker aufschrauben und mit **55 Nm** festziehen. Anschließend Mutter mit einem starren Schlüssel **um 60° weiterdrehen**.
- Federlenker-Abdeckung anclipsen.
- Innenkotflügel im Hinterkotflügel einbauen.
- Hinterrad ansetzen und Radschrauben voranziehen.

- Fahrzeug langsam ablassen, dabei Stoßdämpfer in die obere Aufnahmebohrung einführen.
- Stoßdämpfer oben mit **neuen selbstsichernden** Muttern und **15 Nm** anschrauben. Anschließend Muttern in einer zweiten Anziehstufe mit **35 Nm** weiter festziehen.
- Kofferraum-Verkleidung einbauen, siehe Abschnitt »Innenausstattung«.
- Radschrauben über Kreuz mit korrektem Drehmoment festziehen. **Achtung:** Unbedingt Hinweise im Kapitel »Rad aus- und einbauen« beachten.

Schraubenfeder hinten aus- und einbauen

Ausbau

Sicherheitshinweis
Beim Aufbocken des Fahrzeugs besteht Unfallgefahr! Deshalb die Hinweise im Kapitel »Fahrzeug aufbocken« beachten.

- Radschrauben lösen. Fahrzeug aufbocken und Hinterrad abnehmen. **Achtung:** Unbedingt Hinweise im Kapitel »Rad aus- und einbauen« beachten.

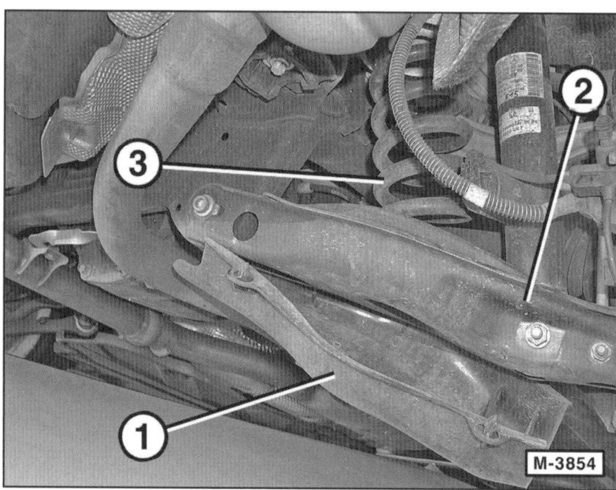

- Abdeckung –1– von Federlenker –2– ausclipsen und abnehmen.

Hinweis: Einbaulage der Federenden für den Wiedereinbau merken

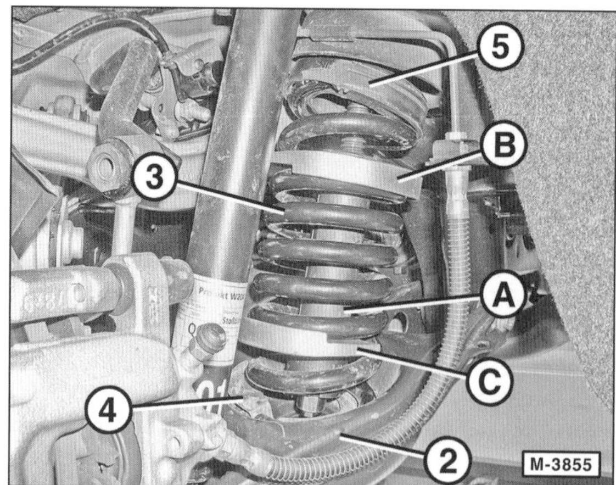

- Feder –3– spannen. Dazu wird ein Innen-Federspanner –A– benötigt.
- Obere Spannplatte –B– und untere Spannplatte –C– in die Feder –3– einsetzen. Dabei die Spannplatten so einsetzen, dass möglichst viele Federwindungen vorgespannt werden.
- Federspanner –A– von unten durch den Federlenker –2– in die Spannplatten einsetzen und an der oberen Spannplatte –C– arretieren.
- Feder spannen. Dabei keinen Schlagschrauber verwenden.
- Feder mit Federspanner aus dem Federlenker herausnehmen.

Einbau

Vor dem Einbau Gummilager auf Porosität oder Beschädigung prüfen, gegebenenfalls ersetzen.

- Federlenker im Bereich der Federauflage reinigen.
- Gespannte Feder einsetzen. Dabei darauf achten, dass der Metallteller –4– und der Gummiring –5– korrekt sitzen.
- Feder langsam entspannen. Dabei korrekten Sitz prüfen.
- Federspanner und Spannplatten abbauen.
- Abdeckung am Federlenker einclipsen.
- Hinterrad anschrauben, Fahrzeug ablassen, erst dann Radschrauben über Kreuz festziehen. **Achtung:** Unbedingt Hinweise im Kapitel »Rad aus- und einbauen« beachten.
- Scheinwerfereinstellung prüfen beziehungsweise einstellen lassen (Werkstattarbeit).

Hinterachswelle aus- und einbauen

Achtung: Zum Festziehen der Hinterachs-Bundmutter wird ein Drehmomentschlüssel mit einem Anzugsmoment bis mindestens **320 Nm** benötigt.

Hinweis: Bei defektem äußeren, radseitigen Gleichlaufgelenk muss die entsprechende Hinterachswelle komplett erneuert werden.

Achtung: Bei Arbeiten an der Hinterachse ist darauf zu achten, dass die Oberflächen aller Aluminiumteile keine Kratzer, Anrisse und Kerben erhalten. Die Lebensdauer der Teile wird sonst reduziert

Schrauben und Muttern der Fahrwerkskomponenten erst im fahrfertigen Zustand festziehen

Ausbau

- Feststellbremse anziehen.

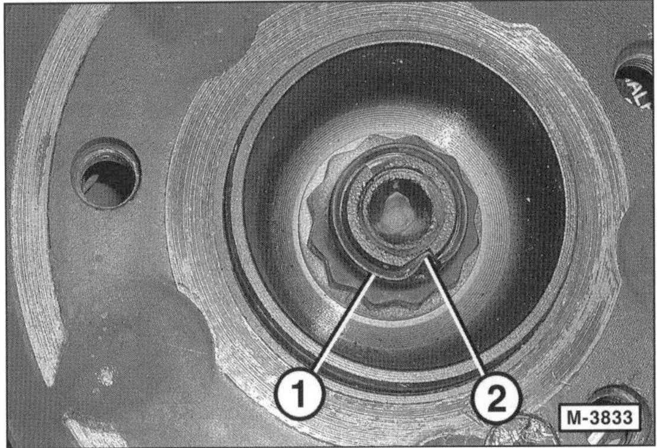

Sicherheitshinweis:
Beim Lösen der Achsmutter muss das Fahrzeug auf dem Boden stehen. Gang einlegen, Bremse anziehen. Hohes Lösemoment, Unfallgefahr!

- Bund der Achsmutter –1– mit einem Schraubendreher aus der Nut der Achswelle –2– biegen. Achsmutter mit Zwölfkant-Steckschlüsseleinsatz abschrauben.
- Feststellbremse lösen.
- Radschrauben des Hinterrades bei auf dem Boden stehendem Fahrzeug lösen. Fahrzeug aufbocken und Hinterrad abnehmen.

Hinweis: Für den Ausbau der Hinterachswelle die Bezeichnungen in Abbildung M-3851 beachten, siehe Seite 110.

- Radträger mit Werkstattwagenheber und Holzzwischenlage anheben, bis die Hinterachswelle annähernd waagerecht steht.
- Sturzstrebe, Zugstrebe, Spurstange und Schubstrebe vom Radträger abschrauben.
- Elektrische Leitung des Drehzahlsensors aus dem Halter am Radträger und dem Halter am Radlauf ausclipsen.
- Radträger absenken.
- Radträger nach außen abklappen und gleichzeitig Hinterachswelle aus dem Hinterachswellenflansch herausdrücken. **Achtung:** Dabei Bremsseilzug nicht überdehnen. Gummimanschetten und Impulsring für Drehzahlgeber nicht beschädigen.
- Radträger zurückklappen und mit Draht festbinden.

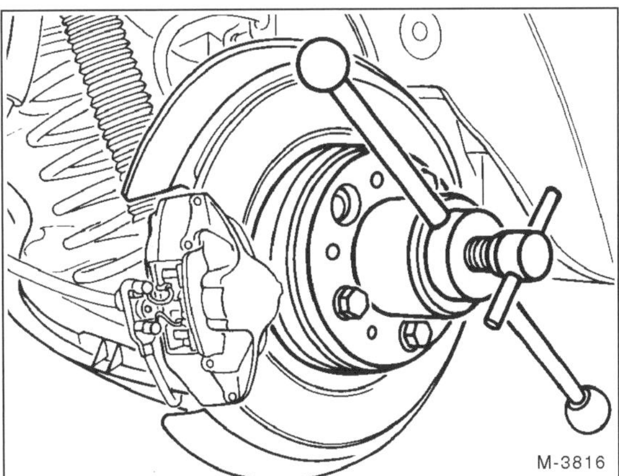

- Falls die Welle im Flansch festsitzt, Welle mit geeignetem handelsüblichen Ausdrückwerkzeug herausdrücken. **Hinweis:** Im Gegensatz zur Abbildung ist der Bremssattel ausgebaut.

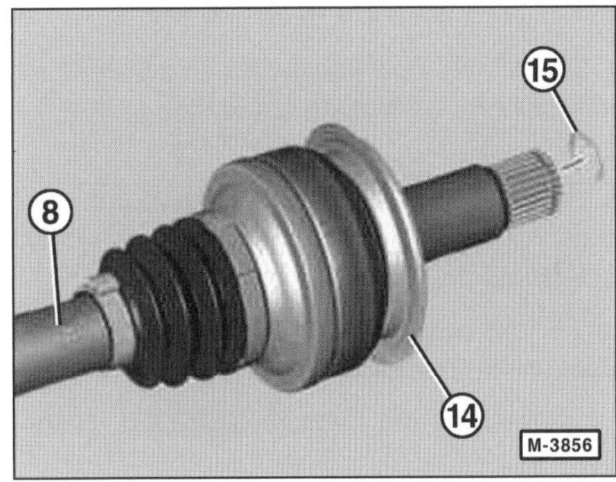

- Hinterachswelle –8– aus dem Hinterachsgetriebe heraushebeln. **Achtung:** Dabei Montierhebel nicht am Schutzring –14– ansetzen. Montierhebel zum Beispiel mit einem Steckschlüssel am Hinterachsgetriebe abstützen. Darauf achten, dass der Radialwellendichtring im Hinterachsgetriebe nicht beschädigt wird.
- Hinterachswelle herausnehmen.
- Gleichlaufgelenke und Gummimanschetten auf Beschädigungen prüfen. Bei defektem Gleichlaufgelenk, beschädigter oder undichter Gummimanschette muss die Hinterachswelle komplett erneuert werden.
- Radialwellendichtring im Hinterachsgetriebe auf Beschädigung sichtprüfen, gegebenenfalls ersetzen. **Hinweis:** Dazu Dichtring mit Schraubendreher herausdrücken. Vor dem Einbau Radialdichtring an der Dichtlippe mit Universal-Hypoidgetriebeöl SAE 85W-90 bestreichen. Dichtring mit geeignetem Dorn einpressen.

Einbau

- Sicherungsring –15– am inneren Keilwellenprofil der Hinterachswelle erneuern.
- Hinterachswelle in das Hinterachsgetriebe eindrücken, bis der Sicherungsring spürbar einrastet. **Achtung:** Dabei Stützring waagerecht ausrichten, damit sich das Keilwellenprofil beim Einführen nicht verkantet. Der Stützring muss mit dem Hinterachsgehäuse bündig schließen.
- Bei eingeklebter Hinterachswelle Kerbverzahnung mit Drahtbürste reinigen.
- Hinterachswelle in den Hinterachswellenflansch am Radträger einsetzen. **Achtung:** Dabei Bremsseilzug nicht überdehnen. Gummimanschetten und Impulsring für Drehzahlgeber nicht beschädigen.
- **Neue** Zwölfkant-Bundmutter aufschrauben, nicht festziehen.

Achtung: Musste beim Ausbau der Hinterachswelle große Kraft ausgeübt werden, um sie aus der Radnabe herauszudrücken, empfiehlt es sich, ein M8-Innengewinde mit etwa 20 mm Tiefe in das Ende der Welle zu schneiden. An diesem Gewinde kann dann ein Einziehwerkzeug eingeschraubt werden. Je nach Ausführung ist bereits eine Bohrung von 6,8 mm vorhanden, dies entspricht der Kernlochbohrung eines M8-Gewindes. Keilwellenprofil vor dem Einbau von Kleberesten reinigen.

- Radträger mit Werkstattwagenheber anheben, bis die Hinterachswelle annähernd waagerecht steht.
- Zugstrebe, Sturzstrebe, Spurstange und Schubstrebe mit **neuen selbstsichernden** Muttern am Radträger lose anschrauben.

Hinweis: Die Schraubverbindungen von Zug-, Sturz- und Schubstrebe sowie der Spurstange werden erst festgezogen, wenn das Fahrzeug auf den Rädern steht.

- Elektrische Leitung des Drehzahlsensors in den Halter am Radträger und den Halter am Radlauf einclipsen.
- Hinterrad anschrauben und Fahrzeug ablassen. Hinterradschrauben festziehen, siehe Seite 125.
- Feststellbremse anziehen.
- **Neue** Zwölfkant-Bundmutter festschrauben und mit **320 Nm** festziehen.

Achtung: Dabei muss das Fahrzeug auf dem Boden stehen. Mutter grundsätzlich erneuern.

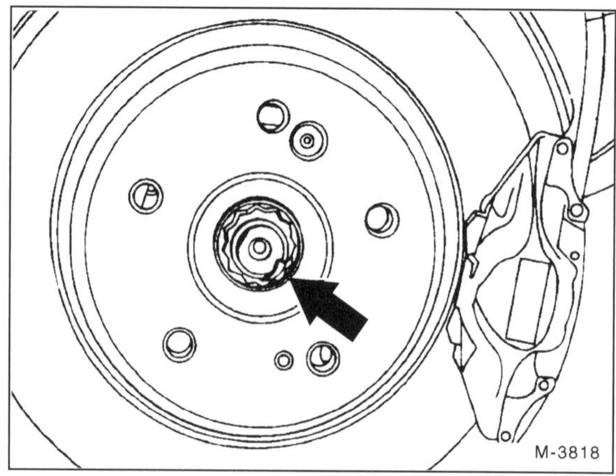

- Bundmutter am Quetschbund sichern –Pfeil–, dazu Bund der Mutter mit einem Meißel in die Nut so einschlagen, dass zwischen Nut und Sicherungslappen kein Spalt entsteht.
- Schraubverbindungen von Zug-, Sturz- und Schubstrebe sowie der Spurstange in 2 Stufen festziehen.
  1. Stufe mit Drehmomentschlüssel . . . . **50 Nm**
  2. Stufe mit starrem Schlüssel weiterdrehen . . . . . **90°**
- Ölstand im Hinterachsgetriebe prüfen und bei Bedarf richtig stellen.

Ölstand im Hinterachsgetriebe prüfen

Achtung: Bei der Prüfung muss das Hinterachsgetriebe Raumtemperatur aufweisen. Bei betriebswarmem beziehungsweise kaltem Getriebe (kalte Außentemperatur) kommt es zu Fehlmessungen.

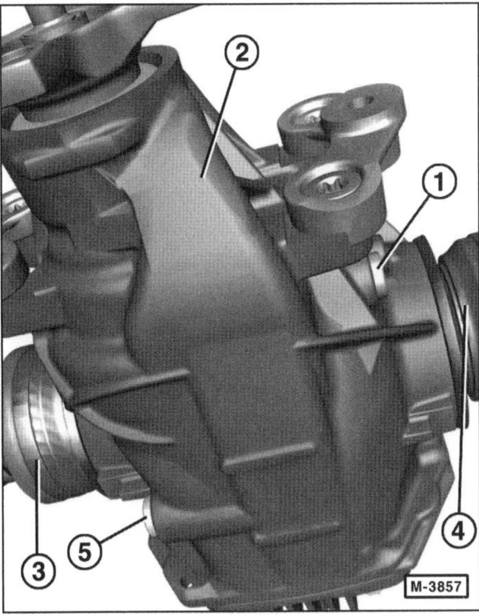

- Ölkontrollschraube –1– am Hinterachsgetriebe –2– herausdrehen. 3 – linke Hinterachswelle, 4 – rechte Hinterachswelle, 5 – Ölablassschraube.
- Bei korrektem Ölstand reicht das Öl bis zur Unterkante der Gewindebohrung gegebenenfalls auffüllen.

Füllmenge:

Hinterachsgetriebe 187FE ∅ 187 mm . . . . 1,0 l
Hinterachsgetriebe 200FE ∅ 200 mm . . . . 1,1 l
Hinterachsgetriebe 215FE ∅ 215 mm . . . . 1,2 l

Öl-Spezifikation: Universal-Hypoidöl »MB-235.7« (85W-90) beziehungsweise FE-Hypoidöl »MB235.7« (75W-85).

- Gewinde im Hinterachsgetriebe und Gewinde der neuen Kontrollschraube mit Reinigungsspray, zum Beispiel Loctite 7063 und einem geeigneten Lappen reinigen. Die Gewinde müssen öl- und fettfrei sein.
- Anschleßend einen Tropfen Dichtmittel, zum Beispiel Omnifit 100H, auf den zweiten oder dritten unteren Gewindegang der Ölkontrollschraube auftragen.
- Öleinfüllschraube sofort einschrauben und mit **50 Nm** festziehen.

Hinterachswelle zerlegen/ Gummimanschetten ersetzen

Das äußere Gleichlaufgelenk kann nicht zerlegt werden, bei einem Defekt muss die Hinterachswelle komplett ersetzt werden. Beide Manschetten werden über die innere Seite ausgebaut. Nach längerer Laufzeit empfiehlt es sich, grundsätzlich beide Manschetten zu ersetzen.

Zerlegen

- Hinterachswelle ausbauen, siehe entsprechendes Kapitel.

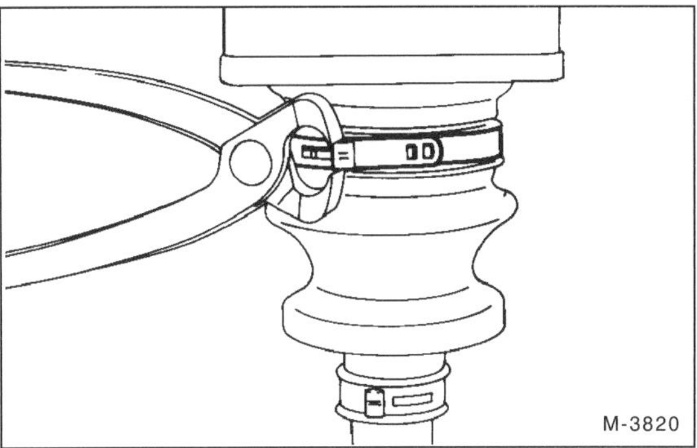

- Schraubschellen abschrauben, Klemmschellen durchkneifen und beim Einbau durch Schraubschellen ersetzen.
- Manschettenkappe für inneres Gelenk am Gelenkring folgendermaßen abbauen und auf der Hinterachswelle zurückschieben:
  - ◆ Hinterachswelle in einen Schraubstock einspannen,
  - ◆ Manschettenkappe im Winkel von etwa 45° mit einer Handbügelsäge so einsägen, dass eine schräge Kerbe entsteht. **Achtung:** Dabei Gelenkring nicht beschädigen.
  - ◆ Angesägte Spitze mit einem Schraubendreher etwas anheben.
  - ◆ Manschettenkappe mit Spitzzange am abstehenden Ende packen und aufdrehen, bis sich die Manschettenkappe vom Gelenkring abheben lässt. **Achtung:** Beim Aufdrehen darauf achten, dass die Hinterachswelle nicht aus dem Gelenkring herausfällt, bevor die Teile zueinander gekennzeichnet sind.
- Mit einem Lappen das Fett vom Gelenk abwischen.

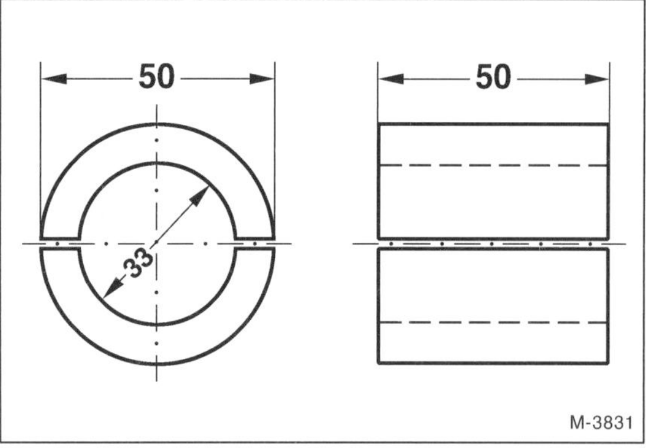

● Hinterachswelle aus innerem Gleichlaufgelenk an einer Standpresse abpressen. Hierzu als Unterlage passende Halbschalen verwenden, die sich am Bund des Gelenks abstützen. Maße für Halbschalen: Außen-∅ = 50 mm, Innen-∅ = 33 mm, Länge = 50 mm.

● Gummimanschette für inneres Gleichlaufgelenk von der Hinterachswelle abziehen.

● Bei Bedarf Schlauchschellen für Gummimanschette am äußeren Gelenk lösen, Manschettenkappe abdrücken und Manschette über die Hinterachswelle abziehen. Dabei darauf achten, dass kein Schmutz in das Gelenk gelangt. Vor dem Abziehen der Manschette das Fett von der Innenseite der Manschette abstreifen und in das Gleichlaufgelenk einfüllen.

● Gegebenenfalls inneres Gleichlaufgelenk in Benzin auswaschen und Kugellaufbahnen auf Verschleißspuren wie Löcher oder Riefen sichtprüfen. Bei starken Verschleißspuren und Vertiefungen ist das gesamte Gelenk zu erneuern.

● Hinterachswelle reinigen.

Zusammenbauen

● Für den Manschettenwechsel kompletten Reparatursatz verwenden. Bei Fahrzeugen mit längerer Laufzeit empfiehlt es sich, die zweite Gummimanschette ebenfalls auszuwechseln.

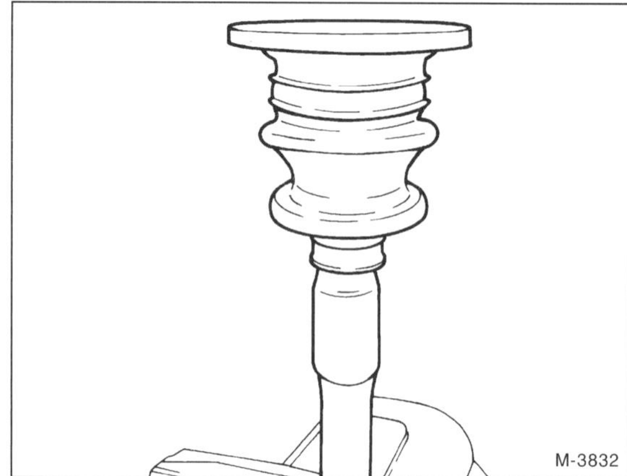

● Montagehülse auf das Vielzahnprofil der Hinterachswelle stülpen. Steht die Hülse nicht zur Verfügung, Vielzahnprofil mit Klebstreifen abkleben, damit die Manschette nicht beschädigt wird.

● Neuen äußeren O-Ring aufschieben.

● Äußere Gummimanschette sowie Schlauchschellen aufschieben.

● Innere Gummimanschette auf Hinterachswelle sowie Schlauchschellen schieben.

● Neuen inneren O-Ring aufschieben.

● Montagehülse beziehungsweise Klebstreifen entfernen.

● Inneres Gelenk auf die Hinterachswelle stecken.

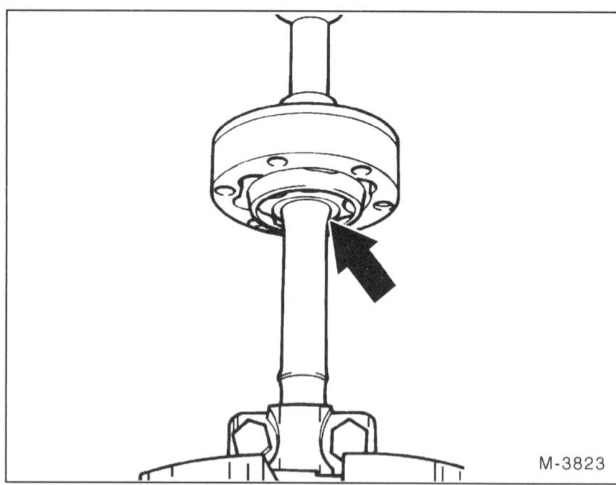

● Hinterachswelle am Manschettenbund mit Klemmvorrichtung oder im Schraubstock zwischen Schutzbacken spannen.

- Gleichlaufgelenk mit geeignetem Dorn bis zur Anlagefläche der Hinterachswelle aufpressen. Anschließend Gelenk bis zu einem Überstand der Hinterachswelle von 4,2 mm weiter aufpressen.
- Hinterachswelle in einen Schraubstock so einspannen, dass die Gelenknabe auf den Halbschalen aufliegt. Hinterachswelle durch Verstemmen sichern, dabei neue Verstemmung mittig zwischen den vorhandenen Verstemmungen anbringen. Zum Verstemmen wird ein Kreuzmeißel mit einer 5 bis 6 mm breiten Schneide benötigt. **Achtung:** Um eine Beschädigung, zum Beispiel durch Wegbrechen, der Kugellaufbahnen zu vermeiden, sollten die Verstemmungen möglichst nahe am Keilwellenprofil angebracht werden.
- Klemmvorrichtung abnehmen.
- Manschettenkappe am jeweiligen Gelenkring bis zum Anschlag aufschieben. **Achtung:** Dabei O-Ring **nicht** einölen oder fetten, sonst kann sich später die Manschette auf dem Gelenkring verdrehen. **Hinweis:** Manschettenkappe gegebenenfalls durch leichte Schläge mit einem Kunststoffhammer auftreiben.
- Manschettenkappe durch 4 Schläge am Umfang, um jeweils 90° versetzt, in der umlaufenden Nut des Gelenkrings fixieren. Anschließend Manschettenkappe mit einem geeigneten Hammer in die umlaufende Nut des Gelenkrings eintreiben. Dabei auf richtigen Sitz der Manschettenkappe achten.
- Gleichlaufgelenke und Gummimanschetten an äußerem und innerem Gelenk mit je 100 Gramm MERCEDES-BENZ-Fließfett füllen. Darauf achten, dass kein Schmutz in das Gelenk eindringt.
- Gummimanschette so auf die Manschettenkappe aufschieben, dass der Dichtwulst der Manschette zwischen den Dichtwülsten der Manschettenkappe sitzt.
- Manschetten mit kleinem Durchmesser so auf die Verdickung der Hinterachswelle schieben, dass nach dem Aufschieben keine Rille der Hinterachswelle sichtbar ist. Der Wulst der Manschette ist damit in der ersten Rille der Hinterachswelle fixiert. Schellen aufschieben und befestigen.

Achtung: Die Schrauben der Schellen sollen jeweils in die gleiche Richtung zeigen. An der zweiten Manschette Schellen so montieren, dass sie um 180° gegenüber der ersten Manschette versetzt sind.

- Hinterachswelle einbauen, siehe entsprechendes Kapitel.

Lenkung/Airbag

Die Lenkung besteht vornehmlich aus dem Lenkrad, der Lenksäule, dem Zahnstangen-Lenkgetriebe und den Spurstangen. Die Lenksäule überträgt die Lenkbewegungen auf das Lenkgetriebe. Über eine Verzahnung im Lenkgetriebe wird die Zahnstange entsprechend dem Lenkradeinschlag nach links oder rechts bewegt. Spurstangen übertragen die Lenkkräfte über Spurstangengelenke und Achsschenkel auf die Räder.

Die Zahnstangenlenkung ist spielfrei von Anschlag zu Anschlag sowie wartungsfrei, nur die Lenkmanschetten und Staubkappen der Spurstangenköpfe müssen im Rahmen der Wartung auf einwandfreien Zustand geprüft werden.

Die Bedienung der Lenkung wird durch eine **hydraulische Lenkhilfe** (Servolenkung) erleichtert. Sie sorgt dafür, dass der Kraftaufwand beim Einschlagen der Lenkung möglichst gering gehalten wird. Die Lenkhilfe besteht aus der Servopumpe und dem Vorratsbehälter. Die Pumpe saugt das Hydrauliköl aus dem Vorratsbehälter und befördert es mit hohem Druck zum Steuerventil im Lenkgetriebe. Das Steuerventil ist mit der Lenkspindel mechanisch verbunden und leitet das Öl je nach Lenkeinschlag in die entsprechende Seite des Arbeitszylinders im Zahnstangengehäuse. Dort drückt das Öl gegen den Zahnstangenkolben und unterstützt dadurch die Lenkbewegung. Gleichzeitig presst der Kolben das Öl auf der anderen Seite des Arbeitszylinders durch die Rücklaufleitung zurück zum Vorratsbehälter.

Sicherheitshinweis
Schweiß- und Richtarbeiten an Bauteilen der Lenkung **sind nicht zulässig. Selbstsichernde Schrauben/Muttern** sowie korrodierte Schrauben/Muttern im Reparaturfall **immer ersetzen.**

Achtung: Die angegebenen Anzugsdrehmomente sind unbedingt einzuhalten. **Bei mangelnder Erfahrung sollten Ar-**

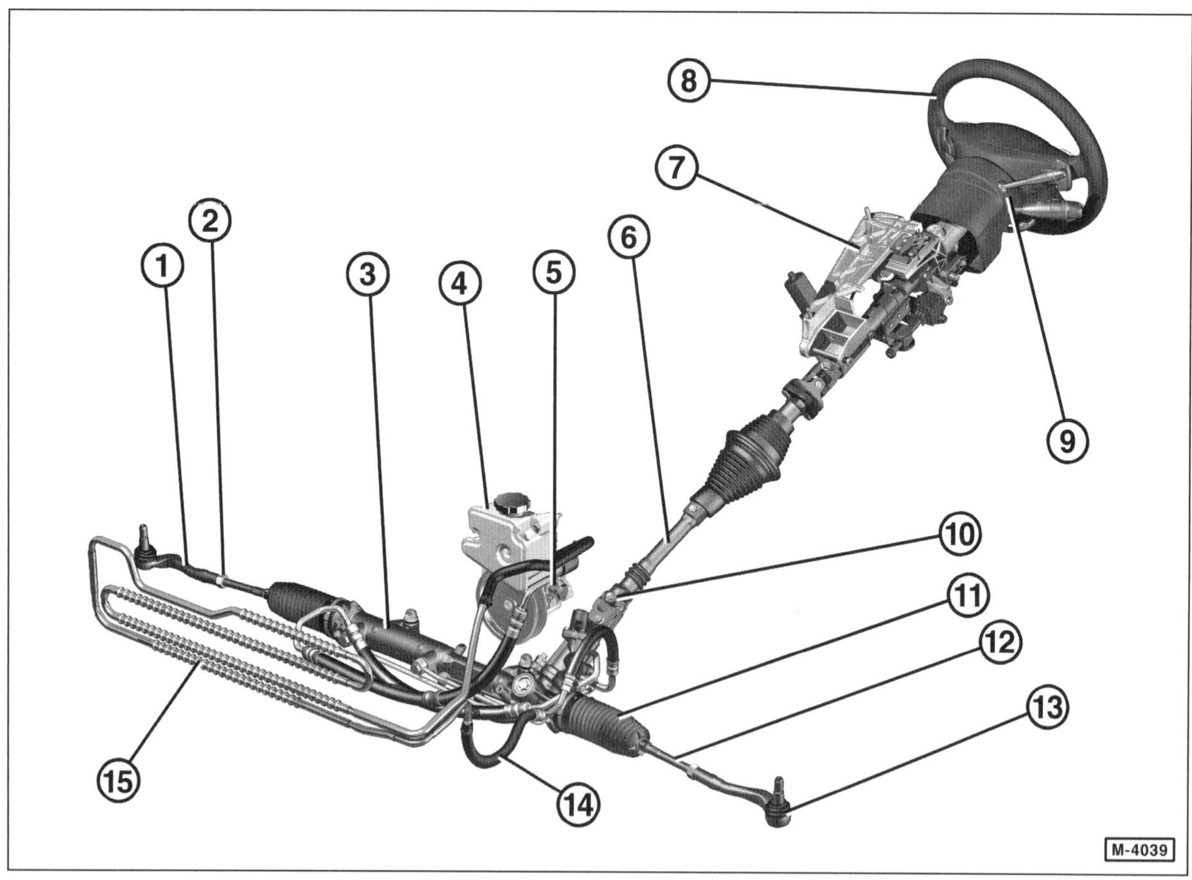

1 – Spurstangenkopf rechts
2 – Kontermutter
3 – Zahnstangenlenkgetriebe
4 – Vorratsbehälter
5 – Servopumpe
6 – Lenksäule
7 – Mantelrohr
8 – Lenkrad
9 – Mantelrohr-Schaltermodul
10 – Kreuzgelenk
11 – Lenkmanschette
12 – Spurstange
13 – Spurstangenkopf links
14 – Hydraullikleitung
15 – Hydraulikölkühler

beiten an der Lenkung von einer MERCEDES-Werkstatt durchgeführt werden.

Im Lenkrad ist der Fahrer-**Airbag** untergebracht. Der Airbag ist ein zusammengefalteter Luftsack, der im Fall einer Frontalkollision aufgeblasen wird und dadurch Oberkörper und Kopf des Fahrers vor einem Aufprall auf das Lenkrad schützt. Bei einer entsprechend starken Frontalkollision wird über ein Steuergerät eine kleine Sprengladung im Gasgenerator der Airbag-Einheit gezündet. Es entstehen Explosionsgase, die den Luftsack innerhalb weniger Millisekunden aufblasen. Diese Zeit reicht aus, um den Aufprall des nach vorn schnellenden Fahrer-Oberkörpers zu dämpfen. Der Airbag fällt anschließend innerhalb weniger Sekunden wieder in sich zusammen, da die Gase durch Austrittsöffnungen entweichen.

Airbag-Sicherheitshinweise

Das Airbag-System besteht aus dem Aufprallsensor, dem Gasgenerator, dem Airbag-Steuergerät und dem Airbag. Das Aufblasen des Airbags wird elektrisch ausgelöst.

Die C-KLASSE ist mit einem Fahrer- und einem Beifahrer-Airbag sowie mit Seitenairbags, Kopfairbags und Gurtstraffern ausgestattet. Die Einbaustellen der Airbags sind in der Regel durch die Aufschrift »SRS Airbag« gekennzeichnet (SRS = **S**icherheits-**R**ückhalte-**S**ystem).

Auf dem Beifahrersitz darf kein gegen die Fahrtrichtung angeordneter Babysitz montiert werden, ausgenommen ein spezieller Kindersitz in Zusammenhang mit der automatischen Kindersitzerkennung.

Achtung: Aus Sicherheitsgründen keinerlei Arbeiten an Teilen durchführen, die zum Airbag- oder Gurtstraffer-System gehören.

Vor Aus- und Einbau der Fahrer-Airbag-Einheit folgende Hinweise unbedingt beachten:

- **Batterie-Massekabel (–) bei ausgeschalteter Zündung abklemmen. Zuvor muss der Staubfilterkasten ausgebaut werden. Achtung: Vor dem Abklemmen unbedingt den Diebstahlcode für das Autoradio, sofern vorhanden, ermitteln, siehe Hinweise im Kapitel »Batterie aus- und einbauen«.**
- **Batteriepole isolieren, um versehentlichen Kontakt zu vermeiden.**
- **Räder in Geradeausstellung, Lenkrad in Mittelstellung bringen.**
- **Vor dem Abnehmen (Berühren) der Airbag-Einheit eventuelle elektrostatische Aufladung abbauen. Dazu kurz den Schließkeil der Tür oder die Karosserie anfassen.**
- **Beim Anklemmen der Batterie darf sich keine Person im Innenraum des Fahrzeuges aufhalten.**

Allgemeine Hinweise:

- **Niemals Airbag-Komponenten eines anderen Fahrzeugs oder ein anderes Lenkrad einbauen. Beim Austausch stets neue Teile verwenden.**
- Selbst nach einem leichten Unfall, der nicht zum Auslösen des Airbags führte, Airbag- und Gurtstraffer-System von einer MERCEDES-Werkstatt überprüfen lassen.
- Nach Auslösen eines Lenkrad-Airbags grundsätzlich das Lenkrad, beim Seitenairbag die Abdeckung in der Türverkleidung, beim Beifahrer-Airbag die Armaturentafel ersetzen lassen.
- Das Airbag-Steuergerät nach 3-maligem Auslösen grundsätzlich ersetzen.

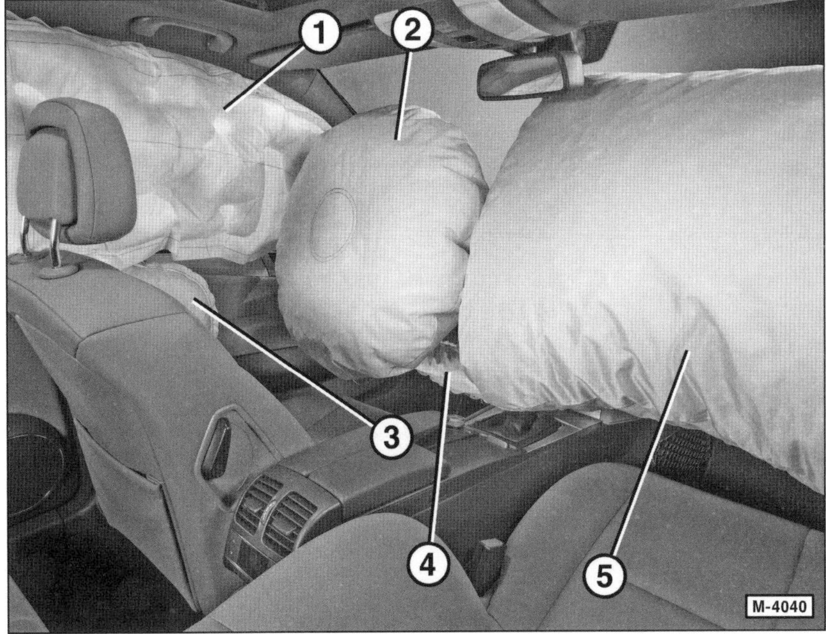

1 – Kopf-Airbag
2 – Fahrer-Airbag
3 – Seiten-Airbag vorn
4 – Knie-Airbag
5 – Beifahrer-Airbag

- Das Airbag-System darf nur in der Fachwerkstatt geprüft werden. Keinesfalls mit Prüflampe, Voltmeter oder Ohmmeter prüfen.
- Airbag-Komponenten, die aus einer Höhe von mehr als 0,5 m fallengelassen wurden, müssen grundsätzlich ersetzt werden.
- Airbag-Komponenten vor großer Hitze und direkter Flammeneinwirkung schützen. Keinen Temperaturen über +100° C aussetzen, auch nicht kurzfristig.
- Airbag-Komponenten vor Kontakt mit Wasser, Fett oder Öl schützen. Sofort mit einem trockenem Lappen abwischen.
- **Die Airbag-Einheit ist im ausgebauten Zustand immer so abzulegen, dass das Lenkradpolster nach oben zeigt. Bei umgekehrter Lagerung besteht die Gefahr, dass bei eventueller Zündung der Gasgenerator nach oben geschleudert wird. Dadurch erhöht sich die Verletzungsgefahr.**
- Bei Arbeitsunterbrechung die Airbag-Einheit nicht unbeaufsichtigt liegen lassen; im Schrank verschließen.
- Die Airbag-Einheit darf nicht zerlegt werden, bei einem Defekt ist sie immer komplett zu ersetzen. Da die Airbag-Einheit Explosivstoffe enthält, ist sie unter Verschluss oder geeigneter Aufsicht aufzubewahren.
- Vor Verschrotten des Fahrzeugs müssen die Airbag-Einheiten entsorgt werden. Die Entsorgung erfolgt nur durch eine Fachwerkstatt.
- Bei Arbeiten am Fahrzeug mit einem Elektro-Schweißgerät bei abgeklemmter Batterie den Mehrfachstecker vom Airbag-Steuergerät abziehen.

Airbag-Einheit am Lenkrad aus- und einbauen

Ausbau

Sicherheitshinweise für Airbag-Einheit durchlesen und unbedingt beachten.

- Batterie abklemmen. **Achtung:** Hinweise im Kapitel »Batterie aus- und einbauen« beachten.
- Beide Batteriepole isolieren, um versehentlichen Kontakt zu vermeiden.
- Lenkrad in die mittlere Höhenposition stellen, dazu Verriegelungshebel lösen.

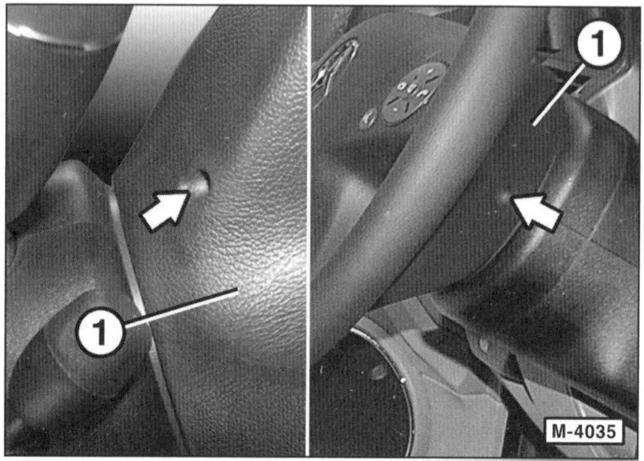

- Torx-Schraubendreher T25 in die Öffnungen –Pfeile– hinten am Lenkrad –1– einführen und die Schrauben aus der Fahrer-Airbag-Einheit herausschrauben. **Achtung:** Die Schrauben verbleiben am Lenkrad –1–.

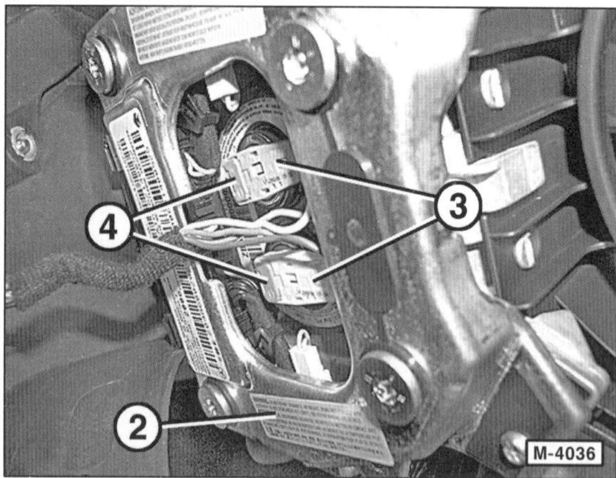

- Fahrer-Airbag-Einheit –2– so weit vom Lenkrad abnehmen, bis die elektrischen Steckverbindungen –3– am Airbag zugänglich sind.
- Sicherungslaschen –4– entriegeln und elektrische Steckverbindungen –3– trennen.

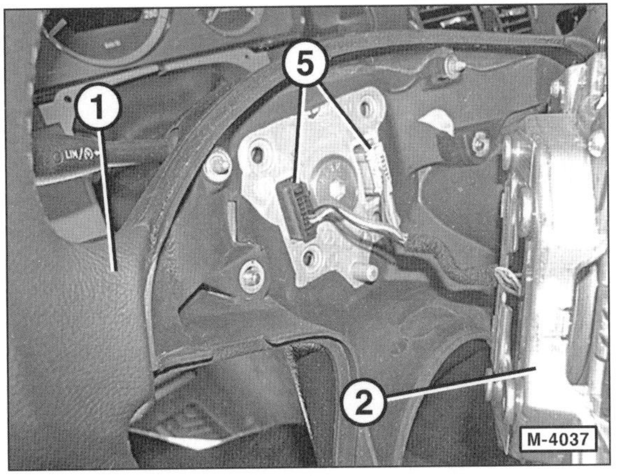

- Fahrer-Airbag-Einheit –2– vom Lenkrad –1– abnehmen.

Achtung: Elektrische Steckverbindungen –5– nie trennen, wenn die Steckverbindungen –3– (Abbildung M-4036) noch verbunden sind, da sonst die Fahrer-Airbag-Einheit –2– ausgelöst wird.

Achtung: Wird die Fahrer-Airbag-Einheit erneuert, muss die defekte Fahrer-Airbag-Einheit fachgerecht entsorgt werden (Werkstattarbeit).

Einbau

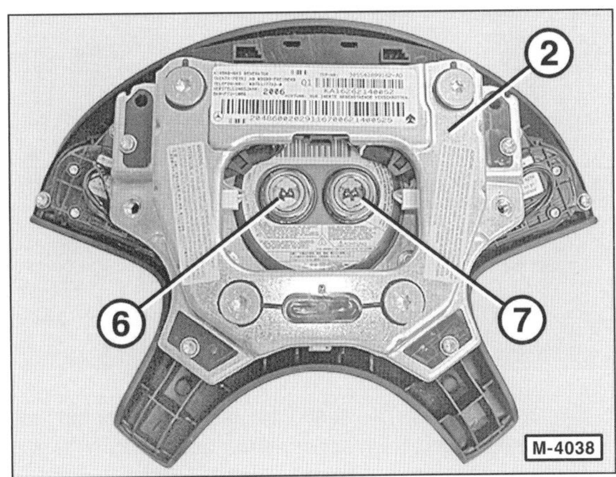

- Elektrische Stecker –3– (Abbildung M-4036) am Airbag –2– aufstecken. Dabei darauf achten, dass die Steckverbindungen beim Aufstecken auf die Zündpille 1 –6– und die Zündpille 2 –7– hörbar einrasten.
- Fahrer-Airbag-Einheit am Lenkrad ansetzen und mit Torx-Schraubendreher T25 sowie **7 Nm** anschrauben.

Achtung: Beim Anklemmen der Batterie darf sich keine Person im Fahrzeug-Innenraum befinden!

- Batterie anklemmen. **Achtung:** Hinweise im Kapitel »Batterie aus- und einbauen« beachten.
- Bei Austausch der Airbag-Einheit Fehlerspeicher mit einem Diagnosegerät auslesen und löschen.

Lenkrad aus- und einbauen

Ausbau

- Lenkrad in Mittelstellung drehen und damit Räder in Geradeausstellung bringen.
- Airbag-Einheit ausbauen, dabei Sicherheitshinweise befolgen, siehe entsprechende Kapitel.
- Airbag-Einheit mit der Austrittsfläche nach oben lagern, keinen Temperaturen über +100° C aussetzen.

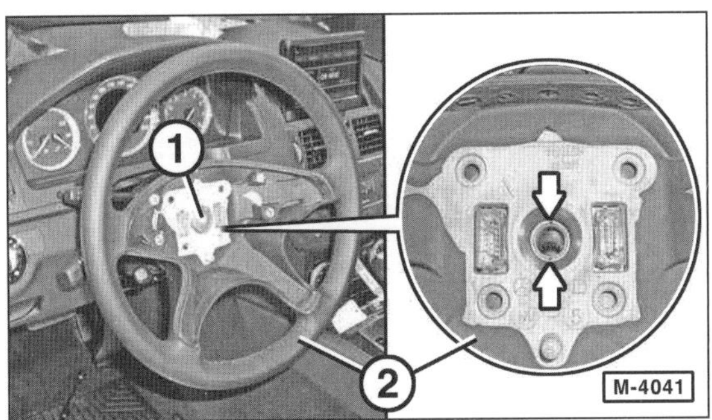

- Schraube –1– herausdrehen, dabei Lenkrad –2– gegenhalten.
- Lenkrad vorsichtig von der Lenksäule abziehen.

Einbau

- Räder in Geradeausstellung bringen.
- Lenkrad an der Lenkspindel ansetzen. Dabei Aussparungen der Kerbverzahnung –Pfeile– im Lenkrad den Markierungen auf der Lenkspindel zuordnen.
- **Neue** Befestigungsschraube für das Lenkrad einschrauben. Lenkrad festhalten und Schraube mit **80 Nm** festziehen.
- Airbag-Einheit einbauen, dabei Sicherheitshinweise befolgen, siehe entsprechende Kapitel.

Probefahrt durchführen und folgendes prüfen:

- Blinkerrückstellung: Wenn das Lenkrad um mehr als einen Zahn versetzt ist, ist eine einwandfreie Blinkerrückstellung nicht mehr gewährleistet.
- Kontrollleuchte »Airbag«: Lenkrad bis zum Anschlag nach links und nach rechts drehen, dabei darf die Kontrollleuchte »Airbag« nicht aufleuchten.
- Stellung des Lenkrades bei Geradeausfahrt: Wenn das Lenkrad schief steht, obwohl beim Einbau die Markierungen genau übereingestimmt haben, kann dieses anschließend um maximal einen Zahn versetzt werden. Bei größerer Abweichung Vorspur prüfen und einstellen lassen.

Spurstangenkopf aus- und einbauen

Ausbau

Sicherheitshinweis
Beim Aufbocken des Fahrzeugs besteht Unfallgefahr! Deshalb die Hinweise im Kapitel »Fahrzeug aufbocken« beachten.

- Radschrauben lösen. Fahrzeug aufbocken und entsprechendes Vorderrad abnehmen. **Achtung:** Unbedingt Hinweise im Kapitel »Rad aus- und einbauen« beachten.

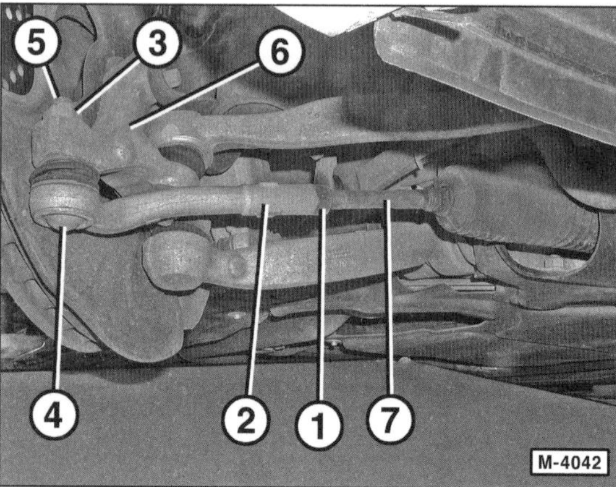

- Kontermutter –1– an der inneren Spurstange lösen. Dabei Spurstangenkopf am Vierkant –2– des Spurstangenkopfs gegenhalten.
- Selbstsichernde Mutter –3– des Spurstangengelenks –4– lösen, dabei Gelenkzapfen –5– mit Innentorxschlüssel T30 gegenhalten. Mutter bis ans Ende des Gewindebolzens drehen; sie dient als Auflage für das Abziehwerkzeug und verhindert, dass das Gewinde beschädigt wird.
- Spurstangengelenk mit handelsüblichem Abzieher am Achsschenkel –6– ausdrücken. Dabei darauf achten, dass die Staubkappe (Gummimanschette) am Spurstangenkopf nicht beschädigt wird. Selbstsichernde Mutter abschrauben.
- Einbauposition des Spurstangenkopfs zur inneren Spurstange –7– markieren. Dazu mit Filzstift einen Strich über beide Teile ziehen.
- Spurstangenkopf von der inneren Spurstange abschrauben. Dabei Spurstange am Sechskant gegenhalten. **Hinweis:** Für den leichteren Einbau dabei die Umdrehungen zählen und notieren.

Einbau

- Konusverbindung des Spurstangengelenks reinigen. Es darf kein Fett oder Öl am Konus und am Gewinde vorhanden sein, da sich das Spurstangengelenk sonst lösen kann.
- Spurstangenkopf entsprechend der notierten Umdrehungen auf die innere Spurstange aufschrauben.
- Spurstangenkopf an der inneren Spurstange entsprechend den angebrachten Markierungen ausrichten und Kontermutter mit **65 Nm** anziehen. Dabei den Spurstangenkopf an der Abflachung mit einem Maulschlüssel gegenhalten. Beim Festziehen darauf achten, dass die Lenkmanschette nicht verdreht wird.
- Konus am Spurstangengelenk reinigen.
- Spurstangengelenk am Achsschenkel einsetzen und **neue selbstsichernde Mutter** in 2 Stufen festziehen.
  1. Stufe mit Drehmomentschlüssel . . . . **50 Nm**
  2. Stufe mit starrem Schlüssel weiterdrehen . . . . . **60°**
- Vorderrad anschrauben, Fahrzeug ablassen, erst dann Radschrauben über Kreuz festziehen. **Achtung:** Unbedingt Hinweise im Kapitel »Rad aus- und einbauen« beachten.
- Spureinstellung in Fachwerkstatt überprüfen und wenn nötig einstellen lassen.

Lenkmanschette aus- und einbauen

Ausbau

- Untere Motorraumabdeckung ausbauen.

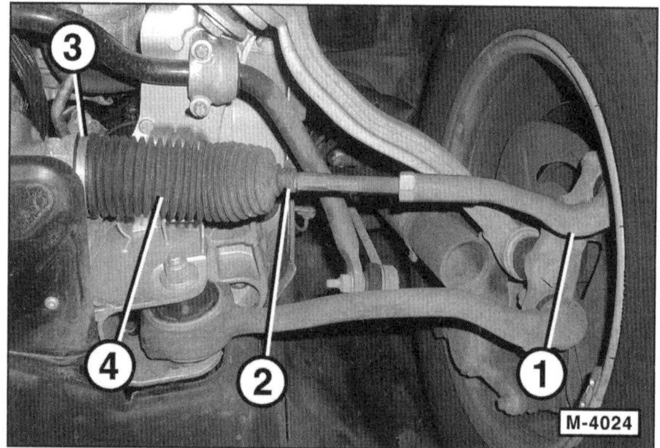

- Spurstangenkopf –1– ausbauen und Kontermutter von der Spurstange abschrauben, siehe entsprechendes Kapitel.
- Klemmschellen –2– und –3– für Lenkmanschette –4– öffnen und abnehmen. **Hinweis:** Einbaulage der Schellen merken, damit die neuen Schellen in gleicher Position eingebaut werden.
- Manschette abziehen.
- Zahnstange und inneres Gelenk der Spurstange auf Korrosion und Spiel prüfen. Bei Korrosion muss die Zahnstangenlenkung komplett ersetzt werden. Bei ausgeschlagenem Kugelgelenk, innere Spurstange mit Axialgelenk ersetzen (Werkstattarbeit).

Einbau

- Spurstange reinigen und leicht einfetten.
- Zahnstange reinigen.
- Lenkrad in Geradeausstellung bringen.

- **Neuen** Dichtring, **neuen** Klemmring und **neue** Manschette über die Spurstange aufziehen.

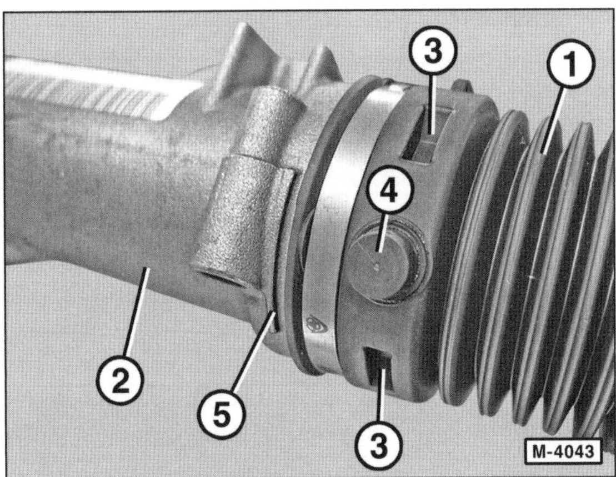

- Manschette –1– über die Zahnstange bis zum Anschlag auf das Lenkgetriebegehäuse –2– so weit aufschieben, bis die Vertiefungen –3– am Gehäuse des Lenkgetriebes anstehen.
- Manschette so ausrichten, dass sich das Membranventil –4–, wie in der Abbildung dargestellt, in der Mitte der Markierung –5– befindet.
- Neue Klemmschellen aufschieben, wie vor dem Ausbau ausrichten, und mit geeigneter Zange festziehen. Dabei auf korrekten Sitz der Schelle achten.
- Spurstangenkopf einbauen, siehe entsprechendes Kapitel.
- Untere Motorraumabdeckung einbauen.

Räder und Reifen

Die C-KLASSE ist je nach Modell und Ausstattung mit Rädern unterschiedlicher Größe ausgerüstet. Reifen und Felgen sind Bestandteile der **Allgemeinen Betriebserlaubnis** (ABE). Es dürfen nur Reifen/Felgen verwendet werden, die für das jeweilige Fahrzeugmodell zugelassen sind. Sonst erlischt die Betriebserlaubnis für das Fahrzeug. Die erlaubten Reifen/Felgenkombinationen sind in der Regel im Kfz-Schein aufgeführt. Sofern Reifen montiert werden, die nicht in den Fahrzeugpapieren vermerkt sind, müssen sie in der EG-Übereinstimmungsbescheinigung (CoC = Certificate of Conformity) zum Fahrzeug stehen. Die Bescheinigung oder eine Kopie davon ist dann grundsätzlich im Fahrzeug mitzuführen.

Neben der Felgenbreite und dem Felgendurchmesser sind bei einem Wechsel der Felge auch die **Einpresstiefe** und der Lochkreisdurchmesser zu beachten. Die Einpresstiefe ist das Maß von der Felgenmitte (= Mitte der Reifenspur) bis zur Anlagefläche der Radschüssel an die Radnabe/Bremstrommel. Der **Lochkreisdurchmesser** gibt den Durchmesser des Kreises an, an dem die Radschrauben angeordnet sind.

Alle Scheibenräder sind als Hump-Felgen ausgelegt. Der **Hump** ist ein in die Felgenschulter eingepresster Wulst, der auch bei extrem scharfer Kurvenfahrt nicht zulässt, dass der schlauchlose Reifen von der Felge gedrückt wird. **Achtung:** In schlauchlose Reifen darf kein Schlauch eingezogen werden.

Reifendichtmittel

Fahrzeuge ohne Reserverad sind mit Reifendichtmittel ausgerüstet. Kleinere Beschädigungen können damit abgedichtet werden, so dass der Reifen für kurze Zeit weiter verwendet werden kann. Der so behandelte Reifen muss allerdings baldmöglichst ausgetauscht werden. **Hinweis:** Die Entsorgungsvorschrift für abgelaufenes Reifendichtmittel beachten.

Winterreifen

Die bei Winterreifen übliche Bezeichnung »M+S« wird mittlerweile auch für Ganzjahresreifen mit eingeschränkter Wintertauglichkeit verwendet. Reifen, die einem zusätzlichen Traktionstest auf schneebedeckter Fläche unterzogen wurden, sind am Schneeflocken-Symbol auf der Reifenflanke zu erkennen.

Schneeketten

Schneeketten sind nur an den **Hinterrädern** zulässig. Aus technischen Gründen ist die Verwendung von Schneeketten nur mit bestimmten Reifen-/Felgenkombinationen zulässig, siehe Bedienungsanleitung. Auf dem Notrad keine Schneeketten auflegen. Um Beschädigungen an den Radvollblenden zu vermeiden, sollten diese bei Schneekettenbetrieb abgenommen werden. Nach Entfernen der Schneeketten, Radvollblenden wieder montieren.

Achtung: Nur feingliedrige Schneeketten aufziehen, die an der Lauffläche und an den Reifeninnenseiten inklusive Schloss maximal 15 mm auftragen.

Mit Schneeketten darf in Deutschland nicht schneller als **50 km/h** gefahren werden. Auf schnee- und eisfreien Straßen Schneeketten abnehmen.

Reifenfülldruck

Der Reifenfülldruck wird vom Automobilhersteller in Abhängigkeit verschiedener Parameter festgelegt. Dazu zählen unter anderem die Zuladung und die Höchstgeschwindigkeit des Fahrzeugs. Vom Werk sind für die C-KLASSE unterschiedliche Reifendimensionen und Felgengrößen zugelassen. Die vorliegende **Reifentabelle** listet nur einen Querschnitt möglicher Reifen-/Felgenkombinationen auf. **Hinweis:** Eine komplette Liste aller zugelassenen Reifen und Felgen hat jede MERCEDES-Fachwerkstatt.

Für die Lebensdauer der Reifen und die Fahrzeugsicherheit ist das Einhalten des Reifenfülldrucks von großer Wichtigkeit. Reifenfülldruck deshalb alle 4 Wochen und vor jeder längeren Fahrt prüfen (auch am Reserverad).

Hinweis: Die Reifenfülldruckwerte stehen auf einem Aufkleber an der Innenseite der **Tankklappe**.

- Reifenfülldruckangaben beziehen sich auf **kalte** Reifen. Der sich bei längerer Fahrt einstellende und um ca. 0,2 bis 0,4 bar höhere Überdruck darf nicht reduziert werden. **Winterreifen** können mit einem um **0,2 bar höheren Überdruck** als Sommerreifen gefahren werden. Auf jeden Fall müssen die Reifenfülldrücke bei Winterreifen entspre-

Reifenfülldruck für eine Auswahl von Modellen

Modell	Reifengröße	Scheibenrad (Felgengröße)	Reifenfülldruck (Überdruck) in bar			
			halbe Zuladung		volle Zuladung	
			vorn	hinten	vorn	hinten
C200K/C220CDI	–	–	2,1	2,3	2,4	3,2
C230/C280	–	–	2,4	2,5	2,6	3,1
C350 (Vorderachse)	225/45 R17 91W	7,5J x 17 H2 ET 47	2,4	2,6	2,6	3,1
C350 (Hinterachse)	245/40 R17 91W	8,5J x 17 H2 ET 58	2,4	2,6	2,6	3,1
Notrad, wenn vorhanden	T 125/90 R-- 99M	3,5B x -- H2 ET 20	4,2			

chend den Vorgaben des Reifenherstellers eingehalten werden. Unterliegen die Winterreifen einer Geschwindigkeitsbeschränkung, muss ein Hinweis im Blickfeld des Fahrers angebracht werden (§ 36, Absatz 1 StVZO).

- Bei **Anhängerbetrieb** Reifenfülldruck auf den unter »volle Zuladung« angegebenen Wert erhöhen. Reifenfülldruck der Anhängerbereifung ebenfalls kontrollieren.
- Der Reifenfülldruck für das **Reserverad** entspricht dem höchsten für das Fahrzeug vorgesehenen Fülldruck.

Reifen- und Scheibenrad-Bezeichnungen/Herstellungsdatum

Achtung: Nur vom Fahrzeughersteller freigegebene Reifen und Felgen verwenden. Die möglichen Reifen-/Felgenkombinationen sind in den Fahrzeugpapieren aufgelistet.

Reifen-Bezeichnungen

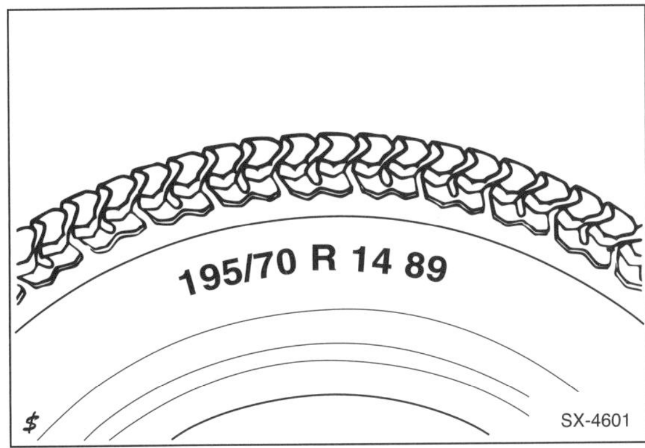

195 = Reifenbreite in mm.

/70 = Verhältnis Höhe zu Breite (die Höhe des Reifenquerschnitts beträgt 70 % von der Breite). Fehlt eine Angabe des Querschnittverhältnisses (zum Beispiel 155 R 13), so handelt es sich um das »normale« Höhen-Breiten-Verhältnis. Es beträgt bei Gürtelreifen 82 %.

R = Radial-Bauart (= Gürtelreifen).

14 = Felgendurchmesser in Zoll.

89 = Tragfähigkeits-Kennzahl.

H = Kennbuchstabe für zulässige Höchstgeschwindigkeit, H: bis 210 km/h. Der Geschwindigkeitsbuchstabe steht hinter der Reifengröße und gilt sowohl für Sommer- als auch für Winterreifen.

M+S = Winterreifen (M+S = Matsch und Schnee).

(Alpine-Symbol) = Nur mit diesem »Alpine-Symbol«, ein Bergpiktogramm mit Schneeflocke, sind die Reifen in der EU als Winterreifen zugelassen. Dies gilt auch für Ganzjahresreifen.

MOE = **M**ercedes-Benz **O**riginal **E**xtended: Run-Flat-Reifen mit Notlauf-Eigenschaften.

Geschwindigkeits-Kennbuchstabe

Kennbuchstabe	Zulässige Höchstgeschwindigkeit
Q	160 km/h
S	180 km/h
T	190 km/h
H	210 km/h
V	240 km/h
ZR	über 240 km/h

Achtung: Steht hinter der Reifenbezeichnung das Wort »reinforced«, handelt es sich um einen Reifen in verstärkter Ausführung, beispielsweise für Vans und Transporter.

Reifen-Herstellungsdatum

Das Herstellungsdatum steht auf dem Reifen im Hersteller-Code.

Beispiel: DOT CUL2 UM8 4708 TUBELESS.

DOT = Department of Transportation (US-Verkehrsministerium).

CU = Kürzel für Reifenhersteller.

L2 = Reifengröße.

UM8 = Reifenausführung.

4708 = Herstellungsdatum = 47. Produktionswoche 2008. **Hinweis:** Falls anstelle der 4-stelligen Ziffer eine 3-stellige Ziffer gefolgt von einem ◁-Symbol aufgeführt ist, dann wurde der Reifen im vergangenen Jahrzehnt produziert. Die Bezeichnung 509◁ bedeutet beispielsweise: 50. Produktionswoche 1999.

TUBELESS = schlauchlos (TUBETYPE = Schlauchreifen).

Achtung: Neureifen müssen seit 10/98 zusätzlich mit einer ECE-Prüfnummer an der Reifenflanke versehen sein. Diese Prüfnummer weist nach, dass der Reifen dem ECE-Standard entspricht. Reifen seit 10/98 **ohne** ECE-Prüfnummer haben keine Allgemeine Betriebserlaubnis (ABE).

Scheibenrad-Bezeichnungen

Beispiel : 5½J x 15 H2, ET 47, LK 5x112.

5½ = Maulweite (Innenbreite) der Felge in Zoll.

J = Kennbuchstabe für Höhe und Kontur des Felgenhorns (B = niedrigere Hornform).

x = Kennzeichen für einteilige Tiefbettfelge.

15 = Felgen-Durchmesser in Zoll.

H2 = Felgenprofil an Außen- und Innenseite mit Hump-Schulter (Hump = Sicherheitswulst, damit der Reifen nicht von der Felge rutscht).

ET47 = Einpresstiefe: 47 mm. Das Maß gibt in mm an, wie weit die Felgenanschraubfläche von der Felgenmitte entfernt ist.

LK 5 = Die Felge ist mit 5 Schrauben befestigt.

112 = Der Lochkreisdurchmesser (LK), auf dem die Schrauben angeordnet sind, beträgt 112 mm.

Profiltiefe messen

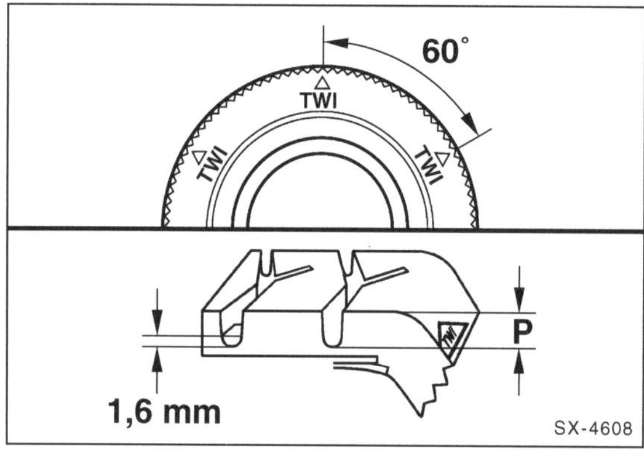

Reifen dürfen aufgrund gesetzlicher Vorschriften bis zu einer Profiltiefe von 1,6 mm abgefahren werden. Aus Sicherheitsgründen empfiehlt es sich, die Reifen bereits früher auszutauschen. **Sicherheitsgrenzwert der Profiltiefe:**

Sommerreifen . . . . **2 bis 3 mm**
Winterreifen . . . . **4 mm**

Die Tiefe des Reifenprofils an den Hauptprofilrillen mit dem stärksten Verschleiß messen. Im Profilgrund der Originalbereifung sind Abnutzungsindikatoren vorhanden. An den Reifenflanken kennzeichnen Buchstaben (TWI = **T**read **W**ear **I**ndicator) oder Dreiecksymbole die Lage der Verschleißanzeiger. Die Flächen der Abnutzungsindikatoren haben eine Höhe von 1,6 mm. Sie dürfen nicht in die Messung mit einbezogen werden. Für die Messwerte entscheidend ist das Maß an der Stolle mit der geringsten Profiltiefe –P–. **Hinweis:** Zum Ermitteln der Profiltiefe werden im Handel spezielle Messlehren angeboten, zum Beispiel HAZET 666-5.

Auswuchten von Rädern

Das Auswuchten der Räder ist notwendig, um unterschiedliche Gewichtsverteilung und Materialungenauigkeiten auszugleichen. Im Fahrbetrieb macht sich die Unwucht durch Trampel- und Flattererscheinungen bemerkbar. Das Lenkrad beginnt dann bei höherem Tempo zu zittern. In der Regel tritt dieses Zittern nur in einem bestimmten Geschwindigkeitsbereich auf und verschwindet wieder bei niedrigerer oder höherer Geschwindigkeit. Solche Unwuchterscheinungen können mit der Zeit zu Schäden an Achsgelenken, Lenkgetriebe und Stoßdämpfern sowie am Reifenprofil führen.

Räder nach jeder Reifenreparatur und nach jeder Montage eines neuen Reifens auswuchten lassen, da sich durch Abnutzung und Reparatur die Gewichts- und Materialverteilung am Reifen ändert.

Reifenpflegetipps

Reifen haben ein »Gedächtnis«. Unsachgemäße Behandlung – und dazu zählt beispielsweise auch schon schnelles oder häufiges Überfahren von Bordstein- oder Schienenkanten – führt deshalb zu Reifenpannen, mitunter sogar erst nach längerer Laufleistung.

Reifen reinigen

- Reifen generell **nicht** mit einem Dampfstrahlgerät reinigen. Wird die Düse des Dampfstrahlers zu nahe an den Reifen gehalten, dann wird die Gummischicht innerhalb weniger Sekunden irreparabel zerstört, selbst bei Verwendung von kaltem Wasser. Ein auf diese Weise gereinigter Reifen sollte sicherheitshalber ersetzt werden.
- Ersetzt werden sollte auch ein Reifen, der über längere Zeit mit Öl, Fett oder Kraftstoff in Berührung kam. Der Reifen quillt an den betreffenden Stellen zunächst auf, nimmt jedoch später wieder seine normale Form an und sieht äußerlich unbeschädigt aus. Die Belastungsfähigkeit des Reifens nimmt aber ab.

Reifen lagern

- Reifen sollten kühl, dunkel und trocken aufbewahrt werden. Sie dürfen nicht mit Fett, Öl oder Kraftstoff in Berührung kommen.
- Räder liegend oder an den Felgen aufgehängt in der Garage oder im Keller lagern. Reifen, die nicht auf einer Felge montiert sind, sollten stehend aufbewahrt werden.
- Bevor die Räder abmontiert werden, Reifenfülldruck etwas erhöhen (ca. 0,3 – 0,5 bar).

Hinweis: Für Winterreifen eigene Felgen verwenden; das Ummontieren der Reifen lohnt sich aus Kostengründen nicht.

Reifen einfahren

Neue Reifen haben vom Produktionsprozess her eine besonders glatte Oberfläche. Deshalb müssen neue Reifen – das gilt auch für das neue Ersatzrad – etwa **300 Kilometer** mit mäßiger Geschwindigkeit und vorsichtiger Fahrweise eingefahren werden; speziell auf regennasser Fahrbahn muss vorsichtig gefahren werden. Bei diesem Einfahren raut sich durch die beginnende Abnutzung die glatte Oberfläche auf, das Haftvermögen des Reifens verbessert sich.

Rad aus- und einbauen

Ausbau

Hinweis: Leichtmetallfelgen sind durch einen Klarlacküberzug gegen Korrosion geschützt. Beim Radwechsel darauf achten, dass die Schutzschicht nicht beschädigt wird, andernfalls mit Klarlack ausbessern.

- Fahrzeug gegen Wegrollen sichern. Dazu Handbremse anziehen, Rückwärtsgang oder 1. Gang einlegen. Bei Fahrzeugen mit Automatikgetriebe Wählhebel in Stellung »P« legen. Außerdem einen Keil hinter das diagonal gegenüberliegende Rad legen. Dabei Keil immer an der von der Aufbockstelle weg zeigenden Seite unterlegen.
- **Stahlfelge mit Radvollblende:** In die Öffnungen der Blende greifen und die Blende von der Felge abziehen.
- **Radschrauben ½ Umdrehung** lockern, nicht abschrauben. **Achtung:** Dabei muss das Fahrzeug auf dem Boden stehen, ein Gang eingelegt und die Handbremse angezogen sein. Zum Lösen der Radschrauben keinen Drehmomentschlüssel verwenden.

Sicherheitshinweis
Beim Aufbocken des Fahrzeugs besteht Unfallgefahr! Hinweise im Kapitel »Fahrzeug aufbocken« beachten.

- Fahrzeug mit einem Wagenheber so weit anheben, bis das Rad vom Boden abgehoben hat.
- Radschrauben herausdrehen und Rad abnehmen.

Hinweis: Werden mehrere Räder gleichzeitig abgebaut, Einbauort und Reifenlaufrichtung der einzelnen Räder mit Kreide auf den Reifen kennzeichnen.

Einbau

- Anlageflächen des Rades an der Radnabe und auf der Felge reinigen und entfetten.
- Verschmutzte Schrauben und Gewinde reinigen. Gewinde und Konus der Radschrauben müssen öl- und fettfrei sein.

Achtung: Korrodierte oder schwergängige Schrauben umgehend erneuern. Bis dahin vorsichtshalber nur mit mäßiger Geschwindigkeit fahren. Radschrauben **nicht** einölen.

- Zum Schutz gegen das Festrosten des Rades Zentriersitz der Felge an der Radnabe vor jeder Montage des jeweiligen Rades dünn mit Hochtemperaturpaste bestreichen.
- Rad ansetzen. Radschrauben anschrauben und leicht mit etwa **50 Nm** über Kreuz voranziehen.
- Fahrzeug absenken und Wagenheber entfernen.

- Radschrauben über Kreuz in der Reihenfolge **1-2-3-4-5** in mehreren Durchgängen anziehen. Zum Festziehen der Radschrauben sollte stets ein Drehmomentschlüssel verwendet werden. Dadurch wird sichergestellt, dass die Radschrauben gleichmäßig und fest angezogen sind.

Hinweis: Das Anzugsdrehmoment für die Radschrauben beträgt für Stahl- und Leichtmetallfelgen 130 Nm.

Achtung: Wurden die Radschrauben nicht mit einem Drehmomentschlüssel festgezogen, **ist es zwingend erforderlich**, umgehend das Anzugsdrehmoment in einer Werkstatt kontrollieren zu lassen. Durch einseitiges oder unterschiedlich starkes Anziehen der Radschrauben können das Rad und/oder die Radnabe verspannt werden.

- **Stahlfelge mit Radvollblende:** Radvollblende zuerst im Bereich des Ventilausschnittes aufdrücken und anschließend gesamte Blende vollständig einrasten lassen. Blende gegebenenfalls mit dem Handballen aufschlagen.
- Nach dem Reifenwechsel unbedingt Reifenfülldruck prüfen und gegebenenfalls korrigieren.
- Nach einer Fahrstrecke von etwa 50 km alle Radschrauben über Kreuz mit dem Drehmomentschlüssel nochmals nachziehen.

Reifen mit Notlauf-Eigenschaften

Im Handel werden **RFT-Reifen** (**R**un **F**lat **T**yre; MERCEDES-Bezeichnung: MOE) mit Notlauf-Eigenschaften angeboten. Diese Reifen weisen eine spezielle Verstärkung der Seitenwände auf, wodurch das Fahrzeug bei plötzlichem Reifendruckverlust weiterhin sicher gelenkt werden kann. Bei einer Höchstgeschwindigkeit von etwa 80 km/h können noch bis zu 250 Kilometer zurückgelegt werden. RFT-Reifen dürfen nur bei Fahrzeugen mit einem Reifendruck-Kontrollsystem eingesetzt werden. Zudem muss das Fahrzeug vom Hersteller speziell für den Einsatz von Run-Flat-Reifen zugelassen sein. Bei einem Druckverlust sind die entsprechenden Vorschriften des Reifen-Herstellers zu beachten. **Hinweis:** Manche Reifen mit Notlauf-Eigenschaften benötigen spezielle Felgen.

Austauschen der Räder/Laufrichtung

Sicherheitshinweise
Reifen nicht einzeln, sondern mindestens achsweise ersetzen. Reifen mit der größeren Profiltiefe **vorn** montieren. Am Fahrzeug dürfen nur Reifen gleicher Bauart verwendet werden. An einer Achse dürfen nur Reifen desselben Herstellers und mit der selben Profilausführung eingebaut werden. Reifen, die älter als 6 Jahre sind, nur im Notfall und bei vorsichtiger Fahrweise verwenden. Keine gebrauchten Reifen verwenden, deren Ursprung nicht bekannt ist. Beim Erneuern von Felge oder Reifen grundsätzlich das Gummiventil ersetzen.

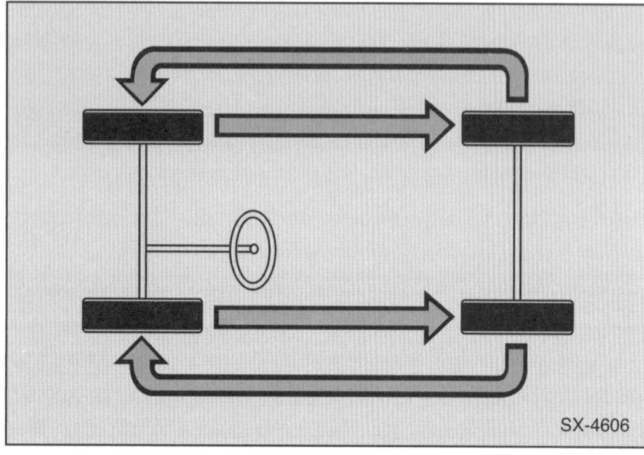
SX-4606

- Bei größerem Verschleiß der vorderen Reifen, die Vorderräder gegen die Hinterräder tauschen. Dadurch haben alle 4 Reifen etwa die gleiche Lebensdauer.

Es ist nicht zweckmäßig, bei einem Austausch der Räder die Drehrichtung der Reifen zu ändern, da sich die Reifen nur unter vorübergehend stärkerem Verschleiß der veränderten Drehrichtung anpassen.

SX-4609

- Bei Reifen **mit laufrichtungsgebundenem Profil,** erkennbar an Pfeilen auf der Reifenflanke in Laufrichtung, **muss** die Laufrichtung des Reifens **unbedingt** eingehalten werden. Dadurch werden optimale Laufeigenschaften bezüglich Aquaplaning, Haftvermögen, Geräusch und Abrieb sichergestellt.

Hinweis: Laufrichtungsgebundenes Reserverad bei einer Reifenpanne nur vorübergehend entgegen der Laufrichtung montieren. Insbesondere bei Nässe empfiehlt es sich, die Geschwindigkeit den Fahrbahnverhältnissen anzupassen.

Fehlerhafte Reifenabnutzung

- In erster Linie ist auf vorschriftsmäßigen Reifenfülldruck zu achten, wobei alle 4 Wochen und vor jeder längeren Fahrt sowie bei hoher Zuladung eine Prüfung vorgenommen werden sollte.
- Reifenfülldruck nur bei kühlen Reifen prüfen. Der Reifenfülldruck steigt nämlich mit zunehmender Erhitzung bei schneller Fahrt an. Dennoch ist es völlig falsch, aus erhitzten Reifen Luft abzulassen.

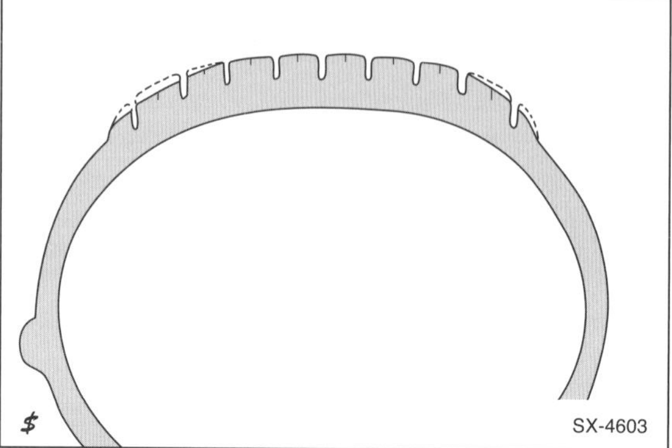
SX-4603

- An den Vorderrädern ist eine etwas größere Abnutzung der Reifenschultern gegenüber der Laufflächenmitte normal, wobei aufgrund der Straßenneigung die Abnutzung der zur Straßenmitte zeigenden Reifenschulter (linkes Rad: außen, rechtes Rad: innen) deutlicher ausgeprägt sein kann.
- Ungleichmäßiger Reifenverschleiß ist zumeist die Folge zu geringen oder zu hohen Reifenfülldrucks. Er kann auch auf Fehler in der Radeinstellung oder der Radauswuchtung sowie auf mangelhafte Stoßdämpfer oder Felgen zurückzuführen sein.
- Bei zu hohem Reifenfülldruck wird die Laufflächenmitte mehr abgenutzt, da der Reifen an der Lauffläche durch den hohen Innendruck mehr gewölbt ist.
- Bei zu niedrigem Reifenfülldruck liegt die Lauffläche an den Reifenschultern stärker auf, und die Laufflächenmitte wölbt sich nach innen durch. Dadurch ergibt sich ein stärkerer Reifenverschleiß der Reifenschultern.

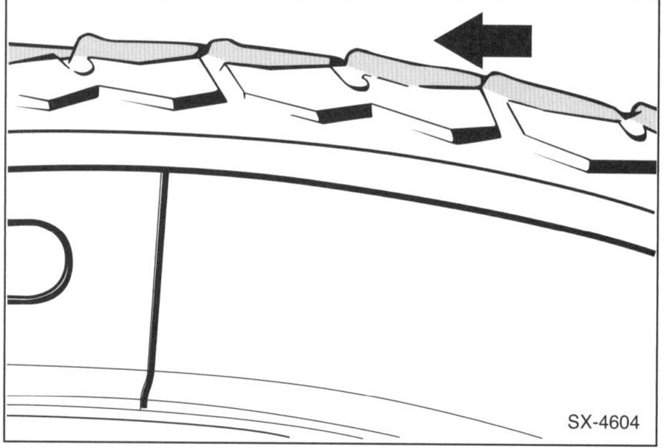
SX-4604

- Sägezahnförmige Abnutzung des Profils ist in der Regel auf eine Überbelastung des Fahrzeugs zurückzuführen.

Bremsanlage

Aus dem Inhalt:

- Bremsbeläge wechseln
- Bremsscheibe prüfen
- Bremsscheibe wechseln
- Bremse entlüften
- Bremsflüssigkeit wechseln
- Feststellbremse einstellen
- Bremsseilzüge erneuern
- ABS/ASR/BAS/ESP

Das Arbeiten an der Bremsanlage erfordert peinliche Sauberkeit und exakte Arbeitsweise. Falls die nötige Arbeitserfahrung fehlt, sollten Reparaturarbeiten an der Bremsanlage von einer Fachwerkstatt durchgeführt werden.

Das Bremssystem besteht aus dem Hauptbremszylinder mit dem Bremskraftverstärker und den **Scheibenbremsen** für die Vorderräder und die Hinterräder. Das hydraulische Bremssystem ist in zwei Kreise aufgeteilt, die diagonal wirken. Ein Bremskreis ist mit den Bremssätteln vorn rechts/hinten links verbunden, der zweite mit den Bremssätteln vorn links/hinten rechts. Dadurch kann bei Ausfall eines Bremskreises, zum Beispiel durch ein Leck, das Fahrzeug über den anderen Bremskreis zum Stehen gebracht werden. Der Druck für beide Bremskreise wird im Tandem-Hauptbremszylinder über das Bremspedal aufgebaut.

Der **Bremsflüssigkeitsbehälter** befindet sich auf der linken Seite im Motorraum über dem Hauptbremszylinder. Er versorgt das Bremssystem wie auch das hydraulische Kupplungssystem mit Bremsflüssigkeit.

Der **Bremskraftverstärker** speichert beim Benzinmotor einen Teil des vom Motor erzeugten Ansaugunterdruckes. Beim Betätigen des Bremspedals wird dann die Pedalkraft durch den Unterdruck verstärkt. Einige Benzinmotoren benötigen eine Unterdruckpumpe zur Verstärkung des Bremsdrucks.

Da beim Dieselmotor der Ansaugunterdruck nicht vorhanden ist, erzeugt eine **Vakuumpumpe** den Unterdruck für den Bremskraftverstärker. Die Vakuumpumpe sitzt am Zylinderkopf und wird über die Nockenwelle angetrieben.

Die **Bremsbeläge** sind Bestandteil der Allgemeinen Betriebserlaubnis (ABE) und vom Werk auf das jeweilige Fahrzeugmodell abgestimmt. Es dürfen deshalb nur die vom Automobilhersteller beziehungsweise vom Kraftfahrtbundesamt (KBA) freigegebenen Bremsbeläge verwendet werden. Diese Bremsbeläge haben eine KBA-Freigabenummer.

Sicherheitshinweis
Beim Aufbocken des Fahrzeugs besteht Unfallgefahr! Hinweise im Kapitel »Fahrzeug aufbocken« beachten.

Hinweis: Beim Fahren auf stark regennassen Fahrbahnen ist es sinnvoll, die Fußbremse von Zeit zu Zeit zu betätigen, um die Bremsscheiben von Rückständen zu befreien. Während der Fahrt wird zwar durch die Zentrifugalkraft das Wasser von den Bremsscheiben geschleudert, doch bleibt teilweise ein dünner Film von Fett und Verschmutzungen zurück, der das Ansprechen der Bremse vermindert.

Eingebrannter Schmutz auf den Bremsbelägen und zugesetzte Regennuten in den Bremsbelägen führen zur Riefenbildung auf den Bremsscheiben. Dadurch kann eine verminderte Bremswirkung eintreten.

Achtung: Selbstsichernde Schrauben/Muttern immer ersetzen. Gewindebohrungen für selbstsichernde Schrauben vorher nachschneiden und säubern.

Sicherheitshinweis
Beim Reinigen der Bremsanlage fällt Bremsstaub an, der zu gesundheitlichen Schäden führen kann. Beim Reinigen der Bremsanlage Bremsstaub nicht einatmen.

ABS/ASR/BAS/ESP

Grundsätzlich dürfen Arbeiten an den elektronisch gesteuerten Brems- und Fahrwerkskomponenten nur in der Fachwerkstatt ausgeführt werden.

ABS: Das **A**nti-**B**lockier-**S**ystem verhindert bei scharfem Abbremsen das Blockieren der Räder, dadurch bleibt das Fahrzeug lenkbar.

ASR: Die elektronische **A**ntriebs-**S**chlupf-**R**egelung verhindert beim Beschleunigen den Schlupf der zum Durchdrehen neigenden Räder. Dies wird durch das Abbremsen der Räder und die Reduzierung der Motorleistung erreicht.

BAS: Das **B**rems-**A**ssistent-**S**ystem erkennt aufgrund der Geschwindigkeit und der Kraft, mit der das Bremspedal heruntergedrückt wird, ob eine Notbremssituation gegeben ist. In diesem Fall erhöht BAS automatisch den Bremsdruck über den vom Fahrer vorgegebenen Wert, bis die ABS-Regelung einsetzt. Dadurch wird der Bremsweg verkürzt.

ESP: Über die ABS-Funktionen hinaus verringert ESP (**E**lektronisches **S**tabilitäts-**P**rogramm) das Schleuderrisiko des Fahrzeugs. In dem umfassenden Fahrstabilitätsregelsystem ESP sind unter anderem die Funktionen der Traktionskontrolle integriert. In schnell durchfahrenen Kurven oder bei abrupten Ausweichmanövern erkennt ESP, ob das Fahrzeug auszubrechen droht. Über Sensoren erfasst ESP den Lenkwinkel und die Drehgeschwindigkeit des Fahrzeugs um die Hochachse. Durch das Abbremsen einzelner Räder und die Regulierung der Motorleistung wird das Fahrzeug bestmöglichst auf dem gewünschten Kurs gehalten.

Ist die ESP-Regelung aktiv, wird dies durch Blinken der ESP-Warnleuchte im Kombiinstrument signalisiert. Die Fahrweise sollte dann den Straßenverhältnissen angepasst werden, sonst besteht Unfallgefahr.

Die ESP-Warnleuchte leuchtet bei eingeschalteter Zündung auf und erlischt nach dem Anlassvorgang bei laufendem Motor.

Hinweise zum ABS/ESP

Eine Sicherheitsschaltung im elektronischen Steuergerät sorgt dafür, dass sich die Anlage bei einem **Defekt** (zum Beispiel Kabelbruch) oder bei zu niedriger Betriebsspannung (Batteriespannung unter 10 Volt) selbst abschaltet. Angezeigt wird dies durch das Aufleuchten der Kontrolllampen im Kombiinstrument. Die herkömmliche Bremsanlage bleibt dabei in Betrieb. Das Fahrzeug verhält sich dann beispielsweise beim Bremsen so, als ob keine ABS/ESP-Anlage eingebaut wäre.

Sicherheitshinweis
Wenn während der Fahrt die Kontrollleuchten für ABS, ESP und für die Bremsanlage leuchten, können bei starkem Abbremsen die Hinterräder blockieren, da die Bremskraftverteilung ausgefallen ist.

Leuchten eine oder mehrere **Kontrolllampen** im Kombiinstrument während der Fahrt auf, folgende Punkte beachten:

- Fahrzeug kurz anhalten, Motor abstellen und wieder starten.
- Batteriespannung prüfen. Wenn die Spannung unter 10,5 Volt liegt, Batterie laden.

Achtung: Wenn die Kontrolllampen am Anfang einer Fahrt aufleuchten und nach einiger Zeit wieder erlöschen, deutet das darauf hin, dass die Batteriespannung zunächst zu gering war, bis sie sich während der Fahrt durch Ladung über den Generator wieder erhöht hat.

- Prüfen, ob die Batterieklemmen richtig festgezogen sind und einwandfreien Kontakt haben.
- Fahrzeug aufbocken, Räder abnehmen, elektrische Leitungen zu den ABS-Drehzahlsensoren auf äußere Beschädigungen (Scheuerstellen) prüfen. Weitere Prüfungen der ABS/ESP-Anlage sollten von einer Fachwerkstatt durchgeführt werden.

Achtung: Vor **Schweißarbeiten** mit einem elektrischen Schweißgerät muss der Stecker von der ESP/BAS-Steuereinheit im Motorraum abgezogen werden. Stecker nur bei ausgeschalteter Zündung abziehen. Bei **Lackierarbeiten** darf das Steuergerät kurzzeitig mit max. +95° C belastet werden.

Technische Daten Bremsanlage

Scheibenbremse		**vorn**				
Modell		C180K/C200K/C200CDI/ C220CDI (+T-Modell)	C230/C280	C230-T/C280-T	C320CDI/C350	C320CDI-T/ C350-T
Bremsscheiben-Durchmesser	mm	288	295	300	322	330
– Dicke neu	mm	25,0	28,0	28,0	32,0	28,0
– Verschleißgrenze	mm	22,4	25,4	25,4	29,4	25,4
Bremsbelagstärke [1]	mm	19,5				
– Verschleißgrenze [2]	mm	2,0				
Ansprechen der Verschleißanzeige	mm	2,0 – 3,0				

Scheibenbremse		**hinten**			
Modell		C200CDI/ C180K/C200K	Limousine: C200CDI T-Modell: Alle	C220CDI/C230/C280	C320CDI/C350
Bremsscheiben-Durchmesser	mm	278 [3]	290 [3]	300 [3]	300
– Dicke neu	mm	9,0	10,0	10,0	22,0
– Verschleißgrenze	mm	7,3	8,3	8,3	19,4
Bremsbelagstärke [1]	mm	17,0			
– Verschleißgrenze [2]	mm	2,0			
Ansprechen der Verschleißanzeige	mm	2,0 – 3,0			

[1]) Mit Belagrückenplatte, [2]) ohne Belagrückenplatte, [3]) Bremsscheibe massiv, alle anderen innenbelüftet.

Bremsbeläge aus- und einbauen

Hinweis: Beim Einkauf neuer Bremsbeläge kann der Preis für den Komplettsatz – Bremsbeläge plus Bremsscheiben – günstiger sein als die jeweiligen Einzelpreise.

An der Vorderachse kommen Bremsen mit geteiltem und mit ungeteiltem Bremssattelträger zum Einsatz. Beschrieben wird der Aus- und Einbau der Bremsbeläge bei der Bremse mit geteiltem Bremssattelträger. Die Besonderheiten für die Bremse mit ungeteiltem Bremssattelträger stehen am Ende des Kapitels.

Ausbau

Achtung: Bremsbeläge sind Bestandteil der Allgemeinen Betriebserlaubnis (ABE) und vom Werk auf das jeweilige Modell abgestimmt. Es dürfen deshalb nur die vom Automobilhersteller freigegebenen Bremsbeläge verwendet werden.

Achtung: Sollen die Bremsbeläge wieder verwendet werden, müssen sie beim Ausbau gekennzeichnet werden. Ein Wechsel der Beläge von der Außen- zur Innenseite oder vom rechten zum linken Rad ist nicht zulässig.

Achtung: Grundsätzlich alle Scheibenbremsbeläge einer Achse gleichzeitig ersetzen, auch wenn nur ein Belag die Verschleißgrenze erreicht hat.

- Verschlussdeckel des Ausgleichsbehälters für Bremsflüssigkeit abschrauben und etwas Bremsflüssigkeit absaugen, damit beim Zurückdrücken der Bremskolben das Überlaufen des Ausgleichsbehälters verhindert wird.

Sicherheitshinweis
Beim Aufbocken des Fahrzeugs besteht Unfallgefahr! Deshalb die Hinweise im Kapitel »Fahrzeug aufbocken« beachten.

- Radschrauben lösen. Fahrzeug aufbocken und Räder abnehmen. **Achtung:** Unbedingt Hinweise im Kapitel »Rad aus- und einbauen« beachten.
- Falls vorhanden, Blende vom Bremssattel abhebeln.

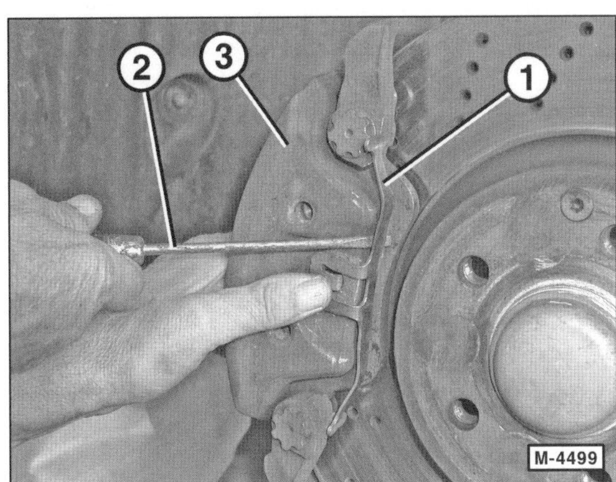

- Feder –1– mit einem Schraubendreher –2– vom Bremssattel –3– abhebeln.

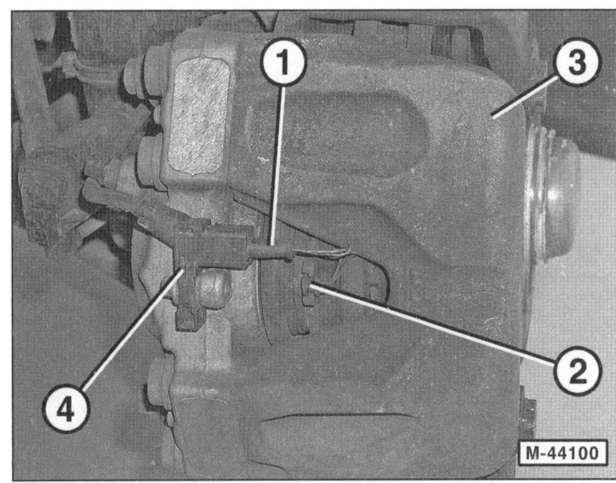

- **Bremse rechts:** Stecker –1– für Verschleißsensor –2– abziehen. 3 – Bremssattel, 4 – Halter Steckverbindung.

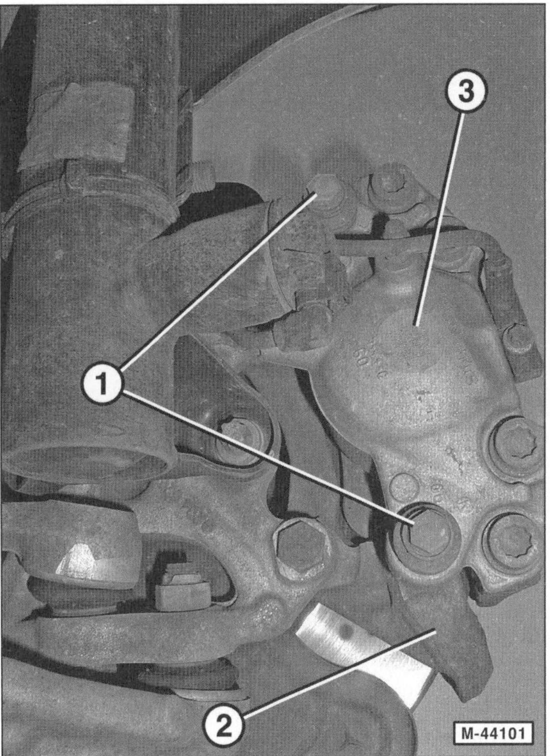

- Schrauben –1– vom Bremssattelträger –2– herausdrehen.
- Bremssattel –3– abnehmen. **Achtung:** Dabei Bremsschlauch nicht auf Zug beanspruchen oder knicken. Bremssattel zur Entlastung des Bremsschlauchs am Fahrzeug spannungsfrei mit Draht aufhängen.

Hinweis: Bremsschlauch nicht abmontieren, sonst muss die Bremsanlage nach Einbau der Bremsbeläge entlüftet werden.

- Bremsbeläge herausnehmen.
- Bremsscheiben auf Zustand prüfen, siehe entsprechendes Kapitel.

- Bremssattel und Staubmanschette –3– am Bremskolben auf Beschädigung prüfen, siehe Abbildung M-44100. Bei Beschädigung der Staubmanschette Bremssattel erneuern.

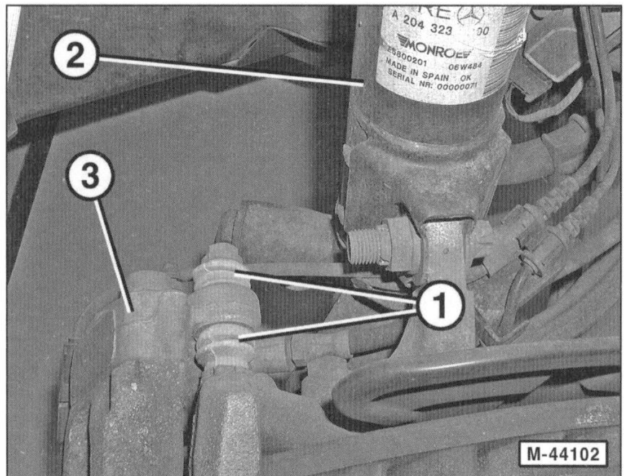

- Dichtmanschetten –1– auf Beschädigung und korrekten Sitz sowie Führungshülse für Befestigungsschraube auf Leichtgängigkeit prüfen. Gegebenenenfalls Führungshülse und Dichtmanschette auswechseln. 2 – Federbein, 3 – Bremssattel.

Einbau

Achtung: Bei ausgebauten Bremsbelägen nicht auf das Bremspedal treten, sonst wird der Kolben aus dem Gehäuse herausgedrückt. In diesem Fall Bremssattel komplett ausbauen und Kolben in der Werkstatt einsetzen lassen.

- Vor Einbau der Beläge ist die Bremsscheibe durch Abtasten mit den Fingern auf Riefen zu untersuchen. Riefige Bremsscheiben können abgedreht werden (Werkstattarbeit), sofern sie noch eine ausreichende Dicke aufweisen. Grundsätzlich beide Bremsscheiben einer Achse auf gleiches Maß abdrehen lassen.
- Bremsscheibendicke messen. Ist die Verschleißgrenze erreicht, Bremsscheibe wechseln, siehe entsprechendes Kapitel.
- Vor dem Einsetzen neuer Bremsbeläge Bremssattel und Bremssattelträger gründlich reinigen.

Achtung: Zum Reinigen der Bremse **ausschließlich** Spiritus verwenden. Führungsfläche beziehungsweise Sitz der Beläge im Gehäuseschacht mit einem Lappen reinigen. Keine scharfkantigen Werkzeuge verwenden. Besonders auf das Entfernen eventueller Klebefolienreste an den Anlageflächen der Bremsbeläge achten.

- Gewindebohrung des Führungsbolzens nachschneiden und säubern. Führungsbolzen auf Leichtgängigkeit prüfen, gegebenenfalls reinigen und leicht einfetten.
- Staubmanschetten der Führungsbolzen auf Beschädigungen prüfen, gegebenenfalls ersetzen.
- Staubmanschette für Bremskolben auf Anrisse prüfen. Eine beschädigte Staubmanschette umgehend ersetzen lassen, da eingedrungener Schmutz schnell zu Undichtigkeiten des Bremssattels führt. Der Bremssattel muss dazu zerlegt werden (Werkstattarbeit).
- Vor dem Einsetzen der Bremsbeläge Anlagefläche des Bremskolbens reinigen und dünn mit Bremsen-Antiquietschpaste bestreichen.

Achtung: Die Bremsen-Antiquietschpaste darf auf keinen Fall auf die Staubmanschette, die Reibfläche der Bremsbeläge oder auf die Bremsscheibe gelangen.

- Deckel des Bremsflüssigkeitsbehälters aufschrauben.
- Bei hohem Bremsbelagverschleiß Leichtgängigkeit des Kolbens prüfen. Dazu einen Holzklotz in den Bremssattel einsetzen und durch Helfer langsam auf das Bremspedal treten lassen. Der Bremskolben muss sich leicht heraus- und hineindrücken lassen. Zur Prüfung muss der andere Bremssattel eingebaut sein. Darauf achten, dass der Bremskolben nicht ganz herausgedrückt wird. Bei schwergängigem Kolben Bremssattel ersetzen.

Achtung: Beim Zurückdrücken des Kolbens wird Bremsflüssigkeit aus dem Bremszylinder in den Vorratsbehälter gedrückt. Flüssigkeit im Behälter beobachten, eventuell Bremsflüssigkeit mit einem Saugheber absaugen.

> **Sicherheitshinweis**
> Zum Absaugen eine Entlüfter- oder Plastikflasche verwenden, die nur mit Bremsflüssigkeit in Berührung kommt. Keine Trinkflaschen verwenden! **Bremsflüssigkeit ist giftig und darf auf gar keinen Fall mit dem Mund über einen Schlauch abgesaugt werden. Saugheber verwenden.** Auch nach dem Belagwechsel darf die MAX-Marke am Bremsflüssigkeitsbehälter nicht überschritten werden, da sich die Flüssigkeit bei Erwärmung ausdehnt. Ausgelaufene Bremsflüssigkeit läuft am Hauptbremszylinder herunter, zerstört den Lack und führt zur Rostbildung.

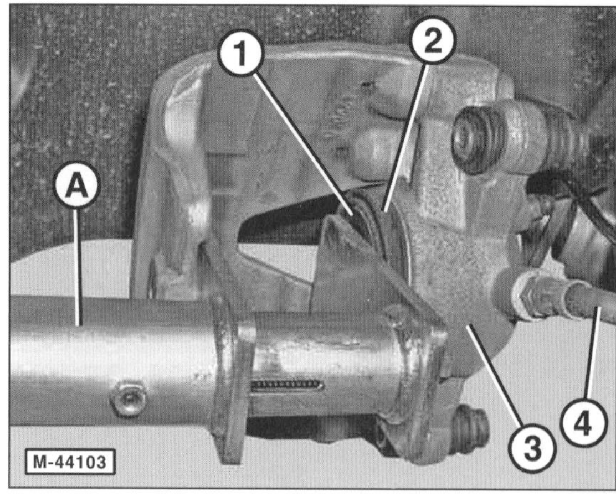

- Bremskolben –1– mit Rücksetzvorrichtung –A– zurückdrücken. Bei schwergängigem Bremskolben Bremssattel –3– erneuern. 2 – Staubmanschette, 4 – Bremsschlauch.

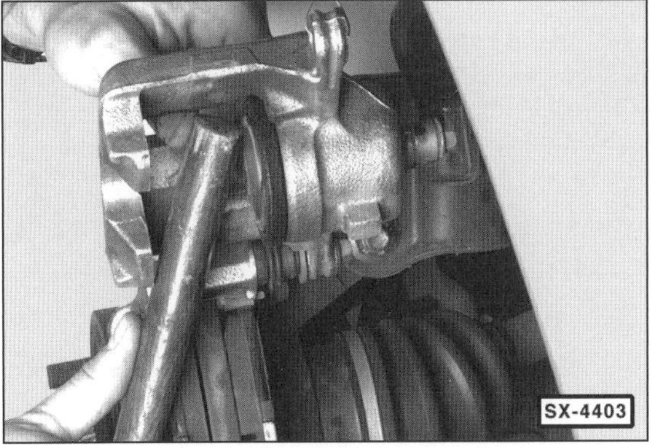

- Steht das Rücksetzwerkzeug nicht zur Verfügung, Bremskolben mit einem Hartholzstab, zurückdrücken.

Achtung: Darauf achten, dass der Kolben nicht verkantet wird und Kolbenfläche sowie Staubmanschette nicht beschädigt werden.

- Anlageflächen der Bremsbeläge an Bremssattel und Bremssattelträger reinigen. Dabei die Staubmanschette –2– am Bremskolben nicht beschädigen. Keine scharfkantigen oder spitzen Gegenstände verwenden, da sonst der Bremssattel beschädigt wird und ersetzt werden muss.
- Kleberückstände an den Anlageflächen am Bremsklotz und Bremssattel müssen vollständig entfernt werden.

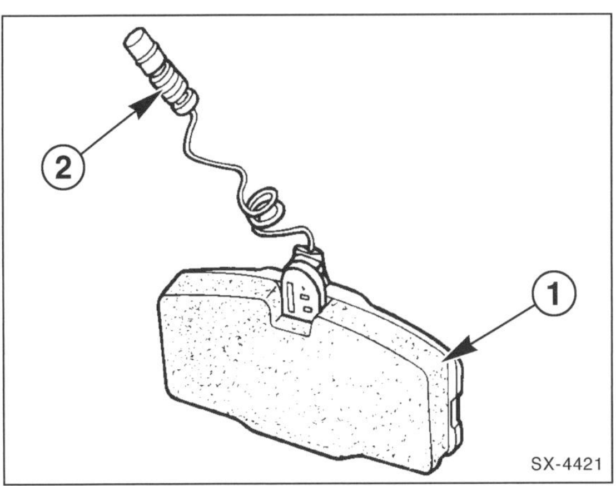

- **Bremse rechts:** Verschleißfühler aus der Steckverbindung am Bremsbelag –1– herausziehen und auf den neuen Bremsbelag umbauen. Beschädigten Verschleißfühler durch neuen ersetzen. 2 – Stecker des Verschleißfühlers.
- Inneren Bremsbelag mit aufgenieteter Feder in den Bremskolben einstecken.
- Schutzfolie von äußerem Bremsbelag abziehen und Bremsbelag in den Bremssattel einkleben.
- Bremssattel mit Bremsbelägen am Bremssattelträger ansetzen.
- Verschleißsensor durch die Öffnung des Bremssattels führen.
- **Neue selbstsichernde** Schrauben oben und unten am Bremssattel eindrehen und mit **25 Nm** festziehen.
- **Bremse rechts:** Stecker des Verschleißfühlers in die Steckverbindung einführen.

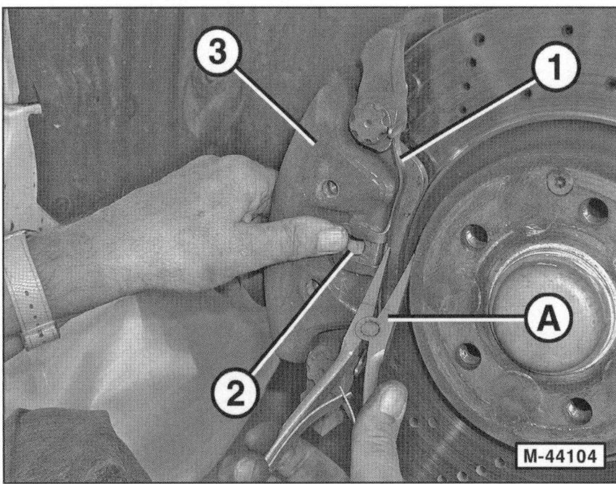

- Feder –1– ansetzen und mit einer geeigneten Zange –A–, zum Beispiel HAZET 1847-2, gegen den Bremssattel –3– drücken. Gleichzeitig die Feder mit der Nase –2– in die Bohrung am Bremssattel hineindrücken.
- Räder anschrauben, dabei Reifen-Laufrichtung beachten. Fahrzeug ablassen, erst dann Radschrauben über Kreuz festziehen. **Achtung:** Unbedingt Hinweise im Kapitel »Rad aus- und einbauen« beachten.

Achtung: Bremspedal im Stand mehrmals kräftig niedertreten, bis fester Widerstand spürbar ist. Dadurch legen sich die Bremsbeläge an die Bremsscheiben an und nehmen einen dem Betriebszustand entsprechenden Sitz ein. Am Bremspedal muss ein fester Widerstand spürbar sein, sonst Bremssystem auf Undichtigkeit prüfen.

- Bremsflüssigkeitsstand im Ausgleichbehälter prüfen, gegebenenfalls bis zur MAX-Marke auffüllen.
- Neue Bremsbeläge vorsichtig einbremsen, dazu Fahrzeug mehrmals von ca. 80 km/h auf 40 km/h mit geringem Pedaldruck abbremsen. Dazwischen Bremse etwas abkühlen lassen.

Achtung: Nach dem Einbau neuer Bremsbeläge müssen diese eingebremst werden. Während einer Fahrtstrecke von rund 200 km sollten unnötige Vollbremsungen unterbleiben.

Hinweis: Bremsbeläge müssen in einigen Kommunen als Sondermüll entsorgt werden. Die örtlichen Behörden geben darüber Auskunft, ob auch eine Entsorgung über den hausmüllähnlichen Gewerbemüll zulässig ist.

Achtung, Sicherheitskontrolle durchführen:

- Sind die Bremsschläuche festgezogen?
- Befindet sich der Bremsschlauch in der Halterung?
- Sind die Entlüftungsschrauben angezogen?
- Ist genügend Bremsflüssigkeit eingefüllt?
- Bei laufendem Motor Dichtheitskontrolle durchführen. Hierzu Bremspedal mit 200 bis 300 N (entspricht 20 bis 30 kg) etwa 30 Sekunden betätigen. Das Bremspedal darf nicht nachgeben. Sämtliche Anschlüsse auf Dichtheit kontrollieren.
- Anschließend einige Sicherheitsbremsungen auf einer Straße ohne Verkehr durchführen.

Speziell Bremse mit ungeteiltem Bremssattelträger

Achtung: Hier wird nur auf die Unterschiede hingewiesen.

Ausbau

- Führungsbolzen rausschrauben.

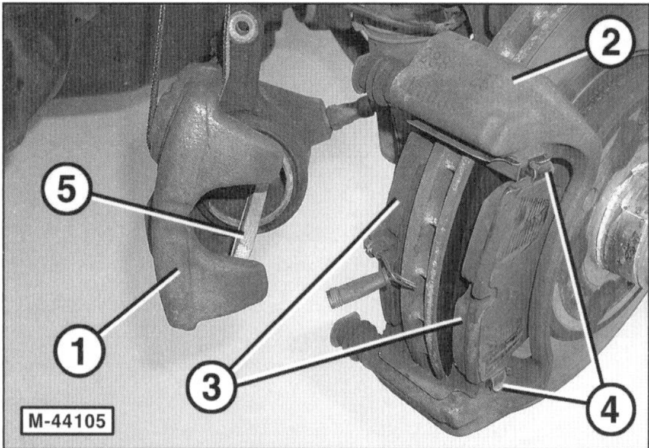

- Bremssattel –1– ohne Bremsbeläge vom Bremssattelträger –2– abnehmen.
- Bremsbeläge –3– aus dem Bremssattelträger herausnehmen.
- Haltefedern –4– abnehmen. 5 – Holzstück, das in den Bremssattel eingelegt wurde um ein versehentliches Herausdrücken des Kolbens zu verhindern.

Einbau

- **Neue** Haltefedern –4– in den Bremssattelträger einsetzen. **Hinweis**: Die Haltefedern liegen dem Ersatzteilsatz der Bremsbeläge bei.
- Bremsbeläge am Bremssattelträger einsetzen.
- Bremssattel über Bremssattelträger und Bremsbeläge schieben.

Anzugsdrehmomente:
Führungsbolzen für Bremssattel
an Bremssattelträger . . . . **25 Nm**
Schraube für Verschleißsensor an Bremssattel: . . . . **8 Nm**

Speziell Hinterradbremse

Hinweis: Der Aus- und Einbau an der Hinterradbremse erfolgt im Prinzip wie an der Vorderradbremse. Hier werden nur die Unterschiede beschrieben. Die Beschreibung gilt nicht für den C63AMG.

Ausbau

- Falls vorhanden: Elektrische Steckverbindung für Bremsbelag-Verschleißsensor trennen.

- Feder –1– von Bremssattel –2– abhebeln.

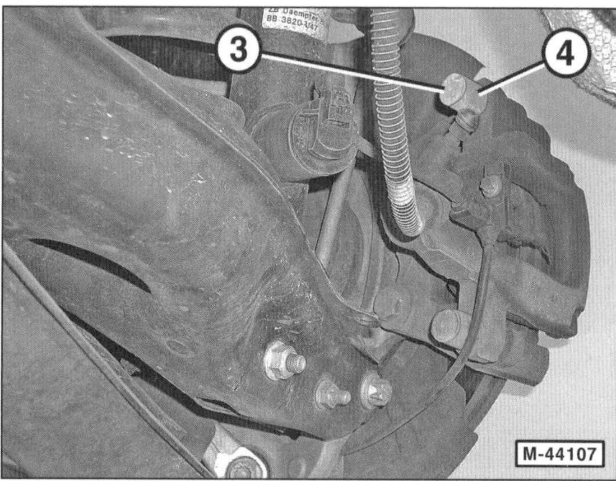

- Schutzkappe –3– von der oberen Manschette –4– abheben und abnehmen. Dadurch wird der obere Führungsbolzen zugänglich.

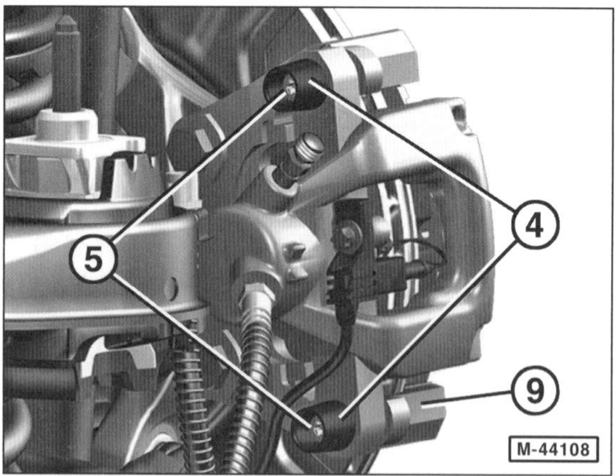

- Oberen Führungsbolzen –5– herausdrehen, zum Beispiel mit HAZET 2784-1. **Hinweis:** In der Abbildung sind der obere und der untere Führungsbolzen gekennzeichnet. 9 – Bremssattelträger.

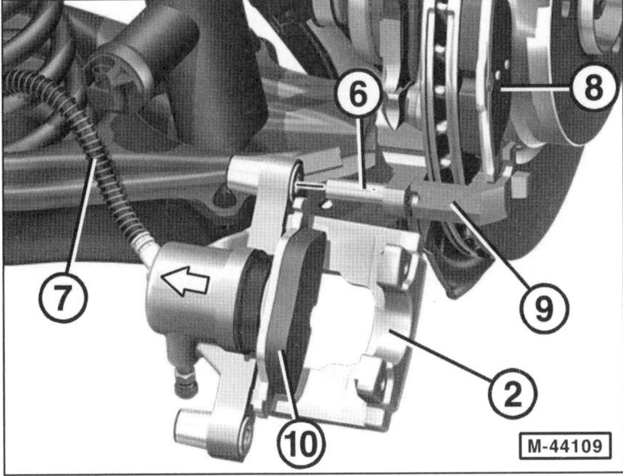

- Bremssattel –2– nach hinten abklappen.
- Bremssattel –2– vom unteren Führungsbolzen –6– in Pfeilrichtung abziehen.

Achtung: Bremsschlauch –7– nicht auf Zug beanspruchen oder knicken. Bremssattel –2– zur Entlastung des Bremsschlauchs spannungsfrei am Fahrzeug mit Draht aufhängen. Unteren Führungsbolzen –6– und Bremsschlauch –7– nicht abmontieren.

- Äußeren Bremsbelag –8– aus dem Bremssattelträger –9– herausnehmen.

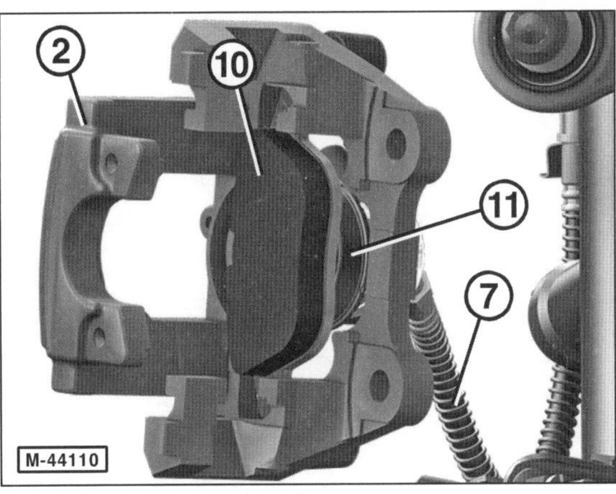

- Inneren Bremsbelag –10– aus dem Bremskolben herausziehen.

Einbau

- Bremssattel –2– und Staubmanschette –11– am Bremskolben auf Beschädigung prüfen. Bei Beschädigung Bremssattel erneuern.
- Manschetten –4– am Bremssattel auf Beschädigung prüfen. Bei Beschädigung erneuern.
- Inneren Bremsbelag –10– mit aufgenieteter Feder in den Bremskolben einstecken.
- Äußeren Bremsklotz –8– in den Bremssattelträger –9– einsetzen.
- Bremssattel –2– am unteren Führungsbolzen aufschieben und hochklappen.
- Oberen Führungsbolzen einsetzen und mit **25 Nm** festziehen. Schutzkappe aufdrücken.
- Schutzkappe am oberen Führungsbolzen aufdrücken.
- Falls vorhanden: Elektrische Steckverbindung für Bremsbelag-Verschleißsensor verbinden.

Bremssattel aus- und einbauen

Ausbau

Hinweis: Wird der Bremssattel nur zum Ausbau des Bremssattelträgers oder der Bremsscheibe abgebaut, muss der Bremsschlauch nicht abgeschraubt werden. In diesem Fall den Bremssattel mit Draht so am Aufbau aufhängen, dass der Bremsschlauch nicht verdreht oder auf Zug beansprucht wird.

- Bremsbeläge ausbauen, siehe entsprechendes Kapitel.
- Falls vorhanden, Halter für Verschleißanzeige abschrauben.
- Holzstück –5– in den Bremssattel einsetzen damit der Kolben nicht versehentlich aus dem Bremssattel gedrückt wird, siehe Abbildung M-44105 auf Seite 132.
- Damit nach dem Öffnen der Bremsleitung keine Bremsflüssigkeit aus dem Vorratsbehälter nachläuft das Bremspedal **leicht** niederdrücken und mit geeigneter Vorrichtung, zum Beispiel einer Pedalstütze, gedrückt halten.
- Bremsschlauch aus dem Bremssattel herausschrauben; dabei Bremsschlauch mit einem Maulschlüssel gegenhalten und Bremssattel vom Bremsschlauch abdrehen. **Achtung:** Der Bremssattel wird gedreht, nicht der Bremsschlauch. Der Bremsschlauch darf nicht verdreht werden.
- Sofort neuen Bremssattel am Bremsschlauch anschrauben.
- Bremsbeläge und Bremssattel einbauen, siehe entsprechendes Kapitel.
- Bremsanlage entlüften, siehe entsprechendes Kapitel.

Bremsscheibendicke prüfen

Prüfen

Sicherheitshinweis
Beim Aufbocken des Fahrzeugs besteht Unfallgefahr! Deshalb die Hinweise im Kapitel »Fahrzeug aufbocken« beachten.

- Radschrauben lösen. Fahrzeug aufbocken und Räder abnehmen. **Achtung:** Unbedingt Hinweise im Kapitel »Rad aus- und einbauen« beachten.

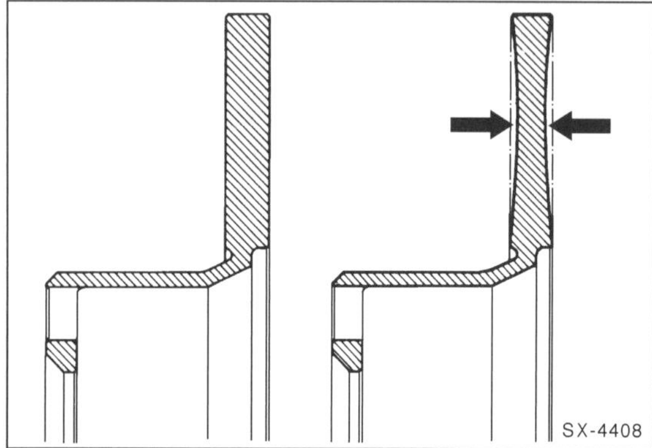

- Bremsscheibendicke immer an der dünnsten Stelle –Pfeile– messen. Die Werkstatt benutzt dazu einen speziellen Messschieber oder eine Mikrometer-Bügelmessschraube, da sich durch die Abnutzung der Bremsscheibe ein Rand bildet. Man kann die Bremsscheibendicke auch mit einer normalen Schieblehre messen, allerdings muss dann auf jeder Seite der Bremsscheibe eine entsprechend starke Unterlage zwischengelegt werden (beispielsweise 2 Münzen). Um das exakte Maß der Bremsscheibendicke zu ermitteln, müssen von dem gemessenen Wert die Dicke der Münzen beziehungsweise der Unterlage abgezogen werden.

Achtung: Messung an mehreren Punkten der Bremsscheibe vornehmen. Zulässige Toleranz an verschiedenen Messpunkten: **0,01 mm**.

Hinweis: Soll- und Verschleißwerte für Bremsscheibe, siehe »Technische Daten Bremsanlage«.

- Wird die Verschleißgrenze erreicht, Bremsscheibe erneuern, siehe entsprechendes Kapitel.
- Innenbelüftete Bremsscheiben mit Haarrissen bis 25 mm Länge brauchen nicht ausgetauscht zu werden. Bei größeren Rissen oder bei Riefen, die tiefer als 0,5 mm sind, Bremsscheibe erneuern, siehe entsprechendes Kapitel.
- Räder anschrauben, Fahrzeug ablassen, erst dann Radschrauben über Kreuz festziehen. **Achtung:** Unbedingt Hinweise im Kapitel »Rad aus- und einbauen« beachten.

Bremsscheibe aus- und einbauen

Bremsscheiben erneuern, wenn sie korrodiert sind oder die Verschleißgrenze erreicht haben.

Um beidseitig eine gleichmäßige Verzögerung sicherzustellen, müssen alle Bremsscheiben die gleiche Oberfläche bezüglich Schliffbild und Rautiefe aufweisen. Deshalb **grundsätzlich beide** Bremsscheiben einer Achse ersetzen, beziehungsweise abdrehen lassen.

Korrodierte Bremsscheiben erzeugen beim Abbremsen einen Rubbeleffekt, der sich auch durch längeres Bremsen nicht beseitigen lässt. In diesem Fall müssen die Bremsscheiben erneuert werden.

Achtung: Werden die Bremsscheiben ersetzt oder abgedreht, müssen gleichzeitig auch neue Bremsbeläge eingebaut werden.

Hinweis: Beim Einkauf kann der Preis für den **Komplettsatz** – Bremsbeläge plus Bremsscheiben – günstiger sein als die jeweiligen Einzelpreise.

Ausbau

Sicherheitshinweis
Beim Aufbocken des Fahrzeugs besteht Unfallgefahr! Deshalb die Hinweise im Kapitel »Fahrzeug aufbocken« beachten.

- Radschrauben lösen. Fahrzeug aufbocken und Räder abnehmen. **Achtung:** Unbedingt Hinweise im Kapitel »Rad aus- und einbauen« beachten.
- Wenn die Bremsscheiben ersetzt oder abgedreht werden, Bremsbeläge ausbauen und ersetzen, siehe entsprechendes Kapitel.

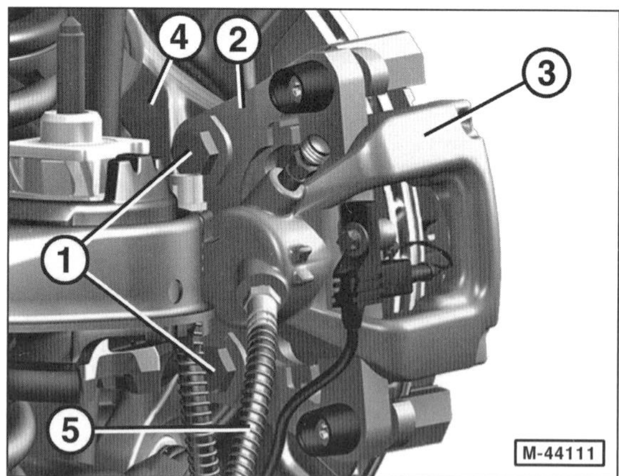

- Schrauben –1– herausdrehen.
- Bremssattelträger –2– komplett mit Bremssattel –3– und Bremsbelägen vom Achsschenkel/Radträger –4– abnehmen und mit Draht so am Aufbau oder an der Schraubenfeder aufhängen, dass der Bremsschlauch –5– nicht verdreht oder auf Zug beansprucht wird. **Hinweis:** In der Abbildung ist die Hinterradbremse dargestellt.

Achtung: Bremsschlauch nicht abmontieren, sonst muss die Bremsanlage nach Einbau der Bremsbeläge entlüftet werden.

- Um ein Herausgleiten des Bremskolbens zu verhindern, Holzstück zwischen die Bremsbeläge klemmen.

- Sicherungsschraube –4– herausdrehen und Bremsscheibe abnehmen.

Achtung: Die Bremsscheibe darf nicht durch Gewaltanwendung (Hammerschläge) von der Radnabe getrennt werden. Stattdessen handelsüblichen Rostlöser anwenden, um Schäden an der Bremsscheibe zu vermeiden. Falls der Ausbau nur durch kräftige Hammerschläge möglich ist, aus Sicherheitsgründen Bremsscheibe und Radlager erneuern. Auch wenn ein Abzieher verwendet wird, Bremsscheibe erneuern.

Einbau

- Bremsscheibendicke messen, siehe entsprechendes Kapitel.
- Falls vorhanden, Rost am Flansch der Bremsscheibe und der Radnabe entfernen.
- Neue Bremsscheibe mit Verdünnung vom Schutzlack reinigen.
- Anlagefläche der Bremsscheibe mit Langzeitfett einschmieren. **Achtung:** Es darf kein Fett an die Laufflächen der Bremsscheibe gelangen.
- Bremsscheibe auf Radnabe aufsetzen. **Neue, selbstsichernde** Schraube eindrehen und mit **10 Nm** festziehen. **Hinweis:** Vorher Gewindebohrung nachschneiden und säubern.
- Bremssattelträger und Bremssattel mit den Bremsbelägen über die Bremsscheibe schieben.
- Bremssattelträger am Achsschenkel mit **neuen, selbstsichernden Schrauben** und **115 Nm** anschrauben. **Hinweis:** Anzugsdrehmoment für den hinteren Bremssattelträger beim C63AMG: **110 Nm.**

Achtung: War der Bremsschlauch demontiert, muss die Bremsanlage entlüftet werden, siehe entsprechendes Kapitel.

- Räder anschrauben, Fahrzeug ablassen, erst dann Radschrauben über Kreuz festziehen. **Achtung:** Unbedingt Hinweise im Kapitel »Rad aus- und einbauen« beachten.

Achtung: Bremspedal im Stand mehrmals kräftig niedertreten, bis fester Widerstand spürbar ist.

- Bremsflüssigkeitsstand im Bremsflüssigkeitsbehälter prüfen, gegebenenfalls auffüllen.

Achtung, Sicherheitskontrolle durchführen:

- Sind die Bremsschläuche festgezogen?
- Befindet sich der Bremsschlauch in der Halterung?
- Sind die Entlüftungsschrauben angezogen?
- Ist genügend Bremsflüssigkeit eingefüllt?
- Bei laufendem Motor Dichtheitskontrolle durchführen. Hierzu Bremspedal mit 200 bis 300 N (entspricht 20 bis 30 kg) etwa 30 Sekunden betätigen. Das Bremspedal darf nicht nachgeben. Sämtliche Anschlüsse auf Dichtheit kontrollieren.
- Anschließend einige Sicherheitsbremsungen auf einer Straße ohne Verkehr durchführen.

- Neue Bremsscheiben vorsichtig einbremsen, dazu Fahrzeug mehrmals von ca. 80 km/h auf 40 km/h mit geringem Pedaldruck abbremsen. Dazwischen Bremse etwas abkühlen lassen.

Speziell Hinterradbremse

Hinweis: Der Aus- und Einbau an der Hinterradbremse erfolgt im Prinzip wie an der Vorderradbremse. Hier werden nur die Unterschiede beschrieben.

- Handbremse ganz lösen.

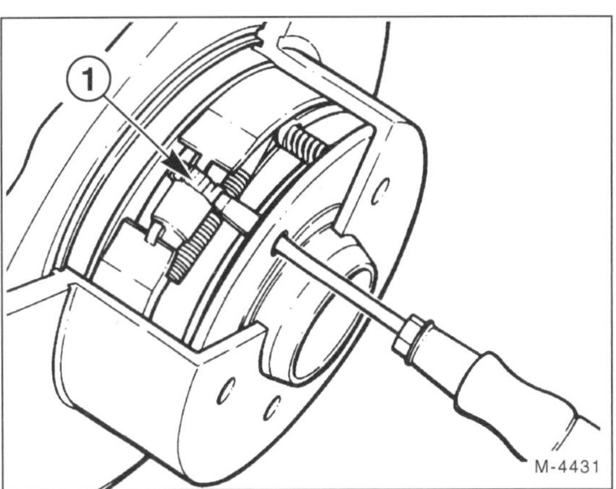

- Nachstellvorrichtung der Feststell-Trommelbremse zurückdrehen. Dazu einen geeigneten Schraubendreher durch eine Gewindebohrung für die Radschrauben führen und Nachstellritzel –1– mit dem Schraubendreher verdrehen.

Hinweis: Bei der Hinterradbremse muss die Bremsscheibe von den Bremsbacken der Feststell-Trommelbremse abgezogen werden, siehe auch Kapitel »Handbremse einstellen«.

- Nach dem Einbau der Bremsscheibe Handbremse einstellen, siehe entsprechendes Kapitel.

Bremsseilzüge aus- und einbauen

Sicherheitshinweis
Beim Aufbocken des Fahrzeugs besteht Unfallgefahr! Deshalb die Hinweise im Kapitel »Fahrzeug aufbocken« beachten.

- Fahrzeug aufbocken.

Vorderer Bremsseilzug

Hinweis: Die Arbeitsbeschreibung bezieht sich auf Fahrzeuge mit Schaltgetriebe. Bei Fahrzeugen mit Automatikgetriebe muss zum Ausbau des Bremsseilzuges das Getriebe abgesenkt werden.

Ausbau

- Abdeckung links unter der Armaturentafel ausbauen.

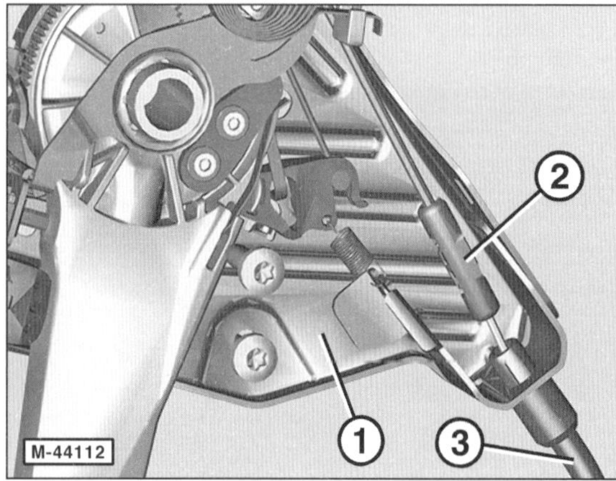

- Abdeckung von Pedalanlage –1– abmontieren.
- Bodenbelag im Fahrerfußraum ausbauen.
- Vordere Trennstelle –2– an der Pedalanlage –1– mit einem Montierhebel nach unten drücken und vorderen Bremsseilzug –3– aushängen. **Achtung:** Vorderen Bremsseilzug –3– nicht mit einer Zange aushängen, anderenfalls kann der Gummischutz beschädigt werden.
- Vorderen Bremsseilzug –3– aus Zuglasche der Pedalanlage –1– aushängen.

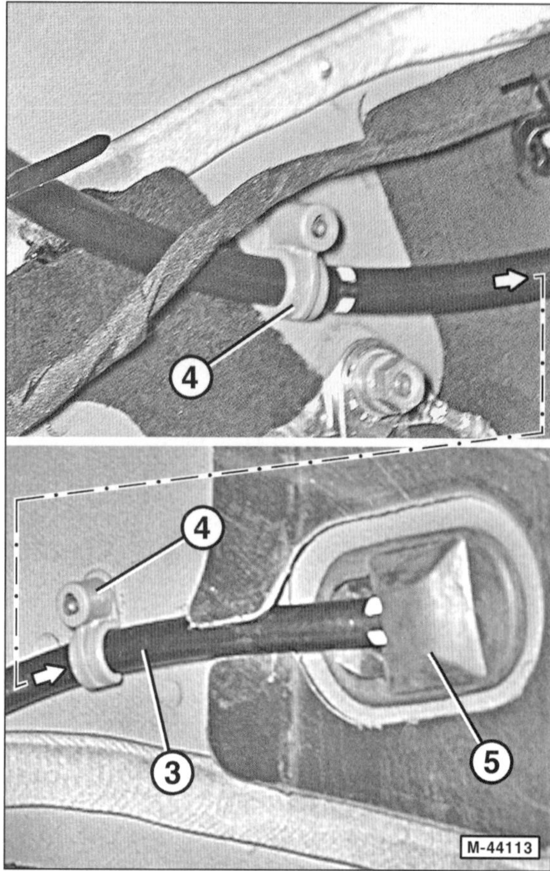

- Halteclips –4– im Fahrerfußraum ausclipsen.
- Gummitülle –5– aus Gelenkwellentunnel heraushebeln.
- Versteifungsstrebe hinten an Rahmenboden ausbauen.

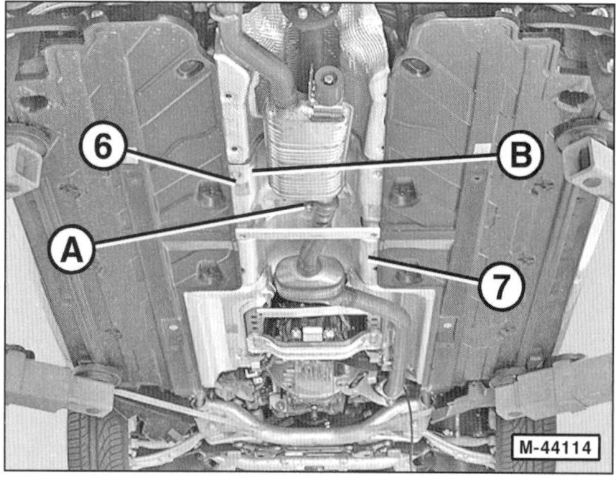

- Wärmeschutzbleche –6/7– ausbauen. Dabei gegebenenfalls Unterbodenverkleidung lösen. A/B = Position der Detail-Abbildungen M-44115/M-44116.

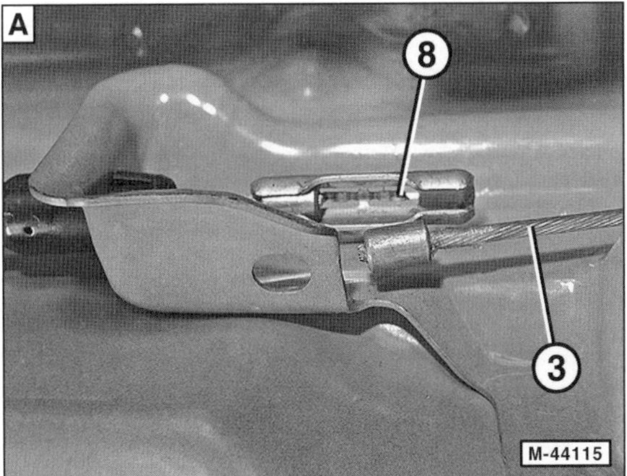

- Vorderen Bremsseilzug –3– an der mittleren Trennstelle –8– aushängen.
- Vorderen Bremsseilzug –3– von Halterung am Unterboden aushängen.

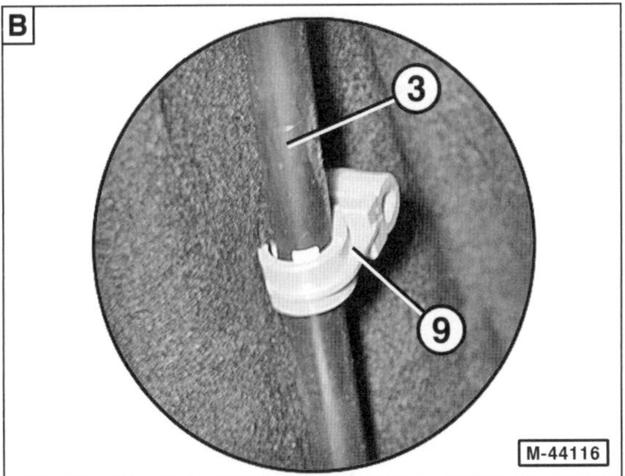

- Halteclips –9– am Gelenkwellentunnel abmontieren. Dabei werden die schwer zugänglichen Halteclips zerstört und müssen ersetzt werden.
- Vorderen Bremsseilzug –3– nach hinten herausziehen.

Einbau

- Der Einbau erfolgt in umgekehrter Ausbaureihenfolge. Dabei ist folgendes zu beachten:
- Vorderen Bremsseilzug –3– am Gelenkwellentunnel von außen nach innen in den Fahrgastraum durchschieben.
- Halteclips –4– im Fahrerfußraum erneuern.
- Feststellbremse einstellen.

Mittlerer Bremsseilzug

Ausbau

- **Motor 272, 642:** Versteifungsstrebe hinten am Rahmenboden ausbauen.

- Mittleres Wärmeschutzblech –6– ausbauen. Dabei, falls erforderlich, Unterbodenverkleidung lösen.

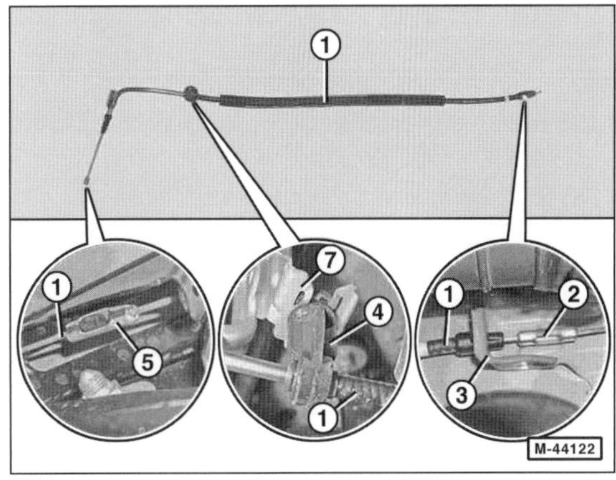

- Mittlere Trennstelle –2– mit Montierhebel nach hinten drücken und mittleren Bremsseilzug –1– aushängen.

Achtung: Mittleren Bremsseilzug –1– nicht mit einer Zange aushängen, da sonst der Gummischutz beschädigt werden kann. Darauf achten, dass die Oberfläche im Bereich der mittleren Trennstelle –2– am Gelenkwellentunnel keine Kratzer, Anrisse oder Kerben erhält, da es sonst zu Korrosionsschäden kommen kann.

- Mittleren Bremsseilzug –1– von Halterung –3– am Unterboden aushängen.
- Gummihalterung –4– am mittleren Bremsseilzug –1– von Halter –7– aushängen.
- Hinteren linken Bremsseilzug von mittlerem Bremsseilzug –1– aushängen.
- Mittleren Bremsseilzug –1– an hinterer Trennstelle –5– aushängen und herausnehmen.

Einbau

- Der Einbau erfolgt in umgekehrter Ausbaureihenfolge.
- Feststellbremse einstellen, siehe entsprechendes Kapitel.

Hinterer Bremsseilzug

Ausbau

- Bremsscheibe ausbauen, siehe entsprechendes Kapitel.
- Bremsbacken der Feststellbremse ausbauen, siehe entsprechendes Kapitel.

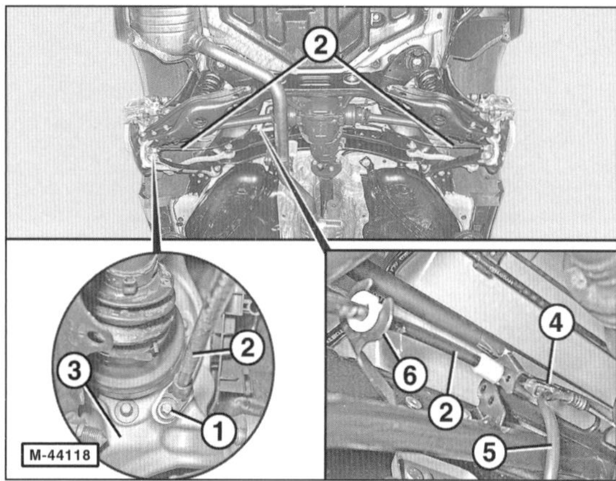

- Schraube –1– herausdrehen und hinteren Bremsseilzug –2– aus dem Radträger –3– herausziehen.
- Hinteren Bremsseilzug –2– von Trennstelle –4– am mittleren Bremsseilzug –5– aushängen.
- Hinteren Bremsseilzug –2– von der Halterung –6– am Hinterachsträger ausclipsen und herausnehmen.

Einbau

- Der Einbau erfolgt in umgekehrter Ausbaureihenfolge.
- Feststellbremse einstellen, siehe entsprechendes Kapitel.

Feststellbremse einstellen

Die Feststellbremse muss eingestellt werden, wenn die Bremsseilzüge oder die Bremsbacken der Feststell-Trommelbremse ersetzt wurden.

> **Sicherheitshinweis**
> Beim Aufbocken des Fahrzeugs besteht Unfallgefahr! Deshalb die Hinweise im Kapitel »Fahrzeug aufbocken« beachten.

- Radschrauben lösen. Fahrzeug aufbocken und Räder abnehmen. **Achtung:** Unbedingt Hinweise im Kapitel »Rad aus- und einbauen« beachten.
- Feststellbremse lösen.

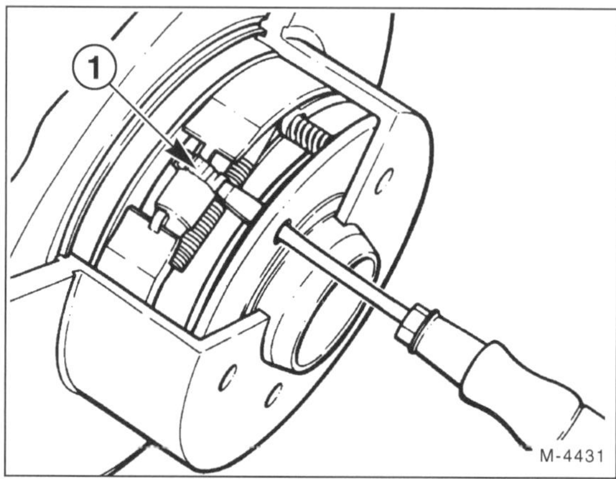

- Geeigneten Schraubendreher durch eine Gewindebohrung für die Radschrauben führen. Nachstellritzel –1– der Feststell-Trommelbremse mit dem Schraubendreher so weit verdrehen, bis die Bremsbacken anliegen und das Rad sich von Hand gerade nicht mehr drehen lässt.
  Drehrichtung zum Anlegen der Bremsbacken:
  - Rechtes Stellrad von oben nach unten drehen.
  - Linkes Stellrad von unten nach oben drehen.
- Anschließend Nachstellritzel wieder zurückdrehen, bis sich das Rad frei drehen lässt. **Hinweis:** Darauf achten, dass das Ritzel sowohl an der rechten wie auch an der linken Radseite um die selbe Zähneanzahl zurückgedreht wird, und zwar um 8 Zähne.
- Die Bremsscheiben müssen sich jetzt von Hand vollkommen frei drehen lassen.
- Feststellbremse betätigen.
- Die Bremsscheiben dürfen sich von Hand nicht drehen lassen.
- Feststellbremse lösen. Die Bremsscheiben müssen sich von Hand vollkommen frei drehen lassen.
- Räder anschrauben, Fahrzeug ablassen, erst dann Radschrauben über Kreuz festziehen. **Achtung:** Unbedingt Hinweise im Kapitel »Rad aus- und einbauen« beachten.

Bremsbacken für Feststellbremse aus- und einbauen

Die Feststellbremse wirkt über Bremsbacken in den hinteren Bremsscheiben.

Ausbau

- Feststellbremse lösen.
- Bremsscheiben hinten ausbauen, siehe entsprechendes Kapitel.

Achtung: Vor Ausbau der einzelnen Elemente der Trommelbremse deren Einbauweise einprägen. Als Referenz die Bremse der anderen Seite benutzen.

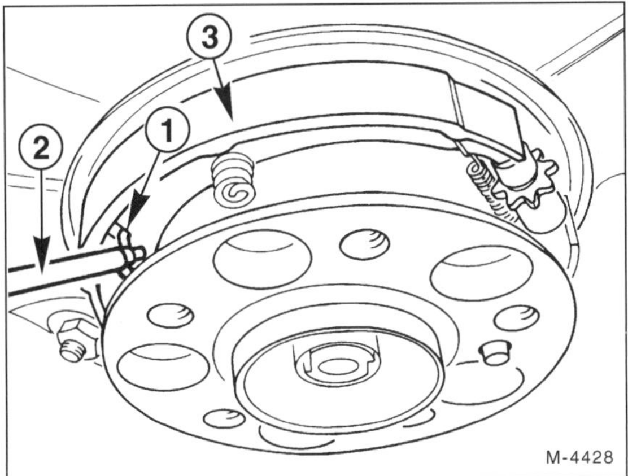

- Rückzugfeder –1– am Spreizschloss mit dem HAZET-Zughebel 4964-1 –2– oder einem Schraubendreher aus den Bremsbacken –3– aushängen.

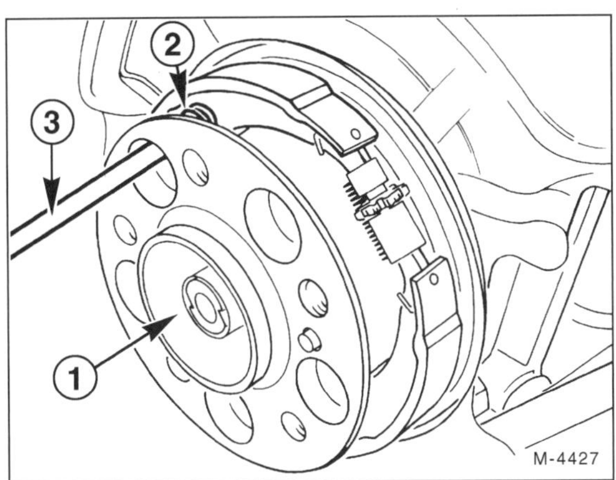

- Hinterachswellenflansch –1– so drehen, dass ein Gewindeloch sich über der Andrückfeder –2– befindet.
- Andrückfeder –2– mit HAZET 2730 –3– oder Schraubendreher etwas zusammendrücken, um 90° drehen und aushängen.

Hinweis: Das Hilfswerkzeug kann auch selbst angefertigt werden. An eine Stange mit entsprechendem Durchmesser auf der einen Seite einen T-Griff anschweißen und auf der anderen Seite einen Schlitz, ca. 4 mm tief und ca. 2,5 mm breit, einfeilen.

- Andrückfeder für die zweite Bremsbacke auf dieselbe Weise ausbauen.

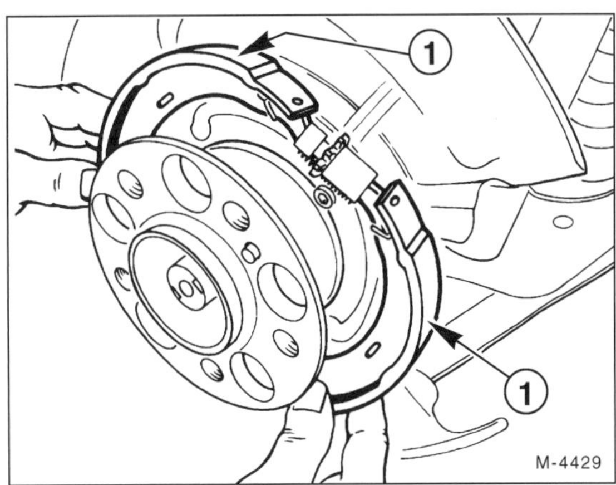

- Beide Bremsbacken –1– auseinanderziehen und über den Hinterachswellenflansch abnehmen. Einbaulage der Nachstellvorrichtung für Wiedereinbau beachten.

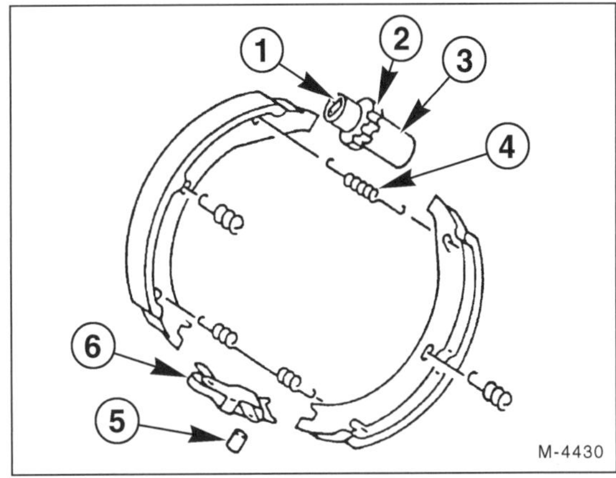

- Rückzugfeder –4– aus den Bremsbacken aushängen und Nachstellvorrichtung –1– bis –3– herausnehmen.
- Bolzen –5– am Spreizschloss –6– herausdrücken und Spreizschloss vom Bremsseilzug abnehmen.

Einbau

- Waren die Beläge der alten Bremsbacken verbrannt, auch die Bremsbacken-Rückzugfedern, Haltefedern und Bremsscheiben erneuern.
- Sämtliche Lager- und Gleitflächen am Spreizschloss mit Hochtemperaturpaste (z. B. LIQUI MOLY LM-36, MOLYKOTE-PASTE-U oder G-RAPID) dünn einreiben.
- Nachstellvorrichtung auseinanderschrauben. Gewinde des Druckstückes –1– sowie zylindrischen Teil des Stellrades –2– mit Hochtemperaturpaste schmieren, siehe Abbildung M-4430.

- Druckstück –1– in das Stellrad –2– einschrauben und in die Druckhülse –3– einsetzen. Dabei Druckstück ganz einschrauben.
- Seilzug der Feststellbremse mit Bolzen am Spreizschloss befestigen. Danach Spreizschloss in Richtung Bremsträger drücken. Beim Einbau darauf achten, dass der bewegliche Teil des Spreizschlosses nach oben zeigt.
- Nachstellvorrichtung so zwischen beide Bremsbacken einsetzen, dass das Druckstück in Fahrtrichtung zeigt.
- Erste Rückzugfeder –4– (Abbildung M-4430) in die Bremsbacken einhängen. Auf richtigen Sitz achten.
- Bremsbacken auseinanderziehen, über den Hinterachswellenflansch einsetzen und in Spreizschloss einhängen.

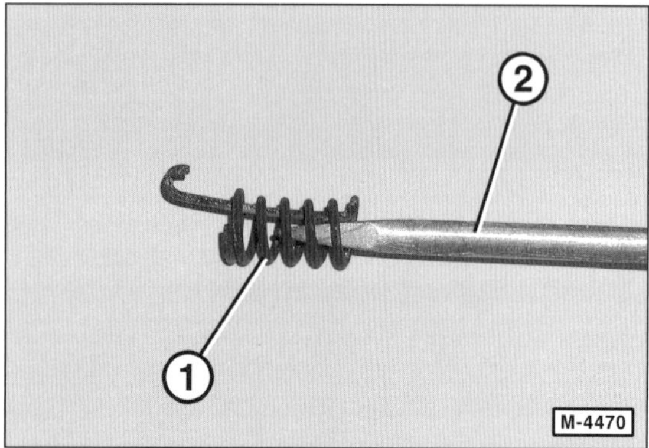

- Andrückfeder –1– mit MERCEDES-BENZ-Werkzeug 040 oder einem Schraubendreher –2– durch ein Gewindeloch in die Bremsbacke einsetzen, etwas zusammendrücken, um 90° drehen und dadurch in den Abdeckring einhängen. Anschließend Feder auf richtigen Sitz prüfen. Der Haken der Andrückfeder muss an der Innenseite der Bremsträgerplatte eingerastet sein.
- Andrückfeder für die zweite Bremsbacke einhängen.
- Hintere Bremsscheibe einbauen, siehe entsprechendes Kapitel.
- Hinterräder anschrauben, Fahrzeug ablassen, erst dann Radschrauben über Kreuz festziehen. **Achtung:** Unbedingt Hinweise im Kapitel »Rad aus- und einbauen« beachten.
- Feststellbremse einstellen, siehe entsprechendes Kapitel.

Achtung: Bremspedal im Stand mehrmals kräftig niedertreten, bis fester Widerstand spürbar ist. Dadurch legen sich die Bremsbeläge an die Bremsscheiben an und nehmen einen dem Betriebszustand entsprechenden Sitz ein.

- Bremsflüssigkeitsstand im Bremsflüssigkeitsbehälter prüfen, gegebenenfalls auffüllen.

Hinweis: Wurden die Bremsbacken erneuert, müssen die Beläge eingebremst werden.

Feststellbremse einbremsen

Achtung: Während des Einbremsvorganges darf eim Betätigen der Feststellbremse die Arretierung des Pedals nicht einrasten. Deshalb den Lösehebel des Feststell-Bemspedals während des Einbremsvorganges in Lösestellung arretieren.

Achtung: Der Einbremsvorgang ist auf einer Straße **ohne Verkehr** und bei **trockener Fahrbahn** durchzuführen.

- Mit ca. 50 km/h fahren.
- Pedal der Feststellbremse 2 bis 3 mal mit 100 – 200 N (10 – 20 kg) betätigen und bis zum Stillstand abbremsen.

Achtung: Da die Bremsleuchten nicht aufleuchten, unbedingt darauf achten, daß kein Verkehr auf der Straße ist.

- Anschließend Geschwindigkeit wieder auf ca. 50 km/h erhöhen.
- 10 Sekunden lang das Pedal der Feststellbremse mit max. 100 N (10 kg) betätigen.

Achtung: Löst die Feststellbremse nach der Prüfung nicht einwandfrei oder bremst das Fahrzeug nach dem Einbremsen und Einstellen einseitig, Bremsbacken und Bremsseilzüge prüfen und bei Bedarf erneuern.

Bremsschlauch aus- und einbauen

Achtung: Die starren Bremsleitungen aus Metall sollen von einer Fachwerkstatt verlegt werden, da zur fachgerechten Montage einige Erfahrung nötig ist.

Als flexible Verbindungen zwischen den starren Fahrzeugteilen und den Bremssätteln werden druckfeste Bremsschläuche verwendet. Diese müssen bei erkennbaren Schäden sofort ausgewechselt werden. Ältere Bremsschläuche können so aufquellen, dass sich in ihrem Innern der Durchflussquerschnitt verringert. In diesem Fall kann die Bremsflüssigkeit nicht aus dem Radbremszylinder in den Hauptbremszylinder zurückfließen; die Radbremse erhitzt sich. Wird dann das betreffende Entlüfterventil am Radbremszylinder geöffnet und das Rad blockiert nicht mehr, ist das ein Zeichen für einen defekten Bremsschlauch.

Achtung: Bremsschläuche nicht mit Öl oder Petroleum in Berührung bringen, nicht lackieren oder mit Unterbodenschutz besprühen.

Achtung: Regeln im Umgang mit Bremsflüssigkeit beachten, siehe Kapitel »Bremsanlage entlüften/Bremsflüssigkeit wechseln«.

Wird der Bremsschlauch vom Bremssattel beziehungsweise von der Bremsleitung getrennt, Bremspedal leicht durchdrücken und mit geeigneter Vorrichtung, zum Beispiel einer Pedalstütze, gedrückt halten. Dadurch wird verhindert, dass nach dem Öffnen der Bremsleitung Bremsflüssigkeit aus dem Vorratsbehälter nachläuft.

Ausbau

> **Sicherheitshinweis**
> Beim Aufbocken des Fahrzeugs besteht Unfallgefahr! Deshalb die Hinweise im Kapitel »Fahrzeug aufbocken« beachten.

- Radschrauben lösen. Fahrzeug aufbocken und Rad abnehmen. **Achtung:** Unbedingt Hinweise im Kapitel »Rad aus- und einbauen« beachten.

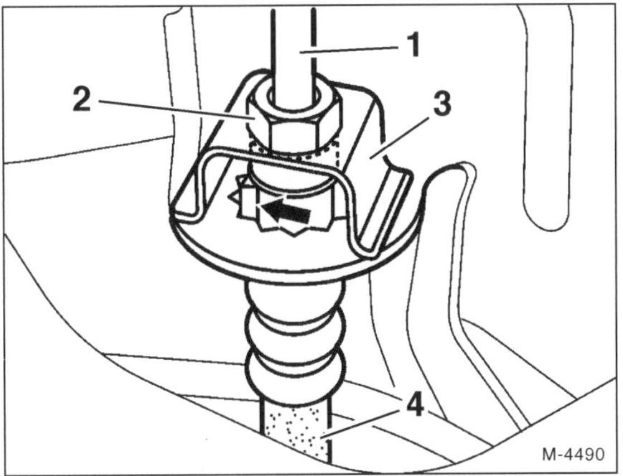

- Hohlschraube –2– aus dem Bremsschlauch –4– herausdrehen und Bremsleitung –1– vom Bremsschlauch trennen. 3 – Halteklammer. Pfeil = Führungszapfen.

Achtung: Auslaufende Bremsflüssigkeit mit Lappen auffangen. Leitungsanschluss in Richtung Hauptbremszylinder mit geeignetem Stopfen verschließen.

Sicherheitshinweis
Beim Öffnen vom Bremskreis läuft Bremsflüssigkeit aus. Bremsflüssigkeit in einer Flasche sammeln, die ausschließlich für Bremsflüssigkeit vorgesehen ist. Man kann auch zuvor die Bremsflüssigkeit mit einem Saugheber aus dem Bremsflüssigkeitsbehälter absaugen.

- **Vordere Bremse:** Bremsschlauch durch den Halter am Federbein durchziehen.

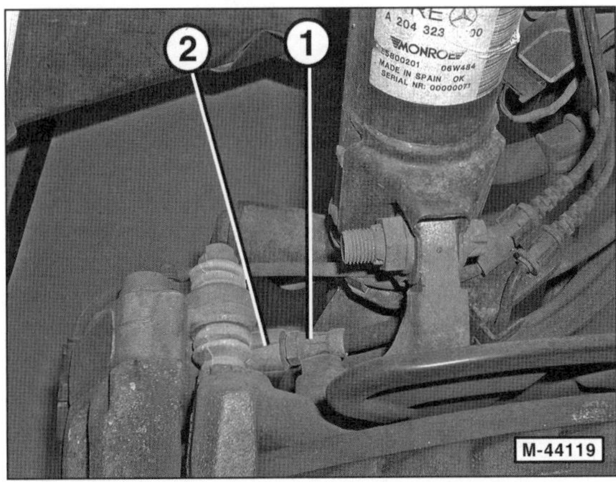

- Bremsschlauch –1– aus dem Bremssattel –2– herausschrauben.

Achtung: Aus der Anschlussöffnung des Bremssattels tritt Bremsflüssigkeit aus. Sicherheitshinweise beachten.

Einbau

- Nur vom Werk freigegebene Bremsschläuche einbauen. Neuen Bremsschlauch so einbauen, dass er ohne Drall durchhängt.
- Bremsschlauch zuerst am Bremssattel einschrauben und mit **18 Nm** festziehen.
- **Vordere Bremse:** Bremsschlauch durch den Halter am Federbein durchziehen und in einem nach unten geformten Bogen in den Halter am Radkasten einführen. Der Bremsschlauch darf nicht verdreht werden.
- Bremsschlauch –4– so in den Halter am Radkasten stecken, dass der Führungszapfen –Pfeil– in die Verzahnung des Halters greift. Bremsschlauch mit Bremsleitung –1– verschrauben. Hohlschraube –2– mit **16 Nm** festziehen. Dabei auf korrekten Sitz der Halteklammer –3– achten, siehe Abbildung M-4490.
- Freigängigkeit des Bremsschlauches bei vollem Lenkradeinschlag prüfen. Der Bremsschlauch muss bei allen Lenkeinschlägen zu den umliegenden Karosserieteilen einen Abstand von mindestens 15 mm einhalten.
- Bremsflüssigkeit im Vorratsbehälter bis zur MAX-Marke auffüllen.
- **Bremsanlage entlüften, siehe entsprechendes Kapitel.**
- Rad anschrauben, Fahrzeug ablassen, erst dann Radschrauben über Kreuz festziehen. **Achtung:** Unbedingt Hinweise im Kapitel »Rad aus- und einbauen« beachten.
- Lenkung noch einmal nach links und rechts bis zum Anschlag drehen und prüfen, ob der Bremsschlauch bei auf den Rädern stehendem Fahrzeug allen Radbewegungen folgt, ohne irgendwo anzuscheuern.

Achtung, Sicherheitskontrolle durchführen:

- Sind die Bremsschläuche festgezogen?
- Befindet sich der Bremsschlauch in der Halterung?
- Sind die Entlüftungsschrauben angezogen?
- Ist genügend Bremsflüssigkeit eingefüllt?
- Bei laufendem Motor Dichtheitskontrolle durchführen. Hierzu Bremspedal mit 200 bis 300 N (entspricht 20 bis 30 kg) etwa 30 Sekunden betätigen. Das Bremspedal darf nicht nachgeben. Sämtliche Anschlüsse auf Dichtheit kontrollieren.
- Anschließend einige Sicherheitsbremsungen auf einer Straße ohne Verkehr durchführen.

Bremskraftverstärker prüfen

Der vom Fahrer aufgebrachte Bremsdruck wird über den Bremskraftverstärker durch den Saugrohrunterdruck verstärkt. Beim Dieselmotor wird der benötigte Unterdruck von einer am Motor angeflanschten Vakuumdruckpumpe erzeugt. Die Funktion ist zu überprüfen, wenn zum Erzielen einer ausreichenden Bremswirkung die Pedalkraft außergewöhnlich hoch ist.

- Bremspedal bei stehendem Motor mindestens 5-mal kräftig durchtreten, dann bei belastetem Bremspedal Motor starten. Das Bremspedal muss jetzt unter dem Fuß spürbar nachgeben.
- Andernfalls Motorhaube öffnen und Abdeckung auf der Fahrerseite über dem Bremskraftverstärker abnehmen. Der Bremskraftverstärker sitzt im Motorraum direkt an der Spritzwand.
- Unterdruckschlauch am Bremskraftverstärker abziehen, Motor starten. Durch Fingerauflegen am Ende des Unterdruckschlauches prüfen, ob Unterdruck erzeugt wird.
- Ist kein Unterdruck vorhanden, Unterdruckschlauch auf Undichtigkeiten und Beschädigungen prüfen, gegebenenfalls ersetzen.
- **Dieselmotor:** Unterdruckschlauch von der Vakuumpumpe abziehen und Unterdruck am Schlauchanschluss prüfen. Ist dort Unterdruck vorhanden, Unterdruckschlauch und Schlauchanschlüsse auf Undichtigkeit prüfen.
- Ist Unterdruck vorhanden: Unterdruck messen, gegebenenfalls Bremsservo ersetzen lassen (Werkstattarbeit).

Bremsanlage entlüften/ Bremsflüssigkeit wechseln

Beim Umgang mit Bremsflüssigkeit sind folgende Hinweise zu beachten:

Sicherheitshinweis
Bremsflüssigkeit ist giftig. Keinesfalls Bremsflüssigkeit mit dem Mund über einen Schlauch absaugen. Bremsflüssigkeit nur in Behälter füllen, bei denen ein versehentlicher Genuss ausgeschlossen ist.

- Bremsflüssigkeit ist ätzend und darf deshalb nicht mit dem Autolack in Berührung kommen, gegebenenfalls Bremsflüssigkeit sofort abwischen und mit viel Wasser abwaschen.
- Bremsflüssigkeit ist hygroskopisch, das heißt, sie nimmt aus der Luft Feuchtigkeit auf. Bremsflüssigkeit deshalb nur in geschlossenen Behältern aufbewahren.
- **Bremsflüssigkeit, die schon einmal im Bremssystem verwendet wurde, darf nicht wieder verwendet werden. Auch beim Entlüften der Bremsanlage nur neue Bremsflüssigkeit verwenden.**
- Bremsflüssigkeits-Spezifikation **»DOT 4 plus«** nach Mercedes-Benz-Vorschrift **MB-331.0**.
- **Bremsflüssigkeit darf nicht mit Mineralöl in Berührung kommen.** Schon geringe Spuren von Mineralöl machen die Bremsflüssigkeit unbrauchbar, beziehungsweise führen zum Ausfall des Bremssystems. Stopfen und Manschetten der Bremsanlage werden beschädigt, wenn sie mit mineralölhaltigen Mitteln zusammenkommen. Zum Reinigen keine mineralölhaltigen Putzlappen verwenden.
- Bremsflüssigkeit **alle 2 Jahre wechseln**, möglichst nach der kalten Jahreszeit.

Achtung: Bremsflüssigkeit ist ein Problemstoff und darf auf keinen Fall einfach weggeschüttet oder dem Hausmüll mitgegeben werden. Gemeinde- und Stadtverwaltungen informieren darüber, wo sich die nächste Problemstoff-Sammelstelle befindet.

Bremsanlage entlüften

Nach jeder Reparatur an der Bremse, bei der die Bremsanlage geöffnet wurde, kann Luft in die Druckleitungen eingedrungen sein. Dann muss das Bremssystem entlüftet werden. Luft ist auch dann in den Leitungen, wenn sich der Bremsdruck beim Treten des Bremspedals schwammig anfühlt. In diesem Fall muss die Undichtigkeit beseitigt und die Bremsanlage entlüftet werden.

In der Werkstatt wird die Bremse in der Regel mit einem Bremsentlüftungsgerät entlüftet. Im Normalfall geht es auch ohne das Bremsentlüftungsgerät. Die Bremsanlage wird dann durch Pumpen mit dem Bremspedal entlüftet, dazu ist eine zweite Person notwendig.

Wenn eine Kammer des Bremsflüssigkeitsbehälters vollständig leer gelaufen ist (zum Beispiel bei Undichtigkeiten im Bremssystem oder wenn beim Entlüften vergessen wurde, Bremsflüssigkeit nachzufüllen), wird Luft angesaugt, die in die ABS-Hydraulikpumpe gelangt. **In diesem Fall, muss die Bremsanlage in einer Fachwerkstatt mit einem Bremsentlüftungsgerät entlüftet werden.**

Muss die komplette Anlage entlüftet werden, jede Radbremse einzeln entlüften. Das ist dann der Fall, wenn Luft in jeden einzelnen Bremszylinder gedrungen ist. Dann muss ebenfalls ein **Bremsentlüftungsgerät** verwendet werden. Falls nur ein Bremssattel erneuert bzw. überholt wurde, genügt in der Regel das Entlüften des betreffenden Bremszylinders.

Sicherheitshinweis
Wenn eine Kammer des Bremsflüssigkeitsbehälters leer gelaufen ist, muss die Bremsanlage in der Werkstatt mit dem Entlüftungsgerät entlüftet werden.

Die Reihenfolge der Entlüftung:

1. Bremssattel hinten rechts,
2. Bremssattel hinten links,
3. Bremssattel vorn rechts,
4. Bremssattel vorn links.

Entlüftungsreihenfolge bei Fahrzeugen mit 6-Kolben-Bremssätteln an der Vorderachse:

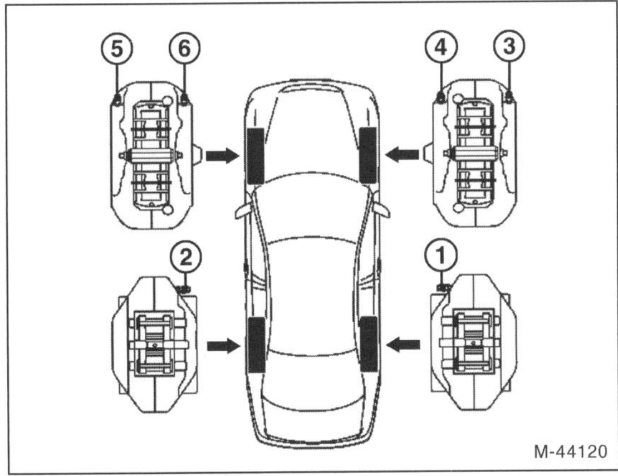

- Bremsflüssigkeitsstand am Vorratsbehälter markieren, damit der Behälter nach dem Entlüften auf den alten Stand aufgefüllt werden kann.
- Bremsflüssigkeitsbehälter bis MAX-Markierung auffüllen.

Sicherheitshinweis
Beim Aufbocken des Fahrzeugs besteht Unfallgefahr! Deshalb die Hinweise im Kapitel »Fahrzeug aufbocken« beachten.

- Radschrauben lösen. Fahrzeug aufbocken und Räder abnehmen. **Achtung:** Unbedingt Hinweise im Kapitel »Rad aus- und einbauen« beachten.

Achtung: Staubkappen von den Entlüfterventilen abziehen. Ventile –Pfeil– reinigen und vorsichtig öffnen, damit sie nicht abgedreht werden. Es empfiehlt sich, die Ventile ca. 1 Stunde vor dem Entlüften mit Rostlöser einzusprühen.

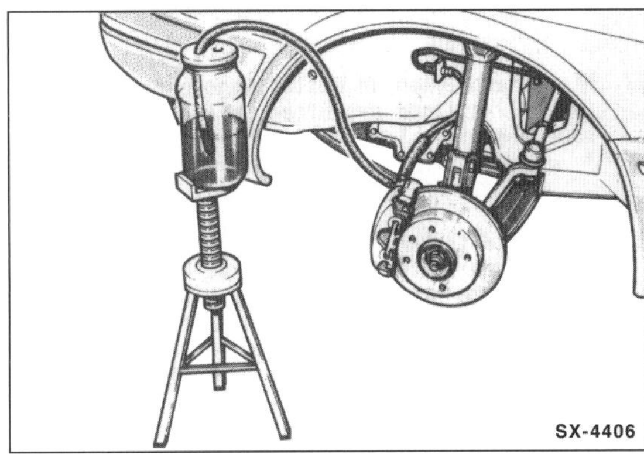

Achtung: Während des Entlüftens die Entlüfterflasche 30 Zentimeter höher als das Entlüfterventil halten und ab und zu den Bremsflüssigkeitsstand im Bremsflüssigkeitsbehälter beobachten. Der Flüssigkeitsspiegel darf nicht zu weit sinken, sonst wird über den Bremsflüssigkeitsbehälter Luft angesaugt. **Immer nur neue Bremsflüssigkeit nachgießen!**

- Durchsichtigen, sauberen Schlauch auf das gereinigte Entlüfterventil aufstecken, anderes Schlauchende in eine mit Bremsflüssigkeit halbvoll gefüllte Flasche stecken. **Hinweis:** Einen geeigneten Schlauch und ein passendes Gefäß gibt es im Autozubehörhandel.
- Von einem Helfer Bremspedal so oft niedertreten lassen, »pumpen«, bis sich im Bremssystem Druck aufgebaut hat – zu spüren am wachsenden Widerstand beim Betätigen des Pedals. Dabei Bremspedal langsam niedertreten, um Blasenbildung zu vermeiden.
- Ist genügend Druck vorhanden, Bremspedal ganz durchtreten und Fuß auf dem Bremspedal halten.
- Entlüfterventil am Bremssattel etwa ½ Umdrehung mit einem Ringschlüssel öffnen. Zum Öffnen der Ventile gibt es spezielle Entlüftungsschlüssel, zum Beispiel HAZET 4968-x.
- Ausfließende Bremsflüssigkeit in der Flasche sammeln. Darauf achten, dass sich das Schlauchende in der Flasche ständig unterhalb des Flüssigkeitsspiegels befindet und dass die Flasche über dem Bremssattel steht.

- Sobald der Flüssigkeitsdruck nachlässt, Entlüfterventil bei weiterhin niedergetretenem Bremspedal schließen.
- Pumpvorgang wiederholen, bis sich Druck aufgebaut hat. Bremspedal niedertreten, Fuß auf dem Bremspedal lassen, Entlüfterventil öffnen, bis der Druck nachlässt. Entlüfterventil schließen.
- Entlüftungsvorgang an einem Bremszylinder so lange wiederholen, bis die ausströmende Bremsflüssigkeit klar, ohne Verunreinigungen und Luftblasen ist.
- Nach dem Entlüften Schlauch vom Entlüfterventil abziehen, Entlüfterventil festziehen und Staubkappe auf Ventil stecken.
  Anzugsdrehmomente der Entlüfterschraube:
  Bremssattel vorn . . . . **7 Nm**
  Bremssattel hinten . . . . **8 Nm**
  C63AMG: Bremssattel vorn. . . . . **14 Nm**
  C63AMG: Bremssattel hinten. . . . . **17 Nm**
- Die Bremszylinder an den anderen Rädern auf die gleiche Weise entlüften, dabei Reihenfolge einhalten.
- Nach dem Entlüften den Bremsflüssigkeitsbehälter bis zur angezeichneten Markierung auffüllen. Damit wird gewährleistet, dass nach einem späteren Austausch der Bremsbeläge auf neue, dickere Beläge die Bremsflüssigkeit beim Zurückdrücken des Bremskolbens nicht aus dem Vorratsbehälter austritt.
- Bremsflüssigkeitsbehälter verschließen, dabei Gummidichtung im Verschlussdeckel beachten.
- Räder anschrauben, Fahrzeug ablassen, erst dann Radschrauben über Kreuz festziehen. **Achtung:** Unbedingt Hinweise im Kapitel »Rad aus- und einbauen« beachten.
- Bremspedal im Stand mehrmals kräftig niedertreten, bis fester Widerstand spürbar ist. Dadurch legen sich die Bremsbeläge an die Bremsscheiben an und nehmen einen dem Betriebszustand entsprechenden Sitz ein.
- Bei laufendem Motor **Dichtheitskontrolle** durchführen. Hierzu Bremspedal mit 200 bis 300 N (entspricht 20 bis 30 kg) etwa 30 Sekunden betätigen. Das Bremspedal darf nicht nachgeben. Sämtliche Anschlüsse auf Dichtheit kontrollieren.
- Nach dem Entlüften darf sich beim Treten auf das Bremspedal der Druck nicht schwammig anfühlen. Falls doch, Anlage nochmals entlüften. Dabei an jedem Bremssattel den Entlüftungsvorgang 5-mal durchführen.
- Anschließend einige Bremsungen auf einer Straße ohne Verkehr durchführen. Dabei sollte mindestens einmal die Bremsregelung des ABS-Systems geprüft werden, beispielsweise auf losem Untergrund. Dazu Bremse stark betätigen, bis am spürbaren Pulsieren des Bremspedals der Beginn der Bremsregelung erkennbar ist.

Achtung: Falls der Bremspedalweg nach der Probefahrt zu groß ist, obwohl er direkt nach dem Entlüften in Ordnung war, dann ist möglicherweise Luft in der ABS-Hydraulikeinheit. In diesem Fall Bremsanlage umgehend in der Fachwerkstatt entlüften lassen.

Bremsflüssigkeit wechseln

Erforderliches Spezialwerkzeug:

- Ringschlüssel für Entlüftungsschrauben.
- Durchsichtiger Kunststoffschlauch und Auffangflasche.

Erforderliches Betriebsmittel:

- Etwa 0,6 l Bremsflüssigkeit (C63AMG: 1,5 l) nach Mercedes-Benz-Vorschrift **MB-331.0**.

Bremsflüssigkeit nimmt durch die Poren der Bremsschläuche sowie durch die Entlüftungsöffnung des Vorratsbehälters Luftfeuchtigkeit auf. Dadurch sinkt im Laufe der Betriebszeit der Siedepunkt der Bremsflüssigkeit. Bei starker Beanspruchung der Bremse kann es deshalb zu Dampfblasenbildung in den Bremsleitungen kommen, wodurch die Funktion der Bremsanlage stark beeinträchtigt wird.

Die Bremsflüssigkeit soll alle **2 Jahre**, möglichst im Frühjahr, erneuert werden. Bei vielen Gebirgsfahrten, Bremsflüssigkeit in kürzeren Abständen wechseln.

Achtung: Die Arbeitsschritte zum Wechseln der Bremsflüssigkeit sind weitgehend gleich wie beim Entlüften der Bremsanlage, siehe entsprechenden Abschnitt. In der folgenden Beschreibung wird nur auf die Unterschiede eingegangen.

Hinweis: Da bei Fahrzeugen mit Schaltgetriebe die Kupplungsbetätigung ebenfalls mit Bremsflüssigkeit arbeitet, muss auch der Inhalt des Kupplungssystems ersetzt werden, siehe entsprechenden Abschnitt.

- Bremsflüssigkeitsstand auf dem Vorratsbehälter mit Filzstift markieren. Nach Erneuern der Bremsflüssigkeit ursprünglichen Flüssigkeitsstand wieder herstellen. Dadurch wird ein Überlaufen des Bremsflüssigkeitsbehälters beim Wechsel der Bremsbeläge vermieden.
- Mit einer Absaugflasche aus dem Bremsflüssigkeitsbehälter so viel Bremsflüssigkeit wie möglich absaugen, maximal aber bis zu einem Stand von ca. 10 mm.

Achtung: Abgesaugte Bremsflüssigkeit auf keinen Fall wieder verwenden.

- Vorratsbehälter bis zur MAX-Marke mit **neuer** Bremsflüssigkeit füllen.
- Fahrzeug aufbocken.

Sicherheitshinweis
Beim Aufbocken des Fahrzeugs besteht Unfallgefahr! Hinweise im Kapitel »Fahrzeug aufbocken« beachten.

- Alte Bremsflüssigkeit nacheinander aus den Bremssätteln herauspumpen. Reihenfolge: hinten rechts, hinten links, vorn rechts, vorn links.
- **Fahrzeug mit Schaltgetriebe:** Bremsflüssigkeit aus dem Kupplungssystem herauspumpen, siehe entsprechenden Abschnitt.

- Die abfließende Bremsflüssigkeit muss in jedem Fall klar und blasenfrei sein. An jedem Bremssattel sollen etwa **80 ml** Bremsflüssigkeit herausgepumpt werden.

Achtung: Vorratsbehälter zwischendurch immer mit **neuer** Bremsflüssigkeit auffüllen. Er darf nie ganz leer sein, sonst gelangt Luft in das Bremssystem, siehe Hinweise im Abschnitt »Bremsanlage entlüften«.

- Nach dem Bremsflüssigkeitswechsel das Bremspedal betätigen und Leerweg prüfen. Der Leerweg darf maximal ⅓ des gesamten Pedalwegs betragen.

Achtung: Falls der Bremspedalweg nach der Probefahrt zu groß ist, obwohl er direkt nach dem Entlüften in Ordnung war, dann ist möglicherweise Luft in der ABS-Hydraulikeinheit. In diesem Fall Bremsanlage umgehend in der Fachwerkstatt entlüften lassen.

- Nach dem Entlüften darf sich beim Treten auf das Bremspedal der Druck nicht schwammig anfühlen. Falls doch, Anlage nochmals entlüften. Dabei an jedem Bremssattel den Entlüftungsvorgang 5-mal durchführen.
- Anschließend einige Bremsungen auf einer Straße ohne Verkehr durchführen. Dabei sollte mindestens einmal die Bremsregelung des ABS-Systems geprüft werden, beispielsweise auf losem Untergrund. Dazu Bremse stark betätigen, bis am spürbaren Pulsieren des Bremspedals der Beginn der Bremsregelung erkennbar ist.

Bremsflüssigkeit im Kupplungssystem wechseln

- Bremsflüssigkeitsstand auf dem Vorratsbehälter mit Filzstift markieren. Nach Erneuern der Bremsflüssigkeit ursprünglichen Flüssigkeitsstand wieder herstellen. Dadurch wird ein Überlaufen des Bremsflüssigkeitsbehälters beim Wechsel der Bremsbeläge vermieden.
- Mit einer Absaugflasche aus dem Bremsflüssigkeitsbehälter so viel Bremsflüssigkeit wie möglich absaugen, maximal aber bis zu einem Stand von ca. 10 mm.

Achtung: Abgesaugte Bremsflüssigkeit auf keinen Fall wieder verwenden.

- Vorratsbehälter bis zur MAX-Marke mit **neuer** Bremsflüssigkeit füllen.
- Fahrzeug aufbocken.

Sicherheitshinweis
Beim Aufbocken des Fahrzeugs besteht Unfallgefahr! Hinweise im Kapitel »Fahrzeug aufbocken« beachten.

- Je nach Motor Unterbodenabdeckung ausbauen.

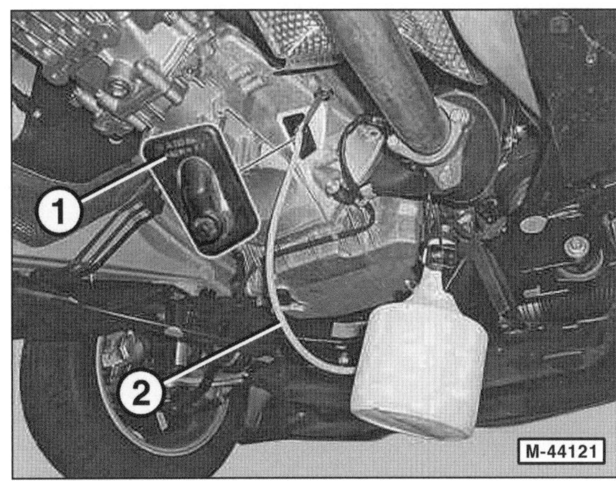

- Abdeckung –1– am Kupplungsgehäuse abnehmen.
- Schlauch –2– auf das Entlüfterventil am Zentralausrücker aufstecken, anderes Schlauchende in eine halbvolle Flasche mit Bremsflüssigkeit stecken.
- Entlüfterventil öffnen und von einem Helfer das Kupplungspedal behutsam durchtreten lassen.
- Ausfließende Bremsflüssigkeit in der Flasche sammeln. Darauf achten, dass sich das Schlauchende in der Flasche ständig unterhalb des Flüssigkeitsspiegels befindet.
- Sobald der Flüssigkeitsdruck nachlässt, Entlüfterventil bei weiterhin niedergetretenem Kupplungspedal schließen.
- Kupplungspedal langsam zurückführen.
- Kupplungspedal erneut niedertreten, Fuß auf dem Pedal lassen, Entlüfterventil öffnen, bis der Druck nachlässt. Entlüfterventil schließen.
- Vorgang mehrmals wiederholen.

Achtung: Vorratsbehälter zwischendurch immer mit **neuer** Bremsflüssigkeit auffüllen. Er darf nie ganz leer sein, sonst gelangt Luft in das Brems-/Kupplungssystem, siehe Hinweise im Abschnitt »Bremsanlage entlüften«.

- Die abfließende Bremsflüssigkeit muss in jedem Fall klar und blasenfrei sein. Nachdem etwa **80 ml** Bremsflüssigkeit herausgepumpt wurde, Entlüfterventi mit **9 Nm** festschrauben.
- Schlauch abziehen.
- Abdeckung am Kupplungsgehäuse einsetzen.
- Fahrzeug ablassen.
- Bremsflüsskigkeitsstand im Vorratsbehälter auf Höhe der vorher angebrachten Markierung bringen.
- Ausgleichsbehälter verschließen.
- Kupplungsbetätigung auf Funktion und Dichtheit prüfen.

Störungsdiagnose Bremse

Störung	Ursache	Abhilfe
Leerweg des Bremspedals zu groß.	Ein Bremskreis ausgefallen.	■ Bremskreise auf Flüssigkeitsverlust prüfen.
Bremspedal lässt sich weit und federnd durchtreten.	Luft im Bremssystem.	■ Bremse entlüften.
	Zu wenig Bremsflüssigkeit im Bremsflüssigkeitsbehälter.	■ Neue Bremsflüssigkeit nachfüllen. Bremse entlüften.
	Dampfblasenbildung. Tritt meist nach starker Beanspruchung auf, z. B. Passabfahrt.	■ Bremsflüssigkeit wechseln. Bremse entlüften.
Bremswirkung lässt nach, und Bremspedal lässt sich durchtreten.	Undichte Leitung.	■ Leitungsanschlüsse nachziehen oder Leitung erneuern. Bremsanlage von der Werkstatt prüfen lassen.
Schlechte Bremswirkung trotz hohen Fußdrucks.	Bremsbeläge verölt.	■ Bremsbeläge erneuern.
	Ungeeigneter oder verhärteter Bremsbelag.	■ Beläge erneuern. Nur vom Automobilhersteller freigegebene Bremsbeläge verwenden.
	Bremsbeläge abgenutzt.	■ Bremsbeläge erneuern.
	Bremskraftverstärker defekt, Unterdruckleitung porös oder defekt.	■ Bremskraftverstärker und Unterdruckleitung prüfen. Bei Dieselmotoren Vakuumpumpe prüfen, gegebenenfalls ersetzen.
	Bremsbeläge abgenutzt.	■ Bremsbeläge erneuern.
Bremse zieht einseitig.	Unvorschriftsmäßiger Reifendruck.	■ Reifendruck prüfen und berichtigen.
	Bereifung ungleichmäßig abgefahren.	■ Abgefahrene Reifen ersetzen.
	Bremsbeläge verölt.	■ Bremsbeläge erneuern.
	Verschiedene Bremsbelagsorten auf einer Achse.	■ Beläge erneuern. Nur vom Automobilhersteller freigegebene Bremsbeläge verwenden.
	Schlechtes Tragbild der Bremsbeläge.	■ Bremsbeläge austauschen.
	Verschmutzte Bremssattelschächte.	■ Sitz- und Führungsflächen der Bremsbeläge im Bremssattel reinigen.
	Korrosion in den Bremssattelzylindern.	■ Bremssattel erneuern.
	Bremsbelag ungleichmäßig verschlissen.	■ Bremsbeläge erneuern (an beiden Rädern), Bremssättel auf Leichtgängigkeit prüfen.
Bremse zieht von selbst an.	Hauptbremszylinder defekt.	■ Hauptbremszylinder in der Fachwerkstatt ersetzen lassen.
Bremsen erhitzen sich während der Fahrt.	Bremssattelkolben schwergängig.	■ Bewegliche Teile der Bremse schmieren. Bremssattel eventuell erneuern.
	Handbremsseil schwergängig.	■ Seil schmieren oder erneuern.
	Bremsschlauch innen aufgequollen, dicht.	■ Bremsschlauch erneuern.
	Korrosion in den Bremsattelzylindern.	■ Bremssattel erneuern.
Bremsen rattern.	Ungeeigneter Bremsbelag.	■ Beläge erneuern. Nur vom Automobilhersteller freigegebene Bremsbeläge verwenden.
	Bremsscheibe stellenweise korrodiert.	■ Scheibe mit Schleifklötzen sorgfältig glätten.
	Bremsscheibe hat Seitenschlag.	■ Scheibe nacharbeiten oder ersetzen.

Störung	Ursache	Abhilfe
Räder lassen sich schwer von Hand drehen.	Bremsbeläge lösen sich nicht von der Bremsscheibe, Korrosion in den Bremssattelzylindern.	■ Bremssattel austauschen.
Ungleichmäßiger Belag-Verschleiß.	Ungeeigneter Bremsbelag.	■ Beläge erneuern.
	Bremssattel verschmutzt.	■ Bremssattelschächte reinigen.
	Bremssattel klemmt.	■ Führungsbuchsen und -stifte gangbar machen.
	Kolben nicht leichtgängig.	■ Bremssattel austauschen.
	Bremssystem undicht.	■ Bremssystem auf Dichtigkeit prüfen.
Keilförmiger Bremsbelag-Verschleiß.	Bremsscheibe läuft nicht parallel zum Bremssattel.	■ Anlagefläche des Bremssattels prüfen.
	Korrosion in den Bremssätteln.	■ Verschmutzung beseitigen oder Bremssattel erneuern.
Bremsbeläge lösen sich nicht von der Bremsscheibe, Räder lassen sich schwer von Hand drehen.	Korrosion in den Bremssattelzylindern.	■ Bremssattel austauschen.
	Bremsschlauch innen aufgequollen, dicht.	■ Bremsschlauch erneuern.
Bremse quietscht.	Oft auf atmosphärische Einflüsse (Luftfeuchtigkeit) zurückzuführen.	■ Keine Abhilfe erforderlich, wenn Quietschen nach längerem Stillstand des Wagens bei hoher Luftfeuchtigkeit auftritt, sich dann aber nach den ersten Bremsungen nicht wiederholt.
	Ungeeigneter Bremsbelag.	■ Beläge erneuern. Belagführungsflächen mit Anti-Quietsch-Paste bestreichen.
	Bremsscheibe läuft nicht parallel zum Bremssattel.	■ Anlagefläche des Bremssattels prüfen.
	Verschmutzte Schächte im Bremssattel.	■ Bremssattelschächte reinigen.
Bremse pulsiert.	ABS bei Vollbremsung in Funktion.	■ Normal, keine Abhilfe.
	Seitenschlag oder Dickentoleranz der Bremsscheibe zu groß.	■ Schlag und Toleranz prüfen. Scheibe nacharbeiten oder ersetzen.
	Bremsscheibe läuft nicht parallel zum Bremssattel.	■ Anlagefläche des Bremssattels prüfen.
ABS- oder ESP-Kontrollleuchte leuchtet während der Fahrt.	Betriebsspannung zu niedrig (unter ca. 10 Volt).	■ Batteriespannung prüfen. Prüfen, ob Kontrolllampe für Generator nach dem Motorstart erlischt, andernfalls Keilrippenriemen und Generator prüfen. ■ Hinweise zu ABS/ESP beachten.
	ABS- bzw. ESP-Anlage defekt.	■ ABS- bzw. ESP-Anlage in der Fachwerkstatt prüfen lassen.
Wirkung der Feststellbremse nicht ausreichend.	Leerweg des Pedals zu groß (lässt sich mehr als 10 Zähne hineintreten).	■ Feststellbremse einstellen.
	Bremsbacken verölt.	■ Bremsbeläge erneuern, Ursache der Verschmutzung feststellen und beheben.
	Bowdenzüge korrodiert.	■ Neuteile einbauen.
	Spreizschloss oder Bowdenzüge korrodiert.	■ Neuteile einbauen.

Motor-Mechanik

Aus dem Inhalt:

- Zylinderkopfdeckel
- Zylinderkopf anziehen
- Keilrippenriemen
- Geräuschdämpfer
- Motor-Kühlung
- Kühlmittel wechseln
- Kühlmittelregler
- Lüfter ausbauen
- Kühler ausbauen

Zylinderkopfdeckel ausbauen

Benzinmotor 271

Ausbau

- Motorabdeckung nach oben abziehen.
- Zündspulen ausbauen, siehe Seite 29.
- Wärmeschutzblech für Vorratsbehälter der Servolenkung abschrauben.
- Elektrische Stecker von folgenden Bauteilen abziehen:
  - ◆ Hallgeber der Nockenwellen.
  - ◆ Kühlmittel-Temperatursensor.
  - ◆ Umschaltventil für Luftpumpe.
  - ◆ Nockenwellenversteller.
- Klemme 61 (D+) des Generators, Leitung ausclipsen und nach oben herausziehen.
- Kabelsatz für Zündspulen aus dem Zylinderkopfdeckel herausnehmen. **Achtung:** Für den Einbau Verlegung des Kabelsatzes markieren.
- Masseleitung vom vorderen Deckel abschrauben..

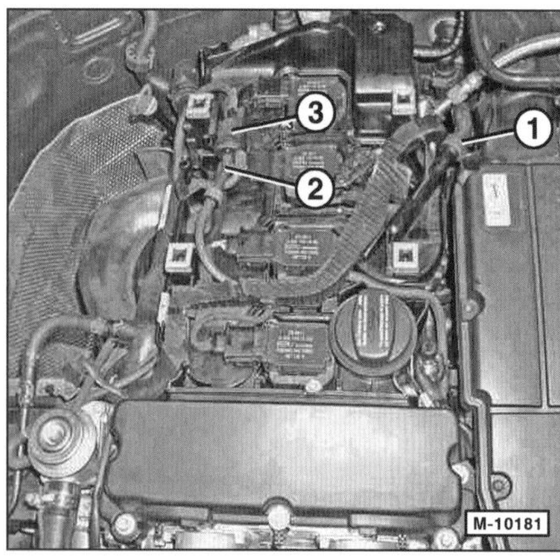

- Entlüftungsleitung –1– vom Zylinderkopfdeckel abziehen.
- Unterdruckleitung –2– vom Umschaltventil –3– abziehen.
- Umschaltventil –3– aus der Halterung am Zylinderkopfdeckel ausclipsen.
- 12 Schrauben herausdrehen und Zylinderkopfdeckel abnehmen. Dichtung auf Beschädigung prüfen, gegebenenfalls ersetzen.

Einbau

- Dichtung für Zylinderkopfdeckel auflegen.
- Zylinderkopfdeckel aufsetzen und Befestigungsschrauben bis zur Anlage von Hand eindrehen.
- Kabelsatz für Zündspulen am Zylinderkopfdeckel, wie ausgebaut, einlegen.
- Elektrische Stecker aufstecken, siehe unter Ausbau. Masseleitung mit **9 Nm** anschrauben.
- Entlüftungsleitungen am Zylinderkopfdeckel aufstecken.
- Zündspulen einbauen, Schrauben nur handfest eindrehen, siehe Seite 29.

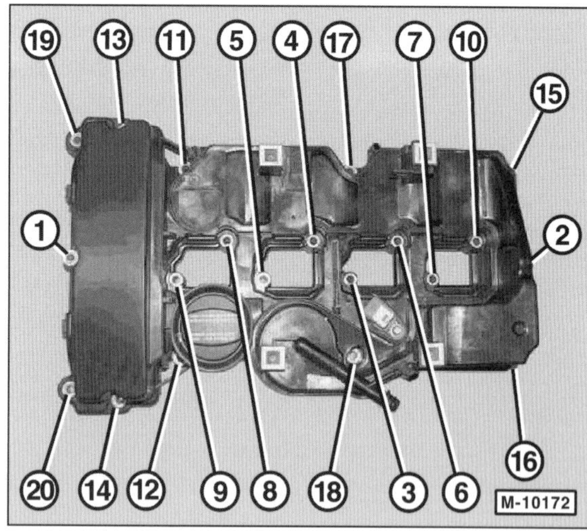

- Befestigungsschrauben in der Reihenfolge von 1 bis 20 festziehen.
  Schrauben für Zylinderkopfdeckel . . . . **9 Nm**
  Schrauben für Zündspulen (3 – 10) . . . . **8 Nm**
- Wärmeschutzblech für Vorratsbehälter der Servolenkung anschrauben.
- Motorabdeckung von oben ansetzen und aufdrücken.

Motorabdeckung oben aus- und einbauen

Dieselmotor 646/651

Ausbau

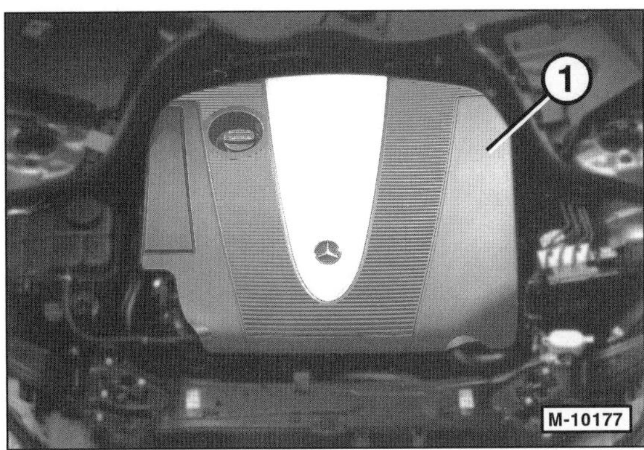

- Obere Motorabdeckung –1– links und rechts greifen und senkrecht nach oben abziehen. **Hinweis:** In der Abbildung ist der Motor 646 dargestellt.

Einbau

- Obere Motorabdeckung ansetzen und aufdrücken. Dabei darauf achten, dass keine Leitungen eingeklemmt werden.

Zylinderkopf-Anzugsmethode

Benzinmotor 271

- Länge der M10-Zylinderkopfschrauben messen. **Die Länge im Neuzustand beträgt 165 mm**. Bei jedem Anziehen unterliegen sie einer bleibenden Längung. Bei einer Länge von **167,5 mm** oder darüber müssen die Kopfschrauben auf jeden Fall **ersetzt** werden. Es empfiehlt sich allerdings, grundsätzlich neue Schrauben zu verwenden.

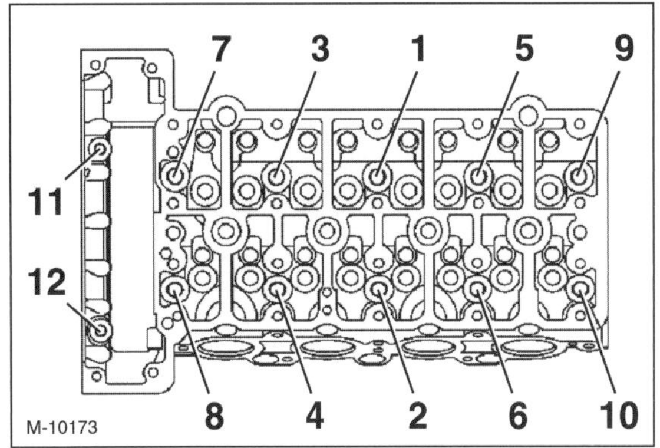

- Zylinderkopfschrauben in der Reihenfolge von 1 bis 12 zunächst bis zur Anlage am Zylinderkopf anschrauben, danach die M10-Schrauben in der Reihenfolge von 1 bis 10 in 3 Stufen festziehen:
  1. Stufe mit Drehmomentschlüssel . . . . **45 Nm**
  2. Stufe mit starrem Schlüssel . . . . **90°**
  3. Stufe mit starrem Schlüssel . . . . **90°**
- Schrauben –11– und –12– für Zylinderkopf an Steuergehäusedeckel mit **20 Nm** festziehen.

Zusätzliche Anzugsdrehmomente:

Halter Katalysator an Katalysator . . . . **35 Nm**
Verbindungsrohr mit Katalysator an Getriebe . . . . . **20 Nm**
Kühlmittelregler (Thermostat) bzw.
Kühlmittelleitung an Zylinderkopf . . . . **9 Nm**
Ladeluftkanal an Druckdämpfer . . . . **8 Nm**
Kraftstoffvorlaufleitung an Kraftstoffverteiler . . . . . . **24 Nm**
Abschirmblech an Nockenwellenlagergehäuse . . . . . **8 Nm**

Keilrippenriemen aus- und einbauen

Benzinmotor 271

Ausbau

- Geräuschdämpfer ausbauen, siehe entsprechendes Kapitel.

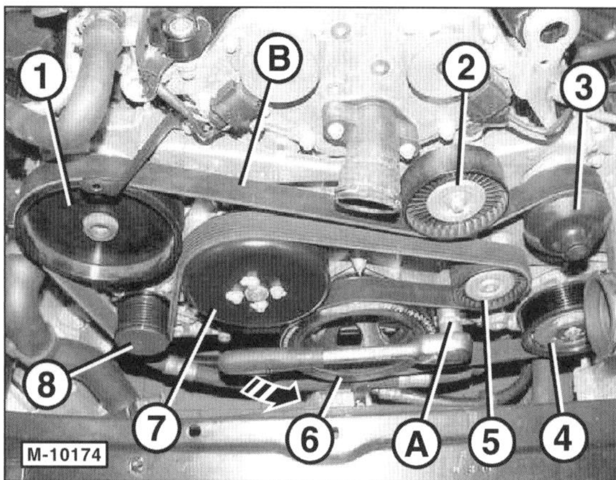

Riemenscheibe für:
1 – Servolenkungspumpe
2 – Umlenkrolle
3 – Motor-Kompressor
4 – Klima-Kompressor
5 – Spannrolle
6 – Kurbelwelle (Schwingungsdämpfer)
7 – Kühlmittelpumpe
8 – Generator

- Keilrippenriemen entspannen. Dazu Torx-Stecknuss –A– in die Aussparung der Spannrolle –5– stecken. Spannrolle entgegen dem Uhrzeigersinn drehen –Pfeil– und dadurch Keilrippenriemen –B– entspannen.
- Keilrippenriemen abnehmen.
- Spannrolle langsam im Uhrzeigersinn drehen und dadurch entspannen.
- Keilrippenriemen und Riemenräder auf Verschleiß und Beschädigung prüfen, siehe Kapitel »Wartungsarbeiten«.

Einbau

- Spannrolle mit Torxnuss spannen und Keilrippenriemen entsprechend der Reihenfolge von 1 bis 8 auf die Riemenräder auflegen.
- Spannrolle langsam im Uhrzeigersinn drehen und dadurch Keilrippenriemen spannen.
- Geräuschdämpfer einbauen.
- Motor starten und im Leerlauf drehen lassen. Korrekten Lauf des Riemens auf den Riemenscheiben sichtprüfen.

Speziell Motor 272

Ausbau

- Vordere Motorabdeckung nach oben aus den Aufnahmen herausziehen.
- Stecknuss mit Ratsche am Sechskant –B– der Spannvorrichtung ansetzen, siehe Abbildung M-10182.
- Spannvorrichtung im Gegenuhrzeigersinn schwenken und mit einem Dorn oder Stift von 5 mm ∅ arretieren. Dazu Haltestift durch die Bohrung in der Spannvorrichtung stecken.

Einbau

Riemenscheibe für:
1 – Kurbelwelle (Schwingungsdämpfer)
2 – Spannrolle
3 – Umlenkrolle
4 – Kühlmittelpumpe
5 – Drehstromgenerator
6 – Umlenkrolle
7 – Servolenkungspumpe
8 – Klima-Kompressor

- Keilrippenriemen –A– auflegen, dabei an der Kurbelwellen-Riemenscheibe beginnen. Riemen entsprechend der Ziffernfolge in der Abbildung auflegen.
- Spannrolle etwas im Gegenuhrzeigersinn drehen und Arretierstift herausziehen. Anschließend Spannrolle langsam im Uhrzeigersinn drehen, dabei auf richtigen Sitz des Riemens auf den Riemenscheiben achten.

Speziell Dieselmotor 646

Ausbau

- Luftansaugkanal vor Luftfiltergehäuse abbauen.

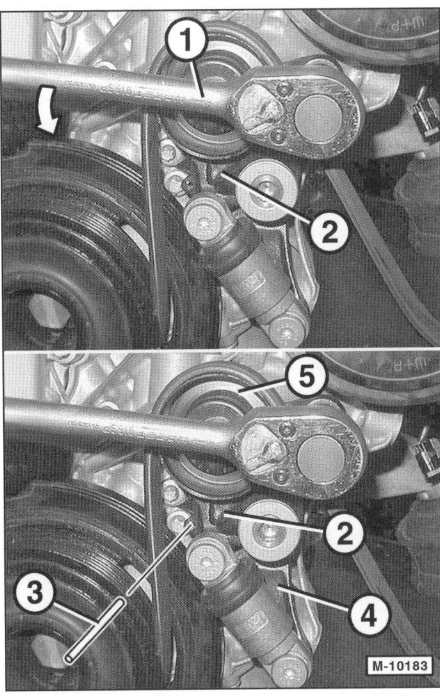

- Keilrippenriemen entspannen. Dazu Stecknuss mit Ratsche –1– an der Spannvorrichtung –2– ansetzen.

Achtung: Zum Arretieren der Spannvorrichtung wird ein Stift –3– mit 4 mm ∅ und 50 mm Länge benötigt, zum Beispiel ein entsprechender Bohrer.

- Spannvorrichtung gegen den Uhrzeigersinn –Pfeilrichtung– drehen, bis der Stift –3– in die Arretierbohrung von Spannvorrichtung –2– und Gehäuse –4– eingesetzt werden kann. 5 – Spannrolle.
- Keilrippenriemen abnehmen.

Einbau

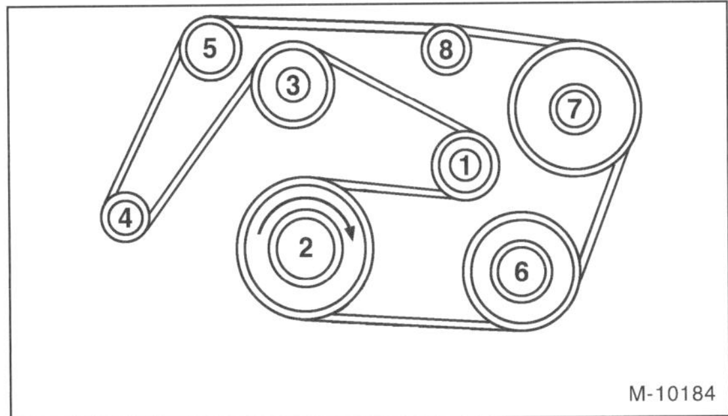

Riemenscheibe für:

1 – Spannrolle
2 – Kurbelwelle
3 – Kühlmittelpumpe
4 – Drehstromgenerator
5 – Umlenkrolle
6 – Klima-Kompressor
7 – Servolenkungspumpe
8 – Umlenkrolle

- Keilrippenriemen auflegen. Dabei an der Spannrolle beginnen und der Reihenfolge, die in der Abbildung angegeben ist, fortfahren.
- Spannvorrichtung etwas gegen den Uhrzeigersinn drehen und dadurch Arretierstift entlasten.
- Arretierstift herausziehen und Spannrolle langsam im Uhrzeigersinn drehen. Dabei darauf achten, dass der Riemen korrekt auf den Riemenscheiben liegt.
- Luftansaugkanal vor Luftfiltergehäuse einbauen.

Speziell Dieselmotor 651

Ausbau

- Luftansaugkanal vor Luftfiltergehäuse abbauen, siehe Seite 178.
- Keilriemenabdeckung abziehen.

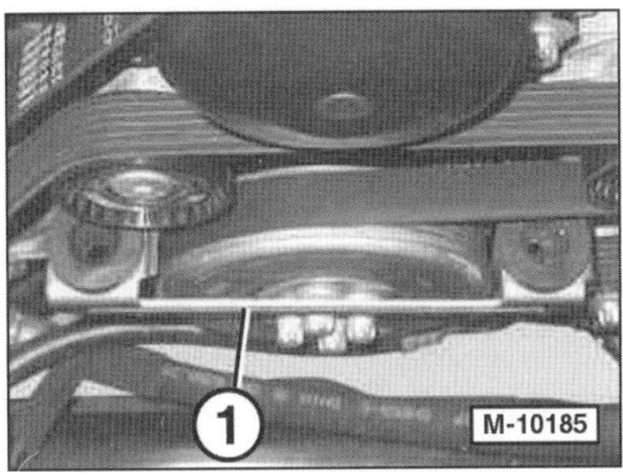

- Halterung für Riemenabdeckung –1– abschrauben.
- Keilrippenriemen auf die gleiche Weise entspannen wie beim Dieselmotor 646.
- Keilrippenriemen abnehmen.
- Bei weiteren Arbeiten an Motor oder Steuergehäusedeckel die Keilrippenriemen-Spannvorrichtung für diese Zeit entlasten.

Einbau

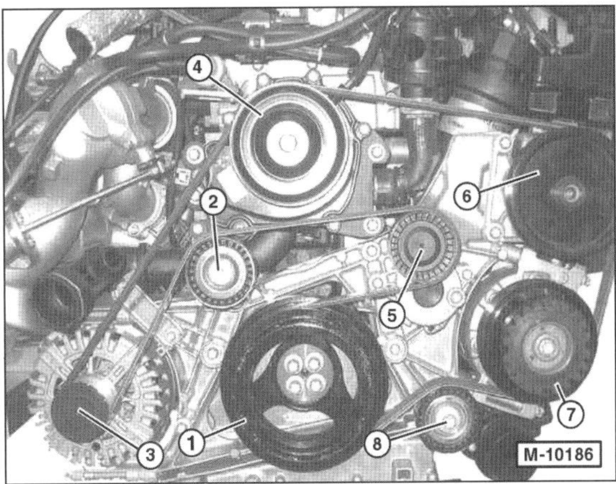

Riemenscheibe für:

1 – Kurbelwelle
2 – Spannrolle
3 – Drehstromgenerator
4 – Kühlmittelpumpe
5 – Umlenkrolle
6 – Servolenkungspumpe
7 – Klima-Kompressor
8 – Umlenkrolle

- Keilrippenriemen –A– auflegen. Dabei an der Spannrolle beginnen und der Reihenfolge, die in der Abbildung angegeben ist, fortfahren.
- Spannvorrichtung etwas gegen den Uhrzeigersinn drehen und dadurch Arretierstift entlasten.
- Arretierstift herausziehen und Spannrolle langsam im Uhrzeigersinn drehen. Dabei darauf achten, dass der Riemen korrekt auf den Riemenscheiben liegt.
- Halterung für Riemenabdeckung anschrauben. und Riemenscheibenabdeckung in die Gummitüllen einsetzen
- Luftansaugkanal vor Luftfiltergehäuse einbauen.

Geräuschdämpfer aus- und einbauen

Benzinmotor 271

Der Geräuschdämpfer befindet sich vorn im Motorraum über dem Keilrippenriemen. Er muss ausgebaut werden, damit der Keilrippenriemen für den Ausbau zugänglich wird.

Ausbau

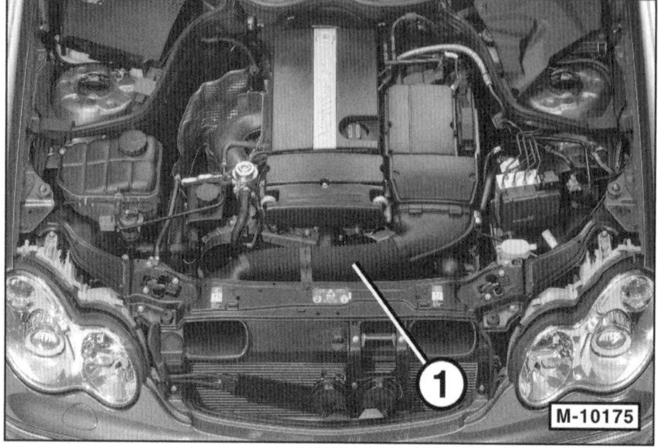

- Ansaugluftkanal –1– ausbauen. **Hinweis:** In der Abbildung ist der Motor 271 im Typ 203 dargestellt.

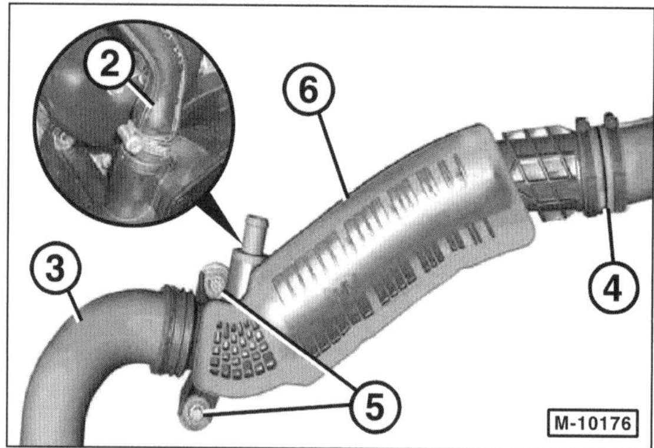

- Schelle für Schlauch –2– öffnen und Schlauch vom Geräuschdämpfer –6– abziehen.
- Ladeluftschlauch –3– vom Geräuschdämpfer –6– trennen.
- Schlauchschelle am Verbindungsstück zum Druckdämpfer –4– öffnen.
- Schrauben –5– herausdrehen.
- Geräuschdämpfer –6– abziehen und herausnehmen.

Einbau

- Der Einbau erfolgt in umgekehrter Ausbaureihenfolge. Geräuschdämpfer mit **14 Nm** anschrauben.

Motor-Kühlung

Kühlmittelkreislauf

Das Kühlsystem besteht im Wesentlichen aus dem Kühler, der Kühlmittelpumpe, dem Thermostat und einem elektrisch betriebenen Lüfter.

Der Kühlmittelkreislauf wird thermostatisch geregelt. Solange der Motor kalt ist, zirkuliert das Kühlmittel nur im Motor und im Wärmetauscher der Heizung. Mit zunehmender Erwärmung öffnet der Kühlmittelregler (Thermostat) den großen Kühlmittelkreislauf. Das Kühlmittel wird von der ständig im Einsatz befindlichen Kühlmittelpumpe über den Kühler geleitet. Die Kühlflüssigkeit durchströmt den Kühler von oben nach unten und wird dabei durch den an den Kühlrippen vorbeistreichenden Fahrtwind abgekühlt.

Bei hohen Kühlmitteltemperaturen sorgt ein elektrisch angetriebener Lüfter für zusätzliche Kühlung. Sobald die Kühlmitteltemperatur einen bestimmten Wert überschreitet, wird der Elektrolüfter vom Motor-Steuergerät eingeschaltet und die Drehzahl des Lüfters geregelt. Sinkt die Kühlmitteltemperatur anschließend wieder, wird der Lüfter ausgeschaltet.

Der Kühlmittel-Ausgleichbehälter befindet sich im Motorraum auf der rechten Seite, in Fahrtrichtung gesehen. Er dient einerseits als Vorratsbehälter für die Kühlflüssigkeit und fängt andererseits die sich durch Erwärmung ausdehnende Kühlflüssigkeit auf. Beim Abkühlen des Motors fließt ein Teil der Kühlflüssigkeit aus dem Ausgleichbehälter wieder zurück in den Kühlkreislauf. Nachgefüllt wird das Kühlmittel über den Ausgleichbehälter.

Achtung: Bei Arbeiten am Kühlsystem unbedingt darauf achten, dass **kein Kühlmittel auf den Keilrippenriemen** gelangt. Der Glykolanteil des Kühlmittels kann das Gewebe des Riemens so schädigen, dass der Riemen nach einiger Betriebszeit reißt, wodurch schwer wiegende Motorschäden auftreten können.

Sicherheitshinweis
Der Kühlerlüfter kann durch Stauwärme im Motorraum plötzlich selbsttätig anlaufen. Verletzungsgefahr im Lüfterbereich!
Vor Arbeiten im Motorraum daher Sicherung für Kühlerlüfter herausziehen oder Steckverbindung für Kühlerlüfter trennen.

Kühler-Frostschutzmittel

Das Motorkühlsystem wird vom Werk mit einer Mischung aus Wasser und Kühlkonzentrat befüllt. Das Kühlkonzentrat verhindert Frost- und Korrosionsschäden am Kühlsystem und hebt außerdem die Siedetemperatur der Kühlflüssigkeit an. Deshalb muss das Motorkühlsystem unbedingt ganzjährig mit der Kühlerfrost- und Korrosionsschutzmischung gefüllt sein.

Da der Korrosionsschutzanteil in der Kühlflüssigkeit nach einiger Zeit an Wirkung verliert, muss diese im Rahmen der Wartung ausgetauscht werden, siehe Kapitel »Wartung«. Die Kühlflüssigkeit sollte auch gewechselt werden, wenn Aluminiumteile innerhalb des Kühlsystems, wie zum Beispiel der Zylinderkopf oder die Kühlmittelpumpe, erneuert wurden.

Es sollte ein von MERCEDES freigegebenes Kühlkonzentrat (Frostschutzmittel) verwendet werden, beispielsweise »Glysantin Protect Plus/G482. **Achtung:** Im Handel sind silikathaltige Frostschutzmittel, oft erkennbar an der blaugrünen Farbe, und silikatfreie Frostschutzmittel, erkennbar an der roten Farbe, erhältlich. **Diese unterschiedlichen Frostschutzmittel dürfen auf keinen Fall gemischt werden, sonst können Motorschäden auftreten.**

Das **richtige Mischungsverhältnis** zwischen Kühlkonzentrat und Wasser beträgt **1:1.** Der Frostschutz reicht dann bis mindestens –37° C. Das Kühlkonzentrat sollte mit sauberem, kalkarmem Wasser in Trinkwasserqualität gemischt werden. Um einen Frostschutz bis –45° C zu erreichen, müssen 55% Kühlkonzentrat mit 45% Wasser gemischt werden.

Achtung: Der Anteil des Kühlkonzentrates an der Kühlflüssigkeit darf auf keinen Fall über 55 % liegen, da sich dadurch der Wirkungsgrad des Kühlsystems verringert.

Schlauch mit Rastfeder abziehen und aufschieben

Abziehen

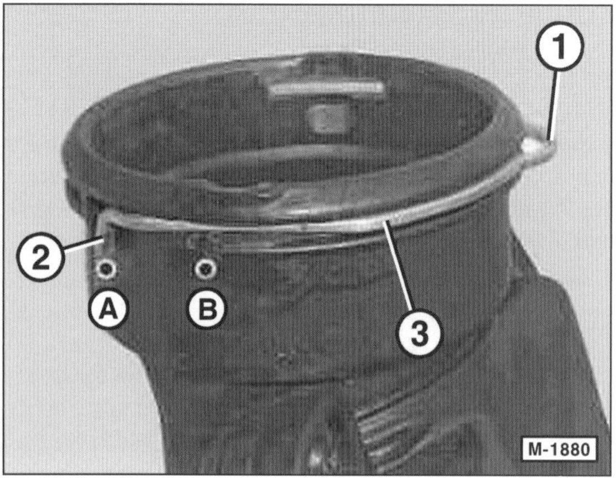

- Nase –2– der Rastfeder –3– auf Position –B– schieben.

Achtung: Auf keinen Fall an der Öse –1– ziehen, da die Rastfeder –3– hierdurch an Vorspannung verliert.

- Kühlmittelschlauch vom Anschlussstutzen abziehen.
- Dichtring erneuern.

Aufstecken

- Nase –2– der Rastfeder –3– auf Position –A– schieben.
- Schlauch auf den Anschlussstutzen aufschieben, bis die Rastfeder –3– einrastet.
- Prüfen, ob der Schlauch fest auf dem Anschlussstutzen sitzt. Dazu leicht am Schlauch ziehen.

Kühlmittel ablassen und auffüllen

Falls bei Reparaturen der Zylinderkopf, die Zylinderkopfdichtung, der Kühler, der Wärmetauscher oder der Motor ersetzt wurden, muss die Kühlflüssigkeit auf jeden Fall ersetzt werden. Das ist erforderlich, weil sich die Korrosionsschutzanteile in der Einlaufphase an den neuen Leichtmetallteilen absetzen und somit eine dauerhafte Korrosionsschutzschicht bilden. Bei gebrauchter Kühlflüssigkeit ist der Korrosionsschutzanteil in der Regel nicht mehr groß genug, um eine ausreichende Schutzschicht an den neuen Teilen zu bilden.

Außerdem ist ein Wechsel des Kühlmittels im Rahmen der Wartung alle 15 Jahre oder 250.000 km erforderlich.

Achtung: Falls keine Metallteile des Kühlkreislaufes erneuert werden, kann die abgelassene, saubere Kühlflüssigkeit wieder verwendet werden.

Achtung: Kühlflüssigkeit ist leicht giftig und sollte nicht einfach weggeschüttet werden. Daher bei der örtlichen Kommunalverwaltung anfragen, wo sich die nächste Sondermüll-Sammelstelle befindet beziehungsweise wie die Kühlflüssigkeit entsorgt werden soll.

Achtung: Beim Auffüllen des Kühlsystems ist ein sicheres Entlüften nur mit einer Kühler-Unterdruck-Befüllanlage gewährleistet. Beispielsweise wird von HAZET das Kühler-Vakuum-Befüllgerät 4801-1 angeboten.

Ablassen

Sicherheitshinweis
Beim Aufbocken des Fahrzeugs besteht Unfallgefahr! Deshalb die Hinweise im Kapitel »Fahrzeug aufbocken« beachten.

- Fahrzeug waagerecht aufbocken.
- Vordere Unterbodenabdeckung ausbauen.

Sicherheitshinweis
Bei heißem Motor vor dem Öffnen des Ausgleichbehälters einen dicken Lappen auflegen, um Verbrühungen durch heiße Kühlflüssigkeit oder Dampf zu vermeiden. Deckel nur bei Kühlmitteltemperaturen unter +90° C abnehmen.

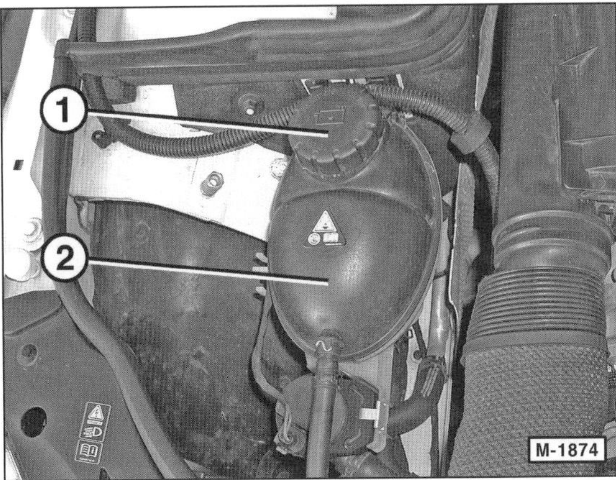

- Verschlussdeckel –1– am Ausgleichbehälter –2– öffnen. Bei warmem Motor einen Lappen über den Verschlussdeckel legen. Deckel etwas nach links drehen und Überdruck im Kühlsystem entweichen lassen. Anschließend Deckel ganz abschrauben.
- Sauberes Auffanggefäß unter den Kühler und unter den Motorblock stellen.

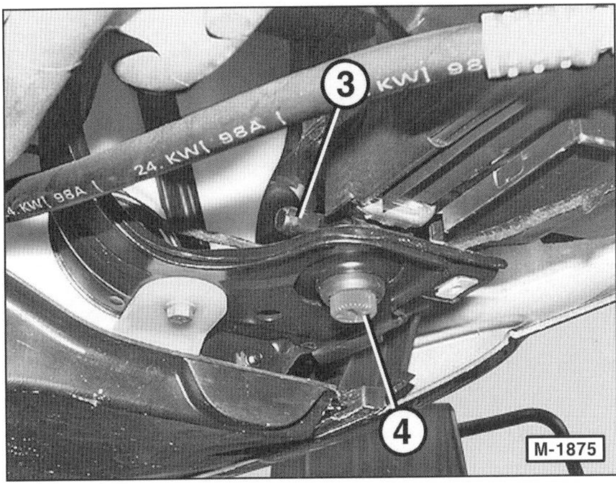

- Geeigneten Ablaufschlauch auf den Stutzen –3– des Ablassventils unten links am Kühler aufschieben und Schlauch in das Auffangefäß führen.
- Ablassschraube –4– unten am Kühler öffnen und Kühlflüssigkeit in das Auffanggefäß abfließen lassen. Anschließend Ablassschraube schließen und Ablaufschlauch abziehen.

Motor 271/272/646

- Geeigneten Ablaufschlauch auf die Ablassschraube –5– am Motorblock aufschieben und Schlauch in das Auffangefäß führen.
- Ablassschraube –5– öffnen und Kühlflüssigkeit in das Auffanggefäß abfließen lassen. Anschließend Ablassschraube festziehen und Schlauch abziehen.
  Anzugsdrehmoment: Benziner 271/272: **12 Nm**;
  Diesel 646: **30 Nm.**

- Fahrzeug ablassen.

Auffüllen und Entlüften

- Falls die Kühlflüssigkeit erneuert wird, neue Kühlflüssigkeit mischen.

Hinweis: Die Fachwerkstatt benutzt für das Auffüllen und Entlüften des Kühlsystems eine Unterdruckanlage. Dabei ist folgendermaßen vorzugehen:

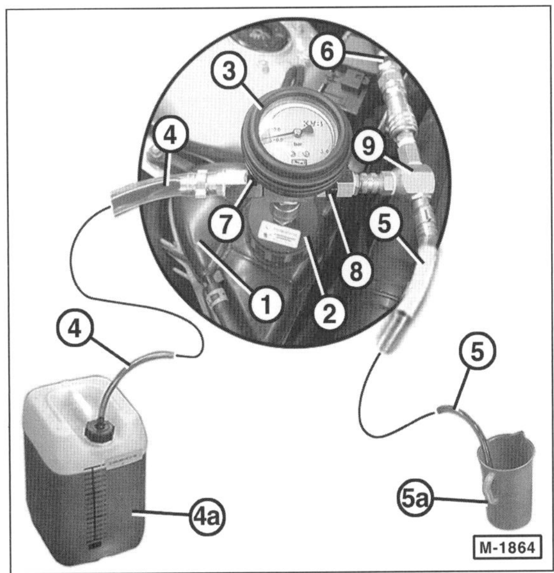

- Prüfanschluss –2– am Stutzen des Kühlmittel-Ausgleichbehälters aufschrauben.

- Kontrollanzeige –3– am Prüfanschluss aufstecken.
- Venturidüse –9– an der Kontrolleinheit –3– aufstecken.
- Ablaufventil –8– und Zulaufventil –7– schließen.
- Zulaufschlauch –4– auf den Kühlmittelbehälter –4a– aufstecken. **Achtung:** Damit keine Luft angesaugt wird, darauf achten, dass sich im Kühlmittelbehälter mehr Kühlflüssigkeit befindet, als für die maximale Füllmenge des Fahrzeuges erforderlich ist.
- Abluftschlauch –5– in einen leeren Behälter –5a– führen.
- Druckluftschlauch –6– an der Venturidüse –9– anschließen und mit Druck beaufschlagen.
- Ablaufventil –8– öffnen. Dadurch wird im Kühlsystem Unterdruck erzeugt.
- Zulaufventil –7– so lange öffnen, bis sich der Zulaufschlauch –4– mit Kühlmittel gefüllt hat.
- Ablaufventil –8– schließen, sobald sich die Anzeige der Kontrolleinheit –3– im grünen Bereich befindet.
- Druckluftschlauch –6– von der Venturidüse –9– abnehmen und beobachten, ob der Unterdruck 30 Sekunden stabil bleibt. Andernfalls Schläuche und Anschlüsse überprüfen und gegebenenfalls reparieren. Anschließend erneut Unterdruck im Kühlsystem erzeugen und Dichtigkeit des Systems prüfen.
- Zulaufventil –7– öffnen und Kühlsystem befüllen. **Hinweis**: Indem die Venturidüse mit Druckluft beaufschlagt wird, erzeugt sie einen Unterdruck im Kühlsystem und dadurch wird die Kühlflüssigkeit aus dem Vorratsbehälter in das Kühlsystem gesaugt.
- Ablaufventil –8– öffnen, wenn kein Kühlmittel mehr angesaugt wird.
- Kontrolleinheit –3– mit allen Anschlüssen und Prüfverschluss –2– abbauen.
- Kühlmittelstand im Ausgleichbehälter bis zur Unterkante am Einfüllstutzen auffüllen. Kühlmittel-Ausgleichbehälter verschließen.

Kühlmittelregler (Thermostat) aus- und einbauen

Motor 271

Ausbau

> **Sicherheitshinweis**
> Bei heißem Motor vor dem Öffnen des Ausgleichbehälters einen dicken Lappen auflegen, um Verbrühungen durch heiße Kühlflüssigkeit oder Dampf zu vermeiden. Deckel nur bei Kühlmitteltemperaturen unter +90° C abnehmen.

- Kühlmittel ablassen und auffangen, siehe entsprechendes Kapitel.
- Motorsaugluftkanal ausbauen.

- Kühlmittelschlauch am Gehäuse –1– des Kühlmittelreglers –2– abziehen. Vorher Schlauchschelle öffnen und ganz zurückschieben.
- Schrauben –3– herausdrehen und Gehäuse –1– des Kühlmittelreglers –2– abnehmen.
- Kühlmittelregler –2– aus dem Gehäuse herausnehmen.

Einbau

Der Einbau erfolgt in umgekehrter Ausbaureihenfolge. Dabei ist Folgendes zu beachten:

- Dichtflächen am Kühlmittelregler –1– und am Zylinderkopf reinigen, O-Ring erneuern.
- Gehäuse für Kühlmittelregler mit **9 Nm** anschrauben.

Speziell Dieselmotor 646

Ausbau

- Kühlmittel ablassen.
- Obere Motorabdeckung abnehmen.

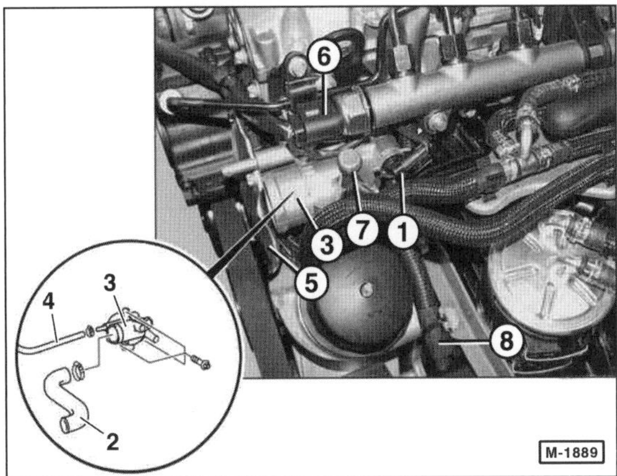

- Elektrische Steckverbindung am Kühlmittel-Temperatursensor –1– abziehen.
- Kühlmittelschlauch –2– vom Thermostatgehäuse –3– abziehen. Vorher Schlauchschelle öffnen und ganz zurückschieben.
- Entlüftungschlauch –4– vom Thermostatgehäuse abziehen. Vorher Schlauchschelle öffnen und ganz zurückschieben.
- Abschirmblech –5– abschrauben.
- Elektrische Steckverbindung –6– am Raildrucksensor abziehen.
- Halter –7– ausbauen.
- Thermostatgehäuse –3– abschrauben. **Hinweis:** Damit die Schrauben zugänglich werden, den Leitungssatz –8– aushängen.

Einbau

- Dichtung für Thermostatgehäuse erneuern.
- Der weitere Einbau erfolgt in umgekehrter Ausbaureihenfolge.
  Anzugsdrehmomente:
  Thermostatgehäuse an Zylinderkopf . . . . **9 Nm**
  Abschirmblech . . . . **14 Nm**

Kühlmittelregler (Thermostat) prüfen

Funktion

Der Kühlmittelregler (Thermostat) öffnet mit zunehmender Erwärmung des Motors den großen Kühlmittelkreislauf.

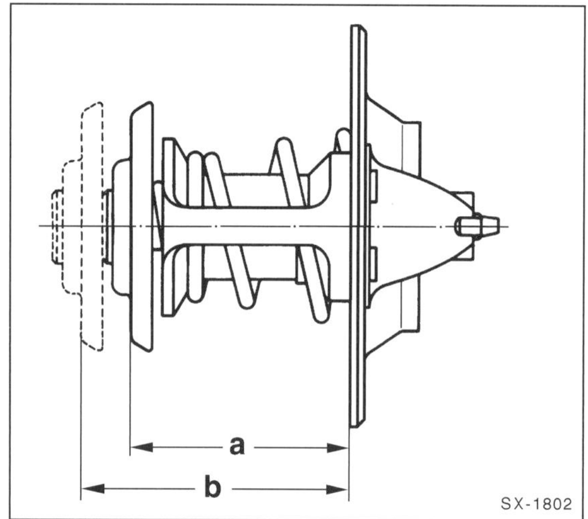

Dabei dehnt sich der Regler kontinuierlich von Maß -a- bis zu Maß -b- aus.

Dehnt sich der Kühlmittelregler durch einen Defekt nicht aus, wird der Motor zu heiß. Erkennbar ist das an einer im Warnfeld stehenden Kühlmitteltemperatur-Anzeige, während gleichzeitig der Kühler kalt bleibt.

Ein defekter Thermostat kann aber auch nach dem Abkühlen der Kühlflüssigkeit weiterhin ausgedehnt bleiben. Dies erkennt man daran, dass der Motor nicht mehr seine Betriebstemperatur erreicht beziehungsweise im Winter die Heizleistung nachlässt.

Prüfen

Hinweis: Es kann nur geprüft werden, ob sich der Kühlmittelregler bei Erwärmung ausdehnt und beim Abkühlen zusammenzieht.

- Kühlmittelregler ausbauen.
- Stellung des Kühlmittelreglers sichtprüfen.

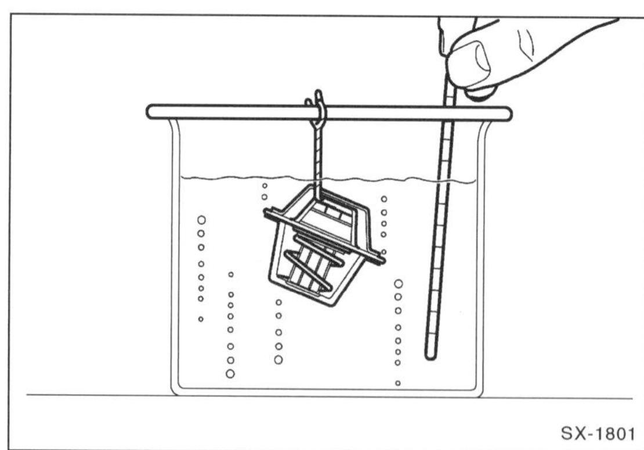

- Kühlmittelregler im Wasserbad langsam erwärmen. Dabei darf das Gehäuse nicht die Wände des Behälters berühren.
- Sobald das Wasser kocht, Kühlmittelregler vorsichtig herausnehmen und Stellung des Kühlmittelreglers sichtprüfen. Der Regler muss geöffnet sein und den Kühlkanal zum Kühler vollständig freigeben, andernfalls Thermostatgehäuse mit Kühlmittelregler ersetzen.
- Anschließend prüfen, ob sich der Regler beim Abkühlen wieder ganz schließt, andernfalls Regler ersetzen.

Kühlmittelpumpe aus- und einbauen

Motor 271

Die Kühlmittelpumpe sitzt vorn am Motorblock und wird durch den Keilrippenriemen angetrieben.

Ausbau

- Kühlmittel am Kühler ablassen, siehe entsprechendes Kapitel.
- Geräuschdämpfer einbauen, siehe Seite 152.
- Schrauben der Riemenscheibe für Kühlmittelpumpe lösen. Dabei gegenenfalls Pumpenrad durch Festhalten des Keilrippenriemens gegenhalten.
- Keilrippenriemen ausbauen, siehe Seite 150.
- Riemenscheibe der Kühlmittelpumpe abschrauben und abnehmen.

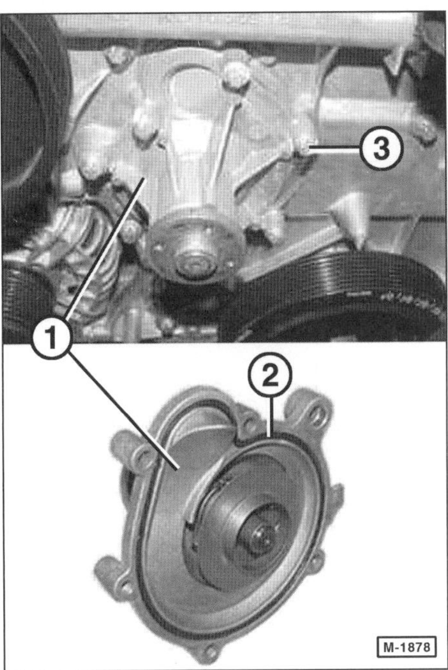

- Schrauben –3– herausdrehen und Kühlmittelpumpe –1– abnehmen. **Hinweis:** Falls unterschiedlich lange Schrauben verbaut sind, deren Einbaulage merken.

Einbau

- Dichtflächen reinigen und Dichtung –2– erneuern.
- Kühlmittelpumpe ansetzen und lose anschrauben.
- Schrauben über Kreuz festziehen.
  Schraube M6 . . . . **9 Nm**
  Schraube M8. . . . . **20 Nm**
- Riemenscheibe anschrauben.
- Keilrippenriemen einbauen, siehe Seite 150.
- Schrauben für Riemenscheibe mit **9 Nm** festziehen, dabei am Keilrippenriemen gegenhalten.
- Geräuschdämpfer einbauen, siehe Seite 152.
- Kühlsystem auffüllen und entlüften, siehe entsprechendes Kapitel.

Kühlsystem prüfen

Prüfen

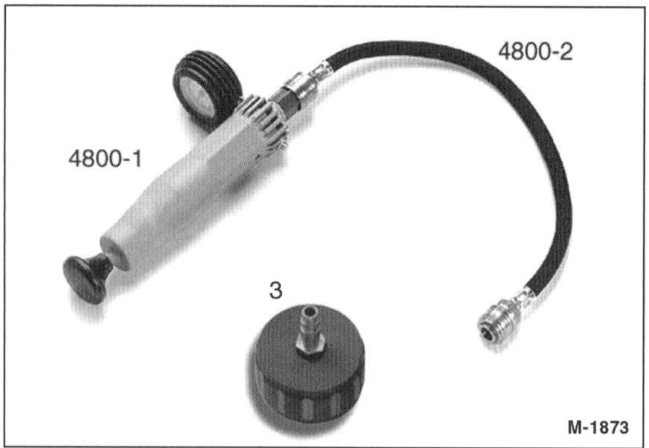

Undichtigkeiten im Kühlsystem und die Funktion des Überdruckventils im Verschlussdeckel am Ausgleichbehälter können mit einem handelsüblichen Prüfgerät überprüft werden. Dazu eignen sich für die C-KLASSE beispielsweise folgende Werkzeuge von HAZET: Handpumpe 4800-1 mit Schlauch 4800-2 und Adapter –3– für Typ 204.

Achtung: Falls die Zylinderkopfdichtung erneuert wurde, Motor vor der Prüfung auf Betriebstemperatur bringen und abkühlen lassen. Dadurch wird die Dichtheit der Zylinderkopfdichtung sichergestellt.

Sicherheitshinweis:
Bei heißem Motor vor dem Öffnen des Verschlussdeckels einen dicken Lappen auflegen, um Verbrühungen durch heiße Kühlflüssigkeit oder Dampf zu vermeiden. Deckel nur bei Kühlmitteltemperaturen unter +90° C abnehmen.

- Verschlussdeckel am Ausgleichbehälter –1– ½ Umdrehung nach links drehen und Überdruck aus dem Kühlsystem entweichen lassen. Dann Deckel weiterdrehen und ganz abnehmen.
- Kühlmittelstand prüfen, gegebenenfalls Kühlflüssigkeit ergänzen, siehe entsprechendes Kapitel.
- Prüfgerät –2– mit Adapter –3– auf den Einfüllstutzen des Ausgleichbehälters aufschrauben. Mit der Handpumpe des Gerätes einen Überdruck von ca. 1,4 bar erzeugen. Fällt der Druck ab, undichte Stelle suchen und beseitigen. Die undichte Stelle lässt sich an ausfließendem Kühlmittel erkennen.
- Wenn der Druck ohne Austritt von Kühlmittel abfällt, kann auf inneren Kühlmittelverlust im Motor, zum Beispiel durch eine defekte Zylinderkopfdichtung oder einen Gehäuseriss, geschlossen werden.
- Prüfverschluss langsam am Ausgleichbehälter abschrauben und Überdruck abbauen.
- Druckpumpe abnehmen.
- Kühlmittelstand prüfen, gegebenenfalls korrigieren.
- Verschlussdeckel am Ausgleichsbehälter aufschrauben.

Lüfter aus- und einbauen

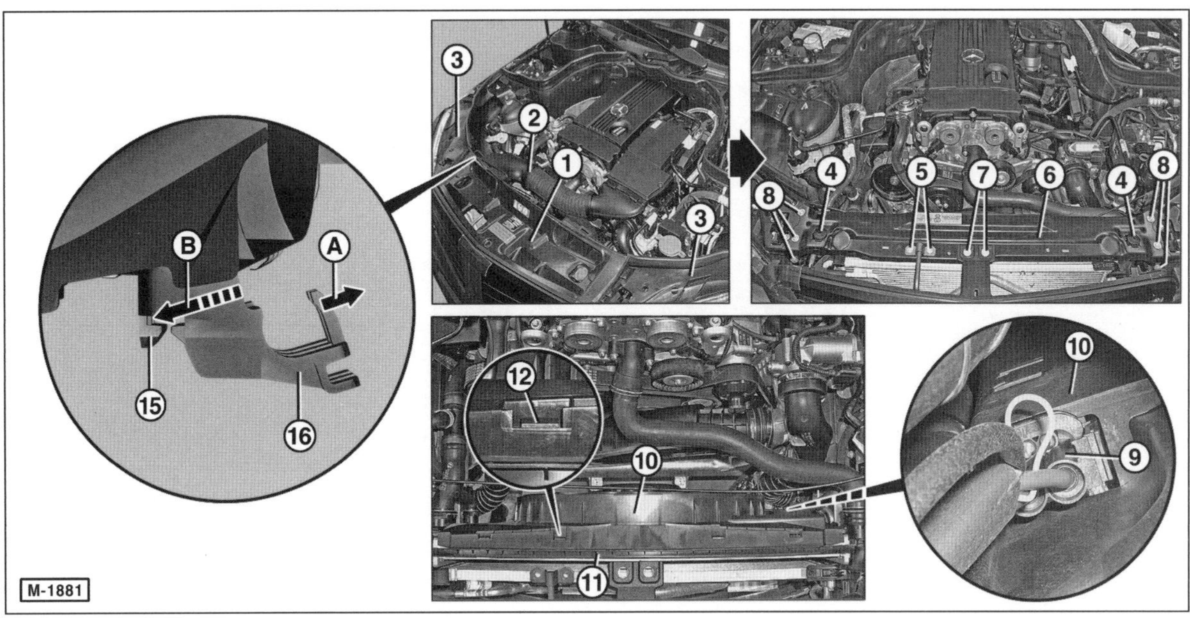

1 – Kaltluftansaugung
2 – Motorsaugluftkanal
3 – Abdeckung
4 – Halter
5 – Schrauben
6 – Kühlerbrücke
7 – Schrauben
8 – Schrauben
9 – Elektrische Steckverbindung
10 – Lüftereinheit
11 – Obere Luftführung
12 – Haltenase
15 – Entriegelungsrasten
16 – Entriegelungsrasten

Ausbau

- Motorsaugluftkanal –2– ausbauen.
- Kaltluftansaugung –1– ausbauen. Dazu Entriegelungsraste –16– in Pfeilrichtung –A– ziehen und Entriegelungsraste –15– in Pfeilrichtung –B– drücken –linker Pfeil–.
- Abdeckungen –3– über den Scheinwerfern ausbauen. Dazu 2 Spreizclips herausziehen.
- Halter –4– am Kühler ausbauen.
- Schrauben –5/7/8– herausdrehen und Kühlerbrücke –6– abnehmen.
- Elektrische Steckverbindung –9– von der Lüftereinheit –10– trennen.
- Haltenasen –12– der oberen Luftführung –11– aus der Lüftereinheit –10– ausclipsen.

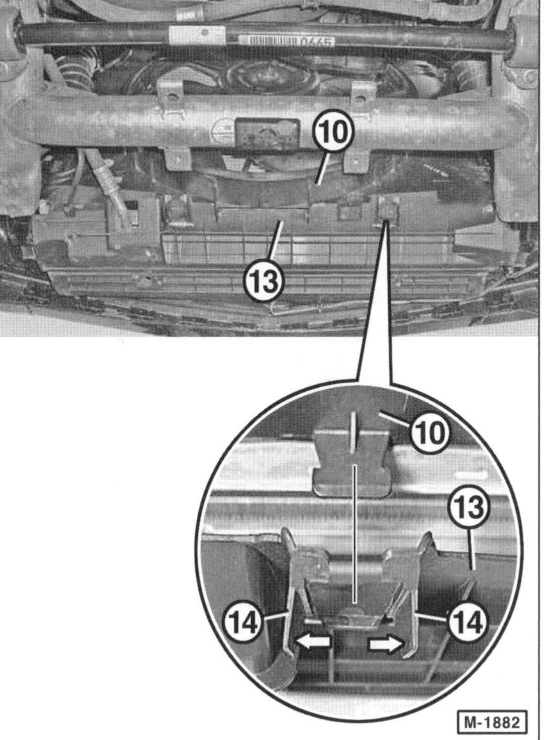

- Entriegelungslaschen –14– auseinander drücken –Pfeile– und untere Luftführung –13– links und rechts aus Lüftereinheit –10– ausclipsen.

Hinweis: Die Motorraumverkleidung muss zum Ausclipsen der unteren Luftführung –13– nicht ausgebaut werden.

- Fahrzeuge mit Automatikgetriebe: Schraube der Automatikleitungen an der Lüftereinheit –10– herausdrehen.
- Lüftereinheit –10– an den Kühleraufnahmen aushängen und nach oben herausnehmen.

Einbau

- Der Einbau erfolgt in umgekehrter Ausbaureihenfolge.

Kühler aus- und einbauen

Fahrzeuge mit Schaltgetriebe

Ausbau

Hinweis: Für den Abbau von Kühlmittel- und Ladeluftschläuchen siehe auch Kapitel »Schläuche mit Rastfeder abziehen und aufschieben«.

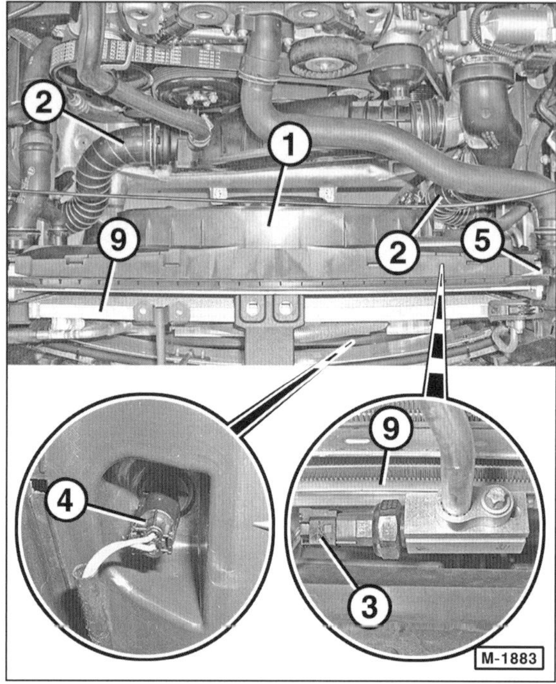

- Lüftereinheit –1– ausbauen, siehe entsprechendes Kapitel.
- Vorderes Teilstück der Motorraumverkleidung ausbauen.
- Ladeluftschläuche –2– ausbauen.
- Kühlermodul nach oben anheben und in Richtung Motor absetzen.
- Elektrische Steckverbindungen –3/4– trennen und Leitungen aus den Klammern ausclipsen.
- **Motor 271/646/642:** Ladeluftkühler am Kühler –5– ausclipsen und herausnehmen. **Hinweis:** Stoßfänger dazu nicht abmontieren.
- Kühlmittel am Kühler –5– ablassen, siehe entsprechendes Kapitel. 9 – Kondensator.

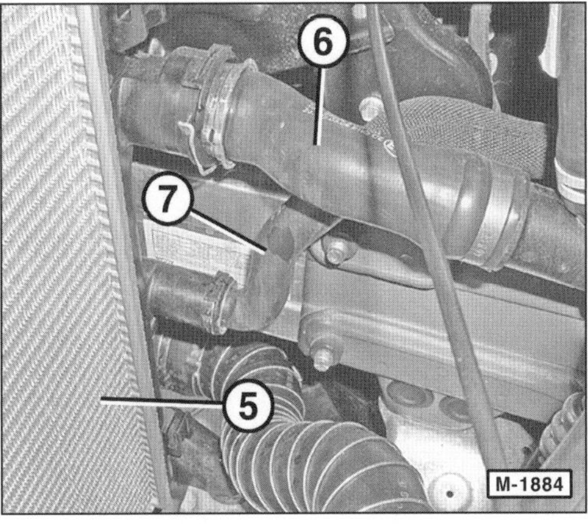

- Kühlmittelschläuche –6/7– vom Kühler –5– abziehen.

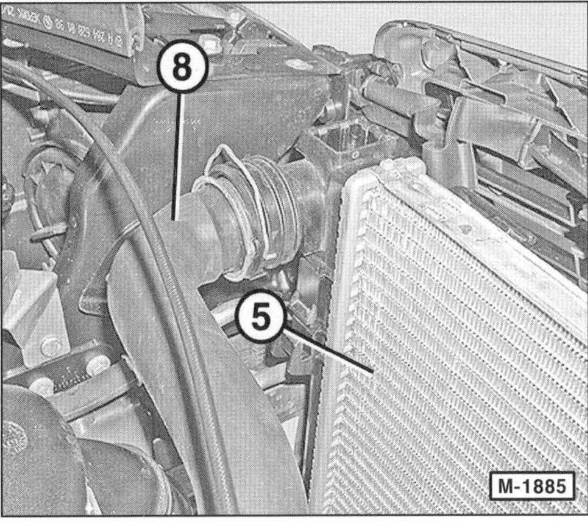

- Kühlmittelschlauch –8– vom Kühler –5– abziehen.
- Bei Fahrzeugen mit **Automatikgetriebe** Ölkühlleitungen am Kühler trennen und herausziehen, siehe Abschnitt am Ende des Kapitels. **Achtung:** Ölleitungen nicht knicken oder biegen.

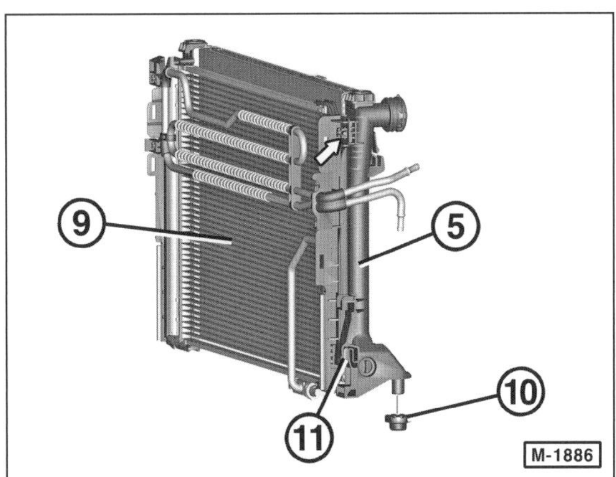

- Kondensator –9–aus dem Kühler –5– links und rechts ausclipsen –Pfeil–.
- Kühler –5– nach oben herausnehmen.

Einbau

- Der Einbau erfolgt in umgekehrter Ausbaureihenfolge. Dabei ist auf folgendes zu achten:
  - ◆ Die Gummilager –10– dürfen nicht beschädigt sein und müssen korekt in den Aufnahmen sitzen.
  - ◆ Der Kondensators –9– muss korrekt in der Halterung –11– am Kühler sitzen.
- Kühlsystem auf Dichtheit prüfen.

Speziell Automatikgetriebe:
Ölkühlleitungen am Kühler trennen/verbinden

Achtung: Vor Öffnen des Hydrauliksystems ist das Umfeld der Trennstelle gründlich zu reinigen. Selbst kleinste Schmutzpartikel können in den hydraulischen Komponenten zu Fehlfunktionen und einem Totalausfall des Hydrauliksystems führen.

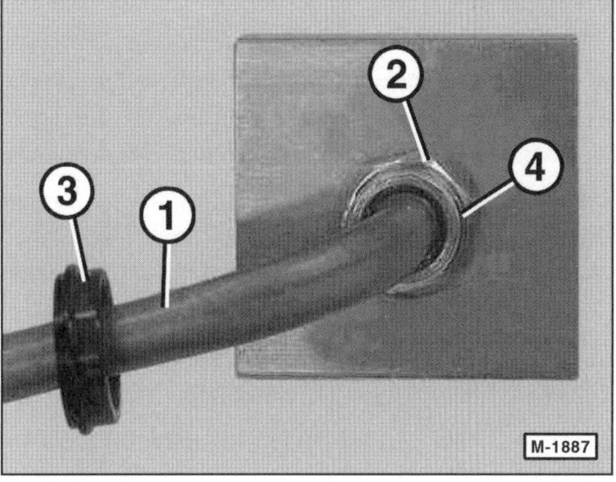

- Staubkappe –3– lösen und auf der Getriebeölleitung –1– zurückschieben, bis der Verbinder –2– zugänglich ist.
- Geeignetem Haken an einem Ende der Sicherungsklammer –4– ansetzen und die Sicherungsklammer –4– vom Verbinder –2– abziehen.
- Getriebeölleitung –1– aus dem Verbinder –2– herausziehen.
- Leitungsanschlüsse mit einem geeigneten Verschlussstopfen verschließen.
- Staubkappe –3– von der Getriebeölleitung –1– abziehen.

Achtung: Nach jedem Trennen einer Getriebeölleitung –1– müssen Sicherungsklammer –4– und Staubkappe erneuert werden.

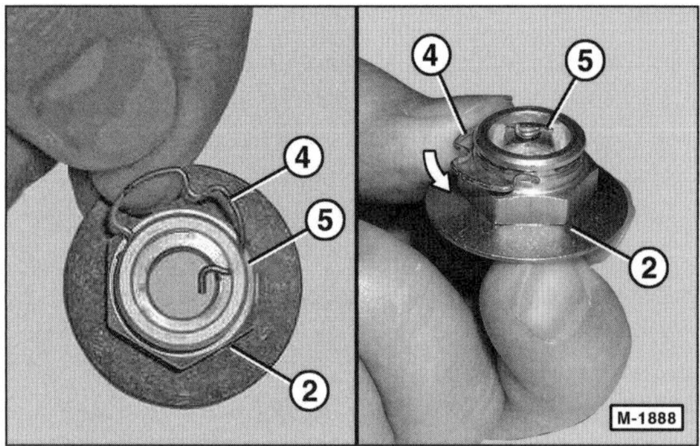

- Sicherungsklammer am Verbinder anbringen. Dazu ein Ende der Sicherungsklammer –4– in eine Aussparung –5– des Verbinders –2– einführen.
- Sicherungsklammer –4– in Pfeilrichtung schieben, bis die Sicherungsklammer –4– im Verbinder –2– vollständig einrastet.

Achtung: Die Sicherungsklammer –4– darf nicht gerade über den Verbinder –2– geschoben werden, da sie sonst überdehnt wird und eine korrekte Abdichtung der Leitungsverbindung nicht mehr gewährleistet ist.

- Getriebeölleitung am Verbinder aufstecken. Dazu neue Staubkappe –3– auf die Getriebeölleitung –1– aufschieben.
- Getriebeölleitung –1– gerade in den Verbinder –2– einführen, bis sie hör- und spürbar einrastet.
- Staubkappe –3– auf den Verbinder –2– schieben, bis sie einrastet und sich frei drehen lässt.

Achtung: Kann die Staubkappe –3– nicht über die Verbindungsstelle geschoben werden, ist die Getriebeölleitung –1– nicht vollständig im Verbinder –2– eingerastet oder die Sicherungsklammer –4– ist überdehnt.

Störungsdiagnose Motor-Kühlung

Störung: Die Kühlmitteltemperatur ist zu hoch, die Kühlmittel-Warnanzeige erscheint im Display des Kombiinstuments.

Ursache	Abhilfe
Zu wenig Kühlmittel im Kreislauf.	■ Ausgleichbehälter muss bis zur Markierung voll sein, siehe Kapitel »Kühlmittel auffüllen«. Kühlsystem auf Dichtheit prüfen.
Kühlmittelregler (Thermostat) öffnet nicht.	■ Prüfen, ob oberer Kühlmittelschlauch am Kühler warm wird. Wenn nicht, Regler ausbauen und prüfen, ggf. ersetzen.
Kühlmittelpumpe defekt.	■ Kühlmittelpumpe ausbauen und überprüfen lassen.
Kühlmitteltemperatur-Anzeige defekt.	■ Anzeigegerät überprüfen lassen.
Ausgleichbehälter-Verschlussdeckel defekt.	■ Kühlsystem prüfen, Druckprüfung des Verschlussdeckels durchführen.
Kühlerlamellen verschmutzt.	■ Kühler ausbauen und von der Motorseite her mit Pressluft durchblasen.
Kühler innen durch Kalkablagerungen oder Korrosion zugesetzt. Kühler wird nur im oberen Teil warm, unterer Kühlmittelschlauch vom Kühler wird nicht warm.	■ Kühler erneuern.

Motor-Management

Aus dem Inhalt:

- Benzineinspritzanlage
- Dieseleinspritzanlage
- Vorglühanlage
- Kraftstoffanlage
- Luftfilterausbau

Im Kapitel »Motor-Management« sind die Themen »Benzin-Einspritzanlage« und »Diesel-Einspritzanlage« zusammengefasst.

Benzin-Einspritz- und Zündanlage

Das elektronische Motor-Management regelt die Kraftstoffzuteilung und das Zündsystem. Die Vorteile des elektronischen Motormanagements:

- Genau dosierte Kraftstoffmenge in jedem Betriebszustand des Motors, dadurch geringer Verbrauch bei guten Fahrleistungen.
- Reduzierung der Abgas-Schadstoffe durch exakte Kraftstoffzumessung und den Einsatz eines geregelten Katalysators.
- Die Eigendiagnose des Motor-Managements ermöglicht ein schnelleres Auffinden von Defekten. Das System ist mit einem Fehlerspeicher ausgestattet. Treten während des Betriebs Defekte auf, werden diese im Speicher abgelegt. Sollte der Motor nicht einwandfrei arbeiten, kann die Fachwerkstatt gegen Kostenerstattung eine Fehlerliste ausdrucken, damit gegebenenfalls der Defekt dann selbst behoben werden kann.

Das Steuergerät entspricht einem kleinen, sehr schnell arbeitenden Computer. Es bestimmt den optimalen Zündzeitpunkt, den Einspritzzeitpunkt und die Kraftstoff-Einspritzmenge. Dabei erfolgt eine Abstimmung des Steuergeräts mit anderen Fahrzeugsystemen, beispielsweise der Getriebesteuerung oder der Wegfahrsperre.

Die Bauteile des Zünd- und Einspritzsystems sind langzeitstabil und praktisch wartungsfrei. Nur der Luftfiltereinsatz sowie die Zündkerzen müssen im Rahmen der Wartung gewechselt werden. Wesentliche Einstell- und Reparaturarbeiten können nur mit Hilfe von teuren Prüfgeräten durchgeführt werden, so dass diese Arbeiten nur noch von entsprechend ausgerüsteten Fachwerkstätten ausgeführt werden können.

Sicherheitsmaßnahmen bei Arbeiten am Benzin-Einspritzsystem

- **Kein offenes Feuer, nicht rauchen, keine glühenden oder sehr heißen Teile in die Nähe des Arbeitsplatzes bringen. Unfallgefahr! Feuerlöscher bereitstellen.**
- **Unbedingt für gute Belüftung des Arbeitsplatzes sorgen. Kraftstoffdämpfe sind giftig.**
- **Das Kraftstoffsystem steht unter Druck!** Bevor Schlauchverbindungen gelöst werden, Kraftstoffdruck abbauen, siehe Seite 172.
- Beim Trennen der Schlauchverbindungen sicherheitshalber einen dicken Putzlappen um die Verbindungsstelle legen.

Achtung: Bei Arbeiten am Einspritzteil des Systems sind auch die allgemeinen Sicherheits- und Sauberkeitsregeln zu beachten, siehe Kapitel »Kraftstoffanlage«.

Diesel-Einspritzanlage

Die Dieseleinspritzung wird vollelektronisch durch das Motor-Management geregelt. Die Vorteile sind:

- Die Eigendiagnose des Motor-Managements ermöglicht ein schnelleres Auffinden von Defekten.
- Genau dosierte Kraftstoffmenge. Dadurch Reduzierung der Abgas-Schadstoffe und geringer Verbrauch.
- Das Einstellen von Leerlaufdrehzahl und Abregeldrehzahl ist nicht erforderlich.

Die Bauteile des Motor-Managements sind langzeitstabil und praktisch wartungsfrei. Nur der Motor-Luftfiltereinsatz und der Kraftstofffilter müssen im Rahmen der Wartung gewechselt werden.

Benzin-Einspritzanlage

Funktion des Motormanagements beim Benzinmotor

Der Kraftstoff wird aus dem Kraftstoffvorratsbehälter (Tank) von der elektrischen Kraftstoffpumpe angesaugt und über den im Tank befindlichen Kraftstofffilter zum Kraftstoffverteiler gefördert. Ein Druckregler sorgt dafür, dass der Druck im Kraftstoffsystem konstant bei etwa 3,8 bar gehalten wird.

Über elektrisch angesteuerte Einspritzventile wird der Kraftstoff stoßweise in das Ansaugrohr direkt vor die Einlassventile des Motors gespritzt. Das Motor-Steuergerät steuert die Einspritzventile sequentiell an, also in Zündreihenfolge, und regelt die Einspritzzeit und dadurch die Einspritzmenge.

Die Verbrennungsluft wird vom Motor über den Luftfilter angesaugt und gelangt durch das Drosselklappenteil sowie das Ansaugrohr bis zu den Einlassventilen. Geregelt wird die Luftmenge durch die Drosselklappe, die über einen Schrittmotor vom Motor-Steuergerät betätigt wird. Bei den Kompressor-Motoren wird die Ansaugluft durch einen keilriemengetriebenen Kompressor verdichtet. Anschließend im Ladeluftkühler abgekühlt und dann dem Motor zur Verbrennung zugeführt.

Die angesaugte Luftmenge wird von einem Luftmassenmesser gemessen. Der Luftmassenmesser befindet sich im Ansaugluftkanal, direkt am Ausgang des Luftfiltergehäuses. Im Gehäuse des Luftmassenmessers befindet sich eine dünne, elektrisch beheizte Sensorplatte, die durch die vorbeistreichende Ansaugluft abgekühlt wird. Die Steuerelektronik regelt den Heizstrom so, dass die Temperatur der Platte konstant bleibt. Steigt beispielsweise die Menge der angesaugten Luft, neigt das erhitzte Bauteil zum Abkühlen. Daraufhin wird der Heizstrom sofort erhöht, damit die Temperatur gleich bleibt. Anhand der Schwankungen des Heizstromes erkennt das Motor-Steuergerät den Lastzustand des Motors und regelt dementsprechend die Einspritzmenge.

Das Motor-Steuergerät befindet sich links am Luftftiltergehäuse . Es handelt sich dabei um einen kleinen, sehr schnell arbeitenden 32-Bit-Rechner. Das Motor-Steuergerät bestimmt den optimalen Zündzeitpunkt, den Einspritzzeitpunkt und die Einspritzmenge. Dabei erfolgt eine Abstimmung des Steuergeräts mit anderen Fahrzeugsystemen, beispielsweise der Getriebesteuerung oder der Wegfahrsperre. Außerdem regelt es die Nockenwellenverstellung und die Abgasreinigungsanlage.

Informationen von weiteren Sensoren (Fühlern) und Befehle an Aktoren (Stellglieder) sorgen in jeder Fahrsituation für einen optimalen Motorbetrieb. Fallen wichtige Sensoren aus, schaltet das Steuergerät auf ein Notlaufprogramm um, damit Motorschäden vermieden werden und weitergefahren werden kann. In diesem Fall ruckelt der Motor und neigt beim Gas geben zum Absterben.

Sensoren und Aktoren der Einspritzanlage

- Der **Kurbelwellen-Positionssensor** ist über dem Schwungrad hinten links in den Motorblock eingeschraubt. Er übermittelt dem Steuergerät die Motordrehzahl und die OT-Stellung des Kolbens für Zylinder 1.
- Der **Hallsensor** für die **Einlass-Nockenwelle** befindet sich oben links am Zylindekopf. Er übermittel dem Motor-Steuergerät zusammen mit dem Kurbelwellen-Positionsgeber die Zünd-OT-Stellung für Zylinder 1. Dies dient zur Synchronisation von Zündzeitpunkt und Einspritzreihenfolge.
- Der **Hallsensor** für die **Auslass-Nockenwelle** sitzt vorn rechts am Zylinderkopf. Seine Signale dienen dem Motor-Steuergerät zur Regelung der Nockenwellenverstellung und als Ersatzwert, falls der Sensor an der Einlass-Nockenwelle ausfällt.
- Das **Stellglied Drosselklappe** besteht aus einem Stellmotor und 2 Potentiometern. Es reguliert die Stellung der Drosselklappe. Dadurch wird eine gleich bleibende Leerlaufdrehzahl erreicht, unabhängig davon, ob gerade Zusatzverbraucher, wie beispielsweise die Servolenkung oder der Klimakompressor, eingeschaltet sind.
- Das **Drosselklappenpotentiometer** befindet sich im **Stellglied Drosselklappe** und übermittelt dem Steuergerät die momentane Winkelstellung der Drosselklappe. Ein zweites Potentiometer übermittelt einen Referenzwert an das Steuergerät und sorgt für ein Ersatzsignal beim Ausfall des Drosselklappenpotentiometers.
- Der **Gaspedalgeber** sitzt im Fahrerfußraum direkt an der Keilwelle des Gaspedals. Er übermittelt die Gaspedalstellung an das Motor-Steuergerät. Der Fahrpedalsensor besteht aus einer Welle mit Ringmagnet. Der Ringmagnet dreht sich in einer Leiterplatte mit Stator in zwei feststehenden Hall-Elementen. Dadurch wird eine Spannungsänderung bewirkt.
- Der **Kühlmittel-Temperaturfühler** sitzt vorn rechts im Zylinderkopf. Es handelt sich dabei um einen NTC-Widerstand. Das heißt, der Widerstand wird geringer, wenn die Kühlmitteltemperatur ansteigt. NTC = **N**egativer **T**emperatur **K**oeffizient. Der **Ansaugluft-Temperaturfühler** ist ebenfalls ein NTC-Widerstand und sitzt hinter dem Drosselklappensteller.
- Der **Drucksensor für Höhenkorrektur** sitzt oberhalb des Ansaugluft-Temperaturfühlers. Der **Saugrohr-Drucksensor** befindet sich hinten links am Saugrohr.

- Die Tankentlüftung besteht aus dem **Aktivkohlebehälter** und einem **Magnetventil** (Regenerierventil). Im Aktivkohlebehälter werden Kraftstoffdämpfe gespeichert, die sich durch Erwärmung des Kraftstoffs im Tank bilden. Bei laufendem Motor werden die Kraftstoffdämpfe aus dem Aktivkohlebehälter abgesaugt und dem Motor zur Verbrennung zugeführt. Der Aktivkohlebehälter sitzt im Radlauf hinten rechts, das Magnetventil befindet sich im Motorraum neben dem Einfüllstutzen für Scheibenwaschwasser.
- Die **Lambdasonden** (Sauerstoffsensoren) dienen zur Regelung des vorderen Katalysators. Sie messen den Sauerstoffgehalt im Abgasstrom und schicken entsprechende Spannungssignale an das Motor-Steuergerät. Eine Lambdasonde sitzt vor und eine zusätzliche nach dem Katalysator.
- Der **Klopfsensor vorn i**st links vom 2. Zylinder und der **Klopfsensor hinten** links vom 3. Zylinder in den Motorblock eingeschraubt. Die Klopfsensoren erfassen die Schwinungen des Motorblocks und verhindern, dass schädliche, klopfende Verbrennungen auftreten können. Dadurch kann der Zündzeitpunkt an der Klopfgrenze gehalten werden, wodurch die Energie des Kraftstoffes besser ausgenutzt und somit der Kraftstoffverbrauch reduziert wird.

Leerlaufdrehzahl/Zündzeitpunkt/ CO-Gehalt prüfen/einstellen

Im Rahmen der Wartung ist es nicht mehr erforderlich, Leerlaufdrehzahl, Zündzeitpunkt und CO-Gehalt einzustellen, da die Werte permanent elektronisch nachgeregelt werden.

Falls die tatsächlichen Betriebswerte von den Sollwerten abweichen, liegt die Ursache an defekten Bauteilen, die ersetzt werden müssen. Eine fachgerechte Prüfung des Motormanagements ist nur mit speziellen Diagnosegeräten möglich.

Allgemeine Prüfung der Benzin-Einspritzanlage

Für eine systematische Fehlersuche beziehungsweise Fehlerbehebung sind markenspezifische Messgeräte erforderlich. Diese Messgeräte sind sehr teuer und in der Regel nur in der Fachwerkstatt vorhanden. Deshalb wird hier nur eine Grundprüfung beschrieben:

- Batterie prüfen, siehe Seite 58.
- Alle Sicherungen prüfen, siehe Seite 52.
- Sämtliche Stecker und Steckverbindungen des betroffenen elektronischen Systems abziehen und aufstecken. Festen Sitz der Steckverbindungen und Fixierung der Kabel im Motorraum prüfen.
- Alle Masseverbindungen auf festen Sitz und einwandfreien Kontakt prüfen.
- Schläuche und Leitungen auf Undichtigkeiten prüfen. Dabei auf Porosität und Risse achten. Lockere Anschlüsse befestigen.

Diesel-Einspritzanlage

Diesel-Einspritzverfahren

Beim Dieselmotor wird reine Luft in die Zylinder angesaugt und dort sehr hoch verdichtet. Dadurch steigt die Temperatur in den Zylindern über die Zündtemperatur des Dieselöls an. Wenn der Kolben kurz vor dem oberen Totpunkt steht, wird in die hochverdichtete und etwa +600° C heiße Luft Dieselöl eingespritzt. Das Dieselöl zündet von selbst, Zündkerzen sind also nicht erforderlich.

Bei sehr kaltem Motor kann es vorkommen, dass durch die Verdichtung die Zündtemperatur nicht erreicht wird. In diesem Fall muss vorgeglüht werden. Dazu befindet sich in jedem Brennraum eine Glühkerze, die den Brennraum aufheizt. Die Dauer des Vorglühens ist abhängig von der Umgebungstemperatur und wird durch das Motor-Steuergerät über ein Vorglührelais gesteuert.

Der Kraftstoff wird von der Vorförderpumpe mit einem Druck von ca. 3,5 bar zur Hochdruckpumpe gefördert. In der Hochdruckpumpe wird bereits bei niedrigen Motordrehzahlen ein konstant hoher Druck von ca. 1600 bar aufgebaut.

Von der Hochdruckpumpe führt eine gemeinsame Kraftstoffleitung (Common Rail) zu den einzelnen Zylindern. Die gemeinsame Kraftstoffleitung dient als Druckspeicher und verteilt den Kraftstoff mit konstantem Druck an die Einspritzventile. Die erforderliche Kraftstoff-Einspritzmenge wird vom Motor-Steuergerät über die elektromagnetischen Einspritzventile den einzelnen Zylindern exakt zugeteilt. Schließt der Mikrocomputer des Motor-Steuergeräts beispielsweise die Magnetventile, ist die Kraftstoffeinspritzung sofort wieder beendet. Mit anderen Worten: Druckerzeugung und Kraftstoffeinspritzung erfolgen unabhängig voneinander. Das hat den Vorteil, dass die Einspritzung bedarfs- und abgasoptimiert, aber unabhängig von der Motordrehzahl erfolgen kann.

Der Kraftstoff wird mit Mehrstrahl-Einspritzventilen in 3 Stufen eingespritzt. Zunächst erfolgt eine Voreinspritzung von einer geringen Menge Kraftstoff, wodurch die Zündbedingungen für die Hauptkraftstoffmenge verbessert werden. Daraus resultiert eine weichere und damit auch leisere Verbrennung.

Bevor der Kraftstoff in die Vorförderpumpe und die Hochdruckpumpe gelangt, wird er im Kraftstofffilter von Verunreinigungen und Wasser befreit. Daher ist es äußerst wichtig, den Kraftstofffilter im Rahmen der Wartung regelmäßig auszuwechseln.

Die Vorförderpumpe und die Hochdruckpumpe sind wartungsfrei. Alle beweglichen Teile werden mit Dieselöl geschmiert.

Die Verbrennungsluft wird vom Motor beziehungsweise vom Abgasturbolader über den Luftfilter angesaugt. Der Turbolader verdichtet die Luft und drückt sie durch einen Ladeluftkühler. Dort wird die beim Ladevorgang erwärmte Luft abgekühlt. Dadurch wird der Zylinderfüllungsgrad verbessert und somit Drehmoment und Leistung des Motors erhöht.

Winterbetrieb

Mit abnehmenden Außentemperaturen verringert sich das Fließvermögen des Dieselkraftstoffes durch Paraffin-Aus-

Common-Rail-Direkteinspritzsystem (CDI)

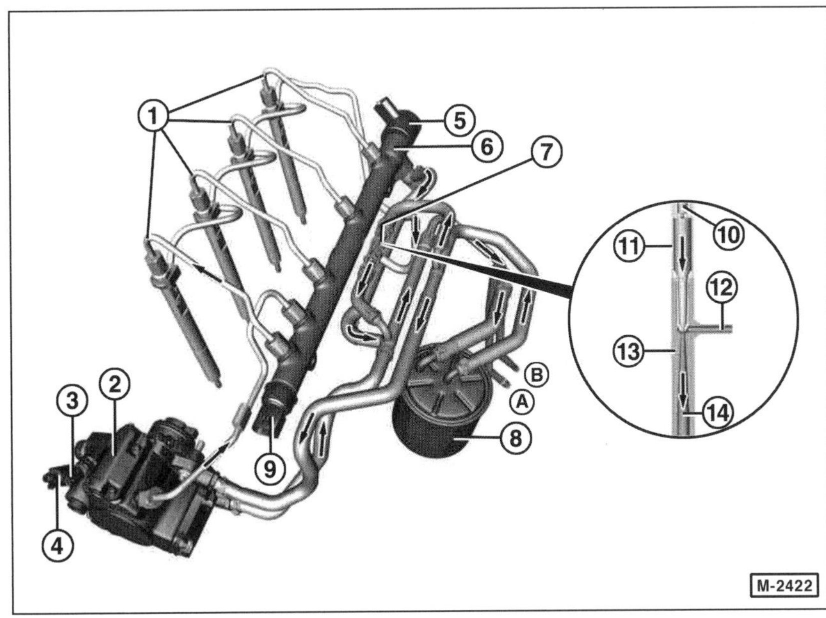

1 – **Kraftstoff-Injektoren** (Einspritzventile)
2 – **Hochdruckpumpe**
3 – **Kraftstoff-Temperatursensor**
4 – **Mengenregelventil**
5 – **Druckregelventil**
6 – **Common Rail (Gemeinsames Kraftstoffverteilerrohr)**
7 – **Venturi-Düse**
8 – **Kraftstofffilter**
9 – **Raildrucksensor** Misst den Kraftstoffdruck im Kraftstoffverteilerrohr.
10 – **Kraftstoffzulauf**
11 – **Verschluss**
12 – **Injektor-Leckölleitung**
13 – **Haltegabel**
14 – **Kraftstoffablauf**
A – **Kraftstoff-Vorlauf**
B – **Kraftstoff-Zulauf**

scheidung. Der Dieselkraftstoff kann dickflüssig wie Honig werden und den Kraftstofffilter verstopfen. Aus diesem Grund werden von den Mineralölfirmen dem Diesel im Winter Zusätze beigemischt, die das Fließverhalten heraufsetzen und ein Starten bis etwa –22° C garantieren.

Damit der Kraftstofffilter bei niedrigen Außentemperaturen nicht verstopfen kann, wird der Kraftstoff über den Kraftstoff-Wärmtauscher geleitet.

Diesel-Vorglühanlage

Bei kaltem Motor wird die Selbstzündungstemperatur durch die Verdichtung allein nicht erreicht, deshalb muss vorgeglüht werden.

Zu diesem Zweck ist in jeden Brennraum eine Glühkerze mit keramischem Glühstift eingeschraubt. Die Glühkerze besteht im Wesentlichen aus einem Gehäuse mit eingepresster Elektrode sowie einer Heizwendel mit Keramikgehäuse. Sobald Spannung anliegt, heizt sich die Heizwendel innerhalb weniger Sekunden bis auf über +1300° C auf. Wenn die Vorglüh-Kontrollleuchte an der Armaturentafel erlischt, kann der Motor gestartet werden.

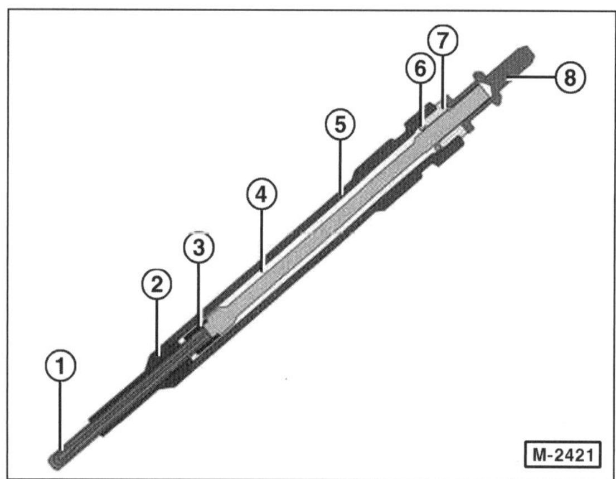

1 – Heizwendel mit Keramikgehäuse
2 – Hülse
3 – Ring
4 – Elektrode
5 – Kerzengehäuse
6 – O-Ring
7 – Isolator
8 – Anschlussstecker

Die Vorglühdauer bis zum Anlassen dauert selten länger als 10 Sekunden. Sie wird durch das Vorglührelais und das Motor-Steuergerät geregelt, welches durch einen Kühlmittel-Temperaturgeber die Information über die aktuelle Motortemperatur abfragt. Das Motor-Steuergerät entscheidet anhand der übermittelten Daten, wie lange und wie viel Strom den Glühkerzen zugeführt wird.

Hinweis: Aufgrund der guten Kaltstarteigenschaften des Dieseldirekteinspritzmotors ist ein Vorglühen überwiegend erst bei Temperaturen unter ca. 0° C erforderlich.

Keramik-Glühkerzen

Im Vergleich zu herkömmlichen Glühkerzen erreichen keramische Glühkerzen eine um ca. 200° C höhere Glühtemperatur. Die Dauertemperatur der Glühkerzen liegt bei etwa +1300° C, wodurch das Kaltstartverhalten verbessert wird.

Achtung: Keramik-Glühkerzen sind gegen Stoß und Biegung empfindlich und müssen daher besonders vorsichtig behandelt werden. Selbst bei einem Fall aus geringer Höhe (ca. 2 cm) müssen die Glühkerzen ersetzt werden, da sich nicht sichtbare Haarrisse bilden können. Als Folge davon können sich Teile des Keramikeinsatzes lösen und während des Motorlaufs in den Brennraum fallen. Dies führt zu schweren Motorschäden.

Sollte eine defekte Keramik-Glühkerze gebrochen sein, unbedingt alle Bruchstücke aus dem Motor entfernen, sonst kommt es während des Motorlaufs zu schweren Beschädigungen.

Hinweis: Der keramische Glühstift kann nicht auf mechanische Beschädigungen, zum Beispiel Haarrisse, geprüft werden.

Glühkerzen prüfen

Wenn Schwierigkeiten beim Anlassen des Motors auftreten, sämtliche Glühkerzen auf einwandfreie Funktion prüfen.

Die Glühkerzen sind unterhalb des Kraftstoffverteilerrohres (Rail) in die Einlasskanäle des Zylinderkopfes eingeschraubt.

Prüfvoraussetzung: Motor ist kalt (Umgebungstemperatur). Batterie voll geladen, die Batteriespannung muss mindestens 11,5 Volt betragen.

Stromzufuhr prüfen

Diese Kontrolle kann bei eingebauten Glühkerzen durchgeführt werden.

- Obere Motorabdeckung ausbauen, siehe Seite 149.
- Elektrische Steckverbindungen von den Glühkerzen abziehen, zum Beispiel mit der Spezialzange 4760-5 von HAZET.
- Prüflampe zwischen Kabelkontakt und Masse halten.
- Zündung einschalten, Motor vorglühen. Zündschlüssel auf Vorglühstellung lassen und Prüflampe beobachten. Die Prüflampe muss aufleuchten. Auf diese Weise Stromversorgung für sämtliche Glühkerzen prüfen.
- Zündung ausschalten.
- Elektrische Steckverbindungen an den Glühkerzen aufstecken.

Glühkerzen prüfen

- Ohmmeter nacheinander an jede Glühkerze anlegen und prüfen, ob zwischen Motorblock und Glühkerze Durchgang vorhanden ist.
- Wird kein Durchgang (∞ Ω) angezeigt, ist die Glühkerze defekt und muss ersetzt werden.
- Elektrische Steckverbindungen an den Glühkerzen aufstecken.
- Obere Motorabdeckung einbauen, siehe Seite 149.

Glühkerzen aus- und einbauen

Motor 646

Ausbau

- Zündung ausschalten.
- Obere Motorabdeckung ausbauen.
- Elektrische Steckverbindungen von den Glühkerzen abziehen, zum Beispiel mit der Spezialzange 4760-5 von HAZET.

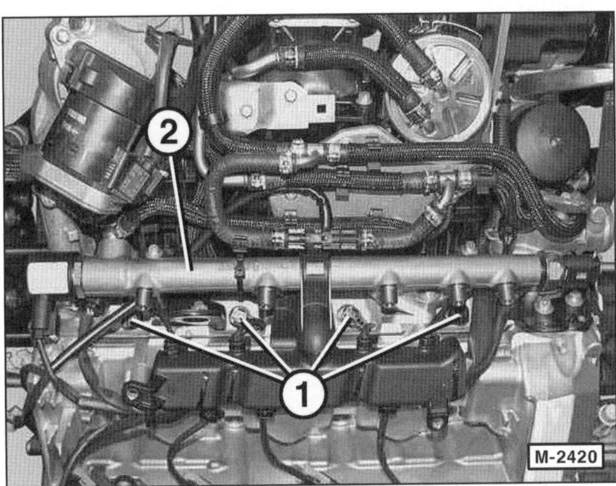

- Glühkerzen –1– mit einem Drehmomentschlüssel und einem passenden Gelenksteckschlüsseleinsatz, zum Beispiel HAZET 2530, herausdrehen. **Achtung:** Ist das Lösemoment der Glühkerzen größer als **25 Nm**, empfiehlt es sich, den Motor auf Betriebstemperatur zu bringen, um ein Abreißen der Glühkerzen zu verhindern. 2 – Rail.
- Glühkerzenschacht mit Perlon-Zylinderbürsten ∅ 10 mm und ∅ 6 mm reinigen.

Einbau

- Vor dem Einbau Gewinde im Zylinderkopf vollständig von Ablagerungen säubern. Gewinde im Zylinderkopf oder an den Glühkerzen nicht einölen oder fetten.
- Glühkerzen einschrauben und mit **20 Nm** festziehen.
- Elektrische Steckverbindungen an den Glühkerzen aufstecken.
- Obere Motorabdeckung einbauen, siehe Seite 149.

Kraftstoffanlage

Zur Kraftstoffanlage zählen der Kraftstoffvorratsbehälter (Kraftstofftank), die Kraftstoffpumpe und die Kraftstoffleitungen sowie Kraftstoff- und Luftfilter. Hinweise zum Diesel-Kraftstofffilter befinden sich im Kapitel »Wartungsarbeiten«.

Der Kraftstoffvorratsbehälter hat einen Inhalt von ca. 59 Litern (C63AMG: 66 l) und ist vor der Hinterachse angeordnet. Der jeweilige Kraftstoffvorrat wird dem Fahrer im Kombiinstrument angezeigt. Über ein Entlüftungssystem wird der Tank belüftet. Die schädlichen Benzindämpfe der Tankentlüftung werden in einem Aktivkohlespeicher aufgefangen und dem Motor kontrolliert zur Verbrennung zugeführt.

Kraftstoff sparen beim Fahren

Wesentlichen Einfluss auf den Kraftstoffverbrauch hat die Fahrweise des Fahrzeuglenkers. Hier einige Tipps für den intelligenten Umgang mit dem Gaspedal:

- Nach dem Motorstart gleich losfahren, auch bei Frost.
- Motor abschalten bei voraussichtlichen Stopps über 40 Sekunden Dauer.
- Im höchstmöglichen Gang fahren.
- Möglichst gleichmäßige Geschwindigkeiten über längere Strecken fahren, hohe Geschwindigkeiten meiden. Vorausschauend fahren. Nicht unnötig bremsen.
- Keine unnötige Zuladung mitführen, Aufbauten am Fahrzeug, beispielsweise Dachgepäckträger, möglichst abbauen.
- Immer mit richtigem, nie mit zu niedrigem Reifendruck fahren.

Sicherheits- und Sauberkeitsregeln bei Arbeiten an der Kraftstoffversorgung

Bei Arbeiten an der Kraftstoffversorgung sind die folgenden Regeln zur Sicherheit und Sauberkeit sorgfältig zu beachten:

Sicherheitshinweise

- **Kein offenes Feuer, nicht rauchen, keine glühenden oder sehr heißen Teile in die Nähe des Arbeitsplatzes bringen. Unfallgefahr! Feuerlöscher bereitstellen.**
- **Unbedingt für gute Belüftung des Arbeitsplatzes sorgen. Kraftstoffdämpfe sind giftig.**
- Das Kraftstoffsystem steht unter Druck. Beim Öffnen der Anlage kann Kraftstoff herausspritzen, daher austretenden Kraftstoff mit einem Lappen auffangen. **Schutzbrille tragen.**

- Verbindungsstellen und deren Umgebung vor dem Lösen gründlich reinigen.
- Ausgebaute Teile auf einer sauberen Unterlage ablegen und abdecken. Folie oder Papier verwenden. Keine fasernden Lappen benutzen!
- Geöffnete Bauteile sorgfältig abdecken beziehungsweise verschließen, wenn die Reparatur nicht umgehend ausgeführt wird.
- Ersatzteile erst unmittelbar vor dem Einbau aus der Verpackung nehmen. Nur saubere Teile einbauen.
- Bei geöffneter Kraftstoffanlage möglichst nicht mit Druckluft arbeiten. Das Fahrzeug möglichst nicht bewegen.
- Keine silikonhaltigen Dichtmittel verwenden. Vom Motor angesaugte Spuren von Silikonbestandteilen werden im Motor nicht verbrannt und schädigen die Lambdasonden.

Kraftstoffdruck abbauen

Benzinmotor

Das Kraftstoffsystem steht auch nach dem Abstellen des Motors unter Druck. **Vor Öffnen des Kraftstoffsystems** muss auf jeden Fall der Kraftstoffdruck abgebaut werden.

Sicherheitshinweis
Unbedingt auf gute Belüftung des Arbeitsplatzes achten. Kraftstoffdämpfe sind giftig, kein offenes Feuer, Brandgefahr! Feuerlöscher bereitstellen.

Kraftstoffdruck abbauen

- Tankdeckel abnehmen und wieder aufschrauben.
- Die Fachwerkstatt baut den Kraftstoffdruck am Verteilerrohr ab, dabei ist folgendermaßen vorzugehen:
- **Motor 271:** Obere Motorabdeckung nach oben abziehen.

- Kappe –1– abschrauben.
- Hilfsschlauch mit Ventil, zum Beispiel KLANN-KL-0120-54, am Anschluss des Verteilerrohres –2– aufschrauben. 3 – Öleinfülldeckel.

- Ventil öffnen und etwas Kraftstoff in das Auffanggefäß ablaufen lassen. Damit ist der Kraftstoffdruck abgebaut.
- Ventil schließen und Verschlusskappe aufschrauben.
- **Motor 271:** Obere Motorabdeckung einclipsen.

Kraftstoffpumpe/Tankgeber aus- und einbauen

Die elektrische Kraftstoffpumpe befindet sich zusammen mit dem Tankgeber in der rechten Hälfte des Kraftstoffbehälters. Ein zweiter Tankgeber sitzt in der linken Kammer des Kraftstoffbehälters.

Hier wird der Ausbau der Kraftstoffpumpe beim Benzinmotor beschrieben. Der Ausbau von Kraftstofffilter, Drucksensor oder Tankgeber auf der linken Seite des Tanks erfolgt analog, ebenso die Arbeitsschritte für den Dieselmotor. Dabei sind abweichende Belegungen der elektrischen Anschlüsse und Kraftstoffleitungen zu beachten.

Vor dem Ausbau den Tank möglichst leer fahren oder Kraftstoff mit einer dafür geeigneten Absaugpumpe in einen speziellen Behälter absaugen. Unbedingt für gute Belüftung des Arbeitsplatzes sorgen. Dazu kann auch ein Radiallüfter verwendet werden, **dessen Motor außerhalb des Luftstromes liegt.** Kraftstoffbehälter kann über die eingebaute Kraftstoffpumpeentleert werden. Allerdings ist dazu das MERCEDES-Diagnosegerät erforderlich.

Sicherheitshinweis
Beim Ausbau der Kraftstoffpumpe kann etwas Kraftstoff austreten. Kraftstoffdämpfe sind giftig und feuergefährlich, deshalb auf besonders gute Belüftung des Arbeitsplatzes achten. Hautkontakt mit Kraftstoff vermeiden. Kraftstoffbeständige Handschuhe tragen. Kein offenes Feuer, Brandgefahr! Feuerlöscher bereitstellen.

Ausbau

Achtung: Zum Ausbau des Verschlussrings wird ein passender Klauenschlüssel benötigt, zum Beispiel »MERCEDES-001 589 00 07 00«. Der Verschlussring sitzt sehr fest.

- Batterie abklemmen. **Achtung:** Hinweise im Kapitel »Batterie aus- und einbauen« beachten.
- Kraftstoffbehälter weitgehend entleeren. Der Kraftstoffbehälter darf max. bis zu 25 % befüllt sein, anderenfalls kann Kraftstoff austreten! Bei Bedarf Kraftstoff abpumpen.
- Tankklappe und Tankdeckel öffnen und wieder verschließen. Damit wird etwaiger Überdruck im Kraftstoffbehälter abgebaut.
- Rücksitzbank ausbauen.

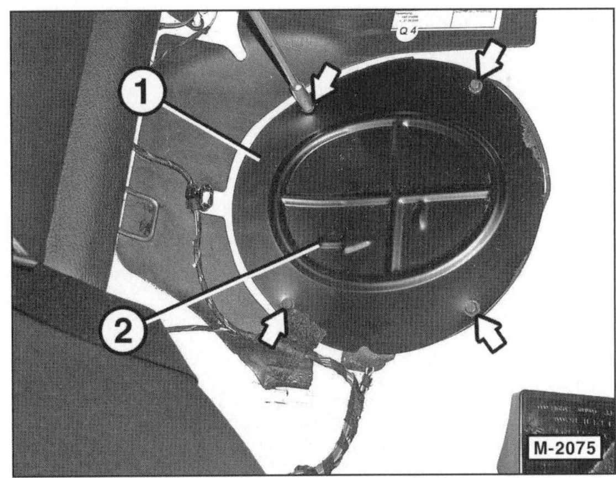

- Dämmmatte zurückschlagen oder herausnehmen.
- Schrauben –Pfeile– herausdrehen und rechten Deckel –1– der Serviceöffnung abnehmen. 2 – Der Pfeil zeigt in Fahrtrichtung.

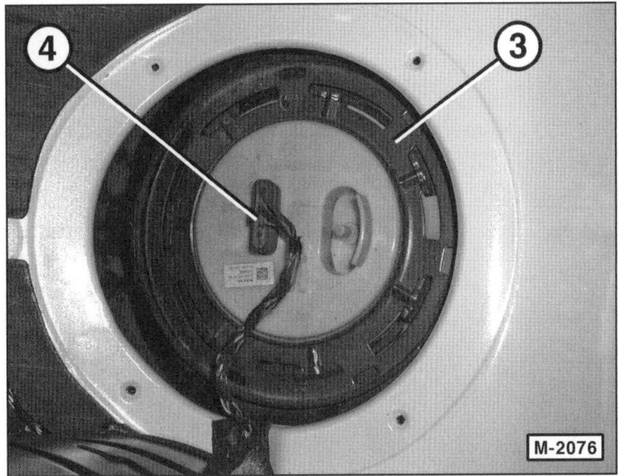

- Rechten Verschlussring –3– kurzzeitig mit der Fahrzeugkarosserie leitfähig verbinden beziehungsweise erden. Dadurch wird verhindert, dass aufgrund einer etwaigen elektrostatischen Entladung ein Funke entstehen kann und dadurch eine Explosion von austretendem Kraftstoff-Luft-Gemisch verursacht.
- Stecker –4– für Kraftstoffpumpe entriegeln und abziehen.

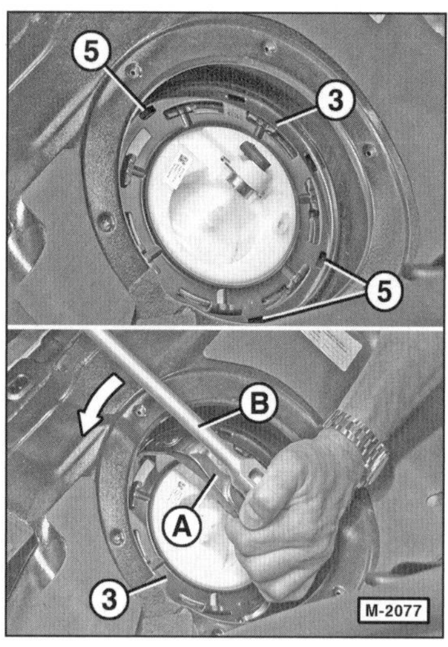

- Rechten Verschlussring ausbauen. Dazu Klauenschlüssel –A– in die Öffnungen –5– außen am Verschlussring –3– einsetzen.
- Langen Knebel –B– in den Klauenschlüssel –A– einstecken und Verschlussring –3– gegen den Uhrzeigersinn drehen –Pfeilrichtung–. **Achtung:** Der Verschlussring sitzt sehr fest, beim Öffnen rastet er schlagartig aus. Zwischen Knebel und Klauenschlüssel keine Verlängerung einstecken.
- Knebel mit Klauenschlüssel und Verschlussring –3– abnehmen.

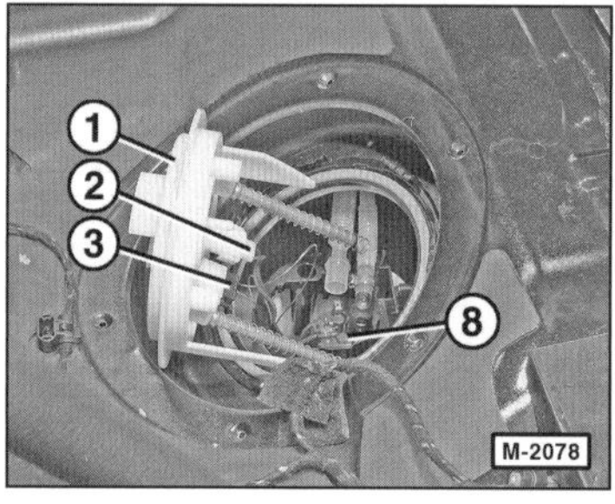

- Elektrische Steckverbindungen –2/3– am Fixierdeckel –1– entriegeln, trennen und Fixierdeckel abnehmen. 8 – Kraftstoffpumpe.

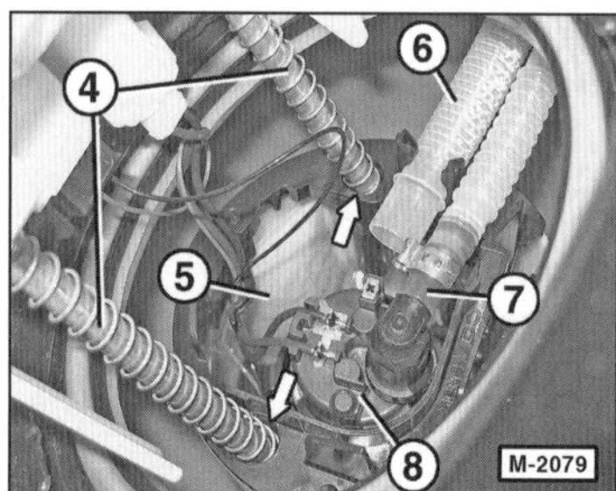

- Kraftstoffleitungen –6/7– an der Kraftstoffpumpe –8– und dem oberen Deckel des Beruhigungstopfs –5– entriegeln und abziehen. 4 – Führungsstifte.

Achtung: Abtropfenden Kraftstoff mit saugfähigen Lappen auffangen, um Schäden und Verschmutzungen am Fahrzeug zu vermeiden.

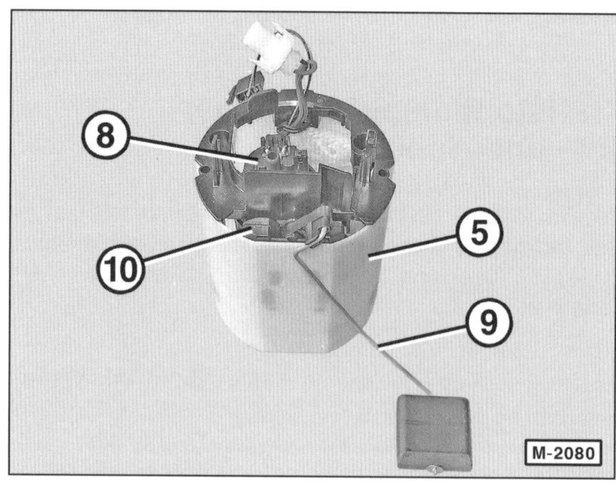

- Beruhigungstopf –5– mit Kraftstoffpumpe –8– aus der rechten Kammer des Kraftstoffvorratsbehälters herausnehmen. **Achtung:** Dabei besonders darauf achten, dass der Schwimmerarm –9– des Tankgebers –10– nicht verbogen wird.

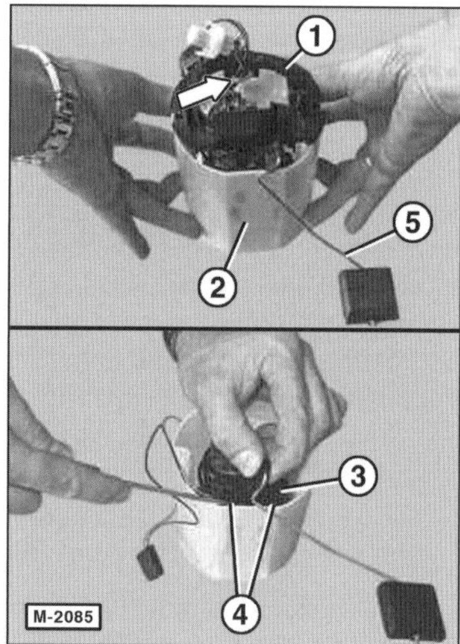

- Oberen Rahmen –1– vom Beruhigungstopf –2– abbauen. Dazu Rasten des oberen Rahmens seitlich am Beruhigungstopf gleichzeitig drücken und oberen Rahmen nach oben herausdrücken.
- Elektrische Zuleitungen des Tankgebers –3– aus der Halteklammer –Pfeil– am oberen Rahmen –1– herausführen.
- Verriegelungen –4– mit Schraubendreher ausrasten und Tankgeber –3– aus dem Beruhigungstopf –2– herausziehen. Dabei darauf achten, dass der Schwimmerarm –5– des Tankgebers nicht verbogen wird.

Einbau

Der Einbau erfolgt in umgekehrter Ausbaureihenfolge. Dabei ist folgendes zu beachten:

- Bei Erneuern der Kraftstoffpumpe den Tankgeber auf den neuen Beruhigungstopf umbauen.
- Beim Einbau des Tankgebers darauf achten, dass die elektrischen Zuleitungen nicht eingeklemmt werden.
- Kraftstoffleitungen –6/7– (Abbildung M-2079) nicht knicken, quetschen oder verdrehen und nicht in engen Radien verlegen. Kraftstoffleitungen dürfen keine Schlingen, Einschnürungen oder Beschädigungen aufweisen.
- Führungsstifte –4– (Abbildung M-2079) in die Öffnungen am oberen Rahmen des Beruhigungstopfs –5– einführen –Pfeile–.

Verschlussring schließen

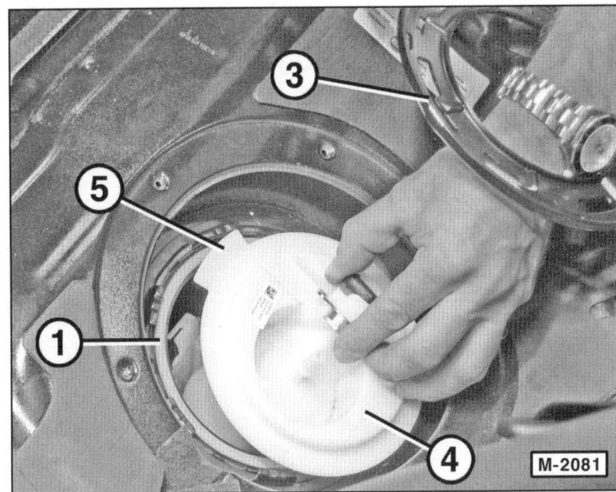

- Auflageflächen des Dichtrings –1– an Kraftstoffbehälter und Verschlussring –3– reinigen. **Achtung:** Es dürfen keine Verschmutzungen in den Kraftstoffbehälter eindringen, sonst kann es zu Störungen der Kraftstoffpumpe und/oder des Tankgebers kommen.
- **Neuen** Dichtring –1– in die Nut am Kraftstoffbehälter einlegen.

Achtung: Darauf achten, dass beim Einsetzen der Fördereinheit (Kraftstoffpumpe, Beruhigungstopf, Tankgeber) der Schwimmerarm des Tankgebers nicht vebogen wird.

- Durch den Verschlussring –3– fassen und den Fixierdeckel/Kraftstofffilter –4– so in die Öffnung am Kraftstoffbehälter einsetzen, dass die Ausformung –5– in Fahrtrichtung zeigt.

Achtung: Um Undichtigkeiten zu vermeiden, darauf achten, dass der Dichtring –1– dabei nicht aus der Nut am Kraftstoffbehälter herausgedrückt wird.

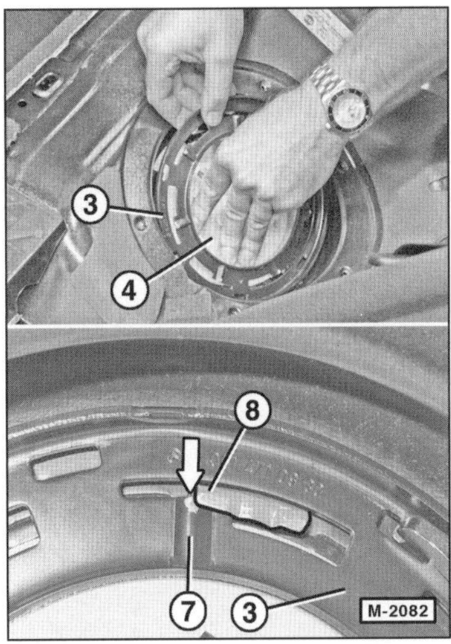

- Fixierdeckel/Kraftstofffilter –4– auf seinen Sitz im Kraftstoffbehälter pressen und Verschlussring –3– auflegen.
- Verschlussring –3– im Uhrzeigersinn drehen, bis die Rastnasen –7– links an den Verschlussklauen –8– anliegen.

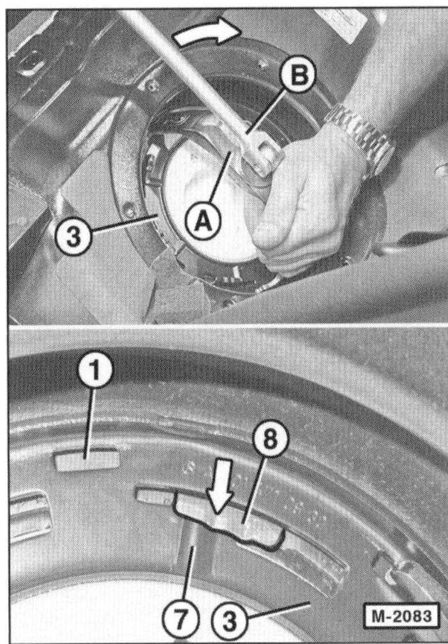

- Klauenschlüssel –A– mit Knebel –B– vorsichtig in die Öffnungen –1– außen am Verschlussring –3– einsetzen.
- Verschlussring –3– im Uhrzeigersinn drehen, bis die Rastnasen –7– links an den Vertiefungen der Verschlussklauen –8– anliegen –Pfeil–. **Achtung:** Dazu ist ein hoher Kraftaufwand erforderlich. Zwischen Knebel –B– und Klauenschlüssel –A– **keine** Verlängerung verwenden.
- Verschlussring –3– im Uhrzeigersinn weiter drehen, bis die Rastnasen –7– zwischen den Vertiefungen an den Verschlussklauen –8– einrasten.

- Verschlussdeckel so aufsetzen, dass der Pfeil –2– in Fahrtrichtung zeigt, siehe Abbildung M-2075. **Achtung:** Keine Schrauben verwenden, die länger als 10 mm sind, andernfalls können Undichtigkeiten am Kraftstoffvorratsbehälter auftreten. Schrauben mit **3 Nm** anziehen.
- Motor starten und Dichtheit der Kraftstoffanlage prüfen

Kraftstoffbehälter (Tank)/Kraftstoffpumpe

Benzinmotor 271

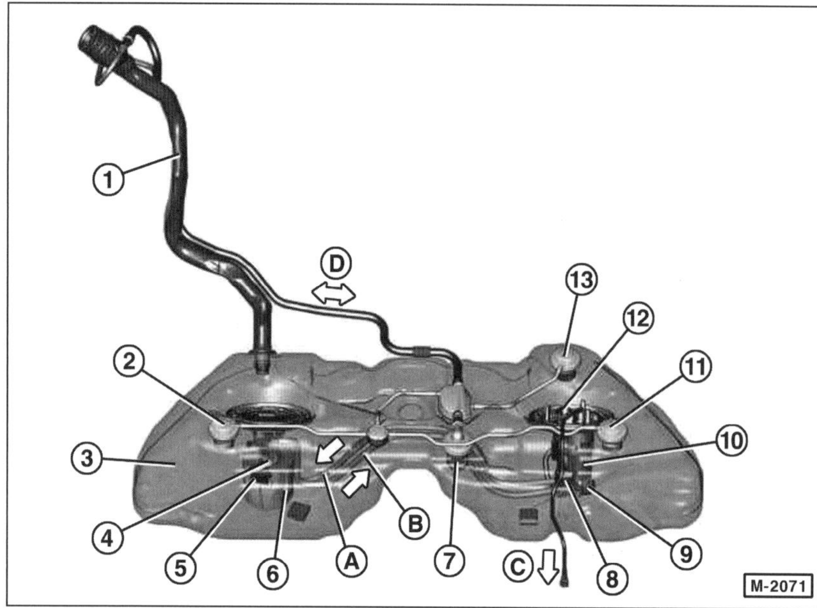

1 – **Kraftstoff-Einfüllstutzen**
2 – **Be- und Entlüftungsventil rechts**
3 – **Kraftstoffbehälter (Tank)**
4 – **Kraftstoffpumpe**
5 – **Tankgeber rechts**
6 – **Kraftstofffördermodul**
7 – **Betankungs-, Begrenzungs- und Entlüftungsventil**
8 – **Tankgeber links**
9 – **Kraftstoffdruckregler**
10 – **Kraftstofffilter**
Benzinmotor
11 – **Be- und Entlüftungsventil links**
12 – **Drucksensor Kraftstoff**
13 – **Be- und Entlüftungsventil links**

A – **Kraftstoffvorlauf zum Kraftstofffilter**
B – **Kraftstoffrücklauf vom Kraftstoffdruckregler**
C – **Kraftstoff zum Kraftstoff-Verteilerrohr**
D – **Be- und Entlüftung des Kraftstoffbehälters**

Kraftstoffversorgung

Benzinmotor 271

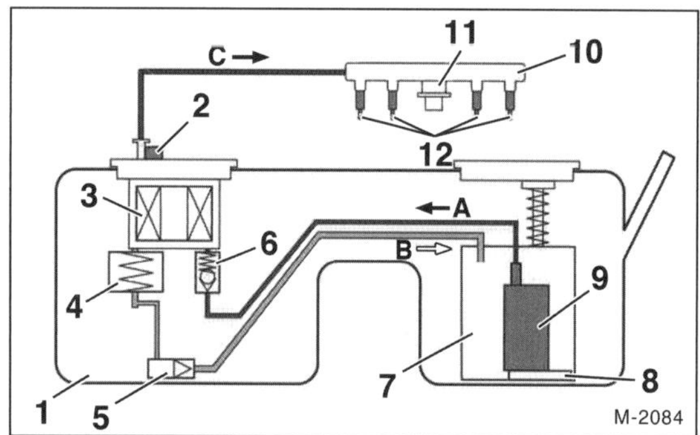

1 – **Kraftstoffbehälter (Tank)**
2 – **Kraftstoffdrucksensor**
3 – **Kraftstofffilter**
4 – **Kraftstoffdruckregler**
5 – **Saugstrahlpumpe links**
Gleicht den Kraftstoffstand in den beiden Tankhälften aus.
6 – **Rückschlagventil**
7 – **Kraftstofffördereinheit**
8 – **Saugstrahlpumpe rechts**
Gleicht den Kraftstoffstand in den beiden Tankhälften aus.
9 – **Kraftstoffpumpe**
10 – **Kraftstoff-Verteilerrohr**
11 – **Kraftstoffdruckdämpfer**
12 – **Einspritzventile**
A – **Kraftstoffvorlauf zum Kraftstofffilter**
B – **Kraftstoffrücklauf vom Kraftstoffdruckregler**
C – **Kraftstoff zum Kraftstoff-Verteilerrohr**

Der Kraftstoffbehälter (Tank) besteht aus Kunststoff. Wegen der U-förmigen Aussparung für die Kardanwelle ist er in zwei Kraftstoffbehälterkammern aufgeteilt, die miteinander verbunden sind.

In jeder Kraftstoffbehälterkammer befindet sich ein Tankgeber zur Erfassung des Kraftstoffstandes.

In der rechten Kammer befindet sich die Kraftstofffördereinheit, bestehen aus elektrischer Kraftstoffpumpe, Kraftstoffsieb und Kraftstoff-Beruhigungstopf.

Die Kraftstoffpumpe saugt den Kraftstoff durch das Kraftstoffsieb aus der Kraftstofffördereinheit und über die Saugstrahlpumpe aus der rechten Kraftstoffbehälterkammer. Danach pumpt die Kraftstoffpumpe den angesaugten Kraftstoff über das Rückschlagventil und den Kraftstofffilter zum Kraftstoff-Verteilerrohr.

Das Gehäuse der Kraftstofffördereinheit dient als Beruhigungstopf. Bei Kurvenfahrt mit niedrigem Kraftstoffstand verhindert der Beruhigungstopf, dass die Kraftstoffpumpe Luft ansaugt.

Im Zulauf des Kraftstofffilters befindet sich ein Rückschlagventil, das den Abbau des Kraftstoffdrucks bei abgeschalteter Kraftstoffpumpe verhindert.

Der Kraftstoffrücklauf vom Kraftstoffdruckregler versorgt die Saugstrahlpumpe in der linken Kraftstoffbehälterkammer mit Kraftstoff. Diese Saugstrahlpumpe fördert den Kraftstoff aus der Kraftstoffbehälterkammer in die Kraftstofffördereinheit in der rechten Kraftstoffbehälterkammer.

Luftfilter aus- und einbauen

Benzinmotor 271

Hinweis: Luftfilter für Benzinmotor **272** aus- und einbauen, siehe Seite 25.

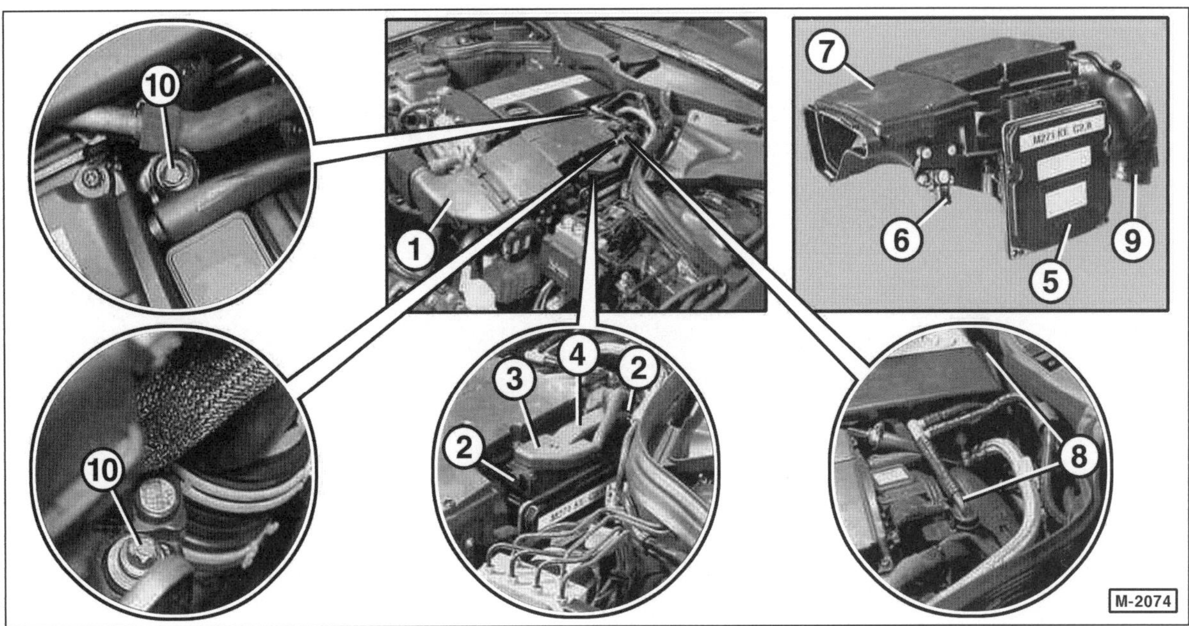

1 – Motorsaugluftkanal
2 – Schiebeverschlüsse
3 – Stecker
4 – Stecker
5 – Motor-Steuergerät
6 – Luftfiltergehäuse
7 – Drucksensor für Höhenkorrektur
8 – Unterdruckleitung
9 – Luftansaugrohr
10 – Schrauben, 9 Nm

Ausbau

- Batterie abklemmen. **Achtung:** Hinweise im Kapitel »Batterie aus- und einbauen« beachten.
- Motorsaugluftkanal –1– ausclipsen.
- Schiebeverschlüsse –2– ziehen und dadurch Stecker entriegeln. Mehrfachstecker –3/4– vom Motor-Steuergerät –5– abziehen
- Stecker vom Luftmassenmesser und Drucksensor –7– abziehen.
- Schlauch der Kurbelgehäuseentlüftung vom Luftfiltergehäuse –6– abziehen.
- Unterdruckleitung –8– abziehen.
- Schlauchschelle vom Luftansaugrohr –9– öffnen und zurückschieben.
- Schrauben –10– herausdrehen.
- Luftfiltergehäuse –6– hinten zunächst nach oben ziehen, in Richtung Frontscheibe schieben und herausnehmen. Dabei Luftfiltergehäuse gleichzeitig mit einem Schraubendreher aus den Gummiaufnahmen heraushebeln.

Einbau

- Der Einbau erfolgt in umgekehrter Ausbaureihenfolge. Dabei Schlauchschellen und Gummilager auf Beschädigungen prüfen, gegebenenfalls erneuern. Gummilager vor dem Einbau mit Gleitpaste bestreichen, zum Beispiel mit Vaseline. Schrauben mit **9 Nm** festziehen.

Dieselmotor 646

Hinweis: Luftfilter aus- und einbauen beim Dieselmotor **642**, siehe Seite 27.

Ausbau

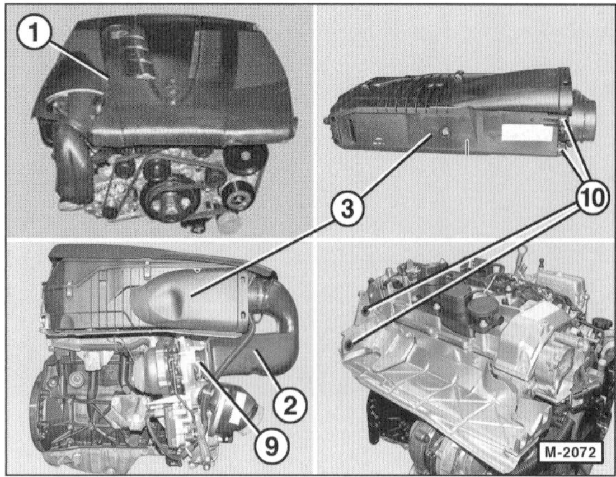

- Motorabdeckung –1– abnehmen, siehe auch Seite 149.
- Ansaugschlauch vor Luftfiltergehäuse abziehen.

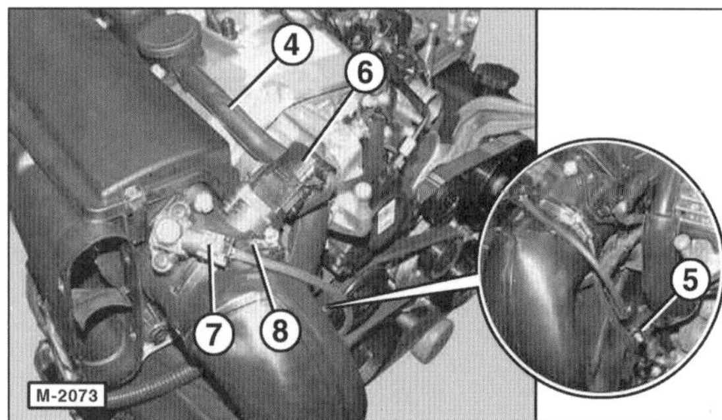

- Entlüftungsleitung –4– am Zyklonenabscheider abziehen.
- Stecker –5– vom Heizelement der Entlüftungsleitung abziehen.
- Stecker –6– vom Luftmassenmesser abziehen.
- Stecker –7– vom Druckgeber abziehen.
- Schlauchschelle –8– öffnen.
- Schlauchschelle –9– öffnen, siehe Abbildung M-2072.
- Ansaugschlauch –2– vom Luftfiltergehäuse –3– abnehmen, siehe Abbildung M-2072.
- Luffiltergehäuse herausnehmen.

Einbau

- Der Einbau erfolgt in umgekehrter Ausbaureihenfolge. Dabei Schlauchschellen und Gummilager –10– auf Beschädigungen prüfen, gegebenenfalls erneuern. Gummilager vor dem Einbau mit Gleitpaste bestreichen, zum Beispiel mit Vaseline.

Dieselmotor 651

Ausbau

- Massekabel (–) abklemmen. **Hinweis:** Kein Ruhestromerhaltungsgerät anschließen.
- Obere Motorabdeckung ausbauen, siehe Seite 149.

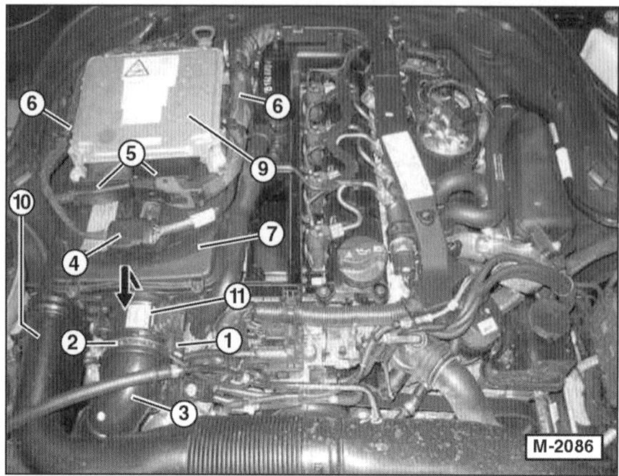

- Ansaugluftkanal –10– am Luftfilter –7– abziehen.
- Elektrische Steckverbindung –1– trennen.
- Schlauchschelle –2– öffnen und zurückschieben.
- Ansaugluftkanal –3– am Luftfilter –7– abziehen und zur Seite klappen.
- Elektrische Steckverbindungen –5– trennen.
- Elektrische Steckverbindung –4– trennen und am Luftfiltergehäuse –7– abbauen.
- Leitungssatz –6– am CDI-Steuergerät –9– abbauen.

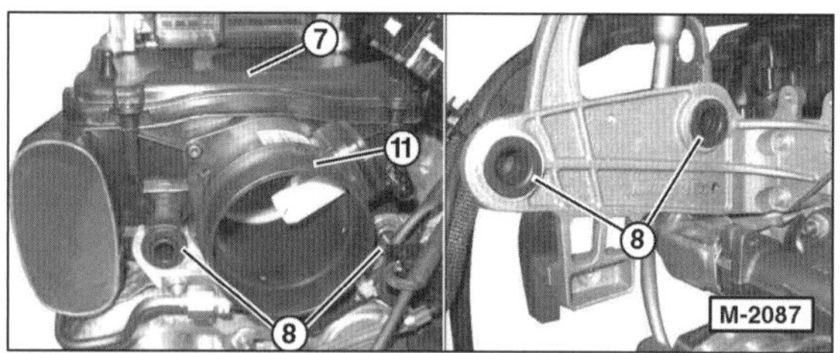

- Luftfiltergehäuse –7– vorn aus den Gummitüllen –8– am Halter nach oben ausclipsen und nach vorn aus dem hinteren Halter herausziehen. 11 – Luftmassenmesser.
- Luftfilter herausnehmen. **Achtung:** Dabei Luftfiltergehäuse –7– nicht zu stark abwinkeln, da sonst der hintere Halter beschädigt werden kann.

Einbau

- Der Einbau erfolgt in umgekehrter Ausbaureihenfolge. Dabei ist folgendes zu beachten:
- Gummilager –8– auf Beschädigung prüfen, gegebenenfalls erneuern.
- Schlauchschelle –2– auf Beschädigung prüfen, gegebenenfalls erneuern, siehe Abbildung M-2086.

Abgasanlage

Aus dem Inhalt:

- Katalysator- und Filtersysteme
- Abgasturbolader
- Abgasanlagen-Übersicht
- Abgasanlage demontieren
- Abgasanlage prüfen

Die Abgasanlage besteht je nach Motor aus Abgaskrümmer, Abgas-Turbolader, Vorkatalysator, Diesel-Partikelfilter, Nachkatalysator, Mittelschalldämpfer und Nachschalldämpfer. Der Benzinmotor besitzt zwei Lambdasonden zur Abgasregelung, die vor und hinter dem Vorkatalysator eingeschraubt sind. Beim Dieselmotor sind Katalysator und Diesel-Patikelfilter in einem Gehäuse untergebracht.

Bei einer Reparatur lassen sich sämtliche Teile einzeln auswechseln.

Katalysatorschäden vermeiden

Um Beschädigungen am Katalysator zu vermeiden, sind folgende Hinweise unbedingt zu beachten:

Benzinmotor

- Grundsätzlich nur **bleifreies** Benzin tanken.
- Das Anlassen des Motors durch **Anschieben** oder Anschleppen darf nur in **einem** Versuch über eine Strecke von etwa 50 Metern erfolgen. Besser: Starthilfekabel verwenden. Unverbrannter Kraftstoff könnte bei einer Zündung zur Überhitzung des Katalysators und zu seiner Zerstörung führen. Ist der Motor **betriebswarm**, darf er **nicht** angeschoben oder angeschleppt werden.
- Bei Startschwierigkeiten nicht unnötig lange den Anlasser betätigen. Während des Anlassens wird permanent Kraftstoff eingespritzt. Fehlerursache ermitteln und beseitigen.
- Kraftstofftank nie ganz leerfahren.
- Treten Zündaussetzer auf, hohe Motordrehzahlen vermeiden und Fehler umgehend beheben.
- Nur die vorgeschriebenen Zündkerzen verwenden.
- Keine Funkenprüfung ohne ausreichende Masseverbindung durchführen.
- Es darf kein Zylindervergleich (Balancetest) durch Zündabschaltung eines Zylinders durchgeführt werden. Bei Zündabschaltung der einzelnen Zylinder – auch über Motortester – gelangt unverbrannter Kraftstoff in den Katalysator.

Benzin- und Dieselmotor

- Fahrzeug nicht über trockenem Laub oder Gras beziehungsweise auf einem Stoppelfeld abstellen. Die Abgasanlage wird im Bereich des Katalysators sehr heiß und strahlt die Wärme auch nach Abstellen des Motors noch ab.
- Keinen Unterbodenschutz an Abgasrohren auftragen.
- Die Hitzeschilde der Abgasanlage nicht verändern.
- Beim Ein- oder Nachfüllen von Motoröl besonders darauf achten, dass auf keinen Fall die Maximum-Markierung am Ölmessstab (obere Markierung) überschritten wird. Das überschüssige Öl gelangt sonst aufgrund unvollständiger Verbrennung in den Katalysator und kann das Edelmetall beschädigen oder den Katalysator vollständig zerstören.

Funktion des Katalysators

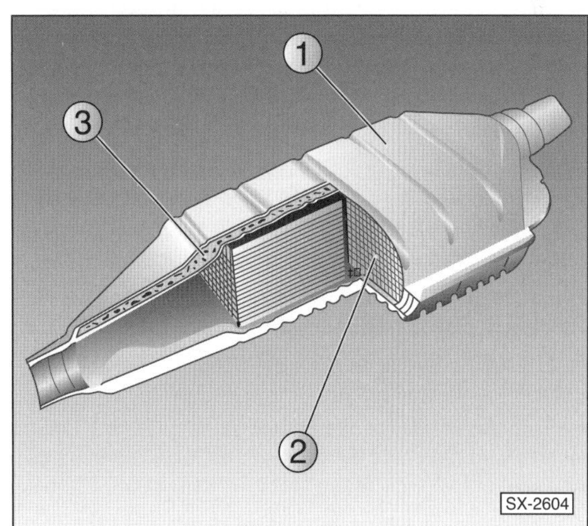

Der Katalysator dient zur Abgasreinigung. Er besteht aus einem Keramik-Wabenkörper –2–, der mit einer Trägerschicht überzogen ist. Auf der Trägerschicht befinden sich Edelmetallsalze, die den Umwandlungsprozess bewirken. Im Gehäuse –1– wird der Katalysator durch eine Isolations-Stützmatte –3– fixiert, die außerdem Wärmeausdehnungen ausgleicht.

Abgasturbolader

Beim Turbolader sitzen auf einer Welle zwei Turbinenräder, die in zwei voneinander getrennten Gehäusen untergebracht sind. Für den Antrieb der Turbinenräder sorgen die Abgase. Sie bringen die Laderwelle auf bis zu 300.000 Umdrehungen in der Minute. Da Abgas- und Frischluftrotor auf gleicher Welle sitzen, wird mit gleicher Drehzahl Frischluft in die Zylinder gedrückt. Zur Schmierung ist der Lader an den Ölkreislauf des Motors angeschlossen.

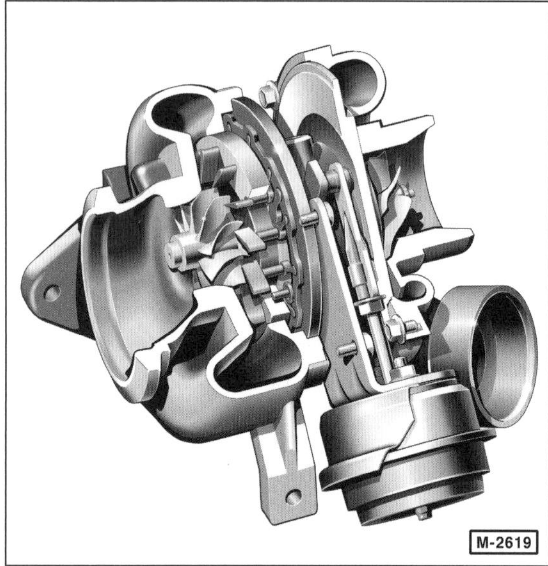

Aufgrund des guten Füllungsgrades lassen sich bei vorhandenen Motoren Leistungszuwachsraten von bis zu 100 Prozent verwirklichen. Neben der Motorleistung steigt bei der Verwendung eines Abgasladers auch das Drehmoment an. Abhängig ist der Leistungszuwachs unter anderem vom Ladedruck, der normalerweise ca. 1,0 bar beträgt. Der Ladedruck wird über einen Druckfühler laufend vom Motor-Steuergerät überprüft und geregelt. Dadurch ist auch sichergestellt, dass ein maximaler Ladedruck nicht überschritten wird.

Zwischen Turbolader und Einlasskanal des Motors befindet sich ein Ladeluftkühler, der die vorverdichtete Luft abkühlt. Dadurch wird die Leistung erhöht, weil kühle Luft durch die höhere Luftdichte einen höheren Sauerstoffanteil besitzt.

Gegenüber dem Ottomotor ist es beim Dieseltriebwerk nicht erforderlich, aufgrund der Aufladung die normale Verdichtung zu verringern, sodass auch im unteren Drehzahlbereich der eingespritzte Kraftstoff vollständig ausgenutzt wird.

Der Turbolader ist ein äußerst präzise hergestelltes Bauteil. Deshalb wird er in der Regel bei einem Defekt komplett ausgetauscht.

Diesel-Partikelfilter

Die Dieselmotoren der C-KLASSE sind mit einem Diesel-Partikelfilter ausgestattet. Der Diesel-Partikelfilter filtert die bei der Verbrennung im Motor entstehenden Rußpartikel aus dem Abgas heraus. Dabei werden die Rußpartikel zunächst im Wabensystem des Filters gesammelt und anschließend in einem separaten Vorgang rückstandslos verbrannt.

Der Diesel-Partikelfilter muss regelmäßig von den angelagerten Rußpartikeln befreit werden, damit er nicht verstopft und in seiner Funktion beeinträchtigt wird. Bei dieser Regeneration wird die passive und die aktive Regeneration unterschieden.

Bei der passiven Regeneration werden die Rußpartikel ohne Eingriff der Motorsteuerung kontinuierlich verbrannt. Sobald Abgastemperaturen von 350° – 500° C erreicht werden, beispielsweise bei Autobahnbetrieb, werden die Rußpartikel durch chemische Reaktion mit dem im Abgas enthaltenen Stickstoffoxid (NO_X) zu Kohlendioxid (CO_2) umgewandelt. Dieser Vorgang erfolgt langsam und kontinuierlich über die innere Beschichtung des Filters mit Platin, das hierbei als Katalysator dient.

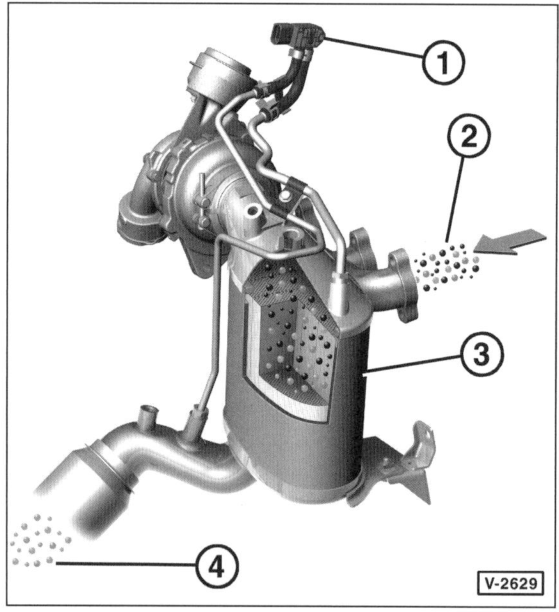

1 – Drucksensor
2 – Abgas mit Rußpartikeln
3 – Diesel-Partikelfilter
4 – Abgas ohne Rußpartikel

Aktive Regeneration: Der Drucksensor –1– vergleicht den Abgasdruck vor und nach dem Partikelfilter –3–. Hoher Druckunterschied deutet darauf hin, dass der Filter zum Verstopfen neigt. In diesem Fall wird die aktive Filter-Regeneration eingeleitet. In der Regel geschieht das dann, wenn die Abgastemperaturen für die passive Regeneration des Filters zu niedrig sind, zum Beispiel bei häufigem Stadtverkehr.

Für die aktive Regeneration verändert das Motor-Steuergerät den Einspritzvorgang und erhöht dadurch die Abgastemperatur auf 600° – 650° C. Bei dieser Temperatur werden die Rußpartikel zu Kohlendioxid (CO_2) verbrannt. Der aktive Regenerationsvorgang dauert ca. 10 Minuten und wird vom Fahrer in der Regel nicht bemerkt.

Abgasanlagen-Übersicht

4-Zylinder-Benzinmotor 271

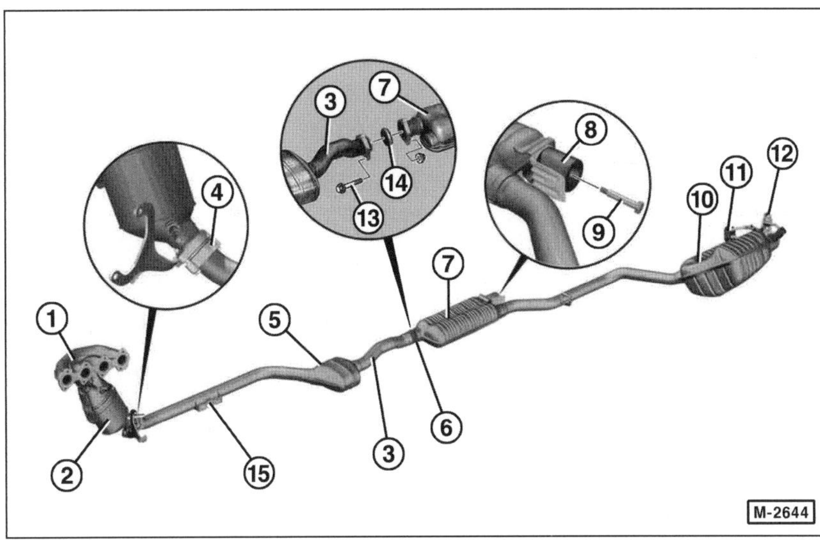

1 – Abgaskrümmer
2 – Vorkatalysator
3 – Vorderes Abgasrohr
4 – Verbindungsflansch, 20 Nm
5 – Nachkatalysator
6 – Rohrschelle, 35 Nm
7 – Mittelschalldämpfer
8 – Schwingungstilger
9 – Schraube, 20 Nm
10 – Nachschalldämpfer
11 – Haltegummi
12 – Halter, 20 Nm
13 – Schraube, 20 Nm
14 – Dichtung
15 – Halterbefestigung, 20 Nm

6-Zylinder-Benzinmotor 272

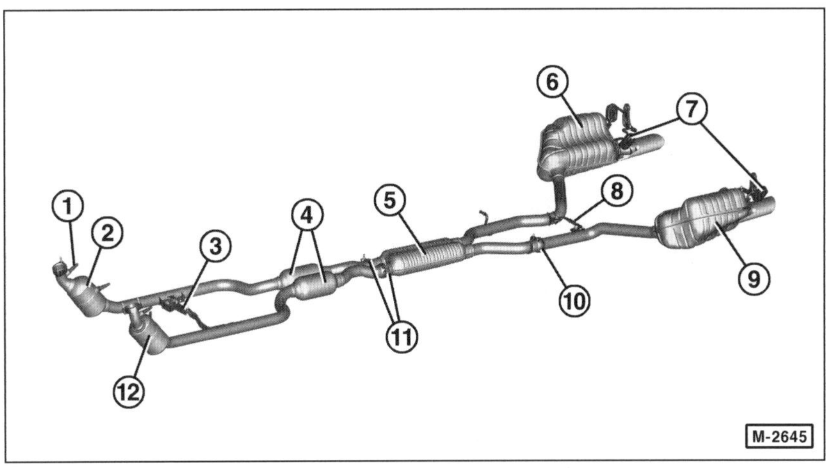

1 – Lambdasonde 1
2 – Rechter Vorkatalysator
3 – Vordere Verbindungsstrebe, 20 Nm
4 – Nachkatalysatoren
5 – Mittelschalldämpfer
6 – Rechter Nachschalldämpfer
7 – Haltegummi
8 – Hintere Verbindungsstrebe, 20 Nm
9 – Linker Nachschalldämpfer
10 – Rohrschelle, 35 Nm
11 – Rohrschellen
12 – Linker Vorkatalysator

4-Zylinder-Dieselmotor 646

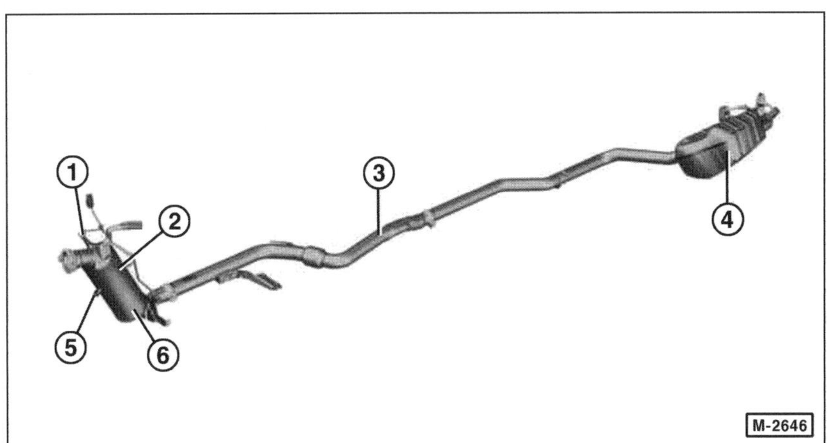

1 – Lambdasonde vor Katalysator
2 – Katalysator
3 – Abgasanlage
4 – Nachschalldämpfer
5 – Temperatursensor nach Katalysator
6 – Diesel-Partikelfilter

Abgasanlage aus- und einbauen

Ausbau

Achtung: Beim Einbau von Teilen der Abgasanlage darauf achten, dass die Teile dicht zusammengefügt werden. Dichtungen und Schraubverbindungen grundsätzlich ersetzen.

6-Zylinder-Motoren haben eine zweiflutige Abgasanlage mit Doppelrohren. Bei dieser Anlage sinngemäß wie bei der hier beschriebenen einflutigen Anlage verfahren.

Sicherheitshinweis
Beim Aufbocken des Fahrzeugs besteht Unfallgefahr! Deshalb die Hinweise im Kapitel »Fahrzeug aufbocken« beachten.

- Fahrzeug aufbocken.
- Untere Motorraumverkleidung ausbauen.
- Sämtliche Schrauben und Muttern der Abgasanlage mit rostlösendem Mittel einsprühen. Rostlöser einige Zeit einwirken lassen.

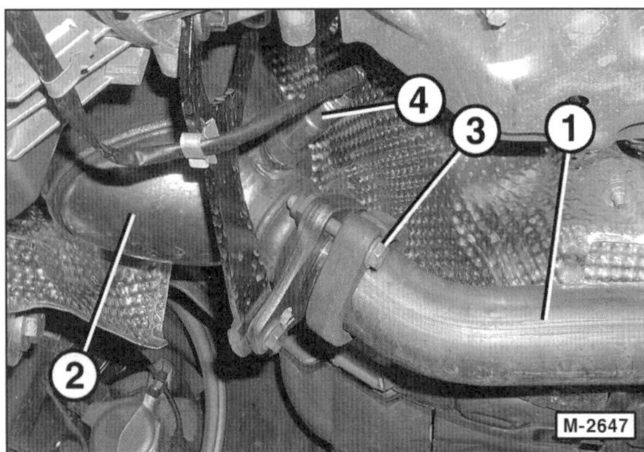

- Vorderes Abgasrohr –1– vom Vorkatalysator –2– oder Diesel-Partikelfilter trennen. Dazu beide Schrauben –3– herausdrehen. **Hinweis:** Die 2. Schraube ist in der Abbildung verdeckt. 4 – Lambdasonde 2.
- Abgasanlage durch Holzunterlagen abstützen, oder Abgasanlage durch einen Helfer festhalten lassen.
- Vorderes Abgasrohr am Getriebehalter abschrauben .
- **Motor 271:** Schwingungstilger am Mittelschalldämpfer abschrauben.
- Halteringe aushängen.
- Komplette Abgasanlage ablassen und herausnehmen.
- Gegebenenfalls Verbindungsschellen öffnen und einzelne Teile der Abgasanlage trennen.

Achtung: Altkatalysatoren enthalten wertvolle Metalle, die recycelt werden können. Von der MERCEDES-BENZ-Werkstatt werden alte Katalysatoren zurückgenommen und der Restwert beim Kauf eines neuen Katalysators vergütet.

Einbau

- Gummilager und Halter auf Porosität oder Beschädigungen prüfen, gegebenenfalls ersetzen.
- Werden alte Teile der Abgasanlage wieder eingebaut, Abgasrohrflansche mit Schmirgelleinwand von Verbrennungs- und Korrosionsrückständen säubern. Grundsätzlich **neue** Dichtungen, Schrauben und Muttern verwenden. Um die Muttern und Schrauben der Abgasanlage später leichter lösen zu können, empfiehlt es sich, diese mit einer Hochtemperatur-Kupferpaste einzustreichen.

Achtung: Es darf keine Hochtemperaturpaste in die Abgasanlage vor dem Katalysator gelangen. Auch darf kein flüssiges Dichtmittel verwendet werden, da sonst der Katalysator verunreinigt werden kann.

- Einzelne Teile der Abgasanlage zusammenfügen, Verbindungsschrauben und Schellen noch nicht festziehen.
- Abgasanlage in die Gummihalterungen einhängen. Gegebenenfalls Gummilager mit Gleitpaste bestreichen.
- Vorderes Abgasrohr am Vorkatalysator beziehungsweise am Diesel-Partikelfilter ansetzen und lose anschrauben.
- Abgasanlage spannungsfrei ausrichten. Der Abstand der Abgasanlage muss zu allen Fahrzeugteilen mindestens 25 mm betragen.

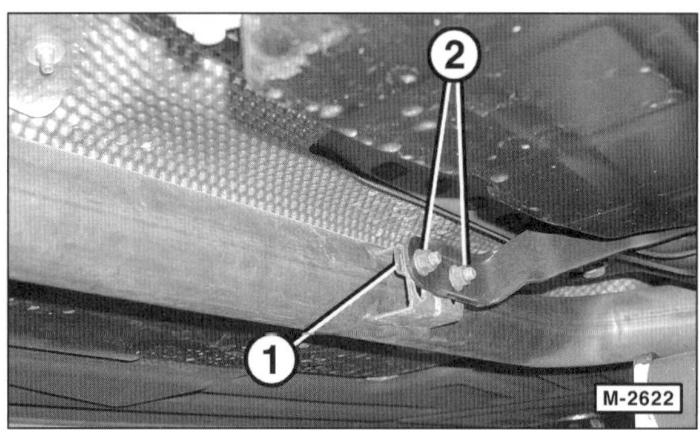

- Gewindeplatte –1– für vorderen Abgasrohrhalter einsetzen. Muttern –2– am vorderen Abgasrohrhalter immer erneuern und mit **20 Nm** anziehen.
- **Motor 271:** Schwingungstilger am Mittelschalldämpfer anschrauben und mit **20 Nm** festziehen.
- Verbindungsflansche mit **20 Nm**, Verbindungsschellen mit **35 Nm** festziehen.
- **Benzinmotor:** Elektrische Steckverbindungen der Lambdasonden verbinden und Zuleitungen fixieren.
- Fahrzeug ablassen.
- Motorprobelauf durchführen und Dichtheit der Abgasanlage prüfen.
- Untere Motorraumverkleidung einbauen.

Abgasanlage auf Dichtigkeit prüfen

Prüfvoraussetzung: Motor kalt oder handwarm.

- Motor starten und bei laufendem Motor Abgasanlage mit einem Lappen verschließen.
- Abgasanlage auf Undichtigkeit abhören. Gegebenenfalls Verbindungsstellen Zylinderkopf/Abgaskrümmer und Krümmer/Abgasrohr mit handelsüblichem »Leck-Such-spray« einsprühen und auf Blasenbildung sichtprüfen.

Innenausstattung

Aus dem Inhalt:

Wichtige Arbeits- und Sicherheitshinweise

Werden Arbeiten an der Innenausstattung ausgeführt, sind folgende Hinweise unbedingt zu beachten:

- Zum Abhebeln von Kunststoffverkleidungen und -blenden Kunststoffkeil verwenden, zum Beispiel HAZET 1965-20, oder eine Kunststoffkarte.
- Bereiche an denen ein Kunststoffkeil oder ein Schraubendreher angesetzt wird zum Schutz mit Klebeband abkleben.
- Clips, die beim Ausbau von Verkleidungen beschädigt werden, immer erneuern.
- Die Fenster- und Türsäulen der Karosserie werden von vorn nach hinten als A-, B- und C-Säulen bezeichnet.
- Sitze, Sicherheitsgurte und Airbags sind sicherheitsrelevante Bauteile. **Aus Sicherheitsgründen nur die hier beschriebenen Arbeiten durchführen. Komplexere Arbeiten nicht in Eigenregie vornehmen, sondern von einer Fachwerkstatt durchführen lassen.**

Achtung: Airbag-Sicherheitshinweise unbedingt befolgen, insbesondere bei Arbeiten an der Armaturentafel, siehe Seite 117.

Um ein Auslösen des Airbags zu verhindern, vor dem Trennen von Kabeln des Airbag-Systems die Zündung ausschalten und dann das Batterie-Massekabel (–) abklemmen. Außerdem muss aus Sicherheitsgründen der Minuspol von der Batterie isoliert werden, siehe Seite 55.

> **Achtung:** Wenn im Rahmen von Arbeiten an der Karosserie auch Arbeiten an der elektrischen Anlage durchgeführt werden, **grundsätzlich** das Batterie-Massekabel (–) abklemmen. Dazu Hinweise im Kapitel »Batterie aus- und einbauen« beachten. Als Arbeit an der elektrischen Anlage ist dabei schon zu betrachten, wenn eine elektrische Leitung vom Anschluss abgezogen beziehungsweise abgeklemmt wird.

Spreizclips/Halteclips/Federklammern aus- und einbauen

Zahlreiche Abdeckungen und Verkleidungen sind mit Halteclips und Federklammern an der Karosserie befestigt.

Ausbau

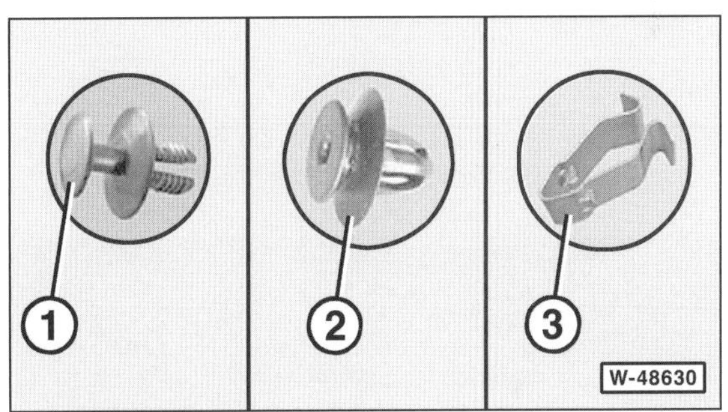

- **Spreizclip:** Stift –1– mit einem Schraubendreher herausziehen und Spreizclip aus der Verkleidung beziehungsweise Karosserie herausziehen.
- **Halteclip/Federklammer an der Rückseite der Verkleidung:** Verkleidung im Bereich der Cliphalterungen von der Karosserie abziehen und dadurch den Clip –2– beziehungsweise die Federklammer –3– aus der Bohrung herausziehen. **Hinweis:** Die Clips –2– werden dabei häufig beschädigt und müssen ersetzt werden.

Einbau

- Vor dem Einbau Halteclips auf Beschädigungen überprüfen, wenn nötig, ersetzen. Gegebenenfalls auf richtigen Sitz an der Verkleidung überprüfen.
- **Spreizclip:** Verkleidung ansetzen, Spreizclip in die Bohrung stecken und Stift in die Niete eindrücken.
- **Halteclip/Federklammer:** Verkleidung so ansetzen, dass sich die Halteclips oder Federklammern über den Bohrungen befinden. Verkleidung im Bereich der Clips fest andrücken und einrasten.

Einstiegsleiste vorn aus- und einbauen

Ausbau

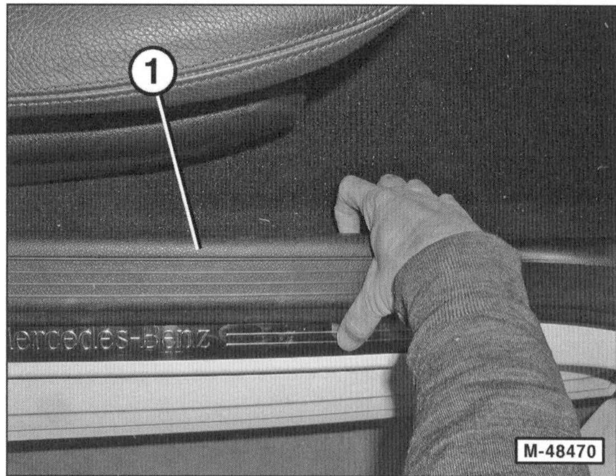

- Einstiegsleiste –1– untergreifen und aus Federklammern herausziehen. Gegebenenfalls Kunststoffkeil zwischen Einstiegsleiste und Türschweller einsetzen und Einstiegsleiste aus den Halteklammern herausdrücken.

Einbau

- Einstiegsleiste so ansetzen, dass die Führungsnase vorne in die untere Verkleidung an der A-Säule greift.

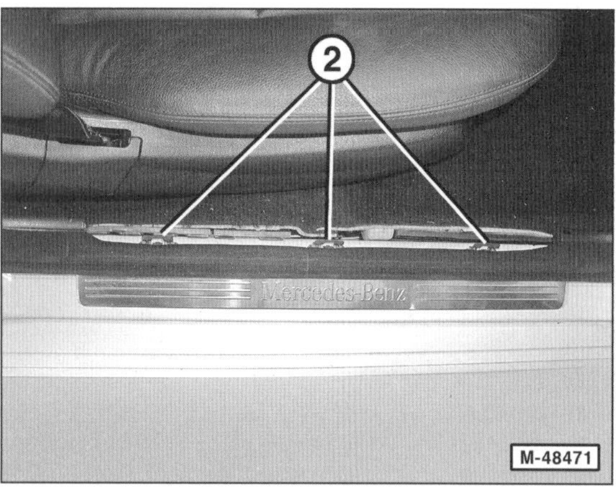

- Einstiegsleiste auf den Türschweller aufdrücken und in den Halteklammern –2– einrasten.

Einstiegsleiste hinten aus- und einbauen

Ausbau

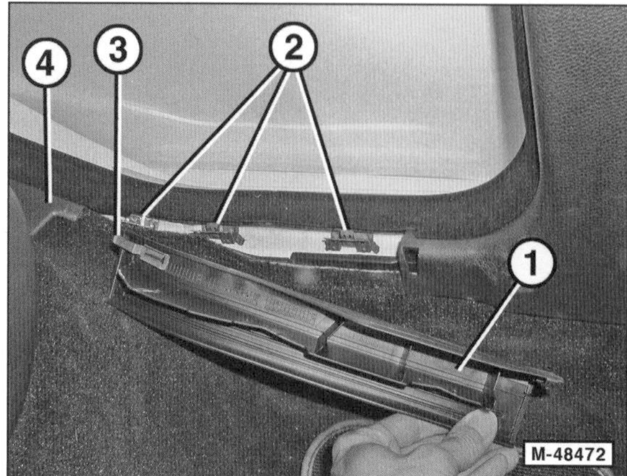

- Einstiegsleiste –1– vorn untergreifen und aus Federklammern –2– herausziehen. Gegebenenfalls Kunststoffkeil zwischen Einstiegsleiste und Türschweller einsetzen und Einstiegsleiste aus den Halteklammern herausdrücken.
- Einstiegsleiste hinten mit der Lasche –3– aus der Verkleidung am Radkasten –4– herausziehen.

Einbau

- Einstiegsleiste hinten mit der Lasche –3– in die Verkleidung am Radkasten einsetzen, herunterdrücken und in die Halteklammern –2– einrasten.

Abdeckung unter Handschuhfach aus- und einbauen

Ausbau

- Beifahrersitz ganz nach hinten fahren.

- Einstiegsleiste –1– mit Montagekeil lösen und abnehmen.
- Kantenschutz –2– im unteren Bereich der A-Säule mit Montagekeil lösen.

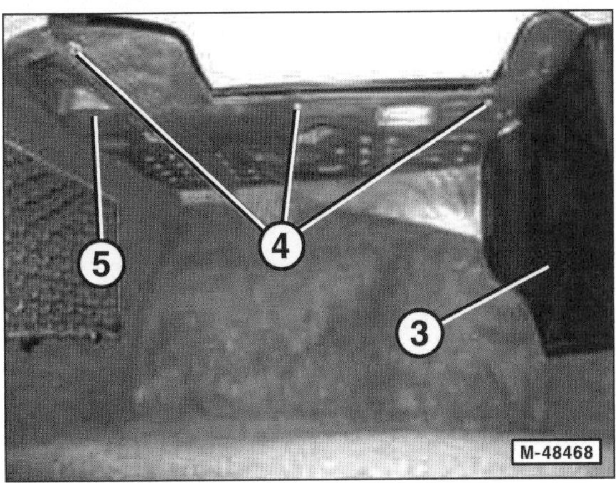

- Untere Verkleidung –3– der A-Säule ausbauen, siehe entsprechendes Kapitel.
- Netz im Fußraum aus den Halterungen aushängen.
- Fußmatte herausnehmen. Bodenbelag vorne zurückschlagen.
- 3 Torxschrauben –4– herausdrehen und Abdeckung –5– absenken.

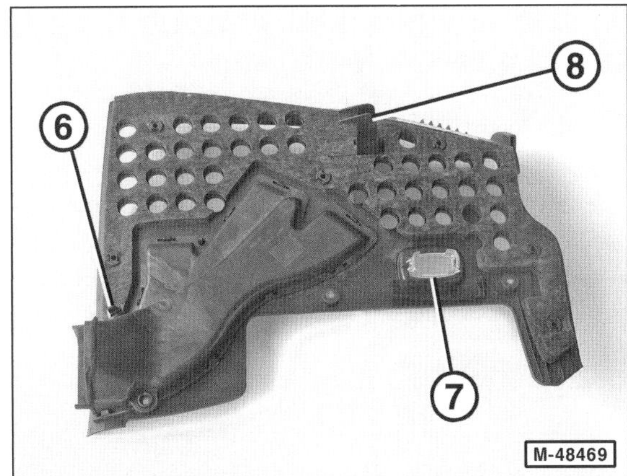

- Elektrische Stecker vom Temperatursensor –6– an der Fußraumdüse vorn rechts und von der Fußraumleuchte –7– vorn rechts abziehen.
- Abdeckung nach unten drücken. Haken –8– in der Mitte der Abdeckung oben aus der Halterung in der Armaturentafel aushängen.
- Abdeckung nach unten ziehen und Lasche hinter der A-Säulen-Verkleidung hervorziehen.
- Abdeckung aus dem Fußraum herausfädeln.

Einbau

- Der Einbau erfolgt in umgekehrter Ausbaureihenfolge. Beim Einsetzen der Abdeckung die Rasthaken –8– in die entsprechende Lasche am Klimakasten einführen.

Handschuhkasten/Handschuhkasten-deckel aus- und einbauen

Ausbau

- Zündung ausschalten, Zündschlüssel abziehen. Falls vorhanden, Start-Stopp-Taste KEYLESS-GO vom Steuergerät für elektronisches Zündschloss abziehen.
- Abdeckung unter dem Handschuhfach ausbauen, siehe entsprechendes Kapitel.

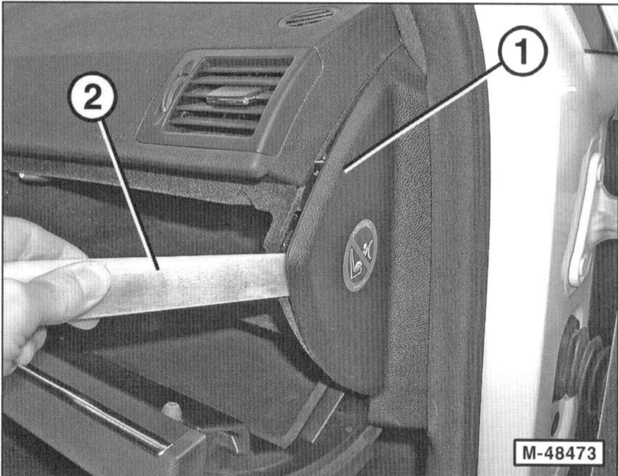

- Seitliche Abdeckung –1– mit Montagekeil –2– abhebeln.

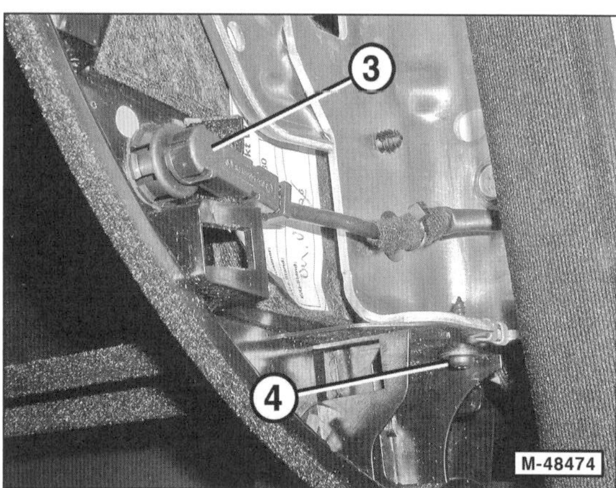

- Elektrische Steckverbindung –3– für AUX-Anschluss am Handschuhkasten abziehen.
- Schraube –4– herausdrehen.

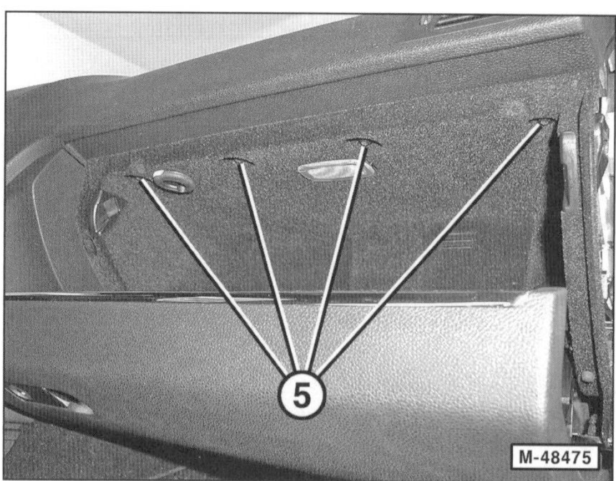

- 4 Schrauben –5– herausdrehen.

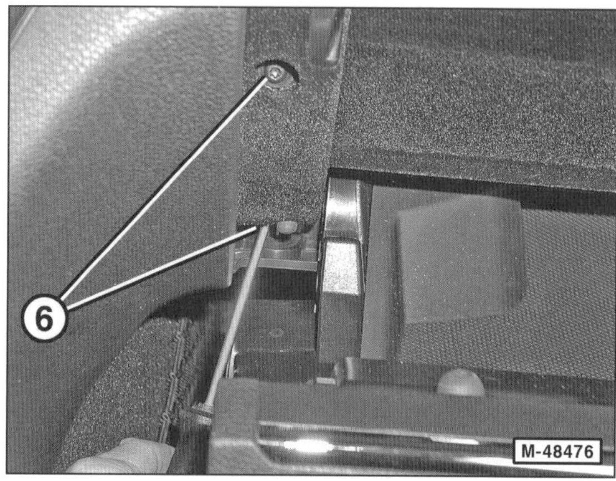

- 2 Schrauben –6– auf der linken Seite herausdrehen.
- Handschuhkasten so weit aus der Armaturentafel herausziehen, bis die elektrischen Steckverbindungen hinten am Handschuhkasten zugänglich sind.
- Elektrische Stecker für Handschuhfachleuchte und Steckdose abziehen.
- Handschuhkasten herausnehmen.
- Falls der Handschuhkastendeckel ausgebaut werden soll, an den beiden Scharnieren die Halteklammern bis zum Anschlag herausziehen.
- Handschuhkastendeckel am Dämpfer aushängen und abnehmen.

Einbau

- Der Einbau erfolgt in umgekehrter Ausbaureihenfolge. Beim Einsetzen des Handschuhkastens auf richtigen Sitz der beiden Haltelaschen im Querträger unter der Armaturentafel achten.

AUX-Buchse am Handschuhkasten aus- und einbauen

Ausbau

- Handschuhkasten öffnen.

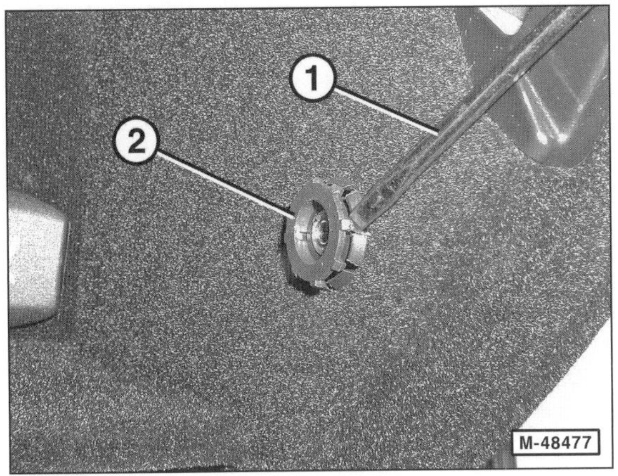

- Mit einem kleinen Schraubendreher –1– die Blende –2– der Steckdose um ca. 2 mm anheben. Schraubendreher dabei an den schmalen Rastnasen ansetzen.
- Elektrische Steckverbindung für AUX-Anschluss nach außen aus dem Handschuhkasten herausdrücken.

Einbau

- Der Einbau erfolgt in umgekehrter Ausbaureihenfolge.

Sonnenblende aus- und einbauen

Ausbau

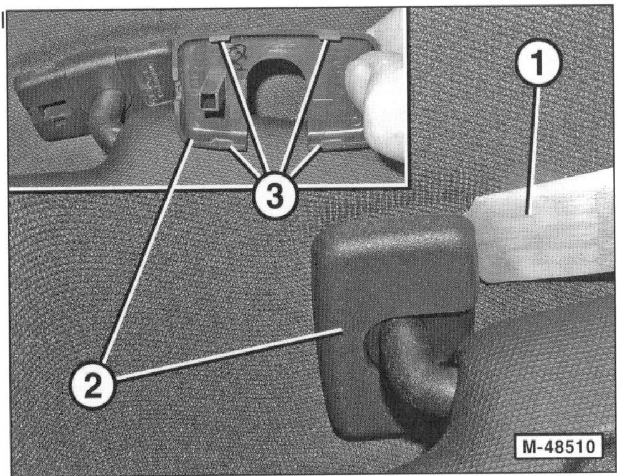

- Mit einem Montagekeil –1– Blende –2– für Sonnenblendenlager an 4 Rasthaken –3– ausrasten, abhebeln und aus dem Lager herausziehen.

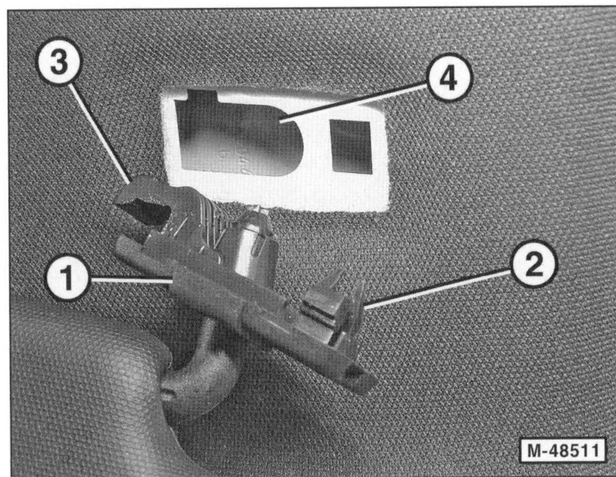

- Lager –1– aus der Halterung herausziehen. Dazu kleinen Schraubendreher vorn durch das kleine Loch führen und vorderen Rasthaken –2– entriegeln, dabei gleichzeitig die Halterung nach unten ziehen.
- Lager nach vorne ziehen und hintere Lasche –3– aus der Bohrung –4– im Dach herausfädeln.
- Sonnenblende abnehmen.

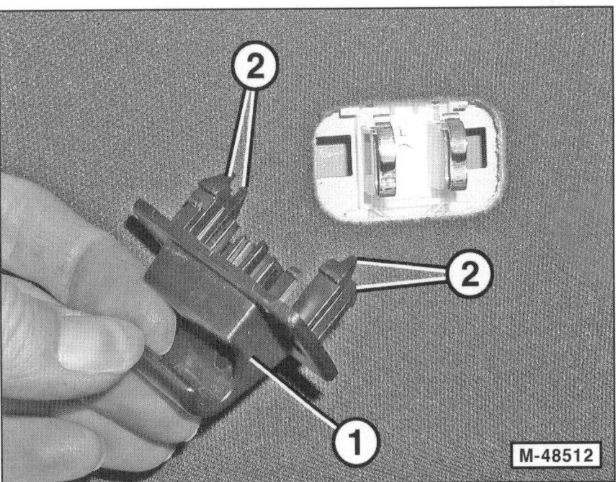

- Falls erforderlich, Gegenlager für Sonnenblende ausbauen. Dazu die Blende mit einem Montagekeil abhebeln. Gegenlager –1– hin- und herbewegen und gleichzeitig nach unten ziehen. Sämtliche Rasthaken –2– nacheinander auf diese Weise aushaken.

Einbau

- Der Einbau erfolgt in umgekehrter Ausbaureihenfolge.

Mittelkonsole aus- und einbauen

Ausbau

- Zündung ausschalten, Zündschlüssel abziehen. Falls vorhanden, Start-Stopp-Taste KEYLESS-GO vom Steuergerät für elektronisches Zündschloss abziehen.

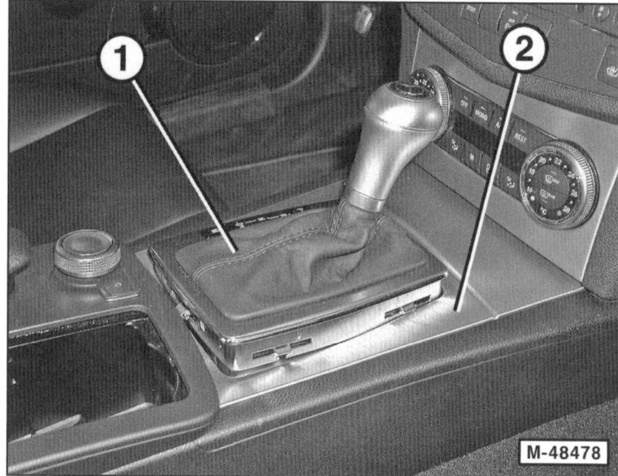

- Manschette –1– aus der Abdeckung –2– ausclipsen. Dazu Montagekeil an der Seite in den Schlitz einführen und Abdeckung heraushebeln. Stecker für Anzeige Automatikstufen abziehen.
- Schalthebel in Leerlauf oder Wählhebel auf »N« stellen.

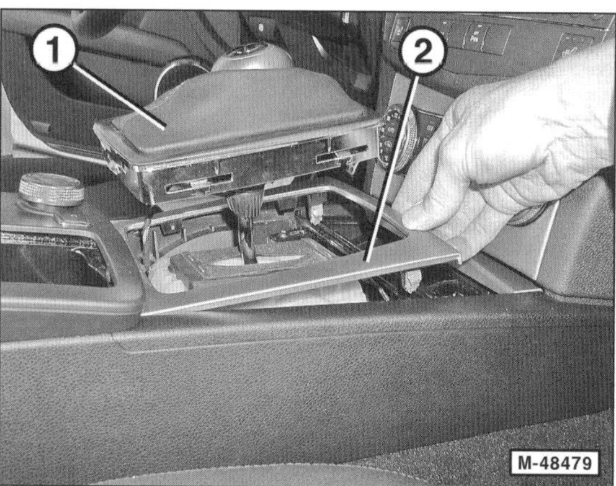

- Manschette –1– nach oben schieben.
- Abdeckung –2– im vorderen Bereich nach oben ausclipsen und anschließend nach vorn herausziehen.

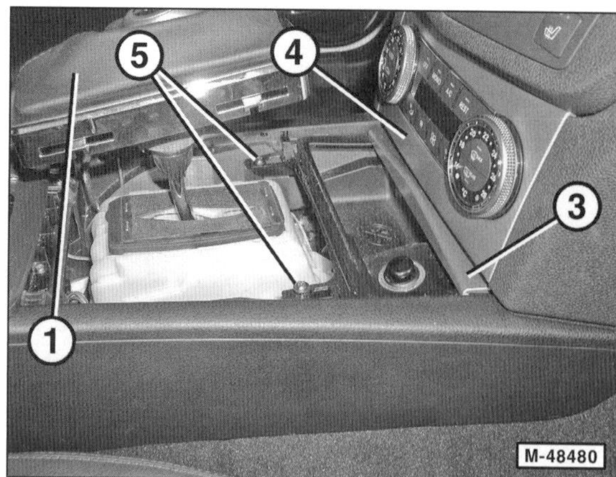

- Deckel –3– für Ablagefach oder Ascher öffnen.
- Blende –4– für Heizungsbedieneinheit mit Montagekeil vorsichtig an allen 4 Ecken lösen und vorsichtig Stück für Stück von der Heizungbedieneinheit abziehen/abhebeln.
- 2 Schrauben –5– für Ablagefach/Ascher vorne herausdrehen. Deckel schließen und Ablagefach/Ascher nach hinten herausziehen.
- An der Rückseite Stecker entriegeln und abziehen.
- Elektrische Steckverbindungen in der Mittelkonsole trennen.

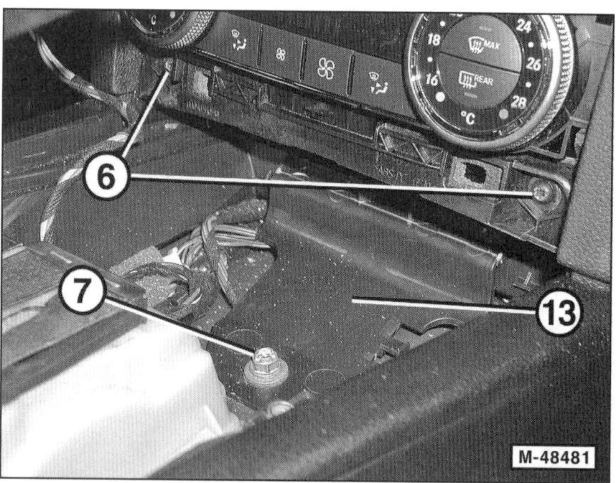

- Schrauben –6– herausdrehen.
- Mutter –7– abschrauben.
- Im hinteren Bereich der Mittelkonsole die untere Abdeckung oder den Aschenbecher ausklappen.

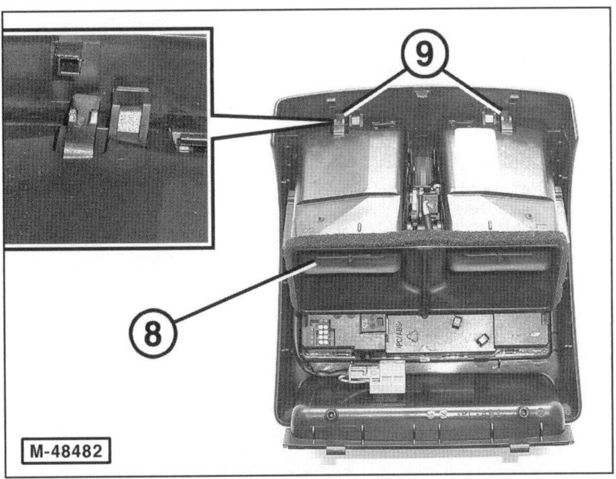

- Hintere Luftdüse –8– ausbauen. Dazu Armlehne öffnen und mit 2 Blindnieten oder 2 Nägeln von ca. 2 mm Durchmesser Luftdüse an den Positionen –9– entriegeln.
- Luftdüse von der Mittelkonsole abnehmen und elektrische Steckverbindungen trennen.

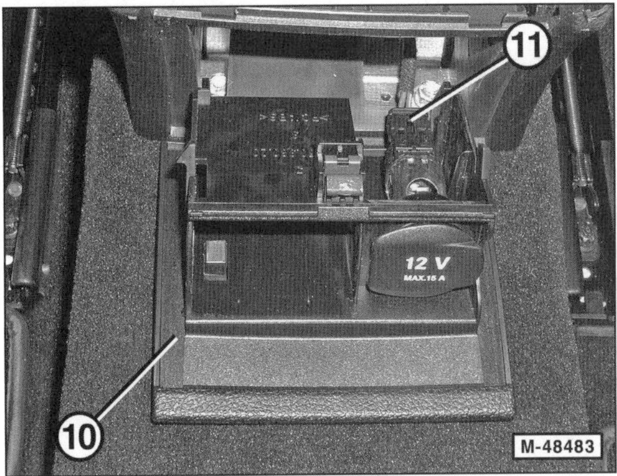

- Montagekeil an beiden Seiten des Aschers –10– einführen und "Stopp-Haken" aus der Mittelkonsole aushängen.
- Stecker –11– mit einem Schraubendreher nach oben von der Steckdose abhebeln und abziehen. **Hinweis:** Stecker senkrecht von der Dose weg abhebeln.

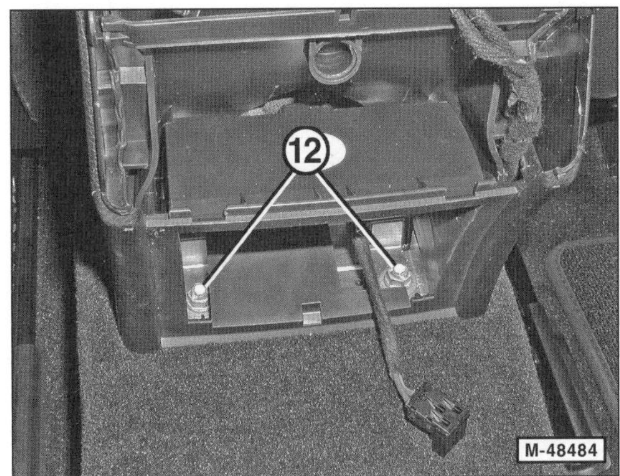

- Muttern –12– abschrauben.
- Falls vorhanden, elektrische Steckverbindungen für Telefon "Handy" UHI System trennen.
- Lasche –13– (Abbildung M-48481) anheben und Mittelkonsole nach hinten aus der Armaturententafel herausführen und abnehmen.

Einbau

- Mittelkonsole schräg von oben in die Armaturentafel einführen. Dabei linken und rechten Bodenbelag unter der Mittelkonsole einsetzen. Darauf achten, dass sich die elektrischen Leitungen, wie vor dem Ausbau, in der Mittelkonsole befinden.
- Mittelkonsole anschrauben.
- Der weitere Einbau erfolgt in umgekehrter Ausbaureihenfolge.

Innenspiegel aus- und einbauen

Ausbau

- Abdeckung für Spiegelfuß mit Montagekeil abclipsen.
- Steuergerät für Dachbedieneinheit ausclipsen, siehe entsprechendes Kapitel.

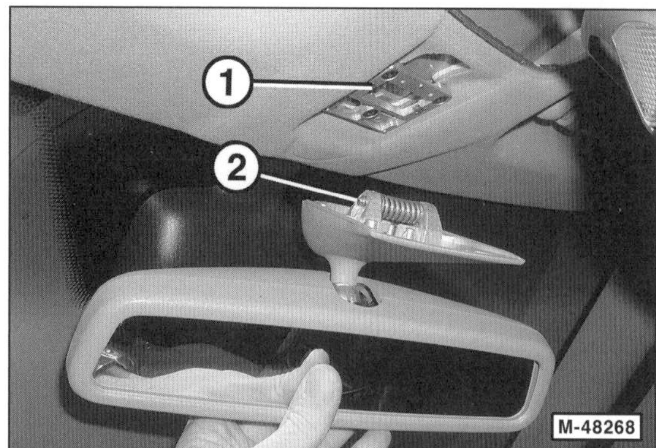

- Spiegel vorn am Spiegelfuß greifen und aus der Halterung –1– in der Deckenverkleidung herausziehen. 2 – Federbolzen. **Hinweis:** Die Abbildung zeigt nicht den Typ 204.

Einbau

- Rechten Federbolzen mit Zange zusammendrücken. Der Bolzen rastet dann ein.
- Spiegelfuß in die Halterung einsetzen, kräftig andrücken und einrasten lassen.
- Steuergerät für Dachbedieneinheit vorn an den Führungen einhängen, hinten hochklappen und einclipsen.
- Abdeckung für Spiegelfuß einclipsen.

Steuergerät für Dachbedieneinheit aus- und einbauen

Ausbau

Hinweis: Falls das Steuergerät erneuert wird, müssen zuvor die Grunddaten des Steuergerätes der Dachbedieneinheit mit dem MERCEDES-Diagnosegerät ausgelesen und zwischengespeichert werden (Werkstattarbeit). Nach dem Einbau werden die zwischengespeicherten Grunddaten auf das neue Steuergerät übertragen.

- Wenn möglich, vor dem Ausbau den Fehlerspeicher auslesen lassen.
- Zündung ausschalten, Zündschlüssel abziehen. Falls vorhanden, Start-Stopp-Taste KEYLESS-GO vom Steuergerät für elektronisches Zündschloss abziehen.

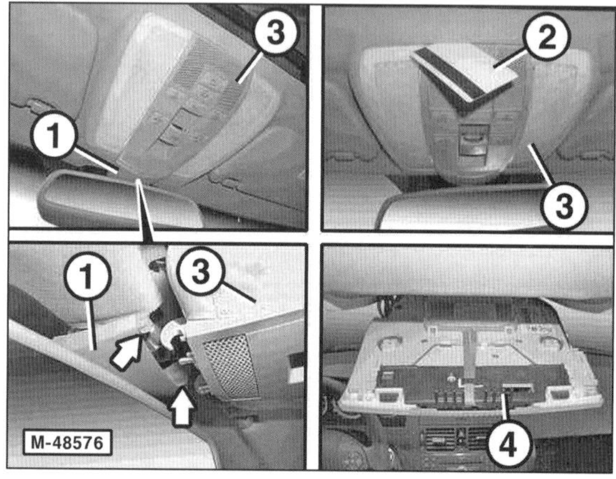

- Abdeckung für Spiegelfuß –1– mit Montagekeil ausclipsen. Die Abdeckung ist hinten und vorn mit je 2 Haltestopfen befestigt. **Hinweis:** Die Abdeckung kann nicht abgenommen werden.
- Eine alte Scheckkarte –2– wie in der Abbildung rechts oben gezeigt, hinter der Abdeckung –3– einführen und die Verriegelung –4– entriegeln. Karte genau in der Mitte tief einschieben, etwa 2 cm. Dadurch wird die Bedieneinheit entriegelt und fällt hinten herunter.
- Abdeckung –3– mit Steuergerät für Dachbedieneinheit hinten nach unten klappen und vorn aushängen –Pfeile–.
- Elektrische Steckverbindungen am Steuergerät Dachbedieneinheit trennen.

Einbau

- Der Einbau erfolgt in umgekehrter Ausbaureihenfolge.
- Falls das Schiebehebedach erneuert wurde, muss es mit dem MERDECES-Diagnosegerät normiert werden.

Kofferraum-Seitenverkleidung aus- und einbauen

Ausbau

- Beide Rücksitzlehnen nach vorne umklappen.
- Kofferraumboden herausnehmen. Dazu Bodenteppich an den beiden Druckknöpfen kräftig hochziehen und Druckknöpfe abclipsen. Kofferraumboden herausheben.
- Falls vorhanden, Verkleidung der Reserveradmulde herausnehmen.
- Beide Verzurrösen vorn an der Trägerplatte vom Boden abschrauben. Abdeckung der Trägerplatte nach hinten ziehen, vom Boden abnehmen und aus dem Kofferraum herausziehen.

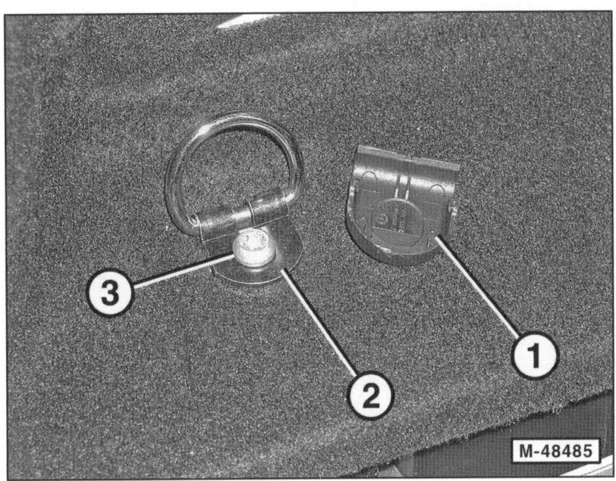

- Verzurrösen hinten an der Seitenverkleidung ausbauen: Dazu Schraubendreher in Aussparung einführen und Abdeckkappe –1– von der Öse –2– abhebeln. Schraube –3– herausdrehen und Öse vom Kofferraumboden abnehmen.

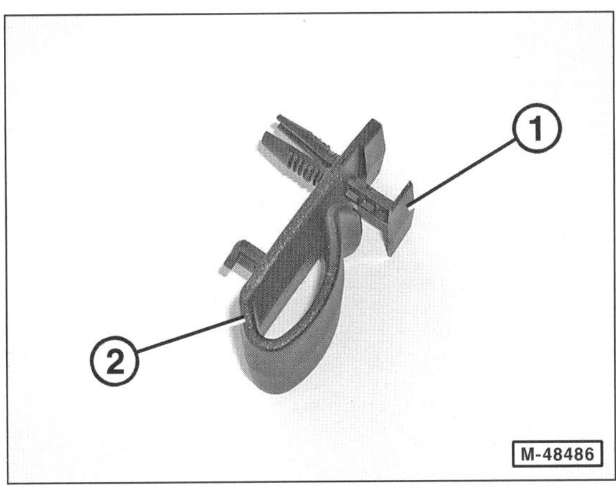

- Mit einem kleinen Schraubendreher den Spreizstift –1– aus dem Taschenhaken –2– herausziehen und Taschenhaken aus der Seitenwand ziehen.
- Rechte Seitenverkleidung: Kofferraumleuchte ausbauen, siehe auch Seite 84.

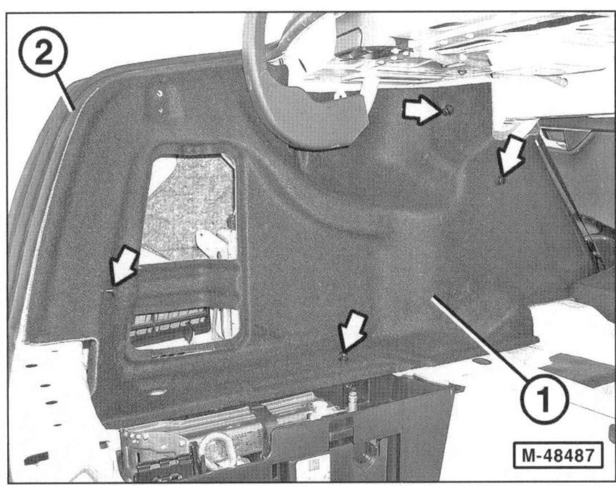

- Alle Spreizclips –Pfeile– aus der Seitenverkleidung –1– herausziehen.
- Seitenverkleidung unter der Gummidichtung –2– im Heckrahmen hervorziehen und herausnehmen.

Einbau

- Seitenverkleidung einsetzen und unter die Gummidichtung im Heckrahmen schieben.
- Der weitere Einbau erfolgt in umgekehrter Ausbaureihenfolge. Verzurrösen mit **20 Nm** anschrauben.

Heckabschlussverkleidung aus- und einbauen

Limousine

Ausbau

- Kofferraumboden herausnehmen. Dazu Bodenteppich an den beiden Druckknöpfen kräftig hochziehen und Druckknöpfe abclipsen. Kofferraumboden herausheben.

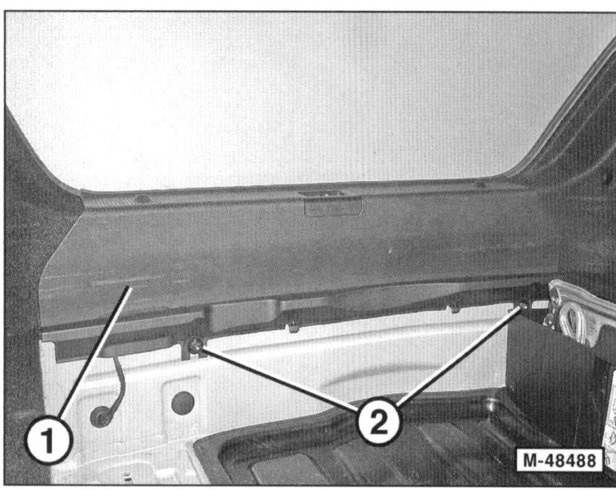

- Kunststoffmuttern –2– losdrehen, nicht abschrauben. 1 – Heckabschlussverkleidung.

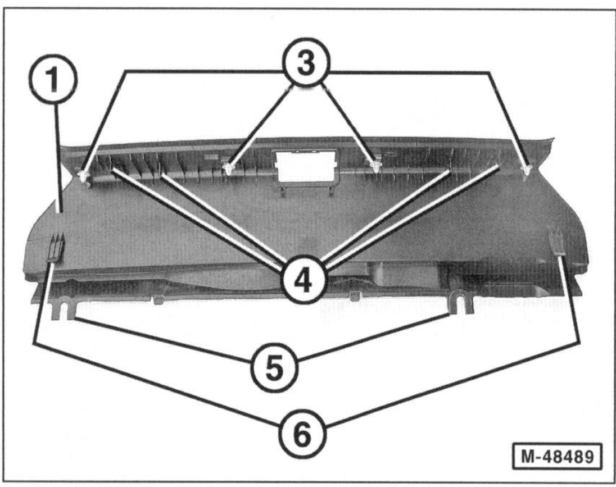

- Mit einem Kunststoffkeil Heckabschlussverkleidung –1– nach oben abhebeln und dadurch die 4 Halteclips –3– ausrasten.
- Heckabschlussverkleidung –1– nach oben ziehen und dadurch mit den Laschen –6– aushängen.
- Heckabschlussverkleidung herausnehmen.

Einbau

- Verkleidung –1– so ansetzen, dass die Halteclips –3– und die Führungsnasen –4– in die Bohrungen an der Heckabschlusskante eingreifen.
- Die beiden Laschen –6– an den Außenseiten müssen in die Aussparungen der Seitenverkleidung und die Führungen –5– an den Bolzen vom Heckabschluss eingreifen.
- Kunststoffmuttern festziehen.
- Kofferraumboden einsetzen und einclipsen.

Untere A-Säulen-Verkleidung aus- und einbauen

Ausbau

- Linke Seite: Pedal für Feststellbremse ganz herunterdrücken.
- Fußmatte herausnehmen. Bodenbelag vorne zurückschlagen.
- Einstiegsleiste ausbauen, siehe entsprechendes Kapitel.
- Tür-Dichtband vom Türrahmen im Bereich der unteren A-Säulenverkleidung abziehen. Dazu Dichtband an der Außenseite greifen und abziehen.

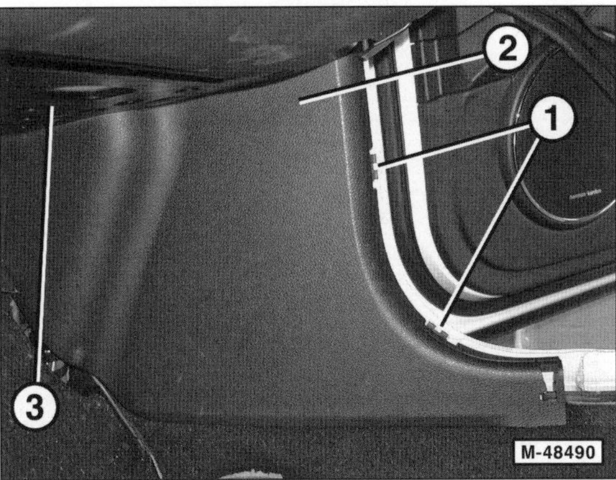

- 2 Halteklammern –1– mit Schraubendreher von Verkleidung –2– abhebeln. 3 – Abdeckung unter dem Handschuhfach.

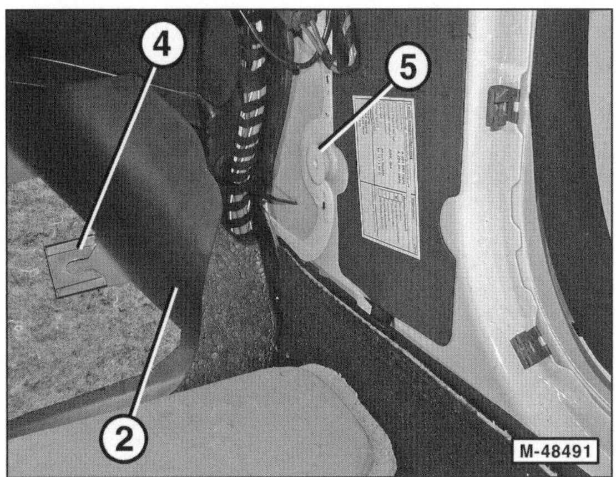

- Verkleidung –2– nach hinten herausziehen und aus der Abdeckung unter dem Handschuhfach herausfädeln. **Achtung:** Die Aufnahme –4– auf der Rückseite wird dabei aus einem Halteclip –5– an der A-Säule herausgezogen.

Einbau

- Verkleidung von hinten an der A-Säule einschieben. Dabei Verkleidung mit der Aufnahme auf der Rückseite in den Halteclip an der A-Säule schieben. Die Lasche unten muss über den Bodenbelag greifen.
- Tür-Dichtband am Türrahmen ansetzen, ausrichten, aufdrücken und glattstreichen.
- Einstiegsleiste einbauen, siehe entsprechendes Kapitel.
- Bodenbelag zurückklappen und Fußmatte einsetzen.
- Linke Seite: Feststellbremse lösen.

B-Säulen-Verkleidung aus- und einbauen

Ausbau

- Vordere und hintere Einstiegsleiste ausbauen, siehe entsprechendes Kapitel.

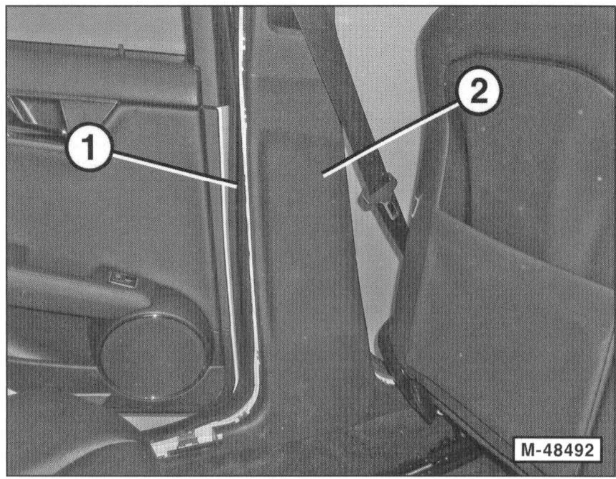

- Tür-Dichtband –1– vom Türrahmen im Bereich der B-Säulen-Verkleidung –2– abziehen. Dazu Dichtband an der Außenseite greifen und abziehen.

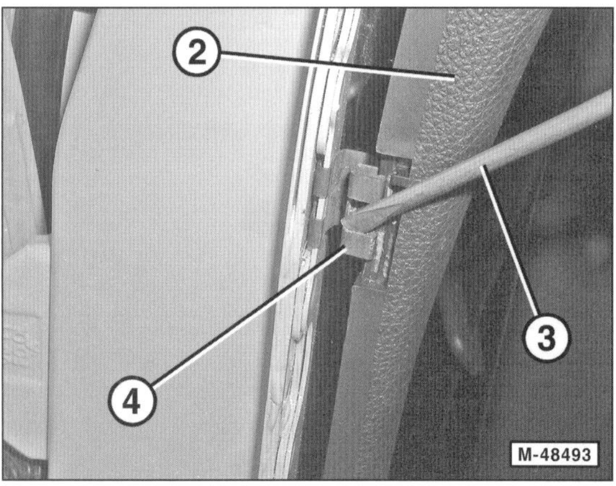

- Mit einem Schraubendreher –3– die Halteklammern –4– von der Verkleidung –2– abhebeln, dabei zum Schutz gegen Verkratzen einen Lappen unterlegen.

Einbau

- Der Einbau erfolgt in umgekehrter Ausbaureihenfolge

C-Säulen-Verkleidung aus- und einbauen

Limousine

Ausbau

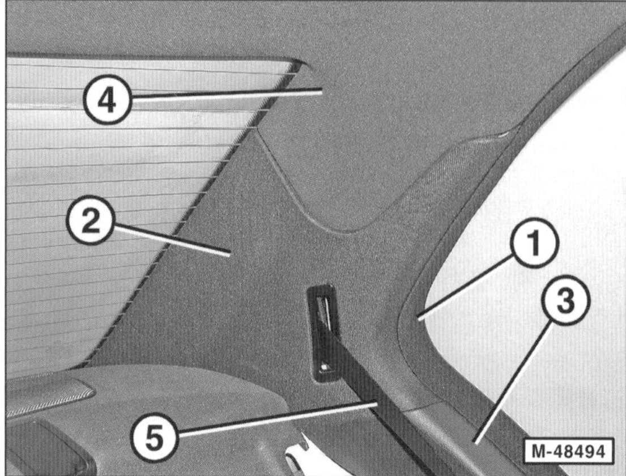

- Kantenschutz –1– im Bereich der C-Säulen-Verkleidung –2– und dem oberen Bereich der Verkleidung –3– abziehen. 4 – Dachverkleidung, 5 – Sicherheitsgurt.

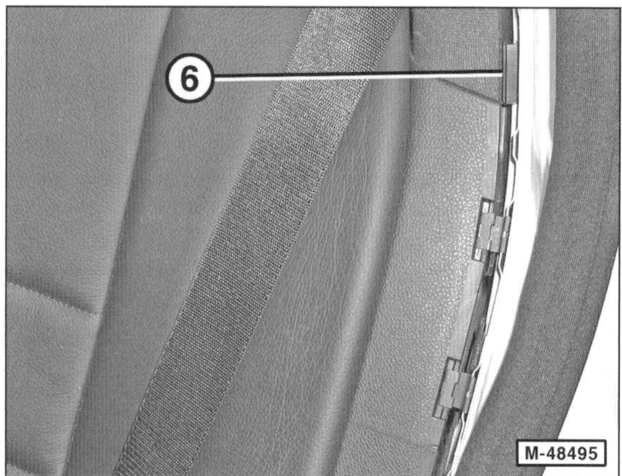

- Klammer –6– ausclipsen.
- Rücksitzbank ausbauen, siehe entsprechendes Kapitel.

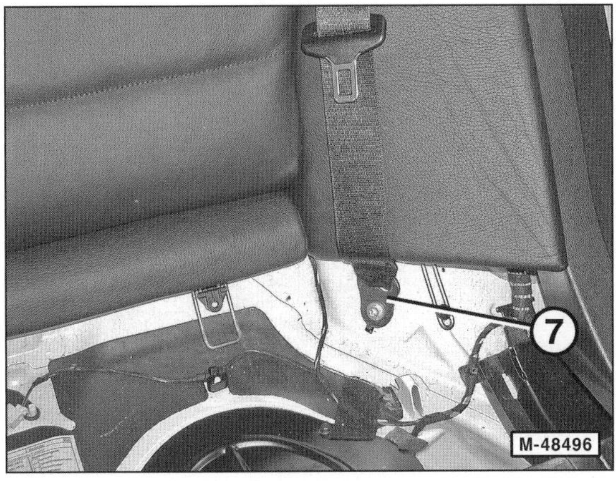

- Gurtendbeschlag –7– abschrauben.
- C-Säulen-Verkleidung ausclipsen. Dazu Verkleidung nach vorn ziehen, dabei leicht in Richtung Fahrzeugmitte kippen und nach vorn von der C-Säule abnehmen. **Hinweis:** Der Clip im oberen Bereich der C-Säulen-Verkleidung verbleibt in der Verkleidung, gegebenenfalls Clip wieder in die Verkleidung einsetzen.

Achtung: C-Säulen-Verkleidung vorsichtig ausbauen. Dabei darauf achten, dass die Dachverkleidung –4– nicht beschädigt wird, siehe Abbildung M-48494.

- Sicherheitsgurt –5– durch die Durchführung aus der C-Säulen-Verkleidung –2– herausziehen, siehe Abbildung M-48494.

Einbau

- Blechmutter, die beim Ausbau in der Aufnahme an der C-Säule stecken blieb, in die C-Säulen-Verkleidung einsetzen.
- Sicherheitsgurt durch die Durchführung in der C-Säulen-Verkleidung ziehen. **Achtung:** Dabei Sicherheitsgurt nicht verdrehen.
- C-Säulen-Verkleidung über die Öffnungen in der Hutablage und der Karosserie positionieren. **Hinweis:** Dabei die C-Säulen-Verkleidung leicht in Richtung Fahrzeugmitte gekippt halten.
- C-Säulen-Verkleidung an die C-Säule anclipsen. Dabei auf sauberen Übergang zur Dachverkleidung achten.
- Gurtendbeschlag anbauen. Dabei darauf achten, dass der Sicherheitsgurt nicht verdreht ist. Torxschraube mit **32 Nm** festziehen.
- Rücksitzbank einbauen, siehe entsprechendes Kapitel.
- Klammer –6– einclipsen, siehe Abbildung M-48495.
- Kantenschutz ansetzen und aufdrücken.

Speziell T-Modell

- Rücksitzlehne vorklappen.
- C-Säulen-Verkleidung mit Montagekeil vorsichtig aus den Klammern aushängen, leicht anheben und über die Laderaumabdeckung abnehmen.
- Beim Einbau C-Säulen-Verkleidung über die Laderaumverkleidung führen. Diese dabei abdecken, damit sie nicht verkratzt wird. C-Säulen-Verkleidung zuerst in die Dachverkleidung einsetzen und dann einclipsen.

Vordersitz aus- und einbauen

Ausbau

Achtung: Bei Fahrzeugen mit Seitenairbag unbedingt Airbag-Sicherheitshinweise beachten, siehe Seite 117.

- Kopfstütze nach unten stellen.

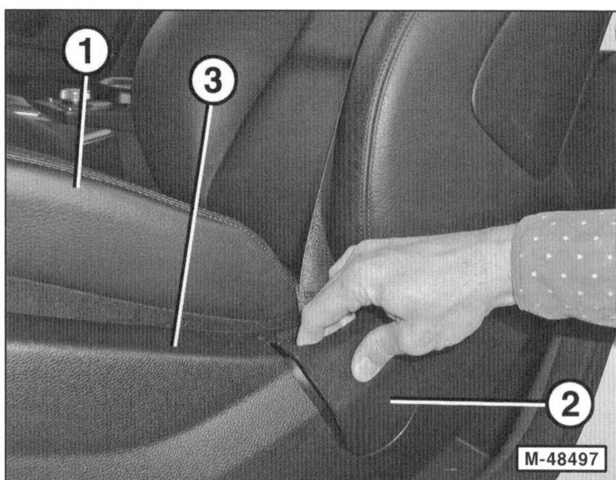

- Vordersitz –1– nach vorn stellen.
- Blende Gurtendbeschlag –2– an der Verkleidung außen –3– ausclipsen.

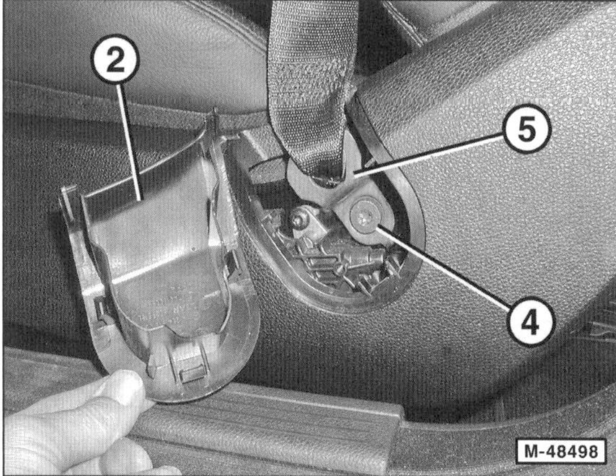

- Blende –2– für Gurtendbeschlag abnehmen.
- Schraube –4– des Gurtendbeschlages –5– herausschrauben.
- Gurtendbeschlag –5– abnehmen.

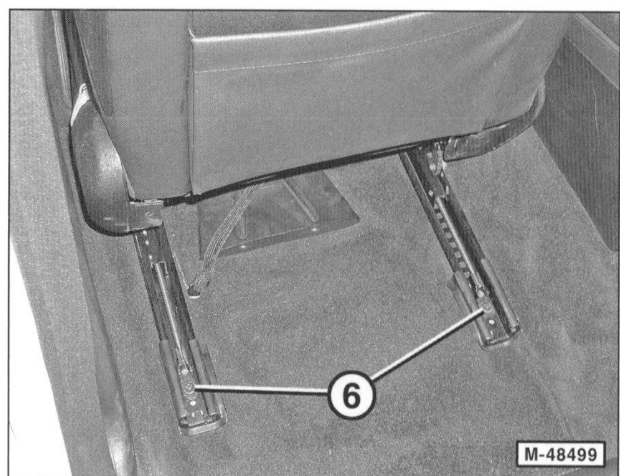

- Schrauben –6– an den Sitzschienen herausschrauben.
- Vordersitz nach hinten stellen.

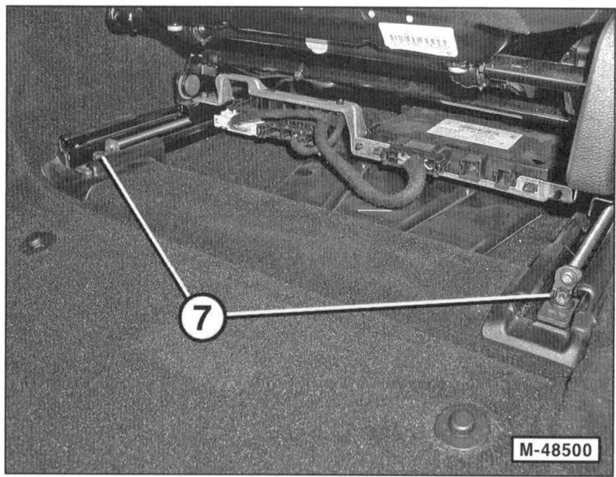

- Schrauben –7– an den Sitzschienen herausschrauben.
- **Um ein Auslösen des Seitenairbags zu verhindern, Batterie abklemmen. Achtung: Hinweise im Kapitel »Batterie aus- und einbauen« beachten.**
- **Batterieminuspol isolieren.**
- Vordersitz nach hinten kippen.
- Elektrische Steckverbindungen unten am Vordersitz trennen. **Hinweis:** Die Anzahl der elektrischen Steckverbindungen ist je nach Ausstattung unterschiedlich.
- Bei Fahrzeugen mit Multikontursitz: Pneumatische Leitung unten am Vordersitz trennen.
- Vordersitz mit einem Helfer aus dem Fahrzeug herausheben.

Einbau

- Vordersitz mit einem Helfer in das Fahrzeug einsetzen. **Achtung:** Auf richtigen Sitz der Arretierbolzen der Sitzschienen im Fahrzeugboden achten.
- Der weitere Einbau erfolgt in umgekehrter Ausbaureihenfolge. Vordersitz mit **50 Nm**, Gurtendbeschlag mit **32 Nm** anschrauben.

Rücksitzbank aus- und einbauen

Ausbau

- Beide Vordersitze nach vorn verstellen.

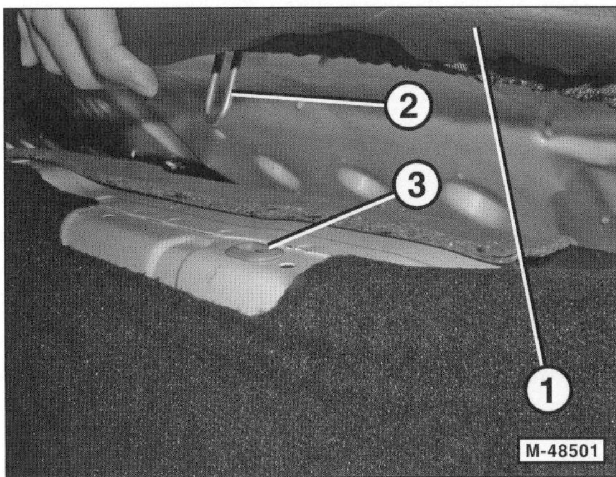

- Rücksitzbank –1– vorn nach oben ziehen und Haltebügel –2– links und rechts jeweils mit einem Ruck nach oben aus den Führungshülsen –3– herausziehen.

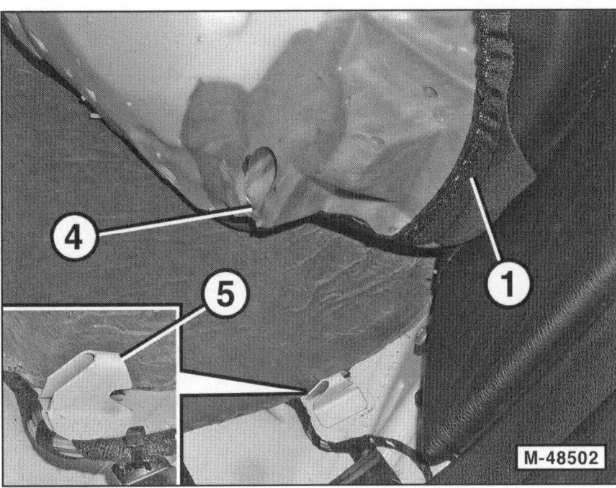

- Rücksitzbank an beiden Seiten nach hinten drücken und jeweiligen Haltebügel –4– an der Rückseite der Bank aus der Aufnahme –5– aushängen.
- Rücksitzbank vorsichtig aus dem Fahrzeug herausnehmen. Dabei darauf achten, dass Bauteile im Fahrzeuginnenraum beziehungsweise an den hinteren Türen nicht beschädigt werden.

Einbau

- Rücksitzbank einsetzen.

Achtung: Auf die Verlegung des elektrischen Leitungssatzes vor den hinteren Aufnahmen der Rücksitzbank achten, sonst wird der elektrische Leitungssatz beschädigt.

- Mittleres Gurtschloss hinter der Rücksitzbank herausführen.
- Rücksitzbank an jeder Seite nach hinten unter das Seitenpolster schieben. Gleichzeitig Rücksitzbank etwas anheben und dann nach unten drücken und in die hintere Aufnahme einrasten.
- Prüfen, ob die vorderen Haltebügel über den Führungshülsen stehen, dann die Rücksitzbank vorn kräftig nach unten drücken und die Haltebügel einrasten.

Seitenpolster der Rücksitzlehne aus- und einbauen

Klappbare Rücksitzlehne

Ausbau

- Rücksitzbank ausbauen.

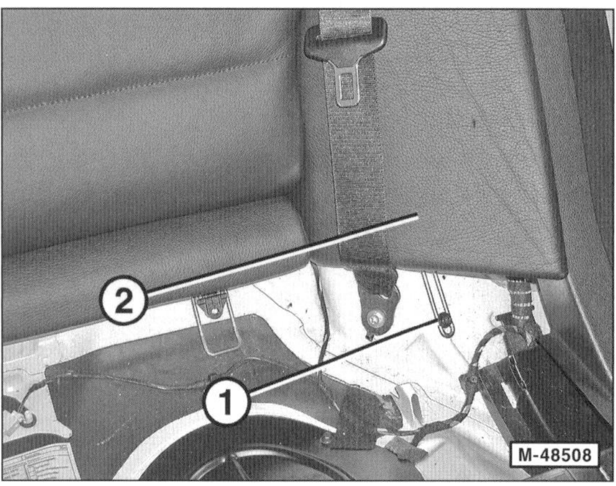

- Schraube –1– für Seitenpolster –2– mit Torx-Schraubendreher T25 herausdrehen.
- Rücksitzlehne entriegeln und herunterklappen.

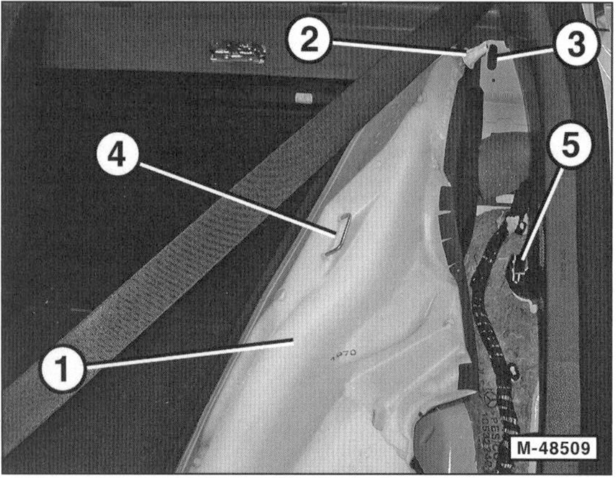

- Seitenpolster –1– oben aus Führungshülse –2– ziehen.

Hinweis: In der Abbildung ist der obere Haltebügel in der Führungshülse steckengeblieben, so dass die Führungshülse –2– selbst mitsamt dem Haltebügel aus der Öffnung –3– in der Karosserie gezogen wurde. In diesem Fall Führungshülse abziehen und in die Öffnung einstecken.

- Seitenpolster nach oben mit dem Bügel –4– aus der Führung –5– herausziehen.

Einbau

- Seitenpolster so ansetzen, dass der mittlere Haltebügel in die Führung –4– eingreift.
- Seitenpolster andrücken und einrasten.
- Seitenpolster unten mit Torx-Schraubendreher T25 anschrauben.
- Rücksitzbank ausbauen.

Rücksitzlehne aus- und einbauen

Klappbare Rücksitzlehne

Ausbau

- Rücksitzbank ausbauen.
- Linkes beziehungsweise rechtes Seitenpolster ausbauen.

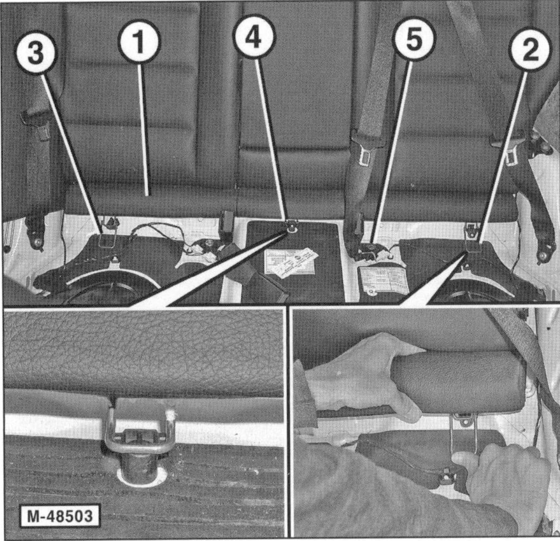

- Polsterleiste –1– ausclipsen. Dazu zwischen Lehne und Polsterleiste greifen und Polsterleiste nach oben ziehen. Gleichzeitig Haltebügel –2/3– nach oben aus der Halterung drücken. Vorgang auf beiden Seiten durchführen. Mittleren Haltebügel –4– ähnlich aushängen, allerdings fehlt hier die Bügelverlängerung. Deshalb nur an der Polsterleiste hochziehen und Bügel aus Halterung ausrasten und herausziehen.
- Polsterleiste –1– zwischen Sicherheitsgurten herausziehen.
- Schraube –5– herausschrauben und Gurtschloss vom Gurtendbeschlag abnehmen. **Hinweis:** Beim Ausbau der linken Rücksitzlehne die elektrische Steckverbindung für den Schalter »Gurtschloss« nicht trennen.

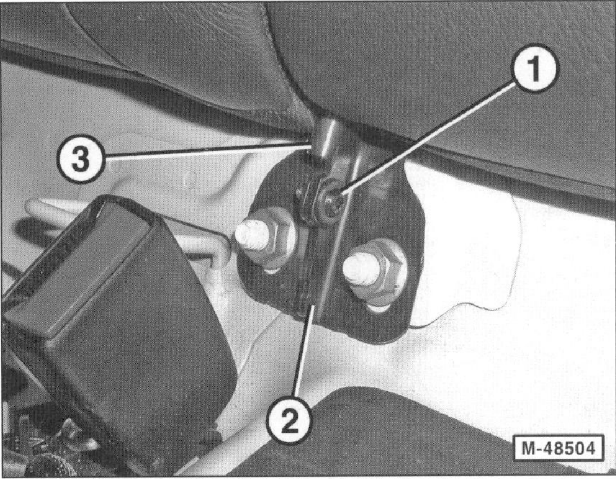

- Schraube –1– am Drehlager Mitte –2– herausschrauben.
- Lagerbügel –3– um ca. 180° nach oben schwenken.
- Rücksitzlehne links und rechts entriegeln und vorklappen.

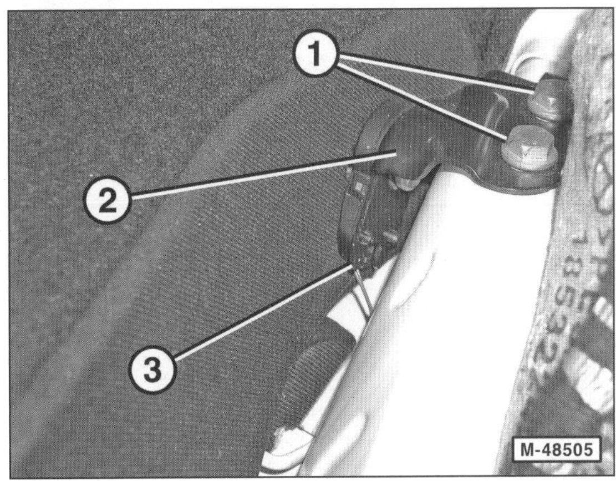

- Schrauben –1– am Drehlager außen –2– herausschrauben.
- Nur Limousine: Fondlehne links beziehungsweise rechts anheben und elektrische Steckverbindung –3– am Schalter für Lehnenverriegelung abziehen.
- Äußeren Sicherheitsgurt zur Seite ziehen und linke beziehungsweise rechte Lehne mit Helfer vorsichtig aus dem Fahrzeug herausnehmen. Dabei darauf achten, dass keine Bauteile im Fahrzeuginnenraum beziehungsweise an den hinteren Türen beschädigt werden.

Einbau

- Der Einbau erfolgt in umgekehrter Ausbaureihenfolge. Schrauben am Drehlager außen mit **40 Nm**, Schraube am Gurtschloss mit **32 Nm** festziehen.
- Polsterleiste einsetzen. Haltebügel nach oben drücken und in die Halterung einrasten. Gegebenenfalls Polsterleiste dabei hochdrücken.

Nicht klappbare Rücksitzlehne

Ausbau

- Rücksitzbank ausbauen.

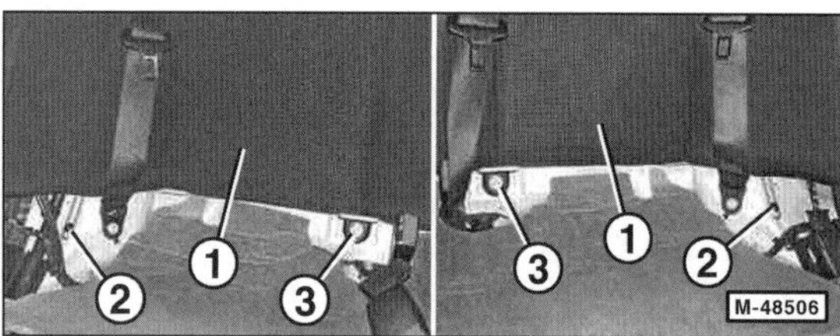

- Schrauben –2– an der Rücksitzlehne –1– herausschrauben.
- Muttern –3– abschrauben.

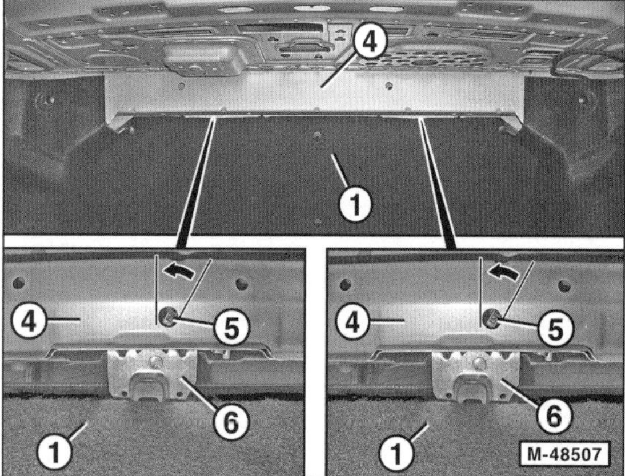

- Vom Kofferraum her durch die linke und rechte Bohrung in der Verstärkung –4– die Entriegelungshebel –5– der Lehnenschlösser –6– nach links bewegen und die Rücksitzlehne –1– nach vorn drücken.
- Sicherheitsgurte so weit herausziehen, bis die Rücksitzlehne herausgenommen werden kann. Anschließend Rücksitzlehne anheben und aus den unteren Befestigungspunkten herausführen.
- Rücksitzlehne mit Helfer vorsichtig aus dem Fahrzeug herausnehmen. Dabei darauf achten, dass die Bauteile im Fahrzeuginnenraum beziehungsweise an den hinteren Türen nicht beschädigt werden.

Einbau

- Der Einbau erfolgt in umgekehrter Ausbaureihenfolge. Mutter für Rücksitzlehne unten an Karosserie mit **40 Nm** festziehen.

Karosserie außen

Aus dem Inhalt:

- Kühlergrill
- Stoßfänger
- Kotflügel
- Motorhaube
- Heckklappe
- Türen ausbauen
- Türverkleidung
- Außenspiegel

Bei der selbsttragenden Karosserie der C-KLASSE sind Bodengruppe, Seitenteile, Dach und die hinteren Kotflügel miteinander verschweißt. Die Reparatur größerer Karosserieschäden sowie das Auswechseln von Front- und Heckscheibe sollten von einer Fachwerkstatt durchgeführt werden. Alle Karosserieteile sind gegen Durchrostung verzinkt.

Motorhaube, Heckklappe, Türen und die vorderen Kotflügel sind angeschraubt und lassen sich auswechseln. Beim Einbau ist unbedingt ein gleichmäßiger Luftspalt einzuhalten, sonst klappert beispielsweise die Tür, oder es können während der Fahrt erhöhte Windgeräusche auftreten. Der Luftspalt muss auf jeden Fall parallel verlaufen, das heißt, der Abstand zwischen den Karosserieteilen muss auf der gesamten Länge des Spaltes gleich groß sein. Abweichungen bis zu 1 mm sind zulässig.

Achtung: Wenn im Rahmen von Arbeiten an der Karosserie auch Arbeiten an der elektrischen Anlage durchgeführt werden, **grundsätzlich** die Batterie abklemmen. Dazu Hinweise im Kapitel »Batterie aus- und einbauen« durchlesen. Als Arbeit an der elektrischen Anlage ist dabei schon zu betrachten, wenn eine elektrische Leitung vom Anschluss abgezogen beziehungsweise abgeklemmt wird.

Sicherheitshinweise bei Karosseriearbeiten

Sicherheitshinweis
Bei Karosseriearbeiten entstehen oft starke Erschütterungen, beispielsweise durch Hammerschläge. Deshalb immer Zündung ausschalten und Batterie abklemmen, sonst kann der Airbag ausgelöst werden. Airbag-Sicherheitshinweise durchlesen, siehe Seite 117.

- Muss an der Karosserie geschweißt werden, soll dies grundsätzlich durch Widerstandspunktschweißen (RP) durchgeführt werden. Nur wenn sich die Schweißzange nicht ansetzen lässt, ist das Schutzgas-Schweißverfahren anzuwenden.
- So weit Schweißarbeiten oder andere funkenerzeugende Arbeiten durchgeführt werden, grundsätzlich die Batterie abklemmen und Batterieminuspol (–) mit Klebeband isolieren. Bei Arbeiten in Batterienähe muss die Batterie ausgebaut werden. **Achtung:** Unbedingt Hinweise im Kapitel »Batterie aus- und einbauen« beachten.
- **Fahrzeuge mit Klimaanlage:** An Teilen der befüllten Klimaanlage darf weder geschweißt noch hart- oder weichgelötet werden. Das gilt auch für Schweiß- und Lötarbeiten am Fahrzeug, wenn die Gefahr besteht, dass sich Teile der Klimaanlage erwärmen.

Sicherheitshinweis
Der **Kältemittelkreislauf** der Klimaanlage darf **nicht geöffnet** werden, da das Kältemittel bei Hautberührung Erfrierungen hervorrufen kann.
Bei versehentlichem Hautkontakt, die Stelle sofort mindestens 15 Minuten lang mit kaltem Wasser spülen. Austretendes Kältemittel verdampft bei Umgebungstemperatur. Das Kältemittel ist farb- und geruchlos sowie schwerer als Luft. Da das Kältemittel nicht wahrnehmbar ist, besteht am Boden beziehungsweise in einer Montagegrube Erstickungsgefahr.

- **Lackierung trocknen:** Im Rahmen einer Reparatur-Lackierung darf das Fahrzeug im Trockenofen oder in der Vorwärmzone nicht über **+70° C** aufgeheizt werden. Sonst können elektronische Steuergeräte im Fahrzeug beschädigt werden. Außerdem kann dadurch in der Klimaanlage ein starker Überdruck entstehen, der möglicherweise zum Platzen der Anlage führt.
- **PVC-Unterbodenschutz entfernen:** Auf dem Unterboden ist ein PVC-Unterbodenschutz aufgetragen. Unterbodenschutz an der Reparaturstelle mit rotierender Drahtbürste entfernen oder mit einem Heißluftgebläse auf maximal +180° C erwärmen und mit einem Spachtel ablösen. **Achtung:** Durch Abbrennen beziehungsweise Erwärmen von PVC-Material über +180° C entsteht stark korrosionsfördernde Salzsäure, außerdem werden stark gesundheitsschädliche Dämpfe frei.

Hinweis: Zum Lösen von Tür- und Heckklappenverkleidungen einen **Kunststoffkeil** verwenden, zum Beispiel HAZET 1965-20. Clips, die beim Ausbau von Verkleidungen beschädigt werden, immer erneuern.

Steinschlagschäden an der Frontscheibe

Kleinere Schäden an der Frontscheibe, zum Beispiel durch Steinschlag verursacht oder Scheibenwischerstreifen, beeinträchtigen die Sicht und können zu **Folgeschäden** an der Scheibe (Risse) führen.

Selbst kleinste Steinschlagschäden sollten deshalb so bald wie möglich behoben werden. Verschiedene Firmen sind auf Reparaturen an Frontscheiben spezialisiert. Der Austausch der Scheibe kann auf diese Weise vermieden werden. Überdies werden die Kosten für die Scheibenreparatur auch von der Teilkaskoversicherung übernommen.

Spreizclips aus- und einbauen

Ausbau

Viele Abdeckungen sind mit Spreizclips befestigt. Aus- und Einbau weiterer Halteclips, siehe Seite 183.

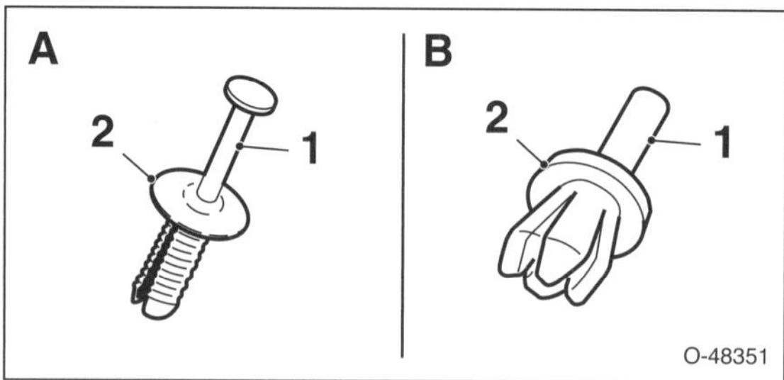

- A – Spreizclip mit Kappe: Bolzen –1– mit einem Schraubendreher heraushebeln.
- B – Spreizclip ohne Kappe: Bolzen –1– mit einem geeigneten Dorn durchdrücken. **Hinweis:** Der Bolzen muss dann unter Umständen ersetzt werden.
- Spreizclip –2– aus der Bohrung herausziehen.

Einbau

- Beschädigte oder fehlende Spreizclips durch Neuteile ersetzen.
- Spreizclip –2– in die Bohrung setzen und Bolzen –1– eindrücken. **Hinweis:** Dadurch werden die Clipnasen gespreizt und der Spreizclip sitzt sicher in der Bohrung.

Blindnieten aus- und einbauen

Zum Entfernen von Blindnieten (Popnieten) zunächst nur den Nietkopf vorsichtig ausbohren und dann die Niete mit einem Dorn aus der Bohrung heraustreiben. Dadurch wird verhindert, dass die Bohrung ausgeweitet wird.

Neue Niete in die Bohrung einsetzen und mit einer Blindnietzange festquetschen, die Niethülse muss denselben Durchmesser wie die Bohrung haben.

Häufig verwendete Nieten-Durchmesser: 2,4 mm, 3,2 mm, 4,0 mm und 4,8 mm.

Motorraumabdeckung unten aus- und einbauen

Ausbau

Sicherheitshinweis
Beim Aufbocken des Fahrzeugs besteht Unfallgefahr! Deshalb vorher das Kapitel »Fahrzeug aufbocken« durchlesen.

- Fahrzeug aufbocken.

Benzinmotor

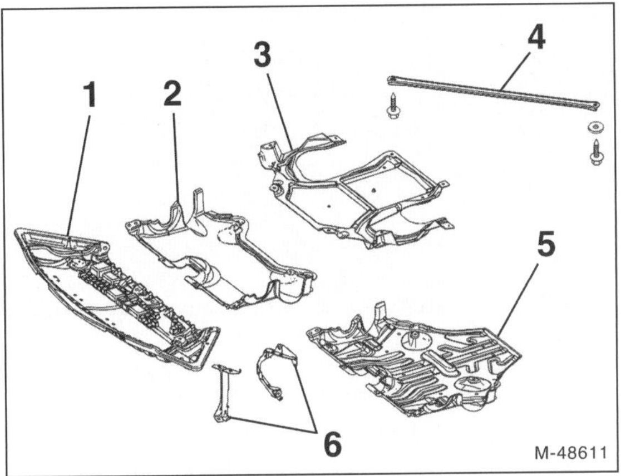

Dieselmotor

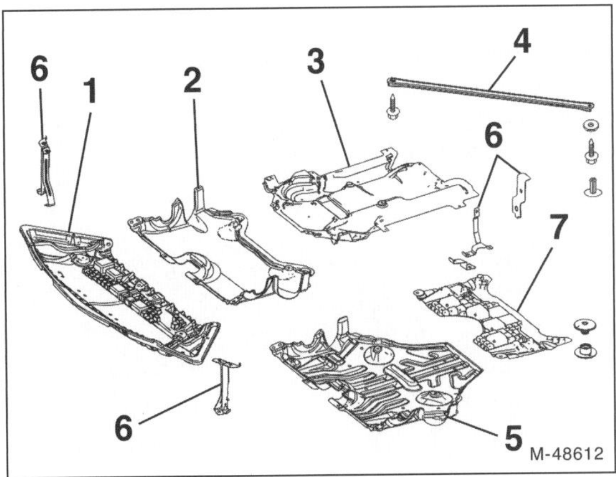

1 – Vordere Abdeckung
2 – Mittlere Abdeckung
3 – Hintere Abdeckung
4 – Strebe
5 – Mittlere Abdeckung (Blechausführung)
6 – Halter
7 – Dämmeinlage (Dieselmotor)

- Blechschrauben herausdrehen und jeweilige Abdeckung von den Haltern beziehungsweise vom Vorderachsträger abnehmen.

Einbau

- Vor dem Einbau prüfen, ob die Federblechmuttern korrekt auf den Haltern sitzen.
- Der Einbau erfolgt in umgekehrter Ausbaureihenfolge.

Windlaufgrill aus- und einbauen

Ausbau

- Wischerarme ausbauen, siehe Seite 72.
- Mittleres Dichtband vom Wasserkastenrahmen abziehen.

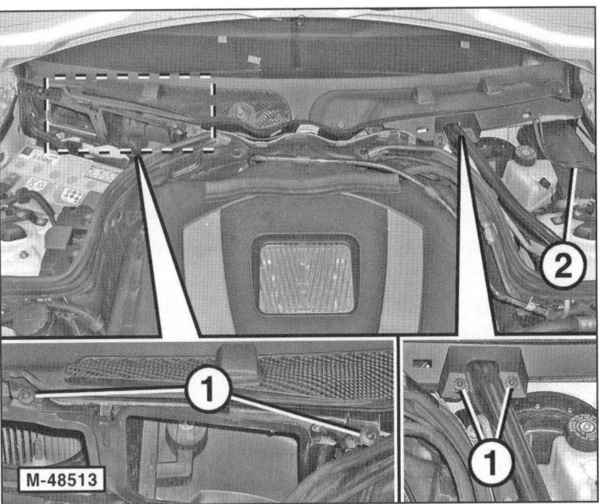

- 4 Spreizclips –1– herausziehen, vorher Spreizstifte herausschrauben.
- Schlauch und Leitung aus der Halterung –2– am Sicherungskasten herausziehen.

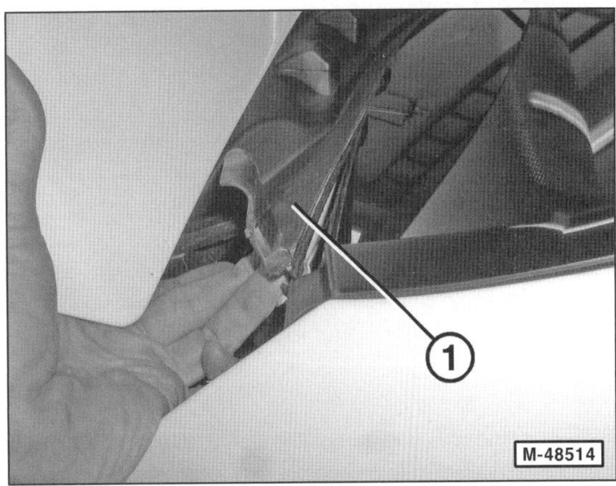

- Windlaufgrill –1– untergreifen und an den Seiten vorsichtig unter dem Frontscheibendichtband hervorziehen sowie aus der »Rille« unter der Frontscheibe herausdrücken.
- Windlaufgrill komplett herausdrücken.

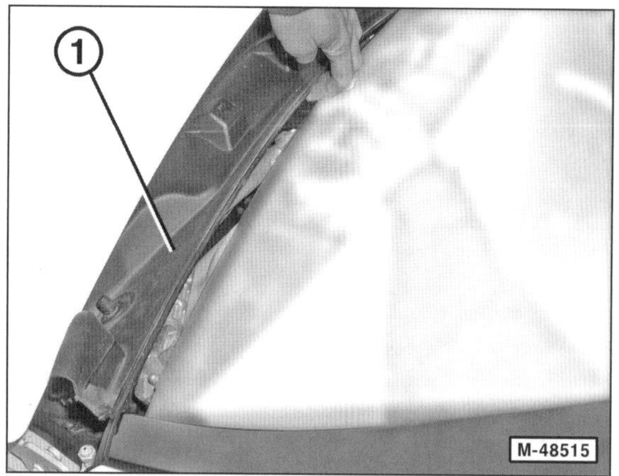

- Windlaufgrill –1– an den Wischerwellen hochziehen, schwenken und gleichzeitig an der rechten Seite nach hinten ziehen. Windlaufgrill unter der Motorhaube herausfädeln.

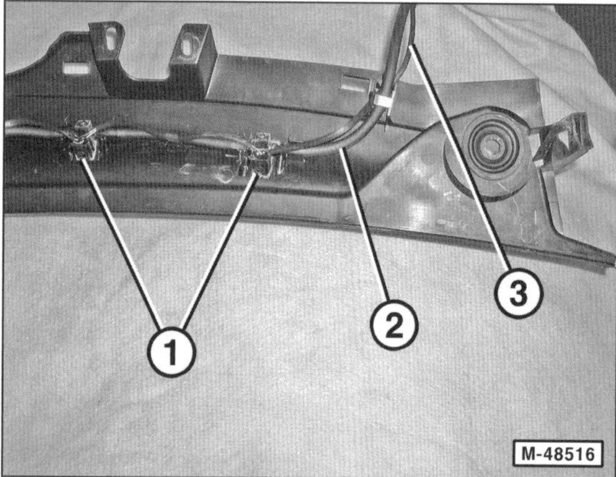

- Falls der Windlaufgrill komplett ausgebaut wird an der Rückseite alle Spritzdüsen –1– sowie Schlauch –2– und Leitung –3– aus den Halterungen herausziehen.

Einbau

- Falls abgebaut, Spritzdüsen sowie Schlauch und Leitung in den Windlaufgrill einsetzen.
- Windlaufgrill einsetzen, ausrichten und an den Seiten unter das Frontscheibendichtband drücken.
- Der weitere Einbau erfolgt in umgekehrter Ausbaureihenfolge.

Motorhaube aus- und einbauen

Ausbau

- Motorhaube öffnen.

Achtung: Verletzungsgefahr durch Klemmen oder Quetschen der Finger.

- Kotflügel mit Abdeckungen schützen.

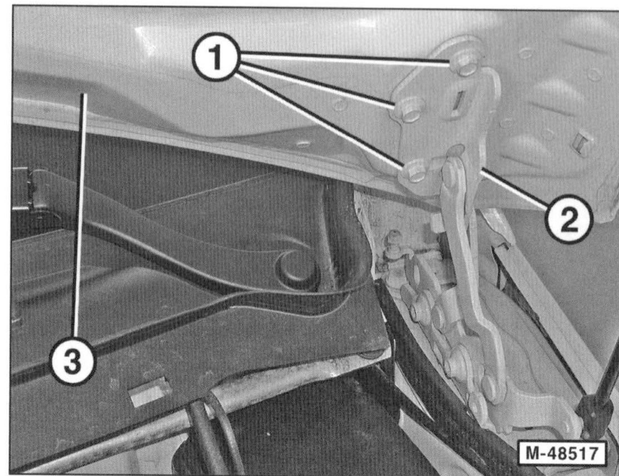

- Für den späteren Wiedereinbau der Motorhaube –3– Einbaulage der Haubenscharniere –2– und Schrauben –1– mit einem Filzstift markieren.
- Jeweils 2 der 3 Schrauben –1– links und rechts am Motorhaubenscharnier –2– herausschrauben.

Sicherheitshinweis:
Motorhaube unbedingt durch einen Helfer abstützen lassen bevor eine Gasdruckfeder gelöst wird. Sonst fällt die Motorhaube herunter, da sie durch einen Dämpfer allein nicht gehalten werden kann.

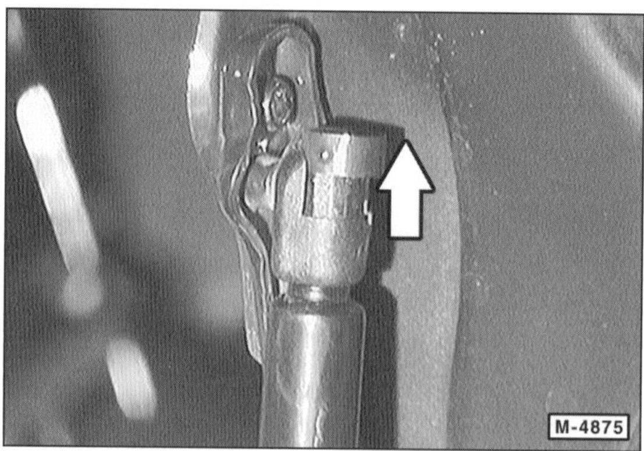

- Beide Gasdruckfedern von der Motorhaube abbauen. Gasdruckfeder vom Kugelkopf an der Motorhaube abziehen und ausbauen. Dazu Sicherungsring des Gasdruckdämpfers mit Schraubendreher etwas anheben –Pfeil–. Zweite Gasdruckfeder auf die gleiche Weise ausbauen.

Achtung: Sicherungen **nicht** ausbauen, da sonst die Vorspannung der Sicherungen nicht mehr gewährleistet ist.

- Restliche Schrauben am linken und rechten Motorhaubenscharnier herausschrauben und Motorhaube mit Helfer abnehmen. **Achtung:** Vor dem Lösen der Scharnierschrauben Lappen als Lackschutz zwischen Haube und Karosserie legen.
- Motorhaube auf eine geeignete, weiche und sichere Unterlage ablegen.

Einbau

- Motorhaube mit Helfer ansetzen und lose anschrauben. Alte Motorhaube entsprechend den Markierungen ausrichten.
- Motorhaube schließen und Fugenmaße prüfen, gegebenenfalls Motorhaube einstellen.
- Schrauben für Motorhaube festziehen.
- Gasdruckfedern am jeweiligen Kugelkopf aufdrücken und Sicherungsring zurückschieben.

Motorhaube einstellen

Prüfen

- Fugenmaße der Motorhaube zu den umliegenden Karosserieteilen prüfen.

Fugenmaße	Sollwerte
Motorhaube zu Kotflügel	$4{,}0^{\pm 1{,}0}$ mm
Motorhaube zu Scheinwerfer	$4{,}0^{\pm 1{,}0}$ mm
Motorhaube zu Kühlergrill	$6{,}0^{\pm 1{,}0}$ mm
Motorhaube zu Stoßfänger	$4{,}0^{\pm 1{,}5}$ mm
Motorhaube zu A-Säule	$4{,}5^{\pm 1{,}0}$ mm
Stoßfänger zu Scheinwerfer	$3{,}0^{\pm 1{,}0}$ mm

Einstellen in Querrichtung

- Schrauben –3– am linken und rechten Motorhaubenscharnier –2– lösen und Motorhaube –1– in Querrichtung einstellen.
- Schrauben –3– festschrauben.

Einstellen in Längsrichtung

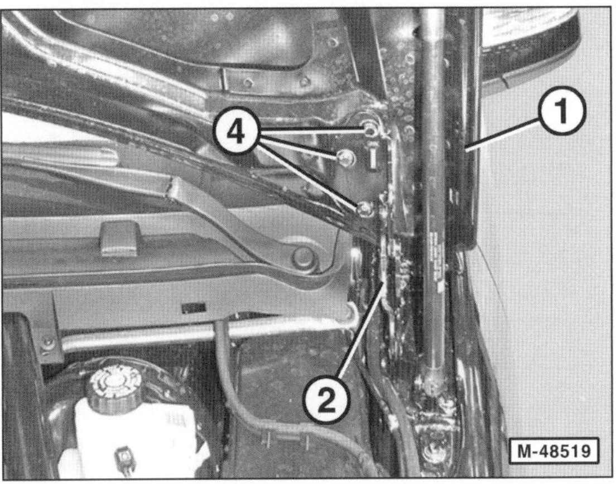

- Schrauben –4– am linken und rechten Motorhaubenscharnier –2– lösen und Motorhaube –1– in Längsrichtung einstellen.

Hinweis: Die Einstellung an den Motorhaubenscharnieren –2– links und rechts nur nacheinander vornehmen, da sonst die Motorhaube –1– in Querrichtung verstellt werden kann.

- Schrauben –4– festschrauben

Einstellen in der Höhe hinten

- Kantenschutz –5– abziehen.

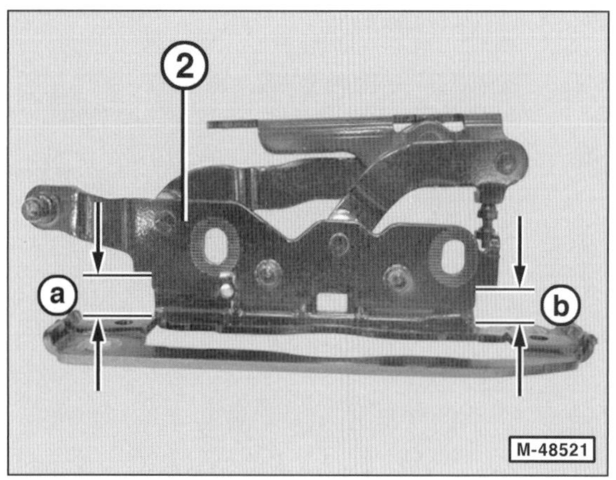

- Schrauben –6/7– am linken beziehungsweise rechten Motorhaubenscharnier –2– lösen und Motorhaube –1– in der Höhe einstellen. Das Maß –a– muss um ca. 4 mm größer sein, als das Maß –b–. Dadurch wird die Motorhaube –1– leicht verspannt montiert, um Vibrationen zu vermeiden.
- Schrauben –6/7– festschrauben.
- Kantenschutz –5– aufschieben.

Einstellen in der Höhe vorn

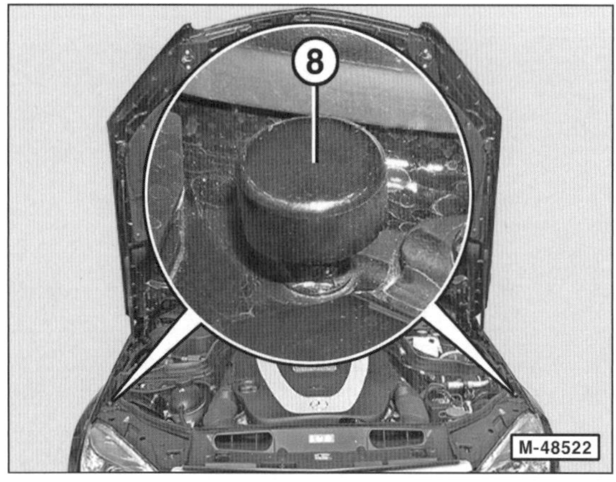

- Linken und rechten Anschlagpuffer –8– lösen und ganz nach unten schrauben.

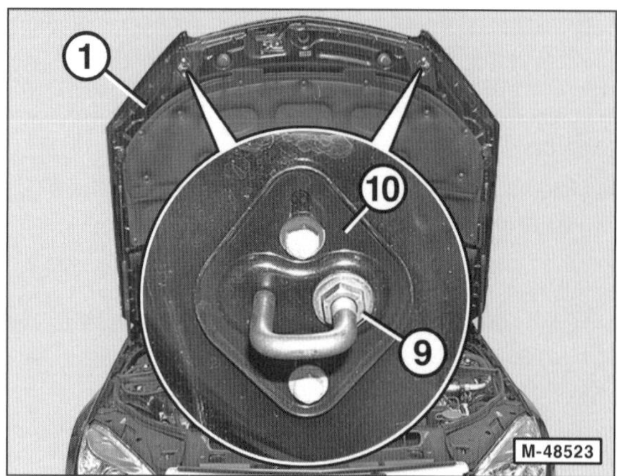

- Mit der Überwurfmutter –9– am linken und rechten Motorhaubenschloss-Oberteil –10– die Höhe der Motorhaube –1– einstellen.
- Linken und rechten Anschlagpuffer –8– so weit hochschrauben, bis die Motorhaube –1– im geschlossenen Zustand aufliegt, anschließend linken und rechten Anschlagpuffer –8– festziehen.

Hinweis: Die Motorhaube –1– wird leicht verspannt montiert, um Vibrationen zu vermeiden.

- Eventuelle Lackbeschädigungen mit einem handelsüblichen Lackstift ausbessern.

Motorhaubenschloss/ Motorhaubenzug aus- und einbauen

Ausbau

- Auf der linken Seite im Motorraum den Zughalter aus der Karosserie ziehen und Motorhaubenzug aus dem Halter herausziehen.

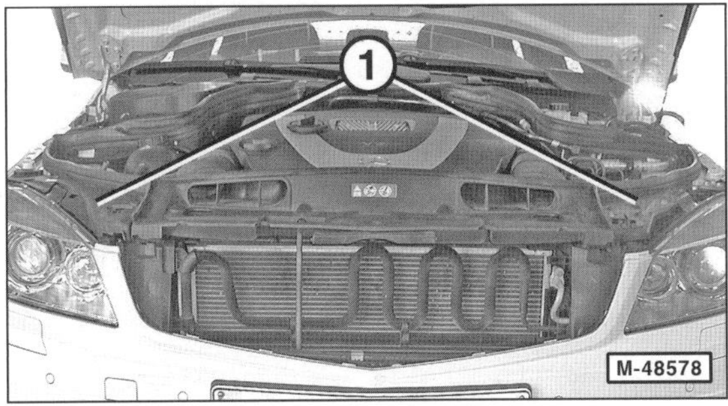

- Jeweils 2 Spreizclips herausziehen und Abdeckungen –1– über den Scheinwerfern abnehmen.

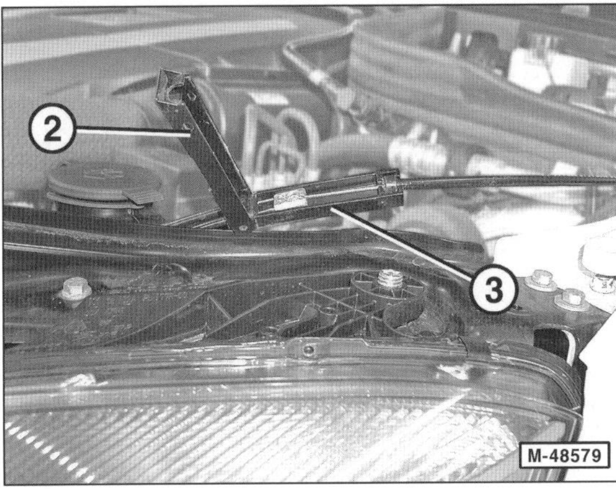

- Mit einem kleinen Schraubendreher den Deckel –2– des Kupplungsgehäuses –3– hochklappen.

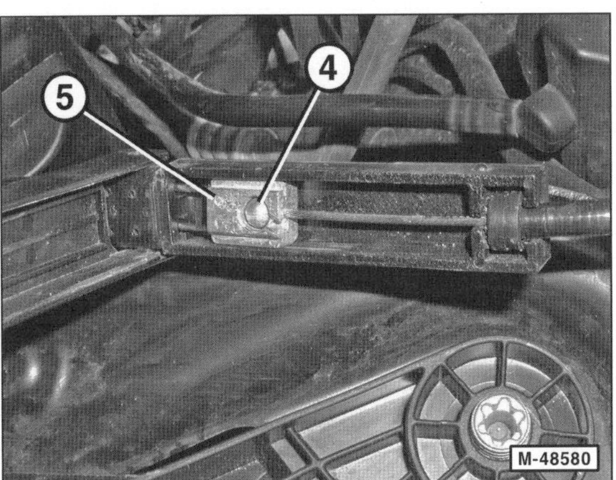

- Nippel –4– aus dem Verbindungsstück –5– aushängen.

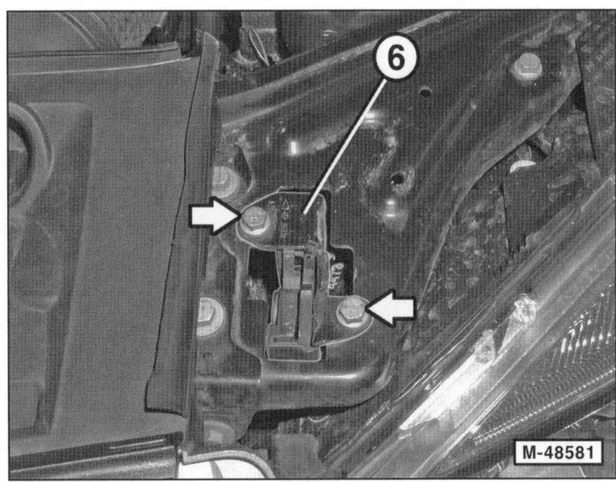

- Einbaulage des jeweiligen Motorhaubenschlosses –6– kennzeichnen. Dazu mit Filzstift Schrauben/Unterlegscheiben –Pfeile– umkreisen.
- Schrauben –Pfeile– herausdrehen. Dabei Schrauben gegen Herunterfallen sichern.
- Jeweiliges Motorhaubenschloss anheben, an der Unterseite Motorhaubenzug ausclipsen und aushängen. Motorhaubenschloss herausziehen.

Einbau

Der Einbau erfolgt in umgekehrter Ausbaureihenfolge. Dabei ist Folgendes zu beachten:

- Motorhaubenschloss einsetzen.
- Schrauben für Motorhaubenschloss mit **10 Nm** anziehen.
- Funktion des Entriegelungshakens prüfen.
- Motorhaubeneinstellung prüfen.
- Falls eingebaut, Diebstahlwarnanlage auf Funktion prüfen.

Kühlergrill aus- und einbauen

Ausbau

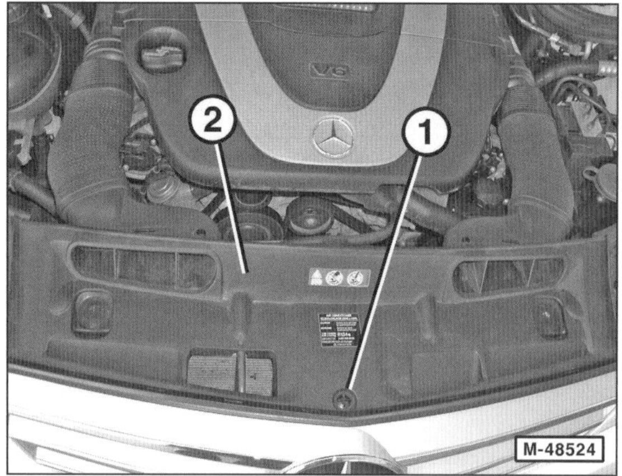

- Clip –1– in der Mitte der oberen Abdeckung –2– drehen und herausziehen.

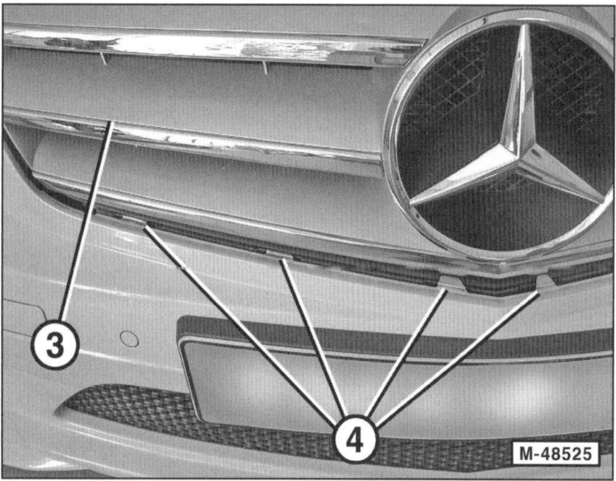

- Kühlergrill –3– nach hinten drücken und dadurch untere 10 Rasthaken –4– lösen. **Hinweis:** In der Abbildung sind nicht alle Rasthaken dargestellt.

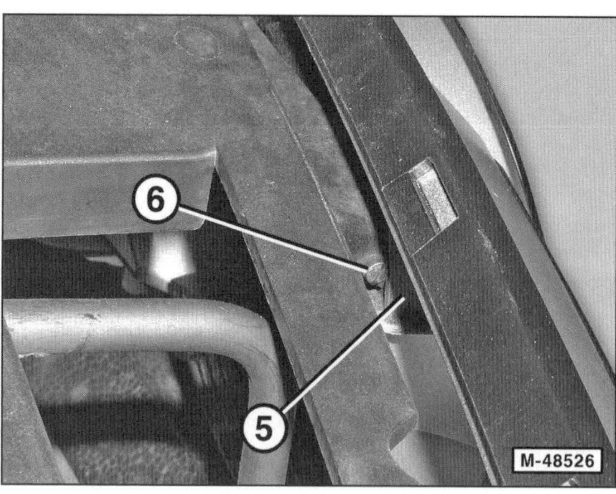

- Linken und rechten Halter –5– aus Zapfen –6– ausclipsen.

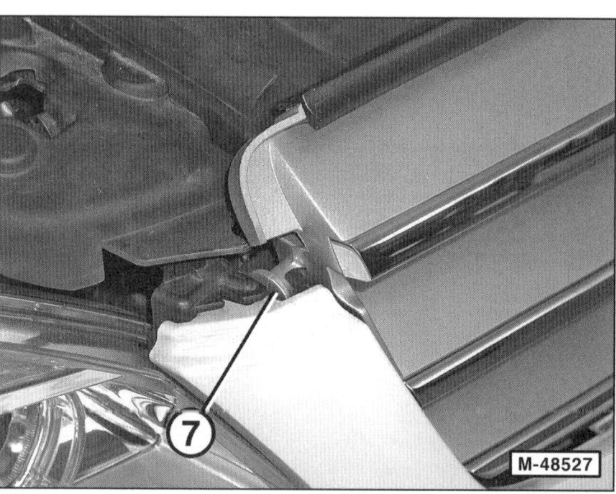

- Kühlergrill schwenken und oben aus beiden seitlichen Halterungen –7– herausheben.

Einbau

- Der Einbau erfolgt in umgekehrter Ausbaureihenfolge. Dabei die unteren Rasthaken unter die unterste Grill-Lamelle schieben. Rasthaken einrasten.

Stoßfänger vorn aus- und einbauen

Ausbau

- Batterie abklemmen. **Achtung:** Hinweise im Kapitel »Batterie aus- und einbauen« beachten.
- Fahrzeug vorn aufbocken.

> **Sicherheitshinweis**
> Beim Aufbocken des Fahrzeugs besteht Unfallgefahr! Deshalb die Hinweise im Kapitel »Fahrzeug aufbocken« beachten.

- Kühlergrill ausbauen, siehe entsprechendes Kapitel.

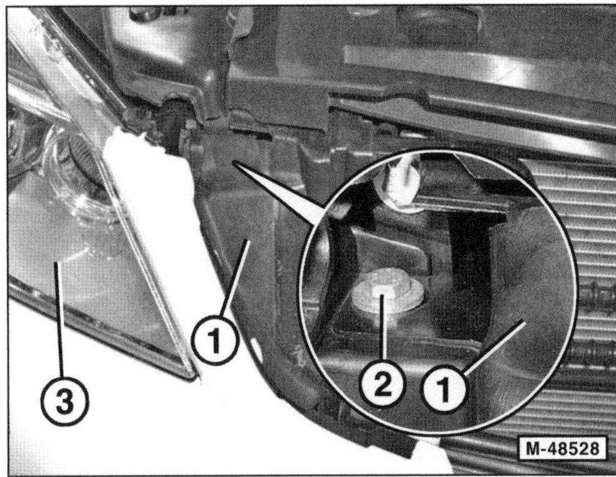

- Linke und rechte Luftführung –1– zur Seite schwenken und Schraube –2– herausschrauben. 3 – Scheinwerfer.

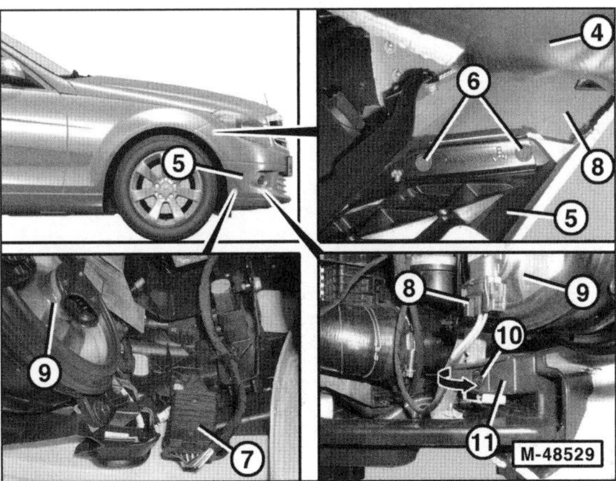

- Linken und rechten Innenkotflügel –4– im Bereich des Stoßfängers –5– lösen und mit Montagekeil herausheben.
- Schrauben –6– herausschrauben.
- Falls vorhanden, Elektrische Steckverbindung –7– für Parktronic am Stoßfänger vorn trennen.
- Elektrische Steckverbindung –8– am Nebelscheinwerfer –9– links und rechts trennen.
- Schraube –10– am linken und rechten Halter –11– herausschrauben.
- Linken und rechten Halter –11– nach außen schwenken und Stoßfänger –5– nach vorn drücken und mit Helfer abnehmen.

Einbau

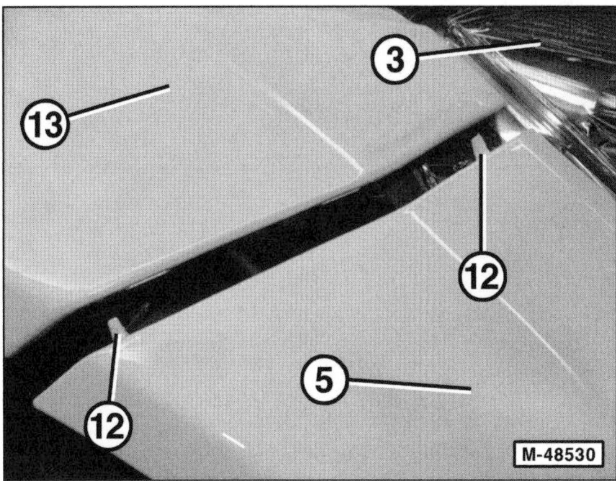

- Stoßfänger –5– mit Helfer ansetzen und mit den Führungszapfen –12– in den Kotflügel –13– einsetzen. 3 – Scheinwerfer.
- Der weitere Einbau erfolgt in umgekehrter Ausbaureihenfolge.
- Einstellung von Scheinwerfer und Nebelscheinwerfer prüfen und gegebenenfalls korrigieren (Werkstattarbeit).

Stoßfänger hinten aus- und einbauen

Ausbau

- Heckabschlussverkleidung ausbauen, siehe Seite 192.

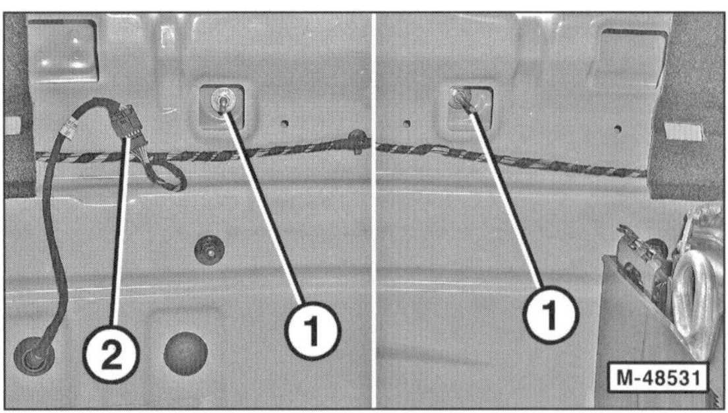

- Muttern –1– innen am Heckmittelstück abschrauben. **Hinweis:** Dazu wird ein Steckschlüsselsatz für lange Gewindebolzen benötigt.
- Fahrzeug hinten aufbocken.

> **Sicherheitshinweis**
> Beim Aufbocken des Fahrzeugs besteht Unfallgefahr! Deshalb die Hinweise im Kapitel »Fahrzeug aufbocken« beachten.

- Falls vorhanden, Elektrische Steckverbindung –2– für PARKTRONIC trennen und mit dem elektrischen Leitungssatz durch die Öffnung im Heckmittelstück hindurchführen.

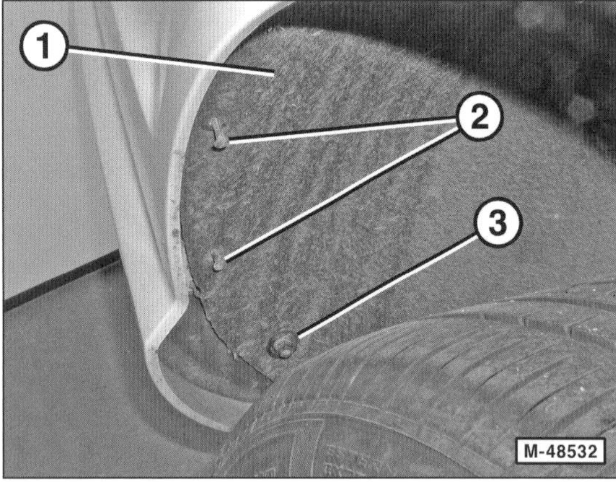

- Innenkotflügel –1– im hinteren Bereich lösen und nach vorn ziehen. Dazu 2 Spreizclips –2– herausziehen und Kunststoffmutter –3– abschrauben.

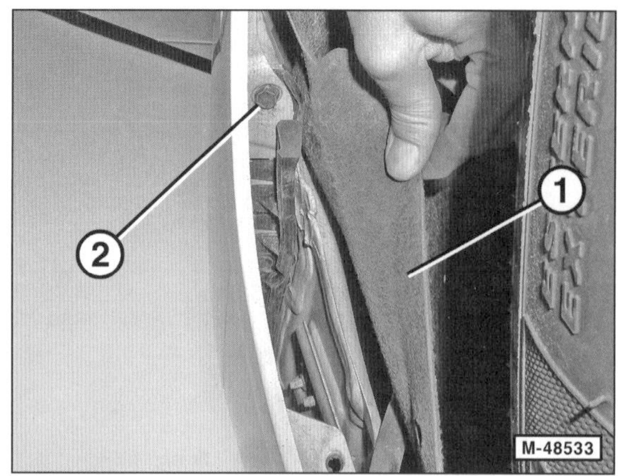

- Hinter dem Innenkotflügel –1– links und rechts je 1 Schraube –2– von unten herausschrauben.
- Den hinter dem Innenkotflügel befindlichen Schlauch aus den Klammern vom Kotflügel abclipsen.

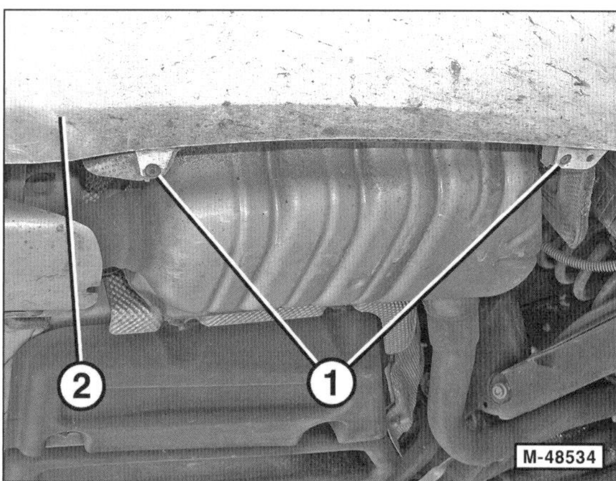

- Von unten links und rechts je 2 Schrauben –1– vom Stoßfänger –2– abschrauben.

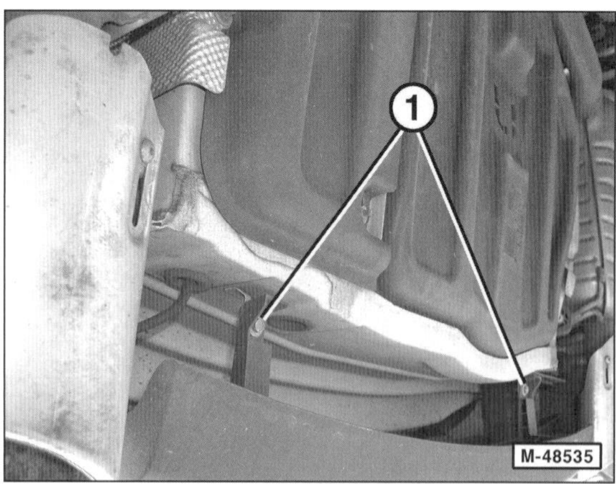

- Stoßfänger hinten von unten abschrauben –1–.

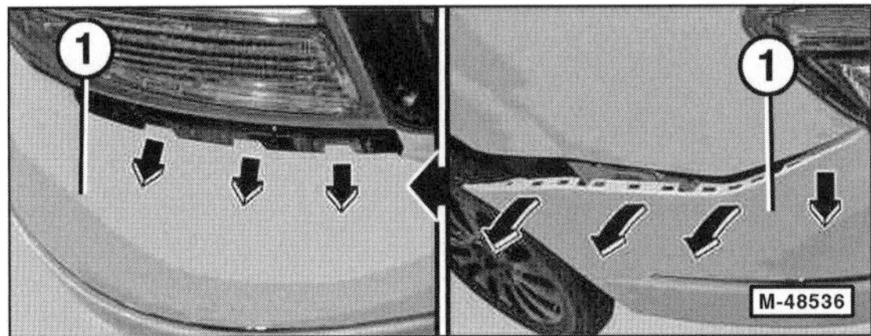

- Stoßfänger –1– vom hinteren Kotflügel aus beginnend, seitlich und hinten ausclipsen und mit einem Helfer abnehmen.

Einbau

- Einbau erfolgt in umgekehrter Ausbaureihenfolge.

Hinweis: Ein neuer Stoßfänger besitzt generell nur einen Ausschnitt für eine einflutige Abgasanlage. Bei Fahrzeugen mit zweiflutiger Abgasanlage muss mit einer Stichsäge der Ausschnitt für das Endrohr der zweiten Schalldämpferanlage am Stoßfänger angebracht werden. Dazu ist innen am Stoßfänger eine Markierung angebracht.

Kotflügel vorn aus- und einbauen

Ausbau

Sicherheitshinweis
Beim Aufbocken des Fahrzeugs besteht Unfallgefahr! Deshalb die Hinweise im Kapitel »Fahrzeug aufbocken« beachten.

- Fahrzeug aufbocken.
- Reifen-Laufrichtung mit Pfeil am Reifen markieren. Radschrauben lösen. Fahrzeug aufbocken und Räder abnehmen. **Achtung:** Unbedingt Hinweise im Kapitel »Rad aus- und einbauen« beachten.

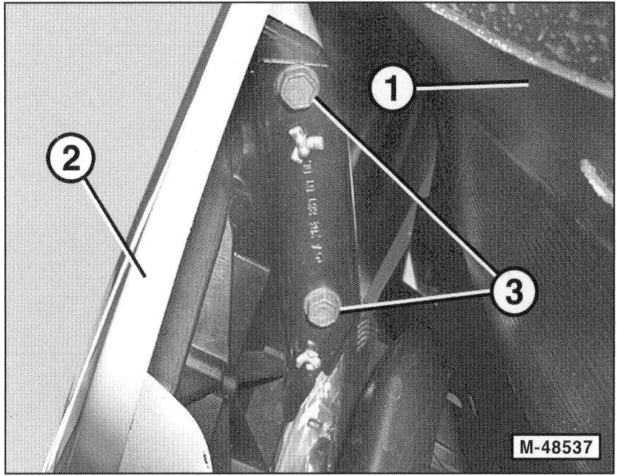

- Innenkotflügel –1– im Bereich des Stoßfängers –2– lösen und zurückziehen.
- Schrauben –3– herausschrauben.

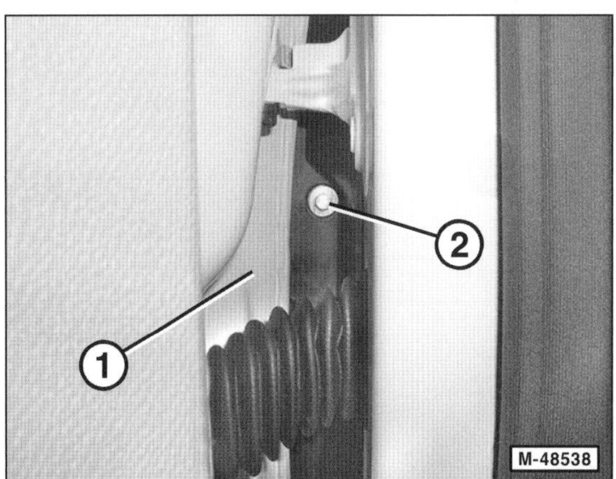

- Vordertür –1– öffnen und Schraube –2– herausschrauben.

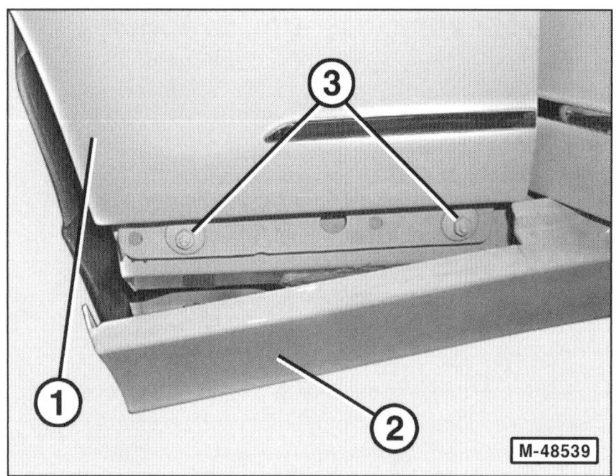

- Kunststoffkeil in den Spalt zwischen Kotflügel –1– und Längsträgerverkleidung –2– einführen und Längsträgerverkleidung aus den Cliphalterungen herausziehen.
- Längsträgerverkleidung –2– so weit lösen, bis die Muttern –3– zugänglich sind. Anschließend Muttern –3– abschrauben.

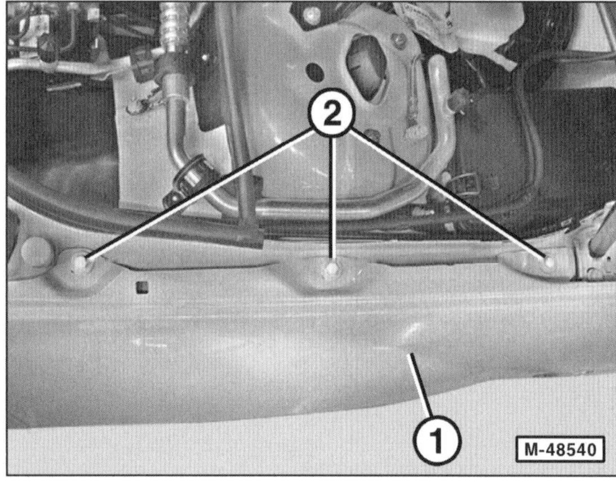

- Schrauben –2– herausschrauben. 1 – Kotflügel.

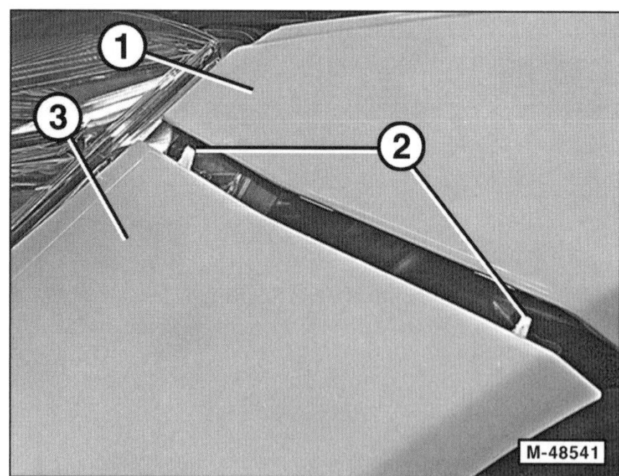

- Kotflügel –1– aus den Führungszapfen –2– des Stoßfängers –3– herausziehen und abnehmen.

Einbau

- Der Einbau erfolgt in umgekehrter Ausbaureihenfolge. Dabei auf korrektes Schließen der Motorhaube sowie auf Fugenmaße zur Vordertür und Motorhaube achten.
  Fugenmaße, Sollwerte :
  Kotflügel zur Vordertür . . . . $4{,}0^{\pm 1{,}0}$ mm
  Kotflügel zur Motorhaube . . . . $4{,}0^{\pm 1{,}0}$ mm
- Räder anschrauben, dabei Reifen-Laufrichtung beachten. Fahrzeug ablassen, erst dann Radschrauben über Kreuz mit **130 Nm** festziehen. **Achtung:** Unbedingt Hinweise im Kapitel »Rad aus- und einbauen« beachten.

Innenkotflügel vorn aus- und einbauen

Ausbau

Sicherheitshinweis
Beim Aufbocken des Fahrzeugs besteht Unfallgefahr! Deshalb die Hinweise im Kapitel »Fahrzeug aufbocken« beachten.

- Fahrzeug aufbocken.
- Reifen-Laufrichtung mit Pfeil am Reifen markieren. Radschrauben lösen. Fahrzeug aufbocken und Vorderrad abnehmen. **Achtung:** Unbedingt Hinweise im Kapitel »Rad aus- und einbauen« beachten.

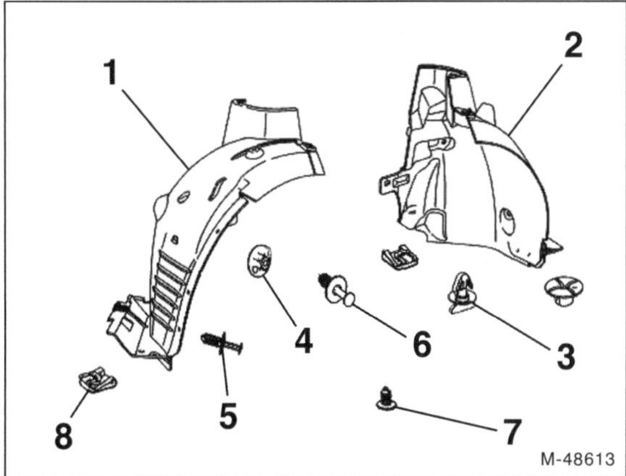

1 – Innenkotflügelteil vorn	5 – Spreizclip
2 – Innenkotflügelteil hinten	6 – Spreizclip
3 – Drehclip	7 – Blechschraube
4 – Kunststoffmutter	8 – Federblechmutter

Innenkotflügelteil vorn

- Drehclip –3– oben für vorderes und hinteres Teil, 90° drehen und aus dem vorderen Teil herausziehen.
- 3 Kunststoffmuttern –4–, eine davon auch für das hintere Teil, abschrauben.
- 3 Spreizclips –5– am Stoßfänger herausziehen.
- Von unten 1 Blechschraube –7– herausdrehen. Die Schraube hält auch die untere Motorabdeckung.
- Vorderes Teil an den Übergangsstellen unter dem hinteren Teil hervorziehen.

Innenkotflügelteil hinten

- 4 Kunststoffmuttern herausdrehen, eine davon hält auch das vordere Innenkotflügelteil.
- 2 Spreizclips an der Längsträgerverkleidung herausziehen.
- Von unten 3 Blechschrauben herausdrehen. Die Schrauben halten auch die untere Motorabdeckung.

Einbau

- Der Einbau erfolgt in umgekehrter Ausbaureihenfolge.

Türverkleidung vorn aus- und einbauen

Ausbau

- Batterie abklemmen. **Achtung:** Hinweise im Kapitel »Batterie aus- und einbauen« beachten.
- Türfenster vollständig öffnen.

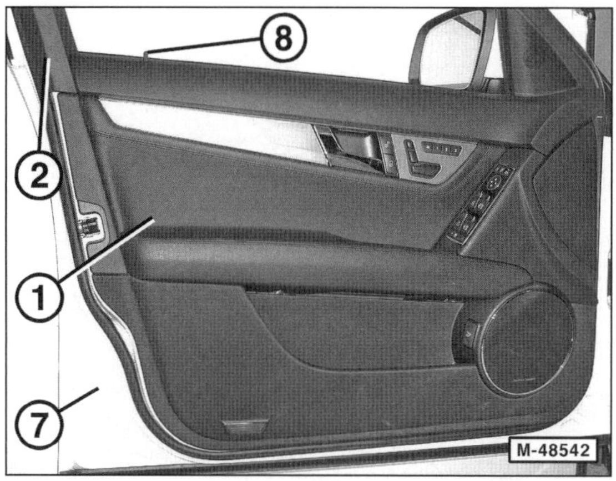

- Verkleidung Fensterrahmen –2– mit einem Montagekeil so weit lösen, bis der darunter liegende Spreizclip zugänglich ist. 1 – Türverleidung, 7 – Tür, 8 – Verriegelungsknopf.

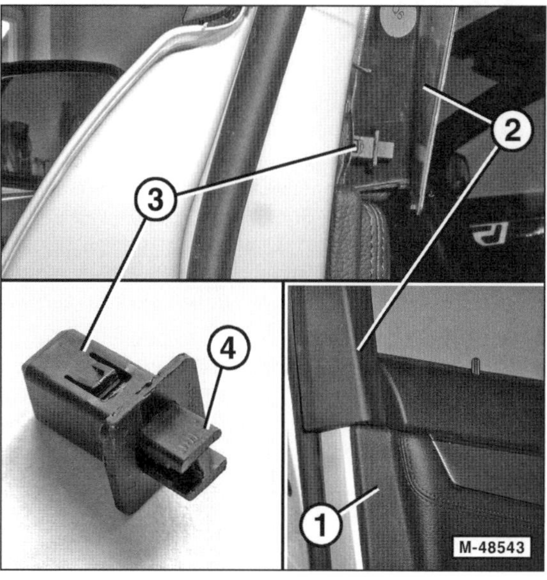

- Spreizclip –3– ausbauen. Dazu Stift –4– mit einer geeigneten Zange aus dem Spreizclip –3– herausziehen. Dann den Stift –4– um 90° drehen und wieder in den Spreizclip –3– eindrücken, bis er verrastet ist. Anschließend den Spreizclip –3– mit einer Zange am Stift –4– greifen und aus der Türverkleidung –1– herausziehen.

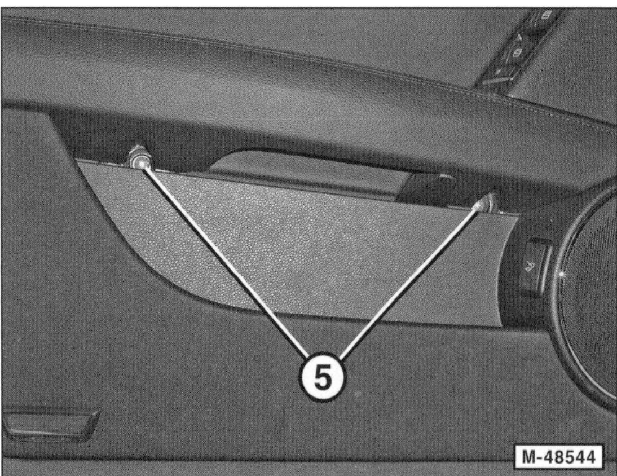

- Schrauben –5– herausschrauben.

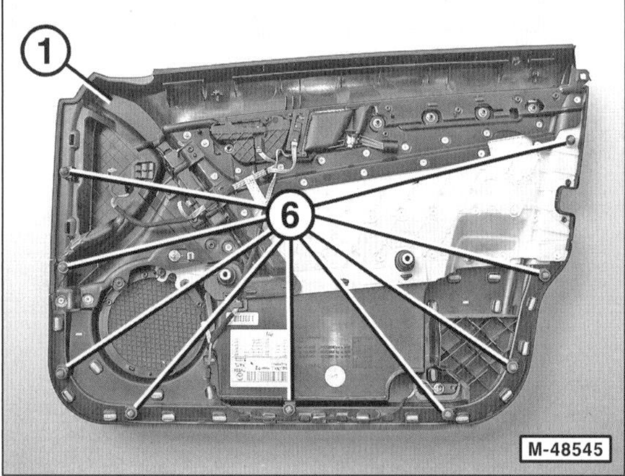

- Türverkleidung –1– ringsum an den Halteclips –6– von der Vordertür abclipsen. Dazu Montagekeil unter die Verkleidung bis zu einem Clip schieben. Zweiten Montagekeil von der anderen Seite an den Clip heranschieben und Clip heraushebeln. **Hinweis:** Eventuell wird dazu ein Helfer benötigt. Darauf achten, dass die Haltelaschen der Befestigungsclips –6– an der Türverkleidung –1– nicht ausreißen.
- Wenn alle Clips gelöst sind, Verkleidung anheben und aus dem Fensterschacht herausheben. Dann aus der Fensterrahmenverkleidung herausziehen. Dabei im Bereich des ausgebauten Spreizclips beginnen.
- Verkleidung nach unten und zur Seite ziehen sowie aus dem Verriegelungsknopf –8– herausziehen, siehe Abbildung M-48542.
- Türverkleidung –1– so weit von der Vordertür –7– abheben, bis die elektrischen Steckverbindungen am Tür-Steuergerät abgezogen werden können und der Bowdenzug für Türinnenbetätigung –9– zugänglich ist.

Achtung: Damit das Tür-Steuergerät nicht beschädigt wird, vor dem Abziehen des Steckers ein Metallteil der Karosserie, zum Beispiel den Türschließzapfen, anfassen und dadurch eine eventuell vorhandene elektrostatische Aufladung entladen.

- Elektrische Steckverbindungen am Tür-Steuergerät abziehen.

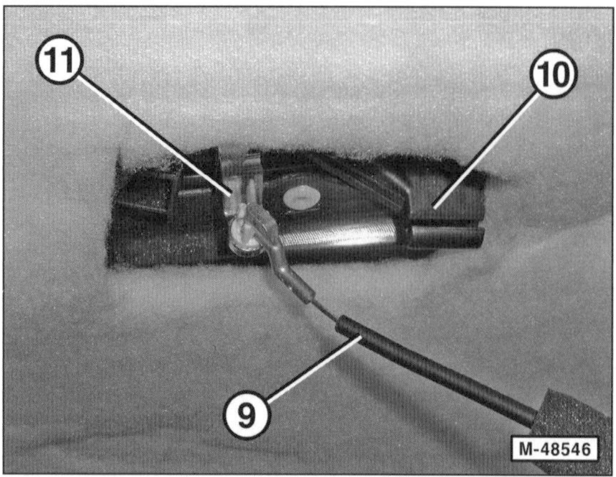

- Bowdenzug für Türinnenbetätigung –9– an Widerlager –10– und Türinnengriff –11– aushängen.
- Türverkleidung abnehmen.

Einbau

- Türverkleidung oben an der inneren Fensterdichtleiste korrekt ansetzen. Die Führungsschienen müssen unter die Dichtlippe geschoben werden. Eventuell korrekten Sitz der Verkleidung mit der zweiten Tür vergleichen.
- Bowdenzug für Türinnenbetätigung –9– am Türinnengriff –11– einhängen und am Widerlager –10– einsetzen.
- Der weitere Einbau erfolgt in umgekehrter Ausbaureihenfolge.
- Anschließend Fensterheber justieren, siehe Seite 55.

Türaußengriff aus- und einbauen

Ausbau

- Batterie abklemmen. **Achtung:** Hinweise im Kapitel »Batterie aus- und einbauen« beachten.
- Mit Zündschlüssel Fahrzeugtür entriegeln. Entriegelungszustand während der gesamten Arbeit beibehalten.

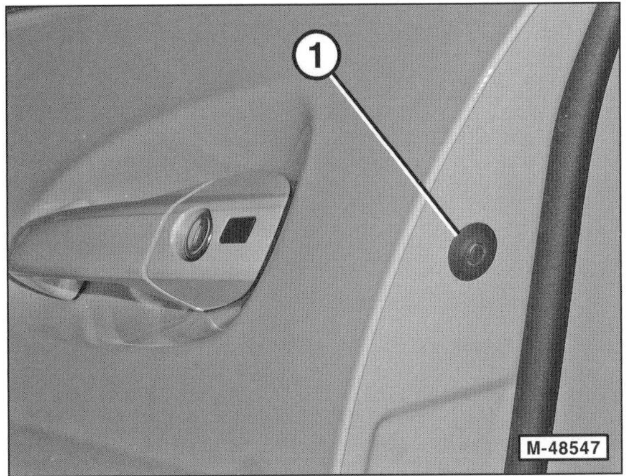

- Gummi-Stopfen –1– mit kleinem Schraubendreher aus der Tür herausziehen. **Achtung:** Papier oder Lappen unterlegen, damit der Lack nicht beschädigt wird.

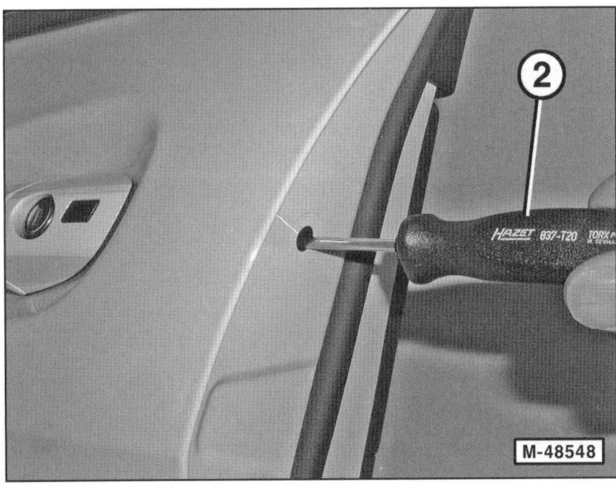

- Torxschraube T20 herausdrehen. **Achtung:** Schraube nicht herausziehen und darauf achten, dass sie nicht in den Türrahmen fallen kann. Es empfiehlt sich, den Schraubendreher –2– eingesteckt zu lassen.

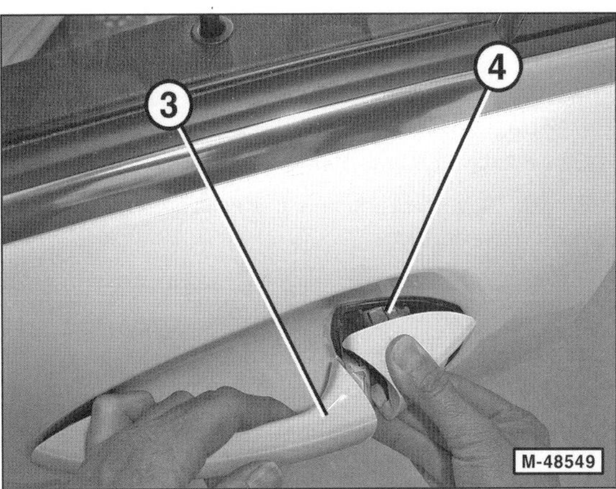

- Türaußengriff –3– ziehen und Schließzylinder –4– herausziehen.

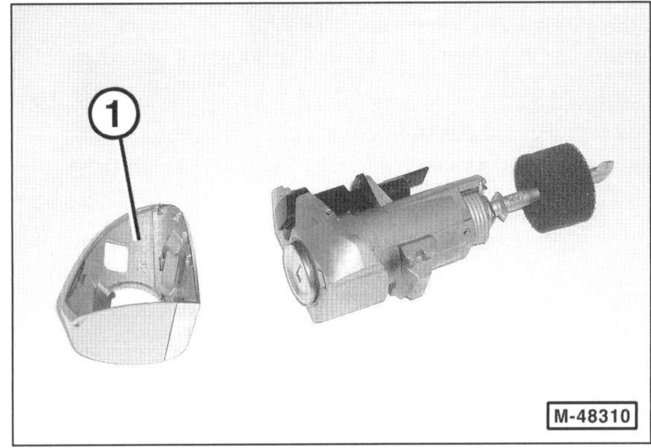

- Kappe –1– vom Schließzylinder abnehmen.

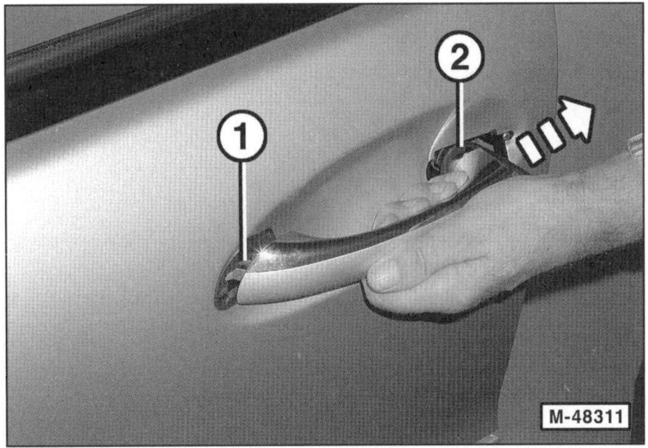

- Türgriff nach hinten ziehen –Pfeil– und aus der vorderen Halterung –1– herausziehen.
- Türgriff aus der hinteren Halterung –2– entriegeln und von der Tür abnehmen.
- Dichtungsunterlagen für Türgriff abnehmen.

Einbau

- Türgriff mit Dichtungsunterlagen an der Tür ansetzen. Türgriff zunächst in hintere Halterung einsetzen, dabei muss der Hebel am Türgriff hinter den Mitnehmer der Schließmechanik greifen.
- Türgriff in vordere Halterung einsetzen, dabei Türgriff nach vorne drücken.
- Türgriff ziehen und in dieser Position halten, dabei Schließzylinder mit Kappe einsetzen.
- Torxschraube eindrehen und Schließzylinder an der Tür festschrauben.
- Batterie anklemmen. **Achtung:** Hinweise im Kapitel »Batterie aus- und einbauen« beachten.

Hinweis: Sicherheitshalber zweite Tür öffnen und offen stehen lassen.

- Schließmechanismus der Tür auf Funktion überprüfen.

Türfenster aus- und einbauen

Ausbau

- Türverkleidung an der Vordertür ausbauen, siehe entsprechendes Kapitel.

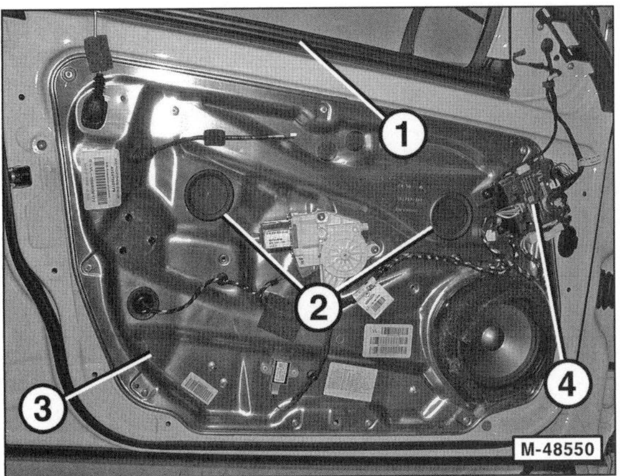

- Abdichtschiene innen –1– abziehen.
- Beide Abdeckungen der Montageöffnungen –2– am Türmodul –3– herausziehen.
- Elektrischen Leitungssatz der ausgebauten Türverkleidung am Tür-Steuergerät –4– anschließen.

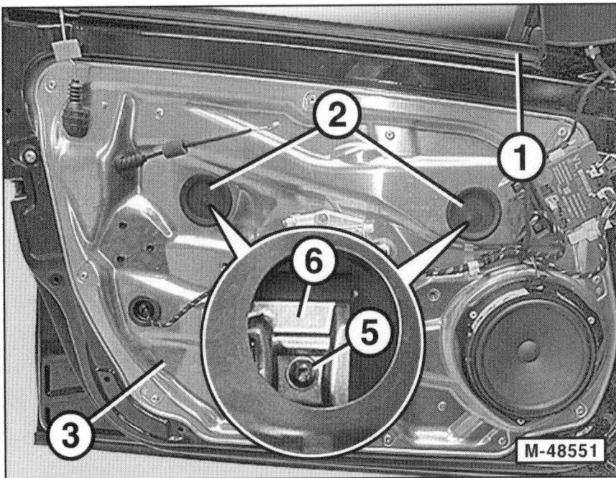

- Türfenster durch Betätigen des Fensterhebeschalters so weit hochfahren, bis die Schrauben –5– durch die Montageöffnungen –2– im Türmodul –3– zugänglich sind.
- Elektrischen Leitungssatz der ausgebauten Türverkleidung vom Tür-Steuergerät trennen.
- Schrauben –5– lockern, **nicht** herausschrauben.
- Türfenster hinten nach oben kippen und nach oben aus dem Fensterschacht der Vordertür herausnehmen.

Einbau

- Türfenster in den Türschacht einsetzen und langsam nach unten absenken, bis es in den Aufnahmen –6– aufliegt.

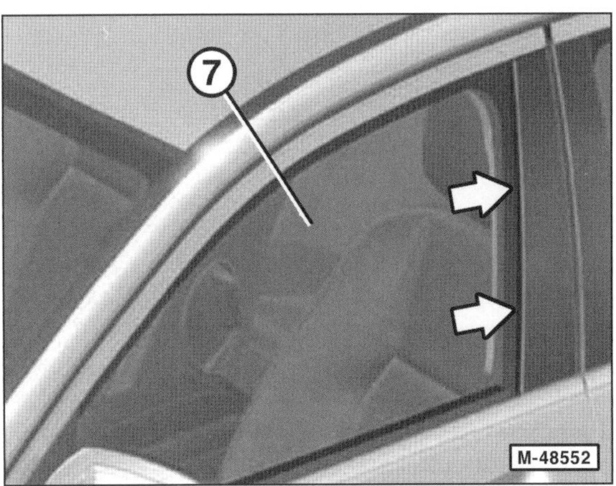

- Gleichzeitig das Türfenster –7– in der hinteren Fensterlaufdichtung –Pfeile– auf Anschlag schieben.
- Schrauben –5– festschrauben, siehe Abbildung M-48551.
- Beide Abdeckungen in die Montageöffnungen des Türmoduls einsetzen.
- Elektrischen Leitungssatz der ausgebauten Türverkleidung am Tür-Steuergerät anschließen.
- Türfenster nach unten fahren.
- Elektrischen Leitungssatz vom Tür-Steuergerät trennen.
- Abdichtschiene innen mit handelsüblichem Gleitmittel, zum Beispiel MERCEDES-BR00.45-Z-1010-06A (A 000 989 03 67) einbauen.
- Türverkleidung einbauen, siehe entsprechendes Kapitel.

Türmodul aus- und einbauen

Ausbau

- Türfenster vom Fensterheber lösen, vollständig nach oben schieben und mit geeignetem Klebeband gegen Herunterfallen sichern, siehe Kapitel »Türfenster aus- und einbauen«.
- Verkleidung für Spiegeldreieck sowie darunter liegendes Dämmmaterial ausbauen.
- Elektrische Leitung ausclipsen.
- Türaußengriff ausbauen, siehe entsprechendes Kapitel.
- Dichtungen für Türaußengriff abnehmen. Darunter liegende Schrauben lösen, Lagerbügel in der »Schließzylinderöffnung« nach vorn schieben und aushängen.

Achtung: Damit das Tür-Steuergerät nicht beschädigt wird, vor dem Abziehen des Steckers ein Metallteil der Karosserie, zum Beispiel den Türschließzapfen, anfassen und dadurch eine eventuell vorhandene elektrostatische Aufladung entladen.

- Elektrische Steckverbindungen am Tür-Steuergerät abziehen.

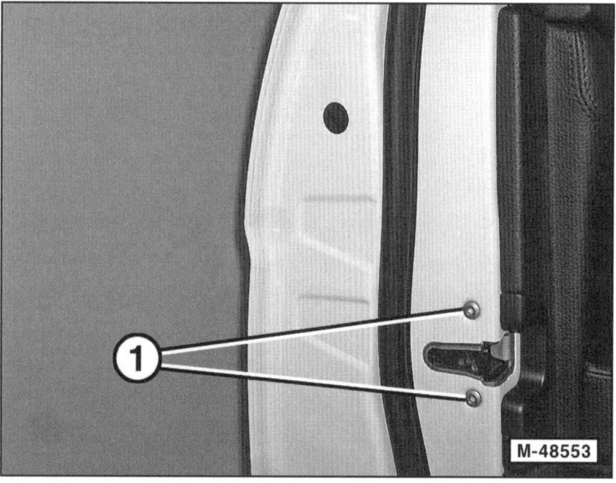

- Schrauben –1– herausschrauben.

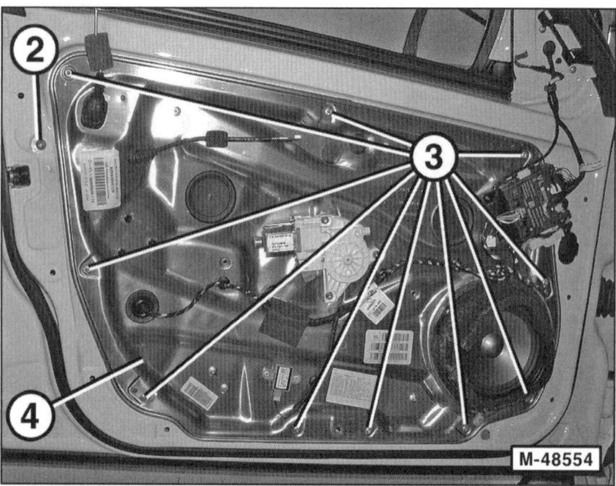

- Schraube –2– herausschrauben.
- Nietköpfe der Nieten –3– abfräsen und Türmodul –4– abnehmen. **Achtung:** Dabei Türmodul nicht verbiegen. Ein verbogenes Türmodul muss erneuert werden.

Einbau

- Eventuell verbliebene Nietreste am Türinnenblech herausdrücken.
- Nietreste und Späne vollständig mit einem geeigneten Nass-/Trockensauger aus der Vordertür entfernen. **Achtung:** Verbleibende Nietreste können Korrosionsschäden an der Vordertür verursachen.
- Türmodul mit Nieten und einem Blindnietgerät an der Vordertür befestigen.
- Der weitere Einbau in erfolgt in umgekehrter Ausbaureihenfolge.

Dreieckblende aus- und einbauen

Ausbau

- Batterie abklemmen. **Achtung:** Hinweise im Kapitel »Batterie aus- und einbauen« beachten.

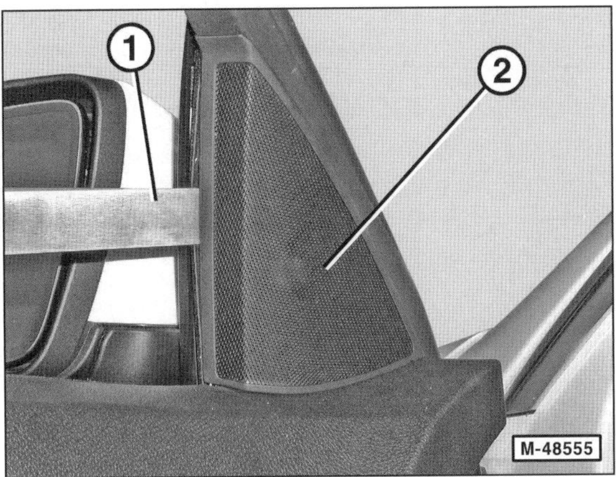

- Kunststoffkeil –1– hinten an der Blende –2– ansetzen und Blende von der Tür abhebeln.

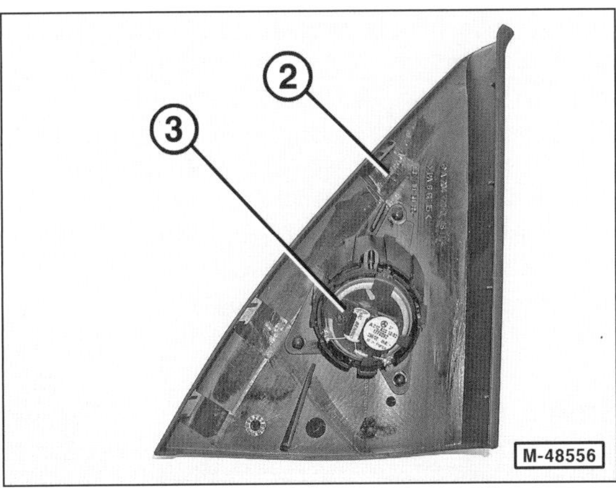

- Stecker vom Hochtonlautsprecher –3– abziehen.

Einbau

- Blende zuerst vorne einhängen, dann hinten an der Rahmeninnenseite einrasten. Dabei muss die Blende das Türblech an der Rahmeninnenseite umgreifen.
- Batterie anklemmen. **Achtung:** Hinweise im Kapitel »Batterie aus- und einbauen« beachten.

Türschloss aus- und einbauen

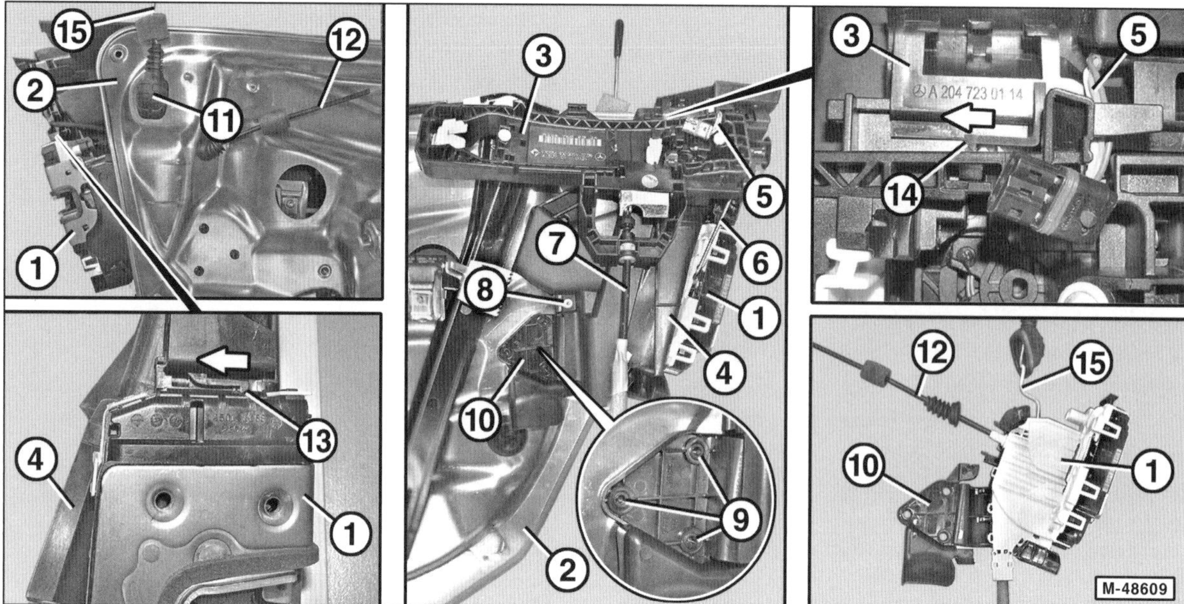

Ausbau

- Türmodul –2– ausbauen, siehe entsprechendes Kapitel.
- Lagerbügel –3– in Pfeilrichtung von der Abdeckung –4– abclipsen
- Entriegelungsstange –6– am Türschloss –1– aushängen.
- Entriegelungszug –7– am Lagerbügel –3– aushängen.
- Elektrische Leitung –5– vom Lagerbügel –3– abbauen.
- Bei Fahrzeugen mit »Keyless Go«: Zusätzliche Leitung vom Lagerbügel –3– abbauen.
- Abdeckung –4– in Pfeilrichtung vom Türschloss –1– abclipsen.
- Niet –8– ausbohren.
- Elektrische Leitung –5– vom Türschloss –1– abbauen.
- Bei Fahrzeugen mit »Keyless Go«: Zusätzliche Leitung vom Türschloss –1– abbauen.

Achtung: Vor dem nächsten Arbeitsschritt Türmodul –2– abstützen, sonst kann es sich verbiegen. Ein verbogenes Türmodul muss grundsätzlich ersetzt werden.

- Kunststoffbolzen –9– mit einem Durchschlag in Richtung Türmodulinnenseite aus dem Halter –10– herausschlagen.
- Türschloss –1– im Bereich des Halters –10– mit einem Montagekeil vom Türmodul –2– abdrücken.
- Tülle –11– und Tülle des Bowdenzugs für Türinnenbetätigung –12– am Türmodul –2– aushängen.
- Türschloss –1– vom Türmodul –2– abnehmen. Dabei den Bowdenzug für Türinnenbetätigung –12– und die Sicherungsstange –15– durch die Öffnungen im Türmodul –2– durchführen.

Einbau

Achtung: Vor den nächsten beiden Arbeitsschritten Türmodul –2– abstützen, sonst kann es sich verbiegen. Ein verbogenes Türmodul muss grundsätzlich ersetzt werden.

- Türschloss –1– am Türmodul –2– ansetzen, Bowdenzug für Türinnenbetätigung –12– und Sicherungsstange –15– durch die Öffnungen im Türmodul –2– durchführen und den Halter –10– mit Türschloss –1– in das Türmodul –2– einclipsen.
- Kunststoffbolzen –9– mit einem geeigneten Durchschlag in Richtung Türschloss –1– in den Halter –10– eindrücken.
- Tülle –11– und Tülle des Bowdenzugs für Türinnenbetätigung –12– in das Türmodul –2– einbauen. Dabei Tülle mit handelsüblichem Gleitmittel, zum Beispiel MERCEDES-BR00.45-Z-1010-06A, bestreichen.
- Elektrische Leitung –5– an das Türschloss –1– anbauen.
- Bei Fahrzeugen mit »Keyless Go«: Zusätzliche elektrische Leitung an das Türschloss –1– anbauen.
- Neuen Niet –8– einsetzen und mit Handnietzange festziehen.
- Abdeckung –4– am Türschloss –1– einclipsen. Dabei auf vollständige Verrastung des Rasthakens –13– achten.
- Elektrische Leitung –5– an den Lagerbügel –3– anbauen.
- Bei Fahrzeugen mit »Keyless Go«: Zusätzliche elektrische Leitung an den Lagerbügel –3– anbauen.
- Entriegelungszug –7– am Lagerbügel –3– einhängen.
- Entriegelungsstange –6– am Türschloss –1– einhängen und Lagerbügel –3– an der Abdeckung –4– einclipsen. Dabei auf vollständige Verrastung des Rasthakens –14– achten.
- Türmodul –2– einbauen, siehe entsprechendes Kapitel.

Spiegelglas aus- und einbauen

Ausbau

Hinweis: Die Arbeitsschritte sind gleich für Fahrzeuge vor und nach dem Facelift von 3/2011.

> **Sicherheitshinweis**
> Beim Aus- und Einbau des Spiegelglases unbedingt Handschuhe anziehen oder sauberen Lappen unterlegen. Bruch- und Verletzungsgefahr!

- Spiegelglas oben nach außen kippen. Dazu Zündung einschalten und Außenspiegel ganz nach unten fahren. Zündung ausschalten.
- Spiegelglas von Hand mit einem kurzen kräftigen Ruck nach hinten ziehen und dabei vom Außenspiegel abclipsen. **Achtung:** Beim Abclipsen darauf achten, dass das Spiegelglas nicht zerbricht.

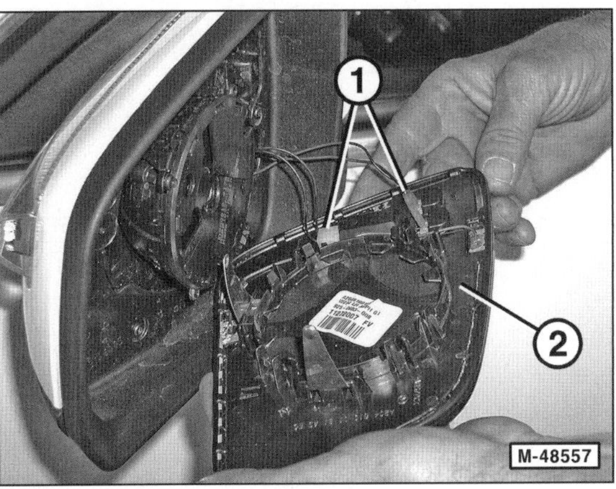

- Elektrische Steckverbindungen –1– trennen und Spiegelglas –2– abnehmen.

Einbau

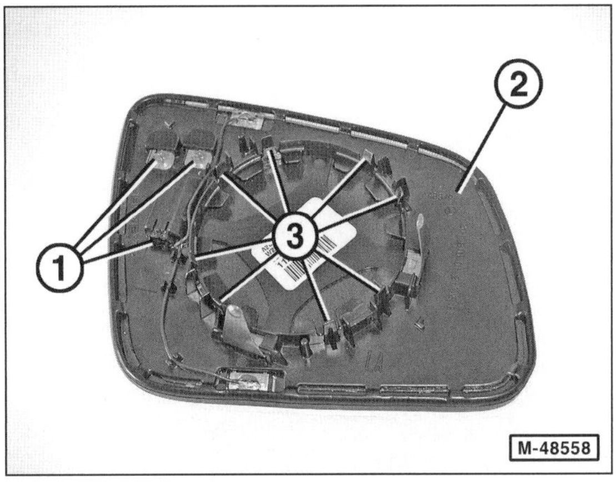

- Elektrische Leitungen an den Steckern –1– aufstecken.
- Spiegelglas –2– von unten nach oben am Außenspiegel einclipsen. Dabei auf die vollständige Verrastung der Rasthaken –3– achten.

Verkleidung Außenspiegel aus- und einbauen

Bis 2/11

Ausbau

- Spiegelglas ausbauen, siehe entsprechendes Kapitel.

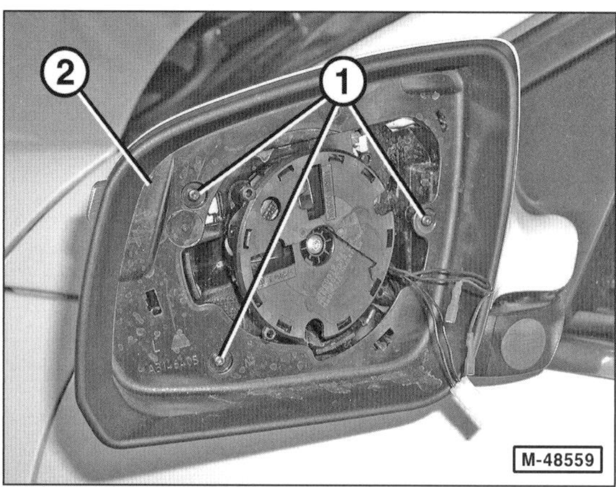

- Schrauben –1– herausschrauben und Rahmen –2– abnehmen.
- Außenspiegel nach vorn abklappen.

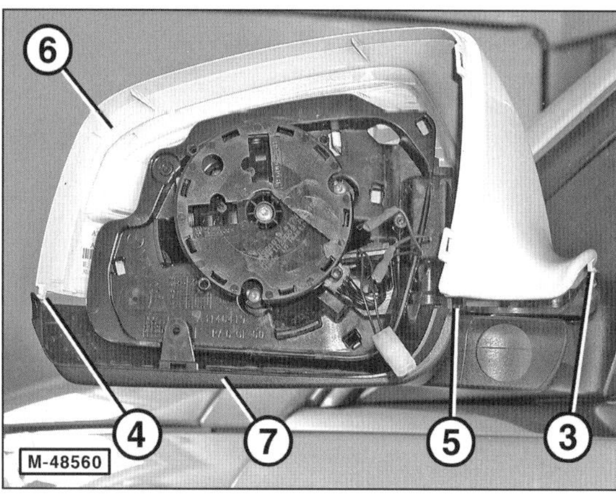

- Rasthaken –3– ausrasten.

Achtung: Alle Rasthaken vorsichtig ausrasten, Bruchgefahr der unteren Verkleidung –7– im Bereich des Rasthakens.

- Rasthaken –4– ausrasten.
- Rasthaken –5– ausrasten.
- Verkleidung oben –6– und Verkleidung unten –7– vom Außenspiegel abnehmen.

Einbau

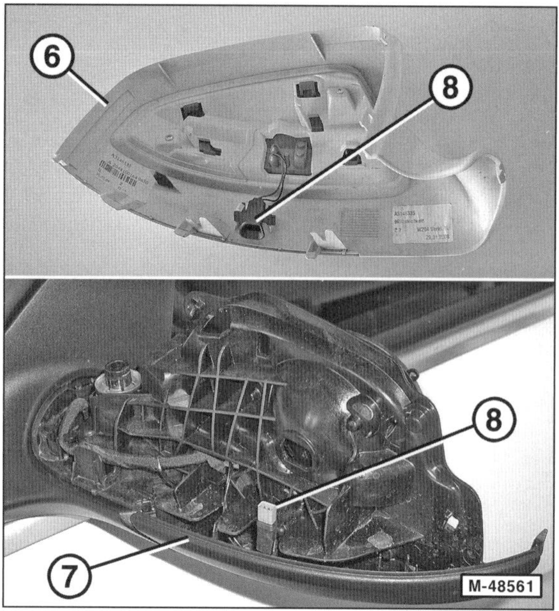

- Obere Verkleidung –6– und untere Verkleidung –7– ansetzen und verrasten. Dabei darauf achten, dass die Steckverbindung –8– verbunden wird.
- Der weitere Einbau erfolgt in umgekehrter Ausbaureihenfolge.

Seit 3/11

Ausbau

- Spiegelglas ausbauen.

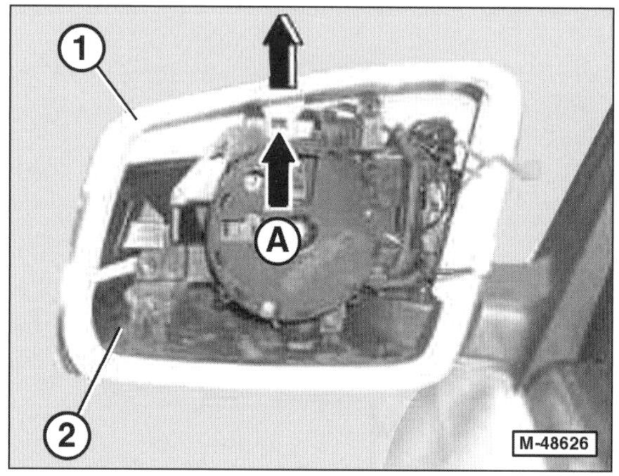

- Rasthaken anheben –Pfeil A– und obere Verkleidung –1– nach oben in Pfeilrichtung abnehmen.

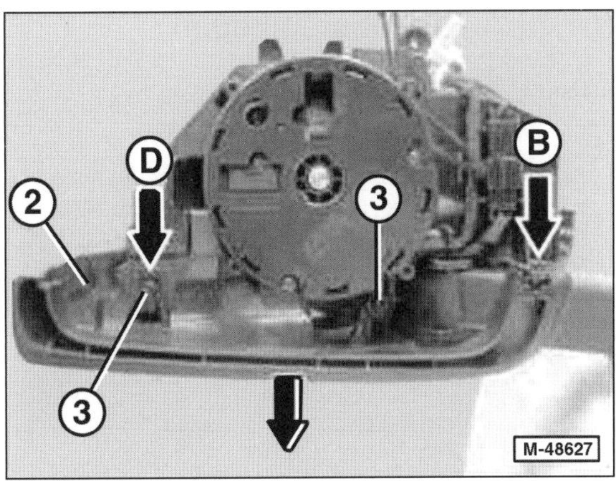

- Schrauben –3– herausschrauben.
- Rasthaken –Pfeil B– entriegeln.
- Umfeldleuchte aus der Fassung in der unteren Außenspiegelverkleidung –2– herausziehen.

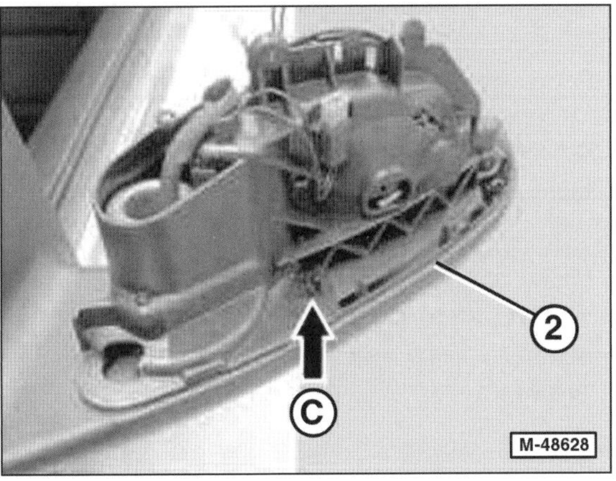

- Rasthaken –Pfeil C– und Haltebügel –Pfeil D– (Abbildung M-48627) entriegeln und untere Verkleidung –2– nach unten abnehmen.

Einbau

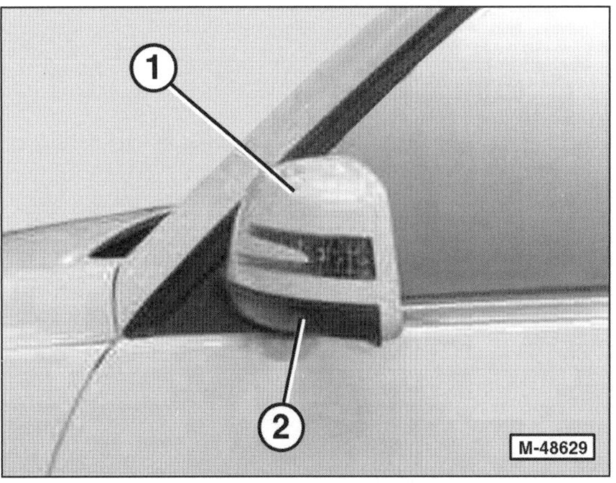

- Der Einbau der unteren –2– und oberen Außenspiegelverkleidung –1– erfolgt in umgekehrter Ausbaureihenfolge.

Außenspiegel aus- und einbauen

Ausbau

Hinweis: Die Arbeitsschritte sind gleich für Fahrzeuge vor und nach dem Facelift von 3/2011.

- Dreieckblende ausbauen, siehe entsprechendes Kapitel.

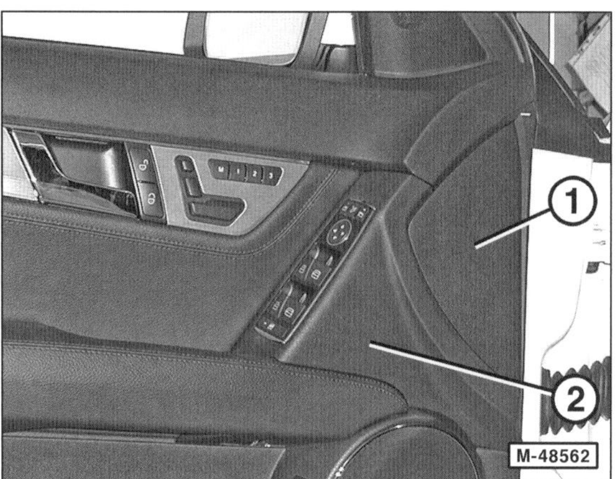

- Abdeckung –1– von der Türverkleidung –2– mit einem Montagekeil abclipsen und abnehmen.
- Hinter der Blende liegende elektrische Steckverbindungen für den Außenspiegel trennen.

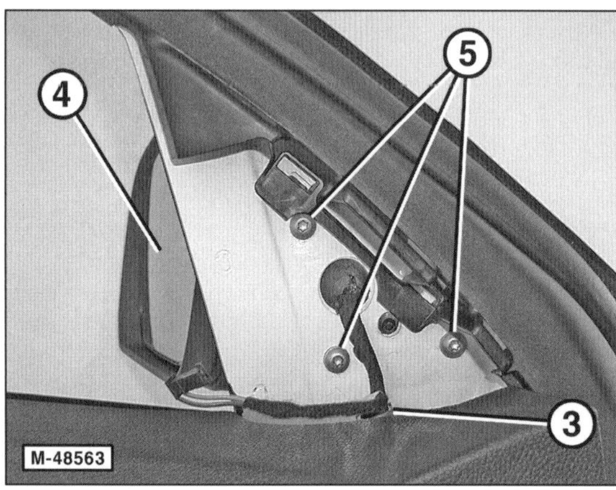

- Kabelhalter –3 öffnen. **Achtung:** Kabelhalter gegen Herabfallen sichern.
- Außenspiegel –4– gegen Herunterfallen sichern und Schrauben –5– herausdrehen. **Achtung:** Darauf achten, dass die Schrauben nicht in die Türverkleidung fallen.
- Außenspiegel abnehmen.

Einbau

- Der Einbau erfolgt in umgekehrter Ausbaureihenfolge.

Tür vorn aus- und einbauen

Ausbau

- Fenster ganz herunterfahren und Tür öffnen.
- Zündung ausschalten, Zündschlüssel abziehen. Falls vorhanden, Start-Stopp-Taste KEYLESS-GO vom Steuergerät für elektronisches Zündschloss abziehen.

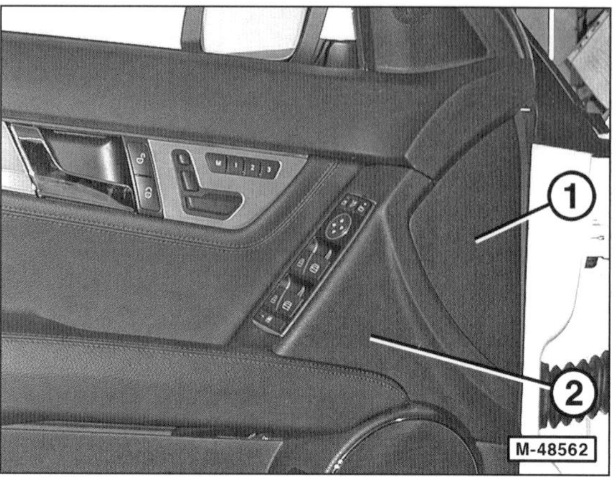

- Abdeckung –1– von der Türverkleidung –2– mit einem Montagekeil abclipsen und abnehmen.

Achtung: Damit das Tür-Steuergerät nicht beschädigt wird, vor dem Abziehen des Steckers für das Tür-Steuergerät ein Metallteil der Karosserie, zum Beispiel den Türschließzapfen, anfassen und dadurch eine eventuell vorhandene elektrostatische Aufladung zu entladen.

- Elektrische Steckverbindungen am Tür-Steuergerät abziehen.

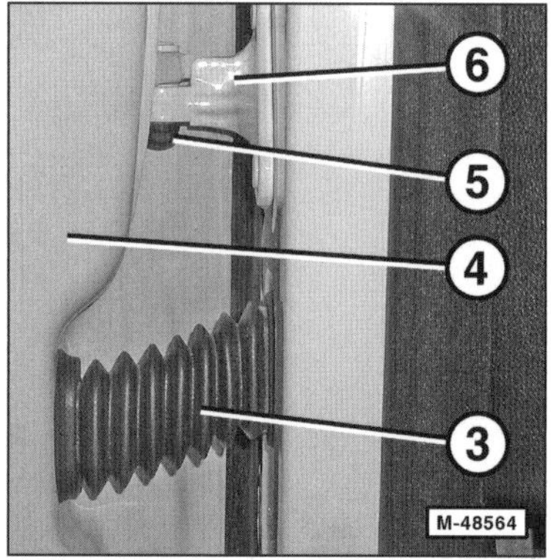

- Schutzschlauch –3– an der Vordertür –4– mit einem Montagekeil ausclipsen und elektrischen Leitungssatz aus der Vordertür herausziehen.
- Abdeckkappen –5– von den Scharnieren oben und unten abhebeln und darunterliegende Schrauben herausschrauben.
- Vordertür mit einem Helfer von den Türscharnieren –6– oben und unten abnehmen und auf einer geeigneten, weichen Unterlage ablegen.

Achtung: Vordertür vorsichtig abnehmen. Darauf achten, dass an Tür und Kotflügel der Lack nicht beschädigt wird.

- Falls die Tür erneuert wird, türseitige Scharnierhälfte des oberen Türscharniers ausbauen.

Einbau

- Falls die Tür erneuert wird, türseitige Scharnierhälfte des oberen Türscharniers erneuern und durch eine Exzenterscharnierhälfte ersetzen. Nahtabdichtung und Hohlraumkonservierung an der neuen Tür durchführen. Dichtgummi auf Korrosion prüfen gegebenenfalls reinigen. Türrahmen im Bereich der Auflagefläche des Dichtgummis mit Konservierungsmittel behandeln, zum Beispiel mit MERCEDES-BR00.45-Z-1003-05A(A 000 986 72 70 05).
- Gewinde der Scharnierschrauben mit Drahtbürste reinigen und anschließend mit Schraubensicherungsmittel, zum Beispiel Loctite 243, bestreichen.
- Eventuelle Lackschäden an den Schraubenköpfen der Scharnierschrauben ausbessern.
- Tür mit Helfer ansetzen und lose anschrauben.
- Tür schließen und Fugenmaße prüfen, gegebenenfalls Tür einstellen, siehe entsprechendes Kapitel.
- Schrauben für Türscharniere mit **34 Nm** festziehen.
- Der weitere Einbau erfolgt in umgekehrter Ausbaureihenfolge.
- Funktionsprüfung durchführen und dabei den Fensterheber justieren, siehe Seite 55.

Tür einstellen

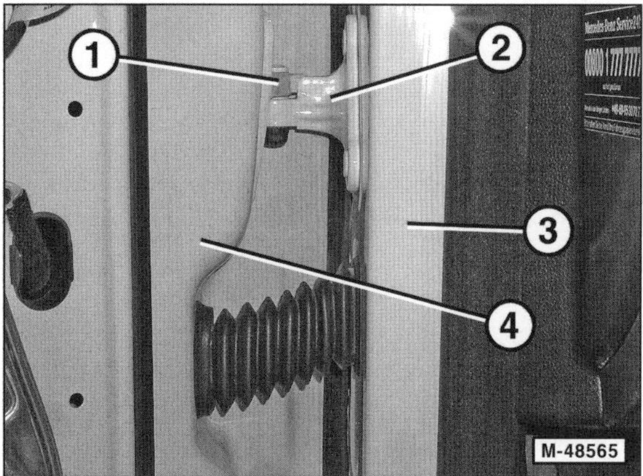

Achtung: Es können zwei verschiedene Ausführungen der oberen Tür-Scharnierhälfte –1– eingebaut sein, die Serienscharnierhälfte oder die Exzenterscharnierhälfte. Beim Erneuern der Tür wird die ursprünglich eingebaute Serienscharnierhälfte durch eine Exzenterscharnierhälfte ersetzt. 2 – Scharnierhälfte an der A-Säule, 3 – A-Säule, 4 – Tür.

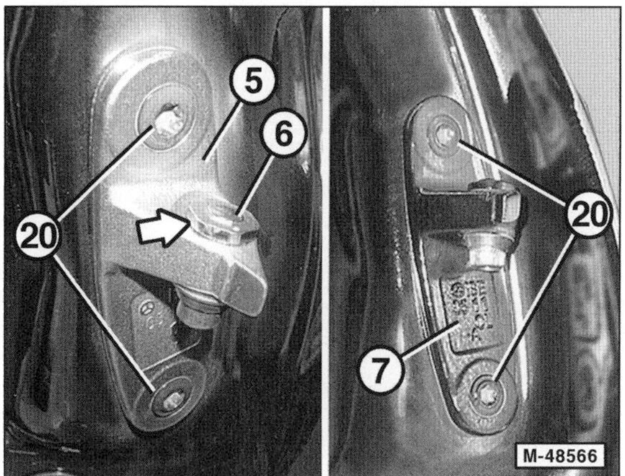

Falls an der einzustellenden Tür bereits eine Exzenterscharnierhälfte –5– eingebaut ist, entfallen die Vorarbeiten, die nötig sind, um an die Muttern –16– (Abbildung M-48569) des oberen Türscharniers zu gelangen. Der Exzenter –6– befindet sich an der Oberseite –Pfeil– der Exzenterscharnierhälfte –5–.

> Im folgenden Text werden bei Arbeitsschritten für Fahrzeuge mit Serienscharnierhälfte –7– ein **SeSH** und bei Fahrzeugen mit Exzenterscharnierhälfte –5– ein **ExSH** vorangestellt.

- Fugenmaße an der Vordertür prüfen.

Prüfen: Tür vorn

- Fugenmaße der Tür vorn prüfen, dabei soll der Spalt zu den umliegenden Karosserieteilen jeweils gleichmäßig breit sein. Die Tür muss mit der Kontur des Kotflügels fluchten oder darf maximal 1 mm tiefer liegen.
  Fugenmaße, Sollwerte :
  Tür zum Kotflügel . . . . $4{,}0^{\pm 1{,}0}$ mm
  Tür vorn zur Tür hinten . . . . $4{,}0^{\pm 1{,}0}$ mm
  Tür zum Dach . . . . $15{,}0^{+1{,}0/-0{,}5}$ mm

Prüfen: Tür hinten, Limousine/T-Modell

- Fugenmaße der Tür hinten prüfen. Die Tür muss mit der Kontur des hinteren Kotflügels beziehungsweise des unteren Seitenteils fluchten oder darf maximal 1 mm tiefer liegen.
  Fugenmaße, Sollwerte :
  Tür zum Dach . . . . $15{,}5^{+1{,}0/-0{,}5}$ mm
  Tür zum Seitenteil unten . . . . $4{,}0^{\pm 1{,}0}$ mm

Ausbau

Hinweis: Es wird die Einstellung an der Fahrertür beschrieben. Bei der Beifahrer- oder Fondtür ist analog zu verfahren. Besonderheiten stehen am Ende des Kapitels.

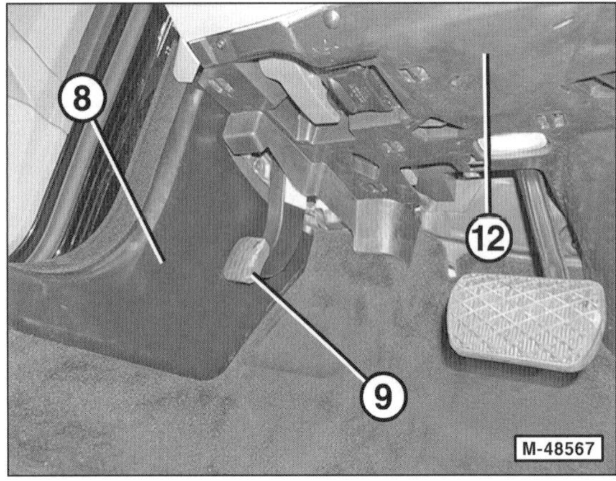

- Untere A-Säulen-Verkleidung –8– ausbauen, siehe entsprechendes Kapitel. **Hinweis:** Zum Ausbau der Verkleidung an der Fahrerseite das Feststellbremspedal –9– vollständig nach vorn drücken.

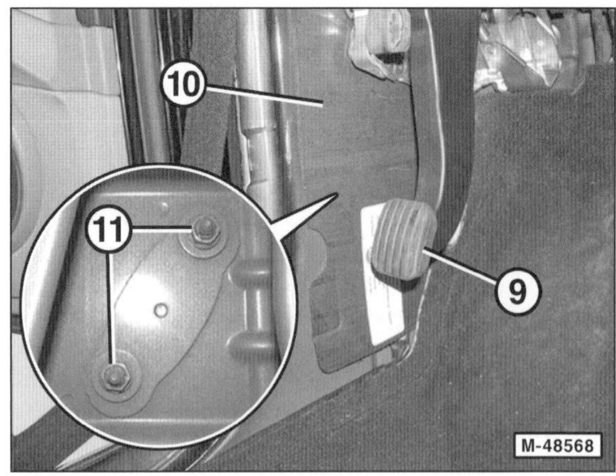

- Dämmmatte –10– so weit lösen, bis die Muttern –11– zugänglich sind.
- **SeSH:** Abdeckung im Fahrerfußraum –12– (Abbildung M-48567) ausbauen.

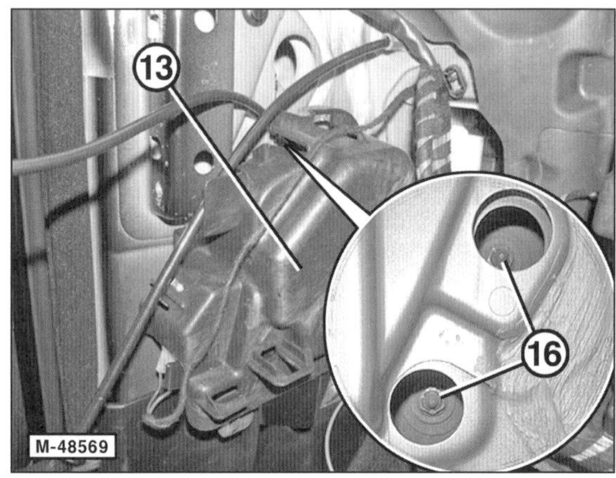

- **SeSH:** Abdeckung für Feststellbremse –13– ausbauen. 16 – Einstellmuttern.

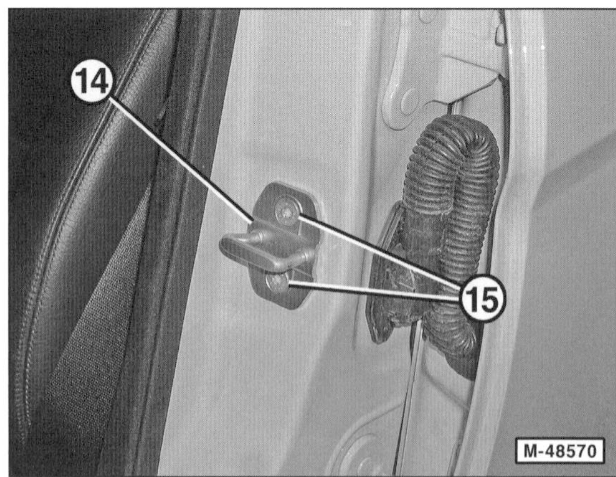

- Einbaulage der Schließbügel –14– mit Filzstift markieren. Schrauben –15– herausdrehen und Schließbügel abnehmen.

Einstellen

- Muttern –11– des unteren Scharniers an der A-Säule lösen, siehe Abbildung M-48568.

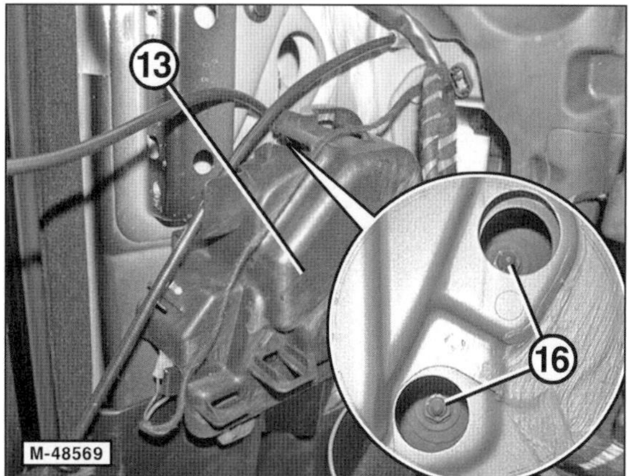

- **SeSH:** Muttern –16– des oberen Scharniers an der A-Säule lösen und durch Verschieben der Vordertür die entsprechenden Fugenmaße einstellen. Anschließend die Muttern –16– mit **34 Nm** festschrauben. Die Sollwerte der Fugenmaße stehen am Anfang des Kapitels. **Hinweis:** Zum Lösen und Festschrauben der Muttern –16– an der A-Säule wird eine Verlängerung und ein Steckschlüssel mit der Länge 77 mm und SW 13 mm benötigt. 13 – Abdeckung Feststellbremse.

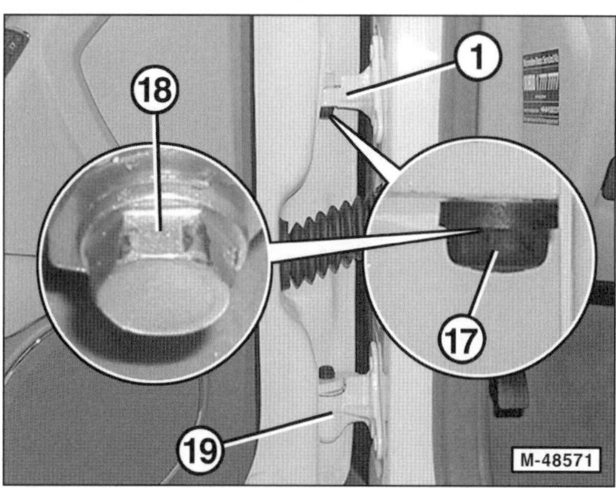

- **ExSH:** Abdeckkappe –17– am oberen Scharnier mit einem kleinen Schraubendreher abhebeln.
- **ExSH:** Schraube –18– lösen und durch Verdrehen des Exzenters –6– (Abbildung M-48566) am oberen Scharnier –1– die entsprechenden Fugenmaße einstellen. Anschließend Schraube –18– festschrauben.
- Muttern –11– (Abbildung M48568) des unteren Scharniers –19– festschrauben.

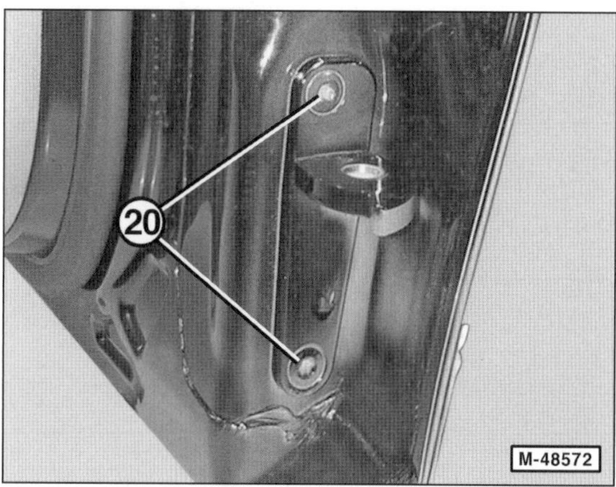

- Schrauben –20– am Türinnenblech lösen und durch Verschieben der Vordertür den Übergang zum Vorderkotflügel einstellen. Die Kontur des Vorderkotflügels muss mit der Kontur der Vordertür fluchten beziehungsweise darf max. 1 mm überstehen.

Hinweis: Zum Lösen und Festziehen der Schrauben wird ein gebogener Bithalter –21–, zum Beispiel HAZET 2597, mit Torx-Einsteckbit und ein Drehmomentschlüssel –25– benötigt. 4 – Tür.

- Schrauben –20– (Abbildung M-48572) mit **34 Nm** festschrauben.

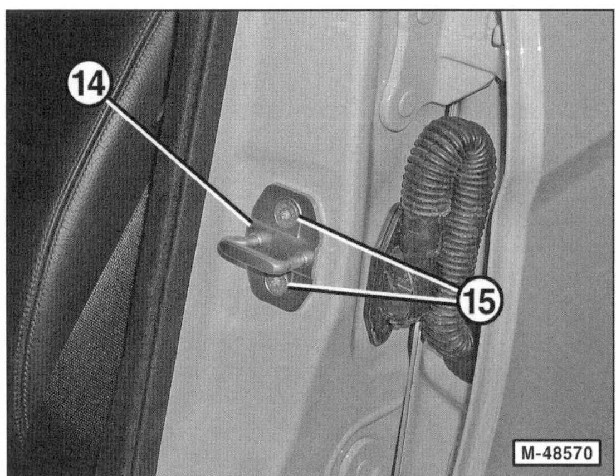

- Schließbügel –14– einsetzen und Schrauben –15– bis zur Anlage einschrauben, so dass sich der Schließbügel –14– noch verschieben lässt.
- Durch Verschieben des Schließbügels –14– den Übergang zwischen Vordertür und Fondtür einstellen. Die Kontur der Vordertür muss mit der Kontur der Fondtür fluchten beziehungsweise darf max. 1 mm überstehen.
- Schrauben –15– mit **24 Nm** festschrauben.

Einbau

- **ExSH:** Falls erforderlich, Lackschäden an den Schraubenköpfen der Scharnierschrauben ausbessern.
- **ExSH:** Abdeckkappe –17– aufdrücken
- Abdeckung Feststellbremse –13– einbauen.
- Linke Fußraumabdeckung –12– einbauen.
- Dämmmatte –10– ankleben.
- A-Säulen-Verkleidung –8– einbauen.

Speziell rechte Vordertür (Beifahrertür)

Ausbau

- **SeSH:** Handschuhkasten ausbauen, siehe entsprechendes Kapitel.

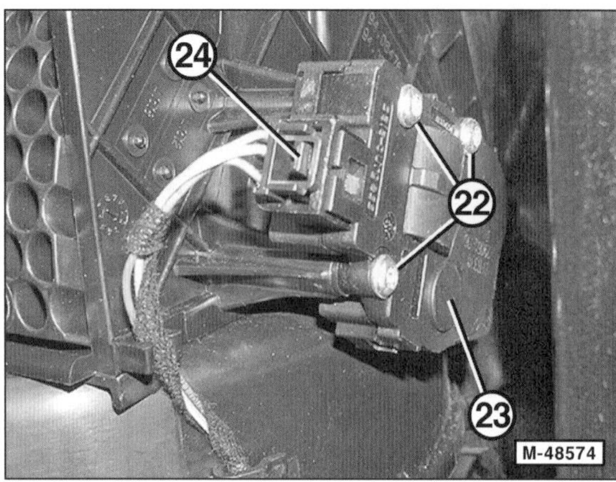

- **SeSH:** Schrauben –22– herausschrauben und Stellmotor Frischluft-/Umluftklappe –23– abbauen. Elektrische Steckverbindung –24– nicht trennen.

Einbau

- **SeSH:** Stellmotor Frischluft-/Umfluftklappe –23– einsetzen und mit den Schrauben –22– festschrauben.
- **SeSH:** Handschuhkasten einbauen, siehe entsprechendes Kapitel.

Kofferraumdeckel-Verkleidung aus- und einbauen

Limousine

Ausbau

- Kofferraum öffnen und Warndreieck aus der Halterung herausnehmen.
- Warndreieck aus der Halterung nehmen.

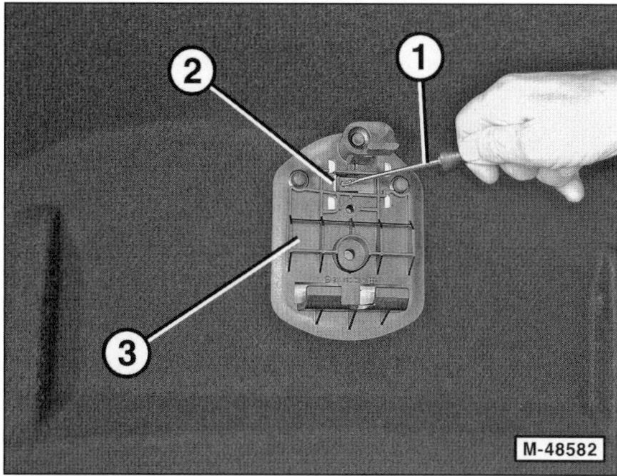

- Schraubendreher –1– durch Loch in Sicherungslasche –2– führen und Lasche anheben. Gleichzeitig Warndreieck-Halterung –3– nach links schieben, dadurch entriegeln und vom Koffraumdeckel abnehmen.

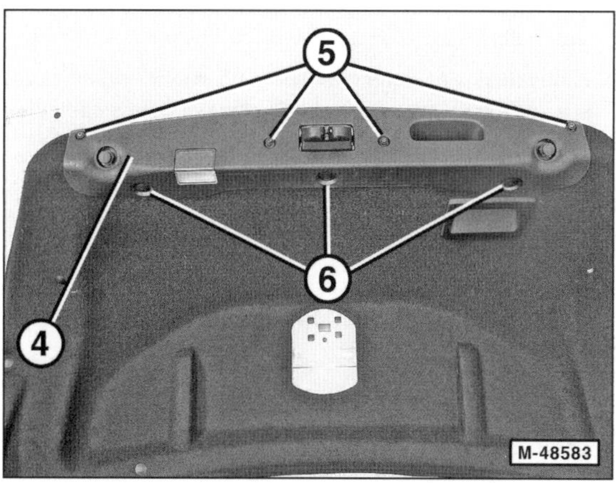

- Untere Blende –4– am Kofferraumdeckel abschrauben –5– und ausclipsen –6–. Blende etwas abheben und von der Rückseite die Fassung der Lampe aus der Kofferraumdeckelleuchte herausnehmen und aus der Öffnung im Kofferraumdeckel heraushängen lassen. Alternativ kann auch der Stecker von der Lampe abgezogen werden. Anschließend Blende abnehmen.

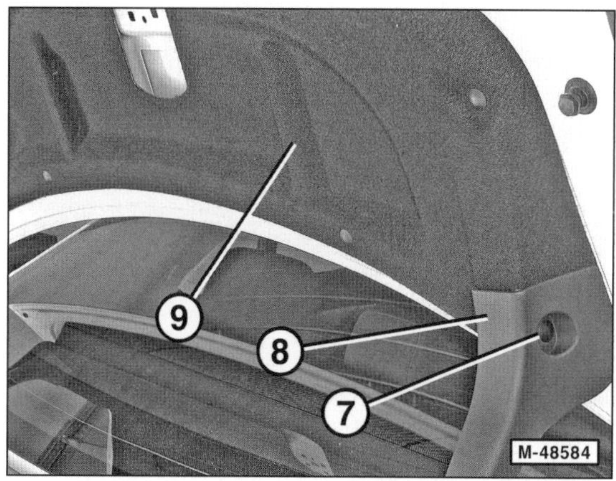

- Clip –7– herausziehen, 1 oder 2 Laschen entriegeln und Verkleidung –8– von den Scharnierhebeln des Kofferraumdeckels abheben. 9 – Kofferraumverkleidung.

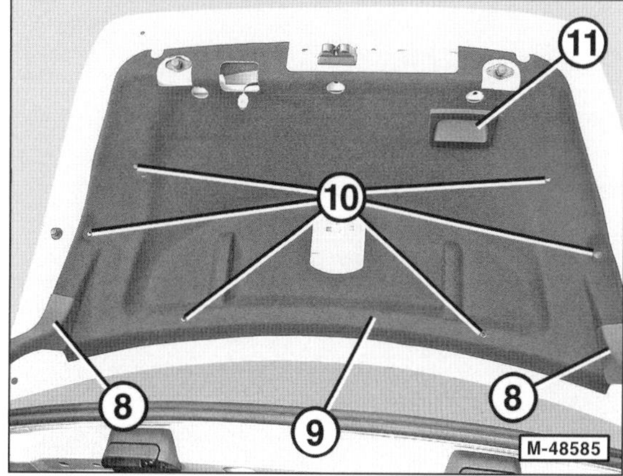

- Alle Clips –10– herausziehen. Dazu Clip mit einem Kunststoffkeil, zum Beispiel HAZET 1965-20, heraushebeln. Unter Umständen Clip mit einem starken Faden, zum Beispiel Zahnseide, umwickeln und am Faden herausziehen.
- Verkleidung an der Griffmulde –11– nach vorne ziehen und Griffmulde aus dem Kofferraumdeckel herausziehen.
- Kofferraumdeckel-Verkleidung –9– aus der Verkleidung –8– der Scharnierhebel herausziehen.
- Verkleidung vom Kofferraumdeckel abnehmen.

Einbau

- Verkleidung ansetzen und zuerst Griffmulde in Kofferraumdeckel einsetzen.
- Korrekte Verlegung der Leitungen prüfen gegebenenfalls korrigieren.
- Verkleidung zwischen die Scharnierhebelverkleidungen einschieben und mit Clips befestigen.
- Warndreieck-Halterung einsetzen, nach rechts schieben und einrasten.
- Warndreieck einsetzen.
- Innere Griffleiste einbauen, siehe entsprechendes Kapitel.
- Blende am Kofferraumdeckel einrasten lassen und festschrauben. Warndreieck in die Halterung setzen.

Kofferraumdeckel aus- und einbauen

Limousine

Ausbau

- Batterie abklemmen. **Achtung:** Hinweise im Kapitel »Batterie aus- und einbauen« beachten.
- Kofferraum öffnen und Warndreieck aus der Halterung herausnehmen.
- Kofferraumdeckel-Verkleidung ausbauen, siehe entsprechendes Kapitel.
- Sämtliche Leitungen am Kofferraumdeckel abklemmen.

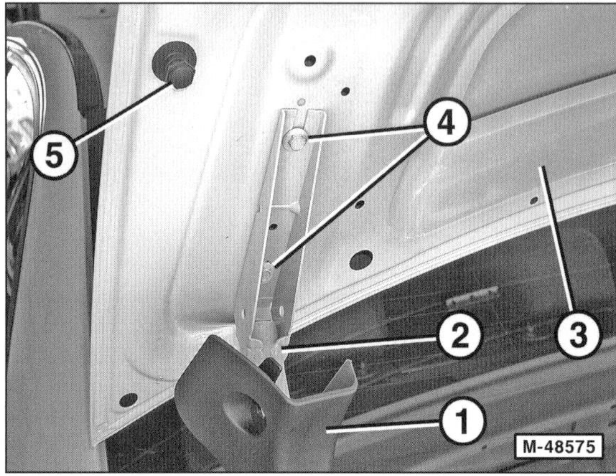

- Verkleidung –1– an den Scharnierhebeln –2– für den Kofferraumdeckel –3– nach hinten ziehen. Wenn nötig, alle Haltelaschen ausclipsen und Verkleidung ausbauen.
- Einbaulage der Scharnierhebel und der Schraubenköpfe –4– am Kofferraumdeckel mit einem Filzschreiber markieren. 5 – Anschlagpuffer.
- Kofferraumdeckel von einem Helfer festhalten lassen und je 2 Schrauben links und rechts aus dem Kofferraumdeckel herausdrehen.
- Kofferraumdeckel nach oben aus den Laschen an den Scharnierhebeln herausziehen und auf einer weichen Unterlage ablegen.

Einbau

- Kofferraumdeckel in die Laschen an den Scharnierhebeln einschieben. Den alten Kofferraumdeckel dabei nach den Markierungen ausrichten.
- Je 2 Schrauben links und rechts eindrehen, Kofferraumdeckel schließen und auf korrekte Fugenmaße ausrichten. Die Hinterkante des Kofferraumdeckels muss mit den Hinterkotflügeln und dem Heckmittelstück bündig sein. **Hinweis:** Falls sich die Fugenmaße nicht korrekt einstellen lassen, muss der Kofferraumdeckel eingestellt werden, siehe entsprechendes Kapitel.
- Kofferraumdeckel vorsichtig öffnen und Schrauben mit **8 Nm** festziehen.
- Der weitere Einbau erfolgt in umgekehrter Ausbaureihenfolge.
- Batterie anklemmen. **Achtung:** Hinweise im Kapitel »Batterie aus- und einbauen« beachten.

Kofferraumdeckel einstellen

Limousine

Fugenmaße

- Fugenmaße des Kofferraumdeckels zu den umliegenden Bauteilen prüfen.
  Sollwerte:
  Kofferraumdeckel zum Kotflügel . . . . $4{,}0^{\pm 1{,}0}$ mm
  Kofferraumdeckel zur Heckleuchte. . . . . . $4{,}0^{\pm 1{,}0}$ mm
  Kofferraumdeckel zum Stoßfänger. . . . . . $5{,}5^{\pm 1{,}0}$ mm

Einstellen in Längsrichtung

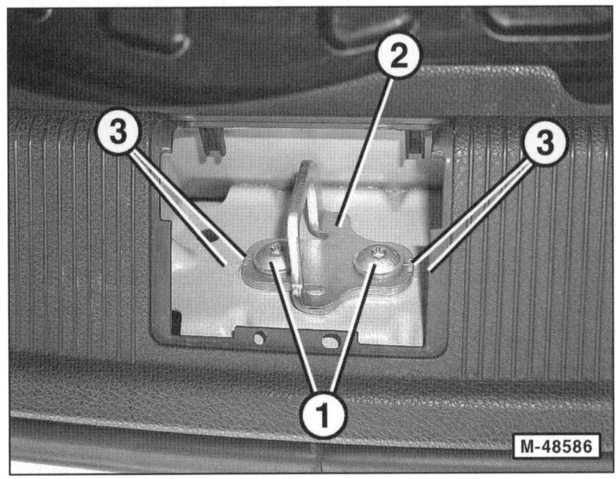

- Schrauben –1– am Schließbügel –2– lösen, so dass der Schließbügel verschiebbar ist. 3 – Hilfsmarken zur Feineinstellung.

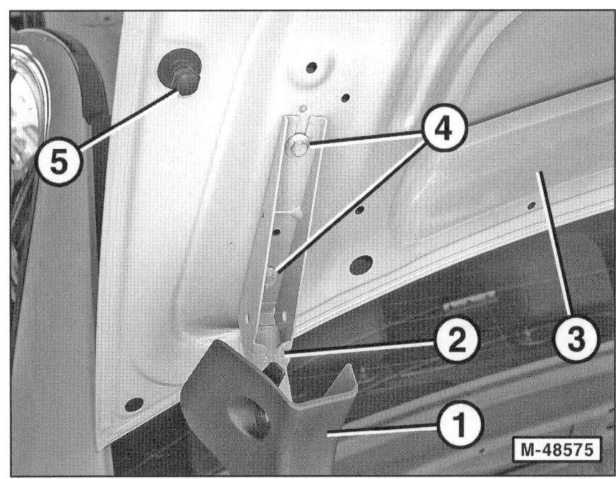

- Verkleidung –1– an den Scharnierhebeln –2– für den Kofferraumdeckel –3– nach hinten ziehen. Wenn nötig, alle Haltelaschen ausclipsen und Verkleidung ausbauen.
- Schrauben –4– am linken und rechten Scharnierhebel lösen und Kofferraumdeckel –3– in Längsrichtung einstellen
- Kofferraumdeckel so einstellen, dass die Hinterkante des Kofferraumdeckels mit den hinteren Kotflügeln und dem Heckmittelstück bündig ist.
- Schrauben am Schließbügel mit **10 Nm** festziehen.

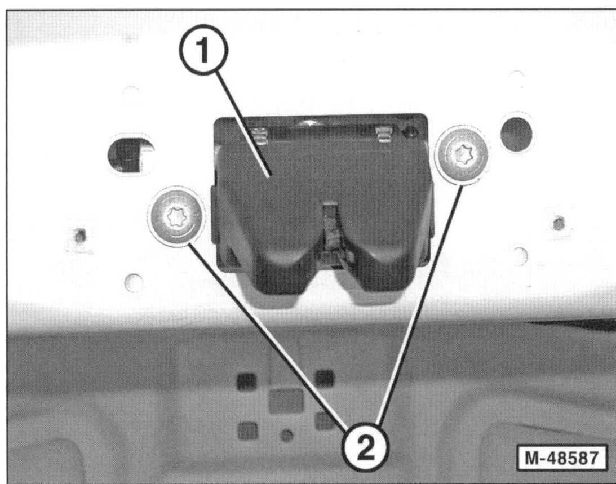

- Gegebenenfalls Kofferraumdeckelschloss –1– einstellen. Dazu Schrauben –2– am Schloss lösen, so dass es sich verschieben lässt. Schloss mittig einstellen. Kofferraumdeckel vorsichtig schließen. Fugenmaße des Kofferraumdeckels prüfen und Kofferraumdeckel wieder öffnen.
- Schrauben am Schloss mit **10 Nm** festziehen. Dabei darauf achten, dass sich das Schloss beim Festziehen nicht verstellt.

Einstellen in der Höhe

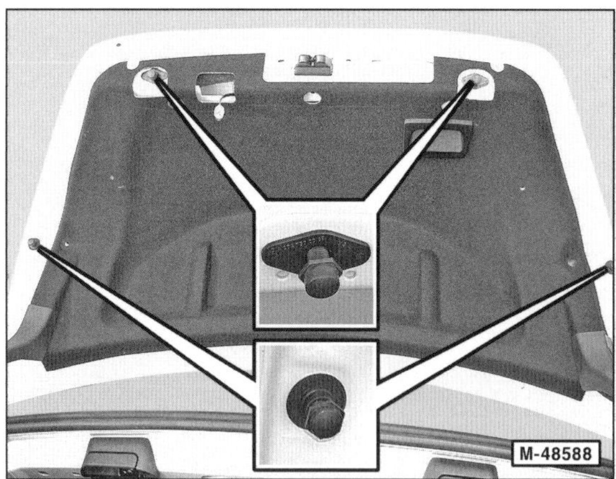

- Gummipuffer einstellen. Dazu Gummipuffer hineindrehen und die Anlagefläche der Gummipuffer mit Kreide bestreichen.
- Gummipuffer so weit herausdrehen bis sich die Kreide, bei geschlossenem Kofferraumdeckel, auf der Auflagefläche am Heckmittelstück abzeichnet.

Hinweis: Der Kofferraumdeckel darf dabei nicht zugeschlagen werden, sondern muss von Hand in das Schloss gedrückt werden.

- Schrauben –4– am Scharnierhebel –2– mit **8 Nm** festziehen, siehe Abbildung M-48575.

Äußere Griffleiste am Kofferraum aus- und einbauen

Ausbau

- Untere Blende abbauen und Kofferraumdeckel-Verkleidung so weit lösen, dass sie nach unten geschwenkt werden kann. Das Warndreieck bleibt in der Halterung. Die Arbeitsschritte dazu stehen im Kapitel »Kofferraumdeckel-Verkleidung aus- und einbauen«.

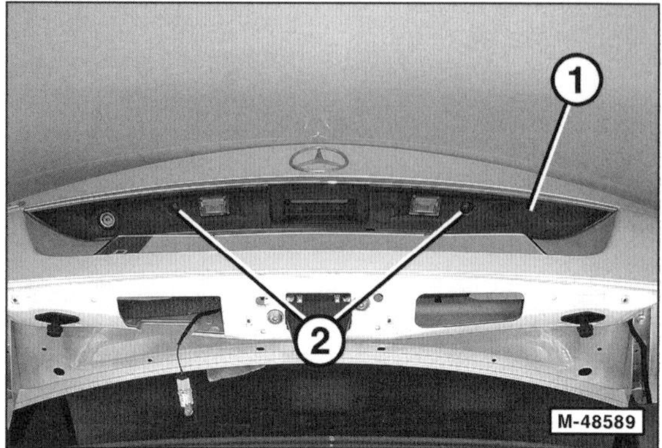

- Schrauben –2– außen an der Griffleiste –1– herausdrehen.

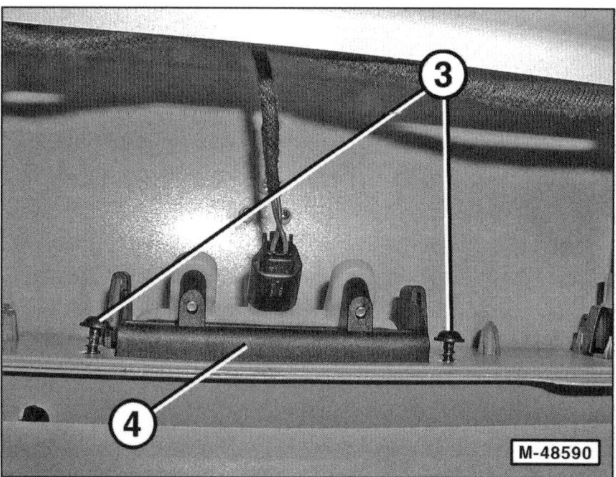

- Schrauben –3– von innen mit einem abgewinkelten Torxschraubendreher T20 aus der Griffleiste herausdrehen. 4 – Öffnungsgriff.

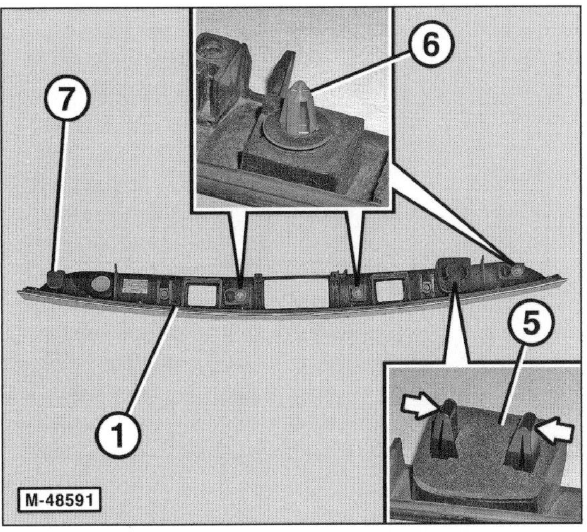

- Rasthaken –5– ausclipsen –Pfeile–.
- Clips –6– ausclipsen.
- Griffleiste –1– abnehmen.

Einbau

- Der Einbau erfolgt in umgekehrter Ausbaureihenfolge. Dabei müssen Dichtungen und Klebepad –7– erneuert werden.

Heckklappen-Verkleidung aus- und einbauen

T-Modell

Ausbau

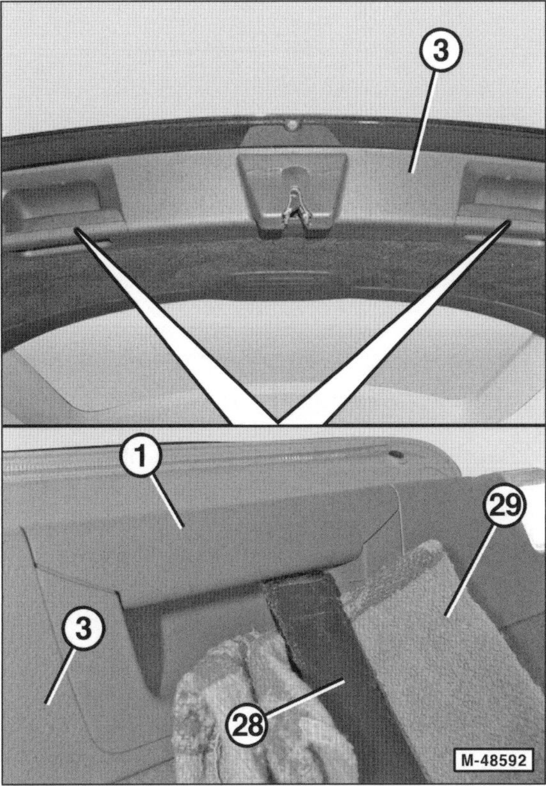

- Abdeckungen –1– an den Griffschalen der Verkleidung mit einem scharfen Montagekeil –28– von der unteren Verkleidung –3– abclipsen. **Achtung:** Die Abdeckungen –1– nicht durch Verdrehen des Montagekeils –28– abclipsen, sondern die Abdeckungen –1– durch einen kurzen Schlag auf den Montagekeil –28– lösen. Dabei einen Lappen –29– zum Schutz der unteren Verkleidung –3– über den Montagekeil –28– legen. Sonst können die Abdeckungen –1– und die Verkleidung –3– beschädigt werden.

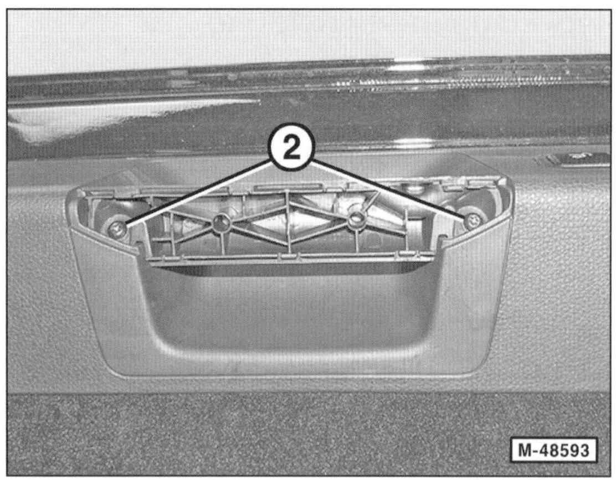

- Schrauben –2– an den Griffschalen herausdrehen.

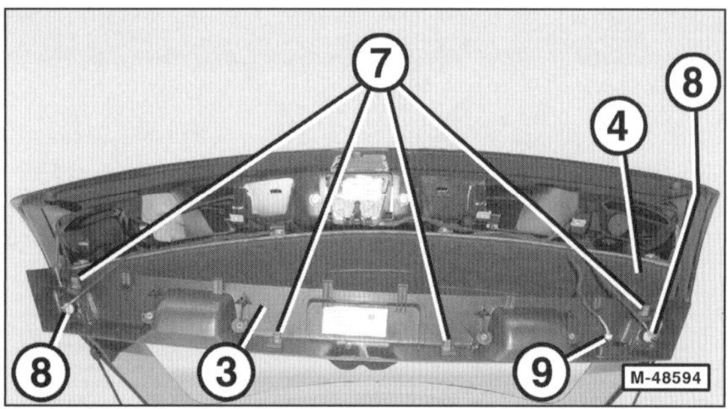

- Untere Verkleidung –3– an den Klammern –7– ausclipsen und so weit abnehmen, bis die elektrischen Steckverbindungen –8– zugänglich sind.
- Elektrische Steckverbindungen –8– trennen.
- Bei Keyless-Go-Ausrüstung oder EASY-PACK Heckklappe die elektrische Steckverbindung –9– trennen.

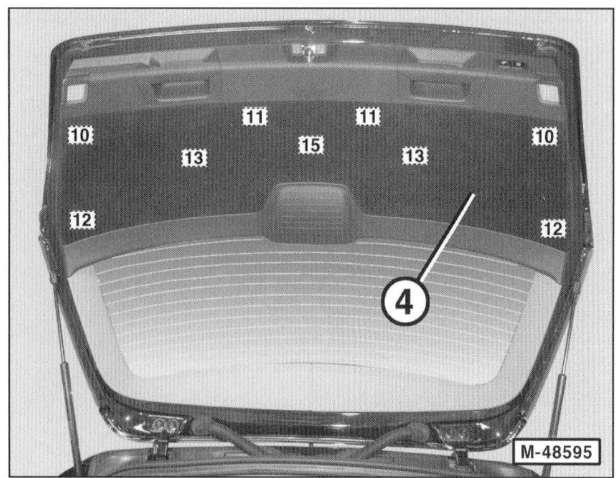

- Clips –10/11/12/13– an der mittleren Verkleidung –4– ausclipsen.
- Mittlere Verkleidung –4– an den Klammern –14– ausclipsen, siehe Abbildung M-48597.
- Clip –15– ausclipsen und mittlere Verkleidung –4– abnehmen.

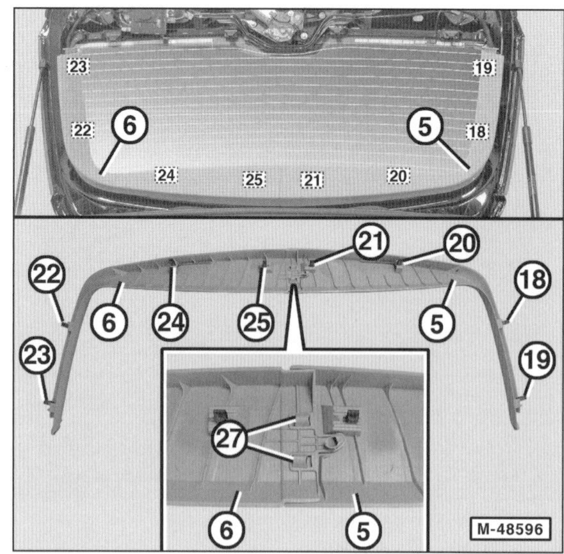

- Klammern –18/19/20/21– an der rechten oberen Verkleidung –5– ausclipsen.
- Rechte obere Verkleidung –5– an den Rasthaken –27– aus der linken oberen Verkleidung –6– ausclipsen und abnehmen.
- Klammern –22/23/24/25– an der linken oberen Verkleidung –6– ausclipsen und die linke obere Verkleidung –6– abnehmen.

Einbau

- Der Einbau erfolgt grundsätzlich in umgekehrter Ausbaureihenfolge. Dabei ist folgendes zu beachten:
- Die Reihenfolge, in der die Verkleidungen –3/4/5/6– eingeclipst beziehungsweise verrastet werden, muss unbedingt eingehalten werden, sonst können die Befestigungselemente der Verkleidungen beschädigt werden.

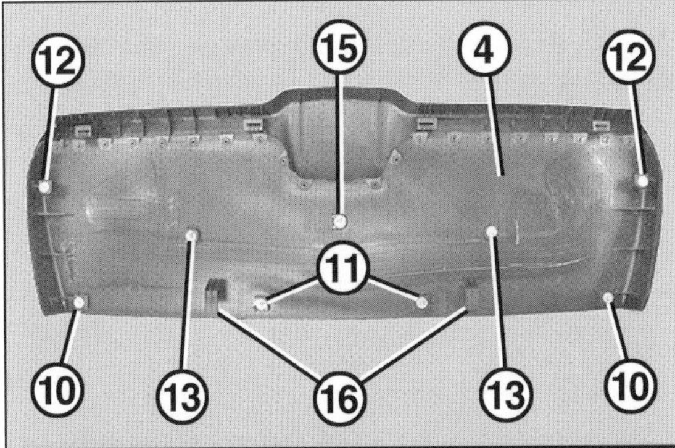

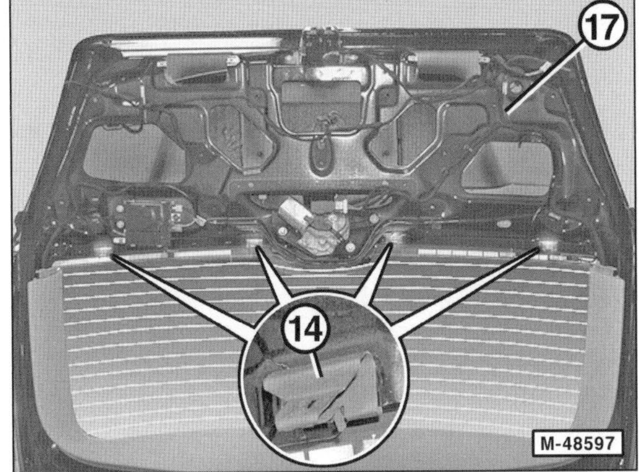

- Prüfen, ob die Clips –10/11/12/13/15– in die mittlere Verkleidung eingesetzt und unbeschädigt sind.
- Beim Einbau der mittleren Verkleidung –4– die Verkleidung zuerst an den beiden inneren Klammern –14– einclipsen. Dabei darauf achten, dass die Laschen –16– in der Heckklappe –17– sitzen.

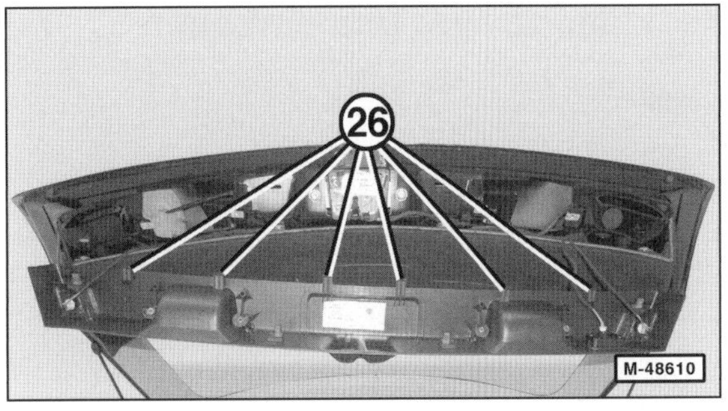

- Beim Einbau der unteren Verkleidung darauf achten, dass sich alle Laschen –26– hinter der mittleren Verkleidung –4– befinden. Zuerst die beiden inneren Klammern –7– verrasten, siehe auch Abbildung M-48594.

Heckklappe aus- und einbauen

Ausbau

- Alle Verkleidungen an der Heckklappe ausbauen, siehe entsprechendes Kapitel.
- Schalter für Außenbetätigung der Heckklappe ausbauen. Dazu untere Griffleiste ausbauen, siehe entsprechendes Kapitel. Schalter von innen nach außen aus der Heckklappe ausclipsen. Elektrische Steckverbindung tennen und Schalter abnehmen.
- Mittlere Bremsleuchte ausbauen, siehe Seite 84.
- Glühlampen mit Lampenfassungen aus der Kennzeichenleuchte links und rechts ausbauen. **Hinweis:** Stecker nicht trennen.
- Linken und rechten Schutzschlauch für elektrische Leitungen aus der Heckklappe ausclipsen. Dabei Schutzschlauch zuerst an der oberen Lasche entriegeln, dann untere Lasche durch vorsichtiges Verdrehen des Schutzschlauches aushängen. **Achtung:** Schutzschlauch vorsichtig aushängen, sonst können die Laschen brechen und der Schutzschlauch muss erneuert werden.

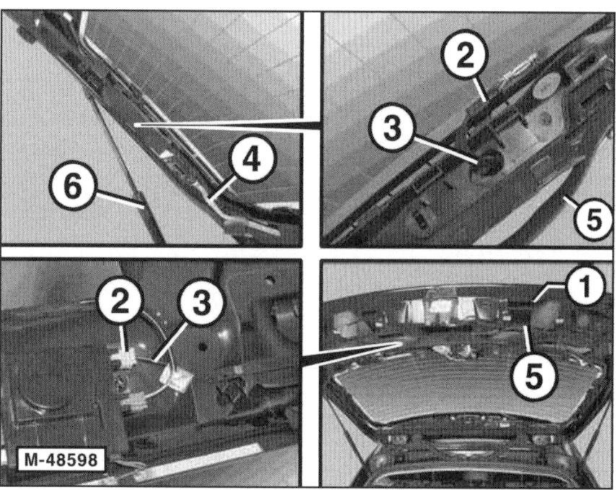

- Elektrische Steckverbindungen an den in der Heckklappe –1– angebauten Bauteilen trennen. **Achtung:** Die Steckverbindungen –2– links und rechts sowie –3– nur trennen, wenn die Heckklappe ersetzt wird. Die Anzahl der elektrischen Steckverbindungen ist je nach Fahrzeugausstattung unterschiedlich.
- Masseleitungen –4– links und rechts von der Heckklappe –1– abbauen.
- Elektrischen Leitungssatz –5– und dazugehörige elektrische Leitungen von der Heckklappe trennen und aus der Heckklappe herausziehen.
- Einbaulage der Scharnierschrauben links und rechts mit Filzstift markieren. Schrauben lösen, **nicht** herausschrauben.

Achtung: Zum Halten der Heckklappe ist ein Helfer erforderlich. Unbedingt beachten, dass nur eine Gasdruckfeder –6– die Heckklappe nicht in geöffneter Stellung halten kann.

- Beide Gasdruckfedern –6– von der Heckklappe abclipsen und herausnehmen.
- Scharnierschrauben herausdrehen und Heckklappe mit Helfer abnehmen.

Einbau

- Heckklappe mit Helfer ansetzen und Scharnierschrauben beiziehen, nicht festziehen.
- Heckklappe nach den angebrachten Markierungen ausrichten und Scharnierschrauben festziehen. Gegebenenfalls Heckklappe einstellen, siehe entsprechendes Kapitel.
- Der weitere Einbau erfolgt in umgekehrter Ausbaureihenfolge.

Achtung: Beschädigte Kabelbinder grundsätzlich erneuern, da durch lose elektrische Leitungen –7– Geräusche verursacht werden können.

Heckklappe einstellen

Fugenmaße prüfen

- Fugenmaße und Übergänge der Heckklappe zu den umliegenden Bauteilen prüfen.

Sollwerte:

Heckklappe zu Dach – Maß »R« . . . . $4{,}5^{\pm 1{,}0}$ mm
Heckklappe zu Hinterkotflügel – Maß »S« . . . . $4{,}2^{\pm 1{,}0}$ mm
Heckklappe zu Rückleuchte – Maß »T« . . . . . $4{,}0^{\pm 1{,}0}$ mm
Heckklappe zu Stoßfänger – Maß »U« . . . . . . $4{,}0^{\pm 1{,}0}$ mm
Heckklappe zu D-Säule – Maß »V« . . . . $4{,}2^{\pm 1{,}0}$ mm

Einstellrichtungen der Heckklappe

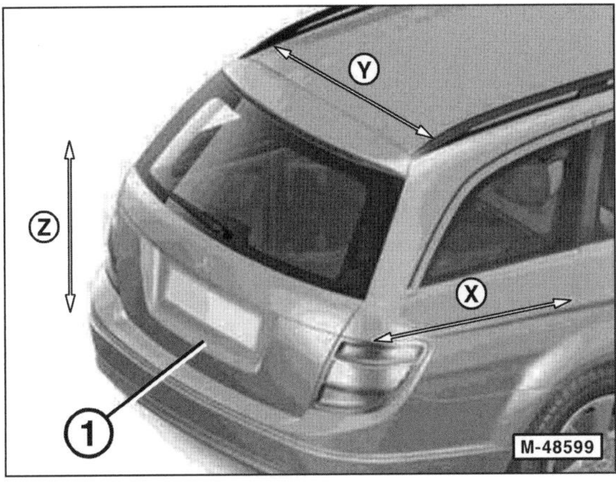

1 – Heckklappe
X – Einstellung in Fahrtrichtung
Y – Einstellung in Querrichtung
Z – Höheneinstellung

Position der Einstellschrauben

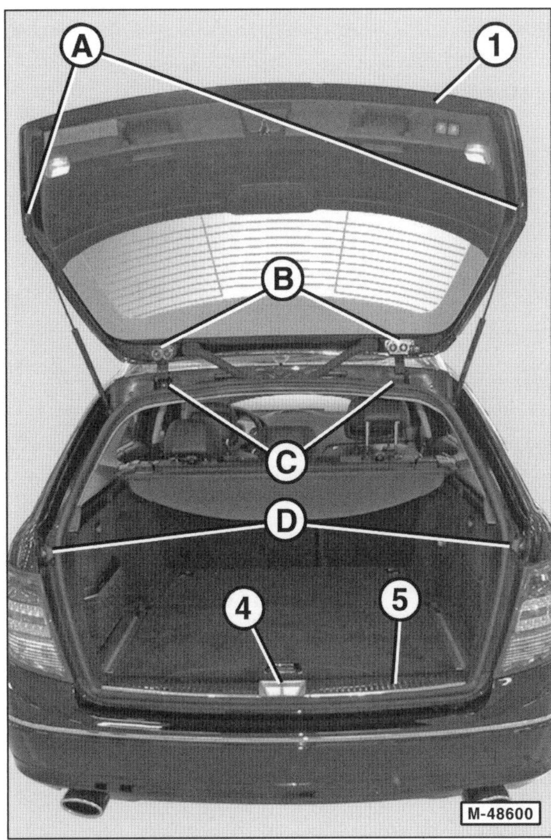

A/B/C/D – Einstellschrauben
4 – Schließbügel
5 – Heckabschlussverkleidung

Einstellen

Hinweis: Die folgenden Abbildungen –A– bis –D– (steht in der oberen linken Ecke der Abbildung) beziehen sich auf die Einbaupositionen –A– bis –D– in Abbildung M-48600.

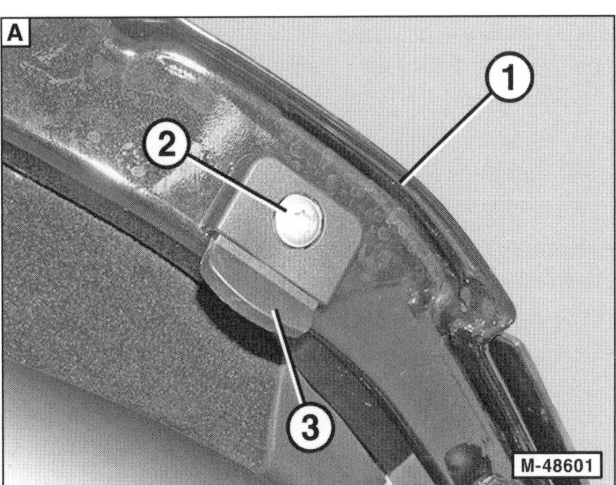

- **A:** Schraube –2– lösen und Anschlagzunge –3– an beiden Seiten der Heckklappe –1– vollständig zurückdrücken.

- Verkleidung am Heckmittelstück –5– (Abbildung M-48600) ausbauen, siehe entsprechendes Kapitel.
- Schließbügel –4– (Abbildung M-48600) abschrauben und abnehmen.

Einstellen in X- und Y-Richtung

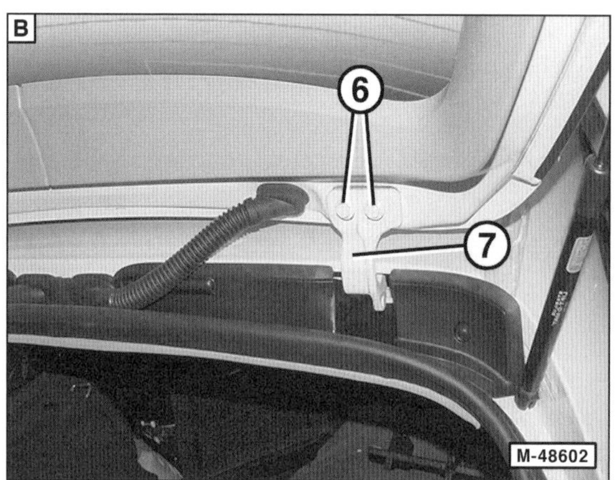

- **B:** Schrauben –6– am linken beziehungsweise rechten Scharnier –7– lösen, nicht herausschrauben.

Hinweis: Wenn nur ein einzelnes Scharnier aus- und eingebaut wurde, muss die Heckklappe nur an dem betreffenden Scharnier eingestellt werden.

- Beide Gasdruckfedern ausbauen, siehe entsprechendes Kapitel. **Achtung:** Zum Halten der Heckklappe ist ein Helfer notwendig.
- Heckklappe zusammen mit Helfer in Fahrtrichtung –X– und in Querrichtung –Y– so verschieben, dass die korrekten Spaltmaße zu den umliegenden Bauteilen erreicht werden, siehe Abbildung M-48599.
- **B:** Schrauben –6– an den Scharnieren –7– mit **32 Nm** festschrauben.
- Bei Lackbeschädigungen an den Schrauben –6–, diese mit passendem Lackstift ausbessern.

Einstellen in Z-Richtung –Z–

Falls die Heckklappe und/oder die Scharniere aus- und eingebaut wurden, kann eine Einstellung in Z-Richtung erforderlich sein.

- Dachverkleidung ausbauen und mit angeschlossenen elektrischen Leitungen auf den Sitzen ablegen, siehe entsprechendes Kapitel.

Achtung: Bei den nachfolgenden Arbeitsschritten darauf achten, dass die Dachverkleidung nicht beschädigt wird.

- Bei Fahrzeugen mit EASY-PACK-Heckklappe: Antriebseinheit Heckklappen-Steuerung ausbauen.

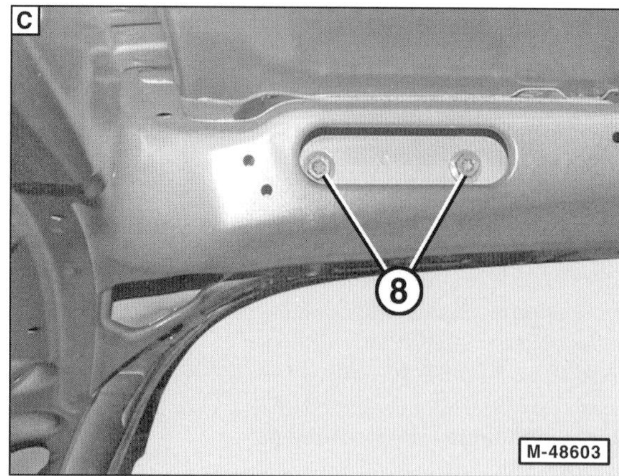

- **B/C:** Schrauben –8– am linken beziehungsweise rechten Scharnier –7– lösen, nicht herausschrauben. **Hinweis:** Wenn nur ein einzelnes Scharnier –7– aus- und eingebaut wurde, muss die Heckklappe –1– nur an dem betreffenden Scharnier –7– eingestellt werden.
- Übergang der Heckklappe –1– zum Dachrahmen zusammen mit einem Helfer einstellen. Die Oberkante der Heckklappe –1– soll mit der Dachaußenhaut bündig sein. Dabei Maß »U« beachten; »U« = $4{,}0^{\pm 1{,}0}$ mm.
- **C:** Schrauben –8– an den Scharnieren –7– mit **32 Nm** festschrauben. **Achtung:** Die Heckklappe –1– muss so lange von einem Helfer gehalten werden, bis jeweils eine Schraube –8– an jedem Scharnier –7– festgeschraubt ist.
- Beide Gasdruckdämpfer einbauen, siehe entsprechendes Kapitel.
- Falls erforderlich, Lackbeschädigungen an den Schrauben –8– mit passendem Lackstift ausbessern.
- Schließbügel –4– einbauen. Schrauben am Schließbügel –4– nur beiziehen, nicht festschrauben.
- Übergang der Heckklappe –1– zu den Hinterkotflügelkanten und zu den D-Säulen durch Verschieben des Schließbügels –4– in X-Richtung –X– einstellen. Die Heckklappe –1– muss mit den Hinterkotflügelkanten und zu den D-Säulen bündig sein.
- Schrauben für Schließbügel –4– mit **10 Nm** festschrauben.
- **A:** An beiden Fahrzeugseiten die Anschlagzungen –3– vollständig herausziehen und die Hecklappe –1– vorsichtig schließen.
- Anschließend Heckklappe –1– öffnen und Anschlagzungen –3– zwei Rasten herausziehen.

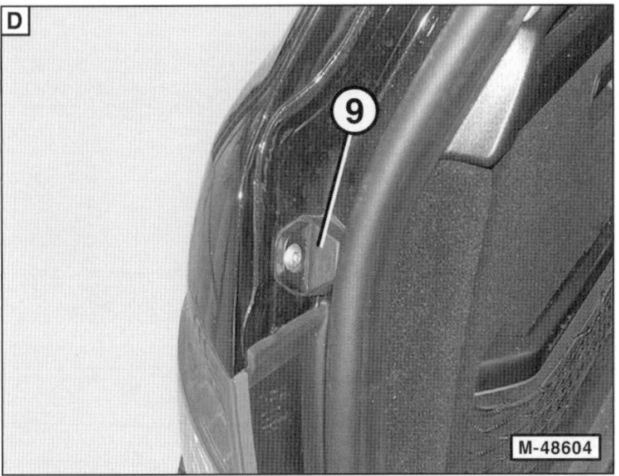

- **A/D:** Anschlagzungen –3– so einstellen, dass bei geschlossener Heckklappe –1– ein Papierstreifen zwischen den Anschlagzungen –3– und den Anschlägen –9– durchgezogen werden kann, ohne dass der Papierstreifen reißt. Die geschlossene Heckklappe –1– darf dabei kein Spiel aufweisen.
- Schraube –2– an beiden Seiten der Heckklappe –1– festschrauben.
- Verkleidung für Heckmittelstück –5– einbauen, siehe entsprechendes Kapitel.
- Bei Fahrzeugen mit EASY-PACK-Heckklappe: Antriebseinheit für Heckklappen-Steuerung einbauen.
- Dachverkleidung einbauen.

Dachverkleidung aus- und einbauen

Ausbau

- Falls vorhanden, Schiebedach öffnen.
- Innenspiegel ausbauen, siehe entsprechendes Kapitel.
- Je nach Fahrzeugausstattung elektrische Steckverbindung am Lichtsensor oder am Regen-/Lichtsensor abziehen.

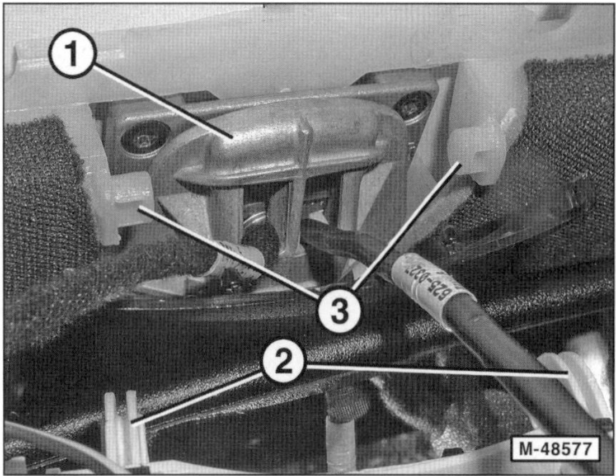

- Halter Innenspiegel –1– abschrauben. 2 – Abdeckung für Steuergerät/Elektronik der Dachbedieneinheit; 3 – Führungen für Abdeckung.
- Sonnenblenden mit Gegenlagern ausbauen, siehe entsprechendes Kapitel.

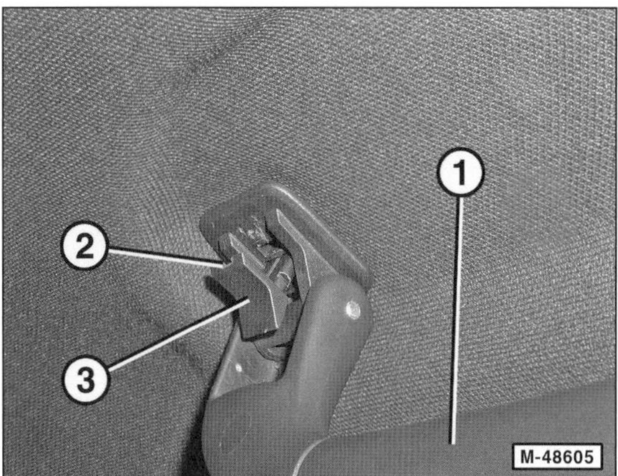

- Haltegriffe am Dach ausbauen. Dazu Dachhaltegriff –1– herunterklappen und halten. Einen kleinen Schraubendreher in die Aussparung –2– der Blende –3– einführen und Blende aus dem Dachhaltegriff herausziehen.

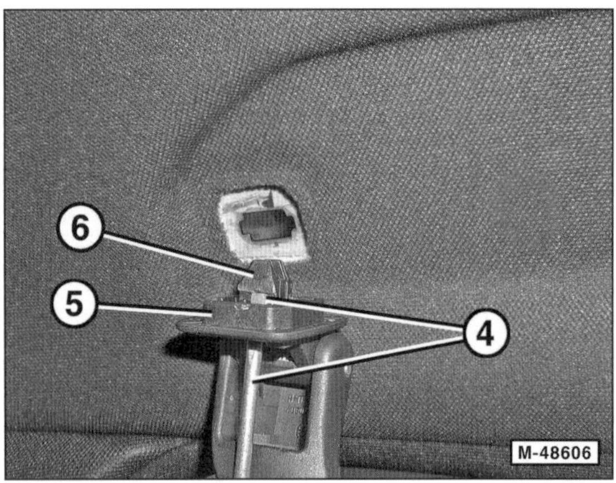

- Größeren Schraubendreher –4– in das kleine Loch am Lager –5– einführen und Rasthaken –6– entriegeln. Schraubendreherspitze dabei zur Fahrzeug-Außenseite drücken und gleichzeitig Lager nach unten ziehen.
- Halter Gepäcknetze am Dach ausbauen.
- Obere Verkleidung an der linken und rechten B-Säule ausbauen.
- Linke und rechte C-Säulen-Verkleidung ausbauen.
- Linke und rechte D-Säulen-Verkleidung ausbauen.
- Bei Fahrzeugen mit Sound-System: Linken Leitungssatz der Dachverkleidung trennen.
- Bei Fahrzeugen mit Parktronic-System (PTS) beziehungsweise Innenraumabsicherung: Rechten Leitungssatz der Dachverkleidung trennen.
- Im Bereich der Dachverkleidung den jeweiligen Kantenschutz abziehen.
- Dachverkleidung am Schiebedachrahmen aushängen, falls vorhanden.

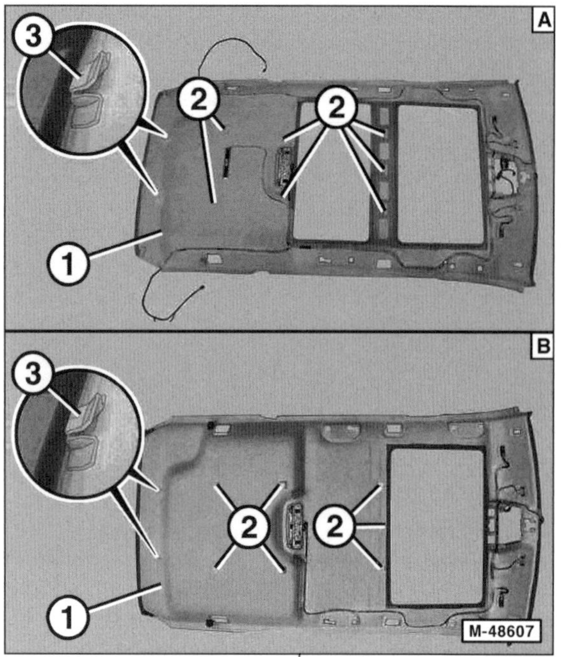

A – Dachverkleidung –1– bei Fahrzeugen mit Panorama-Schiebedach, Parktronic-System, Sound-System und Innenraumabsicherung.
B – Dachverkleidung –1– bei Fahrzeugen mit Glas-Schiebedach.
2 – Klettbänder
3 – Haken

- Dachverkleidung –1– an den Klettbändern –2– von der Dachbeplankung lösen. Dazu mit der Hand zwischen Dachverkleidung und Dachbeplankung durchgreifen und die Klettbänder –2– nacheinander von Hand lösen. **Achtung:** Nicht an der Dachverkleidung ziehen, sonst kann die Dachverkleidung beschädigt werden.
- Dachverkleidung so weit nach hinten schieben, bis die Haken –3– aus den Aufnahmen an der Dachbeplankung herausgeführt sind. Anschließend Dachverkleidung mit einem Helfer über den Heckklappenausschnitt aus dem Fahrzeug herausnehmen.

Einbau

- Dachverkleidung beim nach vorne Schieben unter den Verkleidungen der A-Säule positionieren.
- Abdichtrahmen der Heckklappe an der Dachverkleidung positionieren.
- Der weitere Einbau erfolgt in umgekehrter Ausbaureihenfolge.